中国石油学会
第十一届青年学术年会
优秀论文集

《中国石油学会第十一届青年学术年会优秀论文集》编委会

U0303232

华中科技大学出版社
http://www.hustp.com
中国·武汉

内 容 简 介

本书是中国石油学会第十一届青年学术年会优秀论文集,共收集了139篇会议论文,内容涉及油气地质与勘探、复杂油气田开发、复杂油气井工程、油气储运与储备、石油炼制与化工、石油经济与管理等六个学科方向的最新研究成果或成果精选,它们在一定程度上反映了我国石油石化领域青年科技工作者的学术研究与技术应用水平,以及对石油石化企业发展问题的认识与建议等。

本书可供石油化工科技工作者及有关高等院校师生阅读,也可供能源及其他相关部门的管理人员参考。

图书在版编目(CIP)数据

中国石油学会第十一届青年学术年会优秀论文集/《中国石油学会第十一届青年学术年会优秀论文集》编委会主编.—武汉:华中科技大学出版社,2020.8(2020.12重印)
ISBN 978-7-5680-6274-9

Ⅰ.①中… Ⅱ.①中… Ⅲ.①石油工业-学术会议-中国-文集 Ⅳ.①TE-53

中国版本图书馆 CIP 数据核字(2020)第 149819 号

中国石油学会第十一届
青年学术年会优秀论文集
Zhongguo Shiyou Xuehui Di-shiyi Jie
Qingnian Xueshu Nianhui Youxiu Lunwenji

《中国石油学会第十一届青年
学术年会优秀论文集》编委会

策划编辑:舒 慧
责任编辑:舒 慧
封面设计:孢 子
责任监印:徐 露
出版发行:华中科技大学出版社(中国·武汉)　　电话:(027)81321913
　　　　　武汉市东湖新技术开发区华工科技园　　邮编:430223
录　　排:华中科技大学惠友文印中心
印　　刷:广东虎彩云印刷有限公司
开　　本:787mm×1092mm　1/16
印　　张:31
字　　数:790千字
版　　次:2020年12月第1版第2次印刷
定　　价:228.00元

华中出版

本书若有印装质量问题,请向出版社营销中心调换
全国免费服务热线:400-6679-118　竭诚为您服务
版权所有　侵权必究

中国石油学会第十一届青年学术年会
组织单位及组委会

主办单位　中国石油学会青年工作委员会
承办单位　长江大学
　　　　　　中国石油大学（北京）
主　　席　冯　征
副主席　于明祥　张玉清
委　　员　赵　林　董　超　张占峰　何文祥　杜国锋
　　　　　　张光明　江厚顺　罗顺社　何幼斌　张占松
　　　　　　胡明毅　文志刚　喻高明　许明标　周中林
　　　　　　易远元　尹艳树　楼一珊　李忠慧　张引弟
　　　　　　杨立安　管　锋　王宴滨

中国石油学会第十一届青年学术年会
学术委员会

主　　任　高德利
副 主 任　邹才能　聂　红　郭海敏
委　　员　（按姓氏汉语拼音排序）
　　　　　窦益华　樊洪海　何幼斌　江厚顺　蒋裕强
　　　　　廖锐全　刘晨光　刘德华　楼一珊　罗顺社
　　　　　吕建中　任战利　许明标　杨立文　喻高明
　　　　　张劲军　张引弟　郑延成　周中林
秘 书 长　易先中
副秘书长　王宴滨
学术秘书　江厚顺　张引弟　喻高明

《中国石油学会第十一届青年学术年会优秀论文集》编委会

主　　编　高德利

副 主 编　张占峰　江厚顺　易先中

委　　员　（按姓氏汉语拼音排序）

罗顺社　许明标　喻高明　张引弟　郑延成

周中林

前　　言

　　本书收集了 139 篇会议论文，都是由出席中国石油学会第十一届青年学术年会的部分代表撰写，内容包括他们在各自研究领域所取得的最新研究成果或成果精选，在一定程度上反映了我国石油石化领域青年科技工作者的学术研究与技术应用水平，以及对石油石化企业发展问题的认识与建议等。

　　为贯彻落实我国石油石化科技发展战略，活跃石油石化青年科技工作者的学术思想，启迪创造性思维，交流石油石化青年科技工作者的科技成果，促进石油石化领域青年科技人才的成长，中国石油学会创办了"中国石油学会青年学术年会"，每两年举办一次，本次为第十一届。中国石油学会青年学术年会发挥了紧密联系本领域基层一线广大青年科技人员的纽带作用，搭建了一个专门供全国石油石化青年科技工作者交流、展示、学习的大平台，便于来自不同单位的青年科技工作者同台展示科技成果，相互交流科研与技术心得，为激励广大青年科技工作者的创新热情发挥了积极作用，因而受到全国石油石化领域青年科技工作者的广泛关注。

　　中国石油学会第十一届青年学术年会于 2019 年 11 月 23 日至 24 日在长江大学（武汉校区）召开，由中国石油学会青年工作委员会主办，长江大学与中国石油大学（北京）联合承办。本届年会以"迎接油气新挑战，引领能源新未来"为主题，围绕油气地质与勘探、复杂油气田开发、复杂油气井工程、油气储运与储备、石油炼制与化工、石油经济与管理等六个学科方向进行学术交流，受到了全国石油石化领域青年科技工作者的热烈响应。在各有关单位的大力支持下，本次年会共收到投稿论文 220 余篇，经专家评审后从中录取了 150 篇论文参加会议交流，最终由学术委员会结合会议交流情况评选出优秀学术论文 97 篇（一等奖 38 篇，二等奖 59 篇），并由中国石油学会青年工作委员会向论文作者颁发奖励证书，同时公开出版论文集。

　　本届年会邀请了中国科学院院士高德利教授、加拿大工程院院士 Paitoon Tontiwachwuthikul 教授、长江大学原校长张昌民教授及中国石油化工股份有限公司石油化工科学研究院于博高级工程师作大会特邀报告。

　　最后要特别感谢中国石油学会和长江大学对本届年会的热情关心和大力支

持,同时感谢华中科技大学出版社对论文集出版给予的帮助。在组织执行本届年会的过程中,我们得到了全国石油石化企业及有关学术单位的积极配合与支持,多位学术秘书及会务组人员做了许多日常工作,在此一并表示衷心的感谢。

中国石油学会第十一届青年学术年会组委会
2020 年 4 月于北京

目　录

第一章　油气地质与勘探

第二章　复杂油气田开发

第三章　复杂油气井工程

第四章　油气储运与储备

第五章　石油炼制与化工

第六章　石油经济与管理

第一章
油气地质与勘探

东海低孔渗储层"甜点"
地震预测技术研究及其应用

秦德文 刘创新 高红艳 夏 瑜 单理军

(中海石油(中国)有限公司上海分公司 上海 200335)

摘 要:东海 X 凹陷目的层埋藏深,低孔渗气藏占比大,需要通过储层改造方能有效开发,但储层非均质性强,横向变化快,优选"甜点"储层发育区是储层改造成功的关键。研究区"甜点"储层地质成因有三种,根据产能影响因素进行"甜点"储层的分类。通过测井岩石物理分析,优选岩性、物性、含气性及"甜点"的敏感参数,运用叠前同步反演技术得到敏感参数属性体,进而预测产能影响因素(包括砂岩厚度、物性、含气性及脆性指数等属性)的展布特征,将多个属性融合,得到Ⅰ类和Ⅱ类"甜点"发育区,为水平井多级压裂的井位方案设计提供重要的参考依据。

关键词:低孔渗 地球物理特征 叠前反演 甜点预测

1 前言

东海 X 凹陷位于东海陆架盆地北部,储层非均质性强,物性以低渗-特低渗为主,需要经过储层改造才能进行有效开发[1,2]。钻探结果表明,在低渗储层中发育有相对优质的"甜点"储层,但由于海上井稀疏、目的层埋藏较深等,储层改造区"甜点"储层预测难度大,如何明确储层改造区的"甜点"储层成因、特征并有效预测其分布,是东海低渗气藏经济有效开发面临的难点,也是重要的攻关方向。

2 地质背景

研究区 X 凹陷 A 气田为背斜高部位的地垒构造,主要含油气层分布在 HG 组 H2～H11,埋深为 3150～4150 m,HG 组下段 H6～H9 层为低孔低渗储层(孔隙度为 9%～11%,平均渗透率小于 0.5 mD)。其中 H8b 层为 A 气田储层改造主要目的层,沉积微相主要为三角洲平原分流河道[3],储层厚度大,钻遇厚度大于 20 m,非均质性强,砂体横向变化快。综合成岩演化参数,经过分析认为 H8b 砂岩储层已进入中成岩阶段 B 期,压实减孔是储层致密的主要因素,其次为胶结减孔。

2.1 "甜点"地质成因分析

基于研究区的沉积、成岩作用等研究成果,研究区储层主要有三种不同的"甜点"成因类型,揭示了研究区"甜点"储层的成因机制。

2.1.1 "原生＋溶蚀"型"甜点"

以原生孔隙为主,主要发育中溶蚀-中压实成岩相,岩性以中砂岩、细砂岩为主,平均孔隙度为9％,储集性好,是最有利的成岩相类型。

2.1.2 "原生孔隙保存＋溶蚀增孔"型"甜点"

主要发育中溶蚀-中强压实成岩相,岩性以细砂岩为主,颗粒线-凹凸接触,原始粒间孔保存,但规模、孔隙半径较小,平均孔隙度为8.6％。

2.1.3 "溶蚀次生孔隙"型"甜点"

强烈溶蚀作用是该类"甜点"形成的主控因素,主要发育强溶蚀-强压实成岩相,岩性以细砂岩为主,颗粒线-凹凸接触,平均孔隙度为8％。

此外,天然裂缝可改善储层物性,也有利于储层改造后形成复杂缝网,但现有资料表明本区天然裂缝欠发育,非本次研究重点。

2.2 "甜点"储层分类

从岩心物性分析及产能测试来看,研究区H8b层发育的"原生＋溶蚀"型、"原生孔隙保存＋溶蚀增孔"型"甜点"是产能建设的主要来源。

在低渗储层改造区,影响压裂效果和产能的主要因素有孔隙度、渗透率、含气性、砂体厚度以及岩石脆性指数等(由于低渗储层渗透率的求取精度偏低,本次研究先不做分析),根据以上因素将储层改造区的"甜点"储层划分为Ⅰ类、Ⅱ类及非"甜点"储层。

3 "甜点"岩石物理特征分析

测井岩石物理特征分析是连接地震与气藏的桥梁,能为"甜点"储层预测指明方向。本次岩石物理特征分析围绕识别储层、寻找物性好且含气饱和度高的有利储层展开,研究岩石的弹性参数与岩性、物性、含气性及"甜点"储层的内在关系。

首先研究弹性参数的岩性特征。可以看出 V_p/V_s 可以较好地识别砂泥岩,而纵波阻抗对岩性不敏感。

针对叠前反演的弹性参数对岩性识别较好而对储层物性和含气性较难预测的问题,科罗拉多矿业学院的 Mazumdar 提出了泊松阻尼因子——PDF(Poisson dampening factor)的概念[4],它是基于纵波阻抗、横波阻抗的数学运算得到的,即

$$PDF = (Z_p + \sqrt{2}Z_s)/2(Z_p^2 - Z_s^2) \tag{1}$$

泊松阻尼因子(PDF)能较好地识别相对高孔砂岩区,PDF 值越大,孔隙度越大[5~7],可进行"甜点"储层与非"甜点"储层的划分。砂岩的 PDF 与孔隙度的相关系数达0.93,相关性较好,通过拟合可得到两者的关系式,即

$$Porosity = -0.14 + 4.8e^6 PDF \tag{2}$$

进一步研究发现,流体因子 p_f 可较好地识别流体[8],将流体因子 p_f 与含气饱和度进行交汇,能很好地识别含气区。整体上看 p_f 越小,含气性越好,进而可以进行"甜点"储层的划分。

综上所述,研究区岩性、物性、流体都有相对应的弹性敏感参数,且Ⅰ类"甜点"和Ⅱ类"甜点"的识别效果较好,通过叠前反演技术可以得到弹性敏感参数,进而识别"甜点"储层。

4 "甜点"预测关键技术

近年来,叠前同步反演在常规碎屑岩储层及孔隙度预测方面取得了较好的效果[9~13],但

关于中深层低孔渗-致密储层中"甜点"储层预测的研究较少,且效果不佳。本次研究对地球物理预测关键技术进行优化和攻关,对"甜点"储层主控因素(砂体厚度、孔隙度、含气饱和度及岩石脆性指数)进行三维预测,优选"甜点"发育区。

4.1 砂体厚度预测

通过叠前同步反演技术得到纵、横波速度比 V_p/V_s 数据体,利用体雕刻技术可以求出砂体的时间厚度,通过时深转换可得到砂体的深度域厚度,如图 1 所示,可以看出,H8b 层砂体在两井之间及井区南部较为发育,最大预测厚度超过 35 m,与钻井结果吻合较好。

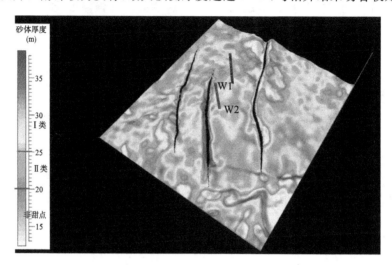

图 1　H8b 层砂体厚度预测结果分布图

4.2 孔隙度与含气性预测技术

通过叠前同步反演技术得到纵波阻抗和横波阻抗,运用式(1)和式(2)计算得到孔隙度数据体,如图 2 所示,可进行"甜点"储层划分,可以看出高孔砂岩主要发育于分流河道沉积主体部位,与现有地质认识相符。

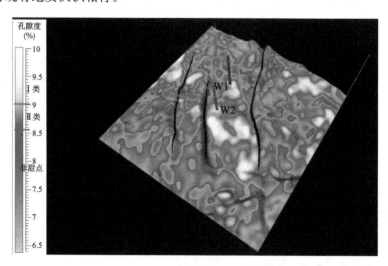

图 2　H8b 层孔隙度预测结果分布图

通过流体因子计算公式 $p_f = Z_p^2 - C Z_s^2$(其中 Z_p 为纵波阻抗,Z_s 为横波阻抗,C 为比例因子,其取值范围依赖于所研究的储层),得到流体因子属性体,进而识别含气层,结果符合地质认识,如图 3 所示。

图 3 H8b 层含气性预测结果分布图

4.3 岩石脆性指数预测技术

岩石的脆性对压裂效果起着重要作用,将静态杨氏模量和泊松比属性归一化后计算得到岩石脆性指数,如图 4 所示,脆性好的砂岩主要位于两井之间以及井区的南部,局部脆性指数达到 65% 以上,符合地质认识。

图 4 H8b 层岩石脆性指数预测展布特征

5 "甜点"发育区优选

"甜点"发育区优选要综合考虑地质"甜点"和工程"甜点",基于以上研究,优选 I 类和 II 类"甜点"储层。此外,为规避压裂沟通边底水的风险,水平段要尽量布在内含气边界内部。

综合以上因素圈定了"甜点"发育区,优选了 WH3 井的水平段井轨迹(800 多米),实钻结果显示 WH3 井水平段实现了砂岩和气层的"双百"钻遇率。

6　结论

(1)根据研究区的沉积、成岩等研究成果,分析了三种不同成因类型的"甜点"储层的成因机制,并进行了"甜点"储层的分类。

(2)低V_p/V_s能够有效稳定地识别砂岩储层,泊松阻尼因子(PDF)与砂岩孔隙度相关性较高,PDF 和流体因子均能较好地识别本区"甜点"储层。

(3)综合优选了地质"甜点"和工程"甜点",基于此设计的水平井分段压裂 WH3 井的水平段轨迹实现了砂岩和气层的"双百"钻遇率。

参 考 文 献

[1] 张建培,徐发,钟韬,等.东海陆架盆地西湖凹陷平湖组-花港组层序地层模式及沉积演化[J].海洋地质与第四纪地质,2012,32(1):35-41.

[2] 王果寿,周卓明,肖朝辉,等.西湖凹陷春晓区带下第三系平湖组、花港组沉积特征[J].石油与天然气地质,2002,23(3):257-261.

[3] 刘金水,曹冰,徐志星,等.西湖凹陷某构造花港组沉积相及致密砂岩储层特征[J].成都理工大学学报(自然科学版),2012,39(2):130-136.

[4] MAZUMDAR P. Poisson dampening factor[J]. The Leading Edge,2007,26(7):801-928.

[5] 孙喜新.泊松阻抗及其在平湖砂岩气藏检测中的应用[J].石油地球物理勘探,2008,43(6):699-703.

[6] 高伟义,林桂康,李城堡,等.泊松阻尼因子在平湖地区储层流体检测中的应用——一种定量地震解释的新方法[J].中国石油勘探,2013,18(2):50-53.

[7] 秦德文,侯志强,姜勇,等.泊松阻尼因子在预测高孔隙度砂岩中的应用[J].工程地球物理学报,2015,12(2):190-193.

[8] 秦德文,姜勇,侯志强,等.叠前同步反演技术在西湖凹陷低孔渗储层"甜点"预测中的应用[J].油气藏评价与开发,2015,5(6):12-15.

[9] 强敏,周义军,钟艳,等.基于部分叠加数据的叠前同时反演技术的应用[J].石油地球物理勘探,2010,45(6):895-898.

[10] 张雷,姜勇,侯志强,等.西湖凹陷低孔渗储层岩石物理特征分析及叠前同步反演地震预测[J].中国海上油气,2013,25(2):36-39.

[11] 姜勇,张雷,邹玮,等.西湖凹陷 B 构造水下分流河道预测技术及应用[J].海洋石油,2015,35(2):35-39.

[12] 巫芙蓉,李忠,雷雪,等.孔隙度地震反演技术在川西砂岩储层中的应用[C].CPS/SEG 2004 国际地球物理会议论文集,2004:733-736.

[13] 蔡涵鹏,贺振华,何光明,等.基于岩石物理模型和叠前弹性参数反演的孔隙度计算[J].天然气工业,2013,33(9):48-52.

随钻声波测井资料在东海低渗气藏水平井压裂中的应用

夏 瑜 陈 浩

(中海石油(中国)有限公司上海分公司 上海 200030)

摘 要:东海低渗气田构造复杂,埋藏深度大,同时具有高温高压的特点,钻井工艺复杂,管柱结构多样,且低渗气田大多钻探水平井或者水平多分支井,常规测井采集系列以及固井质量测量技术难以达到施工要求和评价需求[1,2]。为解决井型、井眼大小、仪器耐温性、工程可操作性等问题,引进了斯伦贝谢公司 SonicScope 随钻多极子声波测井仪器,该仪器在随钻过程中既可以进行裸眼声波测井,又可以提供套管检测、固井质量的定量评价。本文利用 SonicScope 随钻声波测井资料提取地层波参数,通过计算定量评价储层物性,然后根据 SonicScope 定量固井质量评定 QBI 方法,结合声波幅度和声波衰减双重计算方法来评价目的层段的固井质量,两者相结合来优选射孔层位。实际应用效果表明,该仪器在低渗气藏水平井中能较准确地获得地层参数,同时能准确地判断水平井一、二界面胶结情况的好坏,对下步射孔层位选择提供了可靠的依据[3,4]。

关键词:水平井 SonicScope 固井质量 压裂选层

1 仪器概述

SonicScope 为斯伦贝谢新一代的随钻声波测井仪器,其具备三种发射模式——单极子高频、单极子低频及四极子脉冲,可以提供单极子纵波、单极子横波(快地层)、四极子横波(慢地层)及斯通利波,并提供声波裂缝反射系数等分析结果。SonicScope 采用了宽频发射器及 4×12 组接收器阵列,每个传感器之间的间距仅为 4 英寸(1 英寸=0.025 4 米)。在发射器和接收器之间设计有专用的信号衰减器,以保证 SonicScope 在井下环境中的稳定性和可靠性,提高了随钻声波的信噪比,使其不受钻井旋转噪声等的影响,在裸眼井和套管井中均可测量,最高耐温为 175 ℃。

2 SonicScope 固井质量评价原理

电缆测量固井质量主要通过套管声幅值的大小来确定水泥固井质量。在水泥固结较好的位置,套管声幅值低;在水泥固结不好的位置,套管声幅值较高。固井胶结质量与套管声幅值呈线性关系。通过对随钻声波测量首波声幅值进行分析处理,一定范围内可以反映固井质量情况,但是由于随钻测井仪器钻铤设计的不同,在固井质量较好、套管声幅值较低的情况下,套管波会受到钻铤直传波的影响而无法准确地评价固井质量[5~8]。因此,随钻声波固井质量测量采用了套管声幅及套管声幅能量衰减两种方法相结合,提供从自由套管到95％固结的固井质量定量评价。图1所示为胶结指数与套管声波幅度的关系图,当胶结指数大于0.6时,声波幅度和胶结指数不存在一定的相关性,此时需要结合衰减模式对胶结指数较高的层段进行评价。

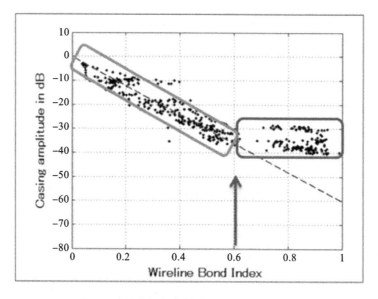

图1　胶结指数与套管声波幅度的关系图

一般采用胶结指数(BI)评价界面的水泥固井质量。BI≥0.8,固井质量良好;0.4≤BI<0.8,固井质量中等;BI<0.4,固井质量差。水泥胶结指数定义为

$$BI=目的层段的声波衰减/胶结良好井段的声波衰减$$

随钻声波测井仪器直接得到直达波声波衰减信息,SonicScope 定量固井质量评定 QBI 为 SonicScope 在固井质量评定方面的最新应用,采用声波幅度和声波衰减双重计算方法来评价目的层段的固井质量[9,10]。一般来说,SonicScope 收发源距 3ft 的固井质量声波幅度等同于 CBL 的固井质量,依据国家标准固井质量评价方法,常规密度水泥评价根据 CBL 相对幅度划分为优、中等、差三个等级。

3　水平井应用效果分析

HA 井为东海低渗先导试验区一口水平井,斜深接近 5300 m,水平段长度接近 900 m,最高地层温度为 165 ℃,地层压力系数为 1.51,套管内尺寸为 7 英寸,为保证曲线深度的匹配性以及随钻声波数据采集的准确性,采用下测随钻伽马以及上测存储模式进行随钻声波的测量。图 2 所示为 HA 井水平段实际胶结指数与衰减测量值的关系图。当胶结指数 QBI 小于 0.47 时,采用声波幅度计算方法计算胶结指数;当胶结指数 QBI 大于 0.57 时,采用声波衰减计算方法计算胶结指数;当胶结指数 QBI 介于 0.47～0.57 时,采用两者结合的计算方法计算胶结指数。

综合以上原则分析整口井的固井质量,根据固井质量选择射孔层段。HA 整口井的固井质量中等,在选择射孔层段时将固井质量好的地方作为封隔层,射开后产气量为 2～4 万方/天。

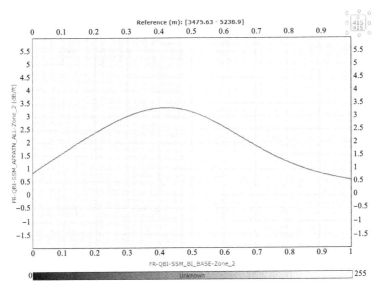

图2 HA井水平段实际胶结指数与衰减测量值的关系图

4 结论

通过 SonicScope 随钻多极子声波测井仪器在东海低渗气田水平井中应用实例的分析，得到以下结论：

(1)SonicScope 随钻多极子声波测井仪器解决了高温高压低渗气藏在工程作业中的施工难题，降低了水平井测井作业的风险，提高了作业时效性。

(2)SonicScope 随钻测井固井质量定量评价(QBI)与CBL 评价方法结合，能较好地评价固井质量好坏，并为后续射孔层段的选择提供依据。

参 考 文 献

[1] 魏涛.油气井固井质量测井评价[M].北京：石油工业出版社，2010.

[2] 于兰.声波变密度水泥胶结测井解释及固井质量评价方法[J].国外测井技术，2008，(4)：40-43.

[3] BLYTH M，HUPP D，WHYTE I，et al. LWD sonic cement logging：benefits applicability and novel uses for assessing well integrity. SPE，2013.

[4] MOHAMMED S，CROWE J，BELAUD D，et al. Latest generation logging while drilling sonic tool：multipole acoustics measurements in horizontal wells from offshore west South Africa. SPWLA，2011.

[5] 文冉，董全，聂尊浩.水平井固井质量的声波测井评价方法研究[J].石化技术，2018，(10)：115-116.

[6] 沈友爱.几种固井质量评价仪介绍及其应用分析[J].当代化工研究，2016，(6)：126-127.

[7] 马德材，曹会莲，李萌.固井质量评价研究进展及展望[J].内蒙古石油化工，2014，(6)：5-9.

[8] 刘正锋，王天波，段新海.固井质量测井评价方法对比分析研究[J].石油仪器，2005，19(3)：65-68.

[9] 王成荣，侯旭，齐晓宏，等.精细固井质量评价技术(SBT)在吐哈油田的应用[J].石油仪器，2011，25(6)：69-71.

[10] 孙建孟，苏远大，李召成，等.定量评价固井Ⅱ界面胶结质量的方法研究[J].测井技术，2004，28(3)：199-202.

电缆测压探讨渤海油田常压油藏压力特征

崔名喆[1]　刘英宪[1]　钱　赓[1]　袁　勋[1]　穆朋飞[1]　田思雨[2]

(1. 中海石油(中国)有限公司天津分公司　天津　300450；
2. 中国石油集团海洋工程有限公司天津中油
渤星工程科技有限公司　天津　300451)

摘　要：通过研究渤海海域诸多常压油藏的连续电缆测压数据发现,油层顶部实测地层增压现象普遍,表现为实测地层压力不同程度地高于其等深折算压力,压-深线性关系存在不确定性,流体性质认识不清。通过解析数学归纳分析,探讨常压油藏压力系数与深度之间的数学关系：油藏压力随海拔深度呈直线分布,顶部实测地层增压现象普遍,原油密度分异是常压油藏油层顶部增压的关键；地层压力系数随海拔深度以反比例函数形式变化,随着海拔深度的增加,压力系数减小并无限接近静水压力系数。相比之下,压力系数-深度反比例函数关系对分析地层流体分布规律比地层压力-深度线性关系更为敏感。综合地层压力与压力系数-深度关系,利于渤海油田诸多常压油藏合理解释压力-深度关系,精细研究流体性质与分布规律。

关键词：渤海海域　常压油藏　地层压力测试器　压力系数　反比例函数

1　引言

本文以渤海油田 50 余常压油藏为研究对象,分析其实测常压油藏压力特征[1~3],探讨流体性质变化如何影响实测地层压力测量结果与变化趋势。利用常压油藏连续测压数据精细预测单相流体性质特征与分布规律,以期加强地层压力与流体性质之间关系的研究深度,增强流体物性分析的时效性与全面性,减少对流体性质与油藏模式的误判,提高油藏描述精度与油藏勘探开发方案的合理性[4~8]。

2　压力拟合方法与原理

根据帕斯卡定律,液体内部压力等值传递,即存在等压面。常压油藏等压面与质量力相交,从油藏角度讲,等压面是水平的,不同流体的交界面是等压面。油层与边(底)水接触的界面为纯油区与纯水区压力平衡的等压面。

对于纯油区部分,有

$$P_1 = P_0 + \rho_o gh \tag{1}$$

对于纯水区部分,有

$$P_2 = \rho_w g H_{OWC} \tag{2}$$

纯油区某点的地层压力为

$$
\begin{aligned}
P &= \rho_w g H_{OWC} - \rho_o g h \\
&= \rho_w g H_{OWC} - \rho_o g (H_{OWC} - H) \\
&= (\rho_w - \rho_o) g H_{OWC} + \rho_o g H
\end{aligned}
\tag{3}
$$

纯油区部分的压力系数为

$$\alpha = \frac{(\rho_w - \rho_o) H_{OWC}}{\rho_w H} + \frac{\rho_o}{\rho_w} \tag{4}$$

式中,P_1 为纯油区油水界面深度地层压力(psi),P_2 为纯水区油水界面深度地层压力(psi),P 为纯油区某点的地层压力(psi),P_0 为大气压力(psi),ρ_o 为纯油区某点的原油密度(g/cm^3),ρ_w 为地层水平均密度(g/cm^3),h 为纯油区某点距油水界面的垂直距离(m),H_{OWC} 为油水界面深度(m),H 为纯油区某点深度(m),g 为重力加速度(m/s^2)。

函数关系理论上是以压力系数为自变量、以海拔深度为变量的反比例函数,该函数具有两方面的性质:①随着海拔深度的变浅,压力系数单调递增;②油藏压力系数增大,海拔深度会变浅,然后无限地趋近某一固定深度,海拔深度增加,压力系数会减小,然后无限地接近于某一固定值。

3 油藏压力变化特征

为深入分析油藏压力理论模型与实际特征的匹配程度,分别以单井钻遇纯油层、顶气底油、顶油底水三种情况探讨地层压力数据的线性、压力系数的反比例函数变化,以及在气顶能量、底水浮力、流体弹性能量等的控制下油藏压力的变化。

3.1 地层压力数据与压力系数

KL10-X 井在古近系沙三段钻遇厚度为 4.4 m 的单油层,存在 4 个地层压力测试点。地层压力从钻遇油层顶随海拔深度呈类线性递增,压力系数以反比例函数递减,函数形态出露较为完整,与理论模型相似。

但油藏顶部地层压力变化较大,第一个地层压力数据明显偏离了主体的地层压力趋势线,推测受气顶能量的影响。

3.2 气顶效应

气顶能量是指油气藏气顶中的游离气由于地层高压所蓄积的能量。气顶能量本质上属于弹性能,气体的压缩系数极大[9]。

KL3-X 井在新近系明化镇组钻遇一顶气底油油气藏(气层 3 个测试点,油层 10 个测试点)。

受气顶能量的影响,气层中第 1、2 压力测试数据明显偏离整体地层压力趋势线,相应的压力系数变化也很大。与钻遇纯油层情况类似,地层压力以类线性分布,压力系数以反比例函数分布,函数形态属于反比例函数的上半部分。

4 应用与实践

KL16-X 井位于莱州湾凹陷南部斜坡带,该井在新近系馆陶组上部连续钻遇 5 套油层,除第 3 套砂体测压失败外,其他 4 套砂体分布有测压点 9 个。在常规 $P-H$ 剖面中,整体拟合程度较差，R^2仅为0.997 4，换算出地面原油密度为0.926 7 g/cm³，与现场测试的0.954 9 g/cm³(20 ℃)相差较大，如图1所示。根据油藏压力特征规律及气顶能量的存在形式，油藏顶部－901.6 m数据点明显偏离主体压力趋势线，在排除异常点干扰后重新进行拟合，R^2为1，换算出地面原油密度为0.952 8 g/cm³，更接近于实测数据[10]。

综上所述，KL16-X井在馆陶组顶部钻遇的油层属于同一油藏，利用油藏压力特征能更加真实、有效地识别油藏模式、流体性质，合理评价油气藏规模。

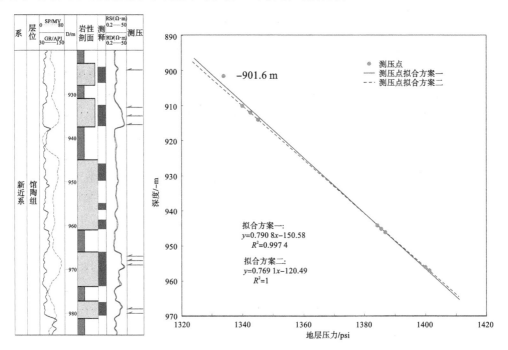

图1　渤海南部海域KL16-X井地层综合柱状图与地层压力-深度图

5　地质意义

在地质体沉积展布不明、油水关系不清、地震资料品质不佳、测压资料许可的情况下，利用同一岩石学层序地层格架下拟合的类直线与反比例函数曲线规律差异进一步判断油层的同一性，此规律已在渤海油田中得到证实，而油藏压力函数形态与组合形式可以作为研究砂体连通关系、流体运移路径、砂体构型等的关键证据[11]。

6　结论

(1)油藏压力随海拔深度呈类直线分布，地层压力系数随海拔深度以反比例函数变化。

(2)油藏压力受气顶能量、底水浮力、流体弹性能量等的直接控制；油藏压力函数形态受油柱高度、流体密度、储层渗透率等因素的控制，油藏压力函数形态与组合形式可以作为研究砂体连通关系、流体运移路径、砂体构型等的关键证据。

(3)气顶能量的存在致使油气藏顶部地层压力数据偏离主体趋势线。

(4)油藏压力特征随海拔深度变化规律的揭示对于认清油藏模式、精细评价油藏规模、合理规划油田开发具有重要意义。

参 考 文 献

[1] 潘福熙.ERCT 电缆地层测试器应用实例研究[J].国外测井技术,2012,(4):45-48.

[2] 马建国,符仲金.电缆地层测试器原理及其应用[M].北京:石油工业出版社,1995.

[3] 陈永生,谭廷栋.地层压力理论和评价 压力计算参考书[M].北京:石油工业出版社,1990.

[4] SHAKER S S. Reservoir vs. seal geopressure gradients: calculations and pitfalls[C]. AAPG 2014 Annual Convention & Exhibition,2014.

[5] 匡立春.电缆地层测试资料应用导论[M].北京:石油工业出版社,2005.

[6] Mark D. Zoback. Reservoir Geomechanics[M]. Cambridge:Cambridge University Press,2010.

[7] 谷宁,陶果,刘书民.电缆地层测试器在渗透率各向异性地层中的响应[J].地球物理学报,2005,48 (1):229-234.

[8] 杨勇,王贺林,岳云福,等.运用 MDT 测井技术准确识别疑难油气层实例[J].中国石油勘探,2006,11 (5):52-57.

[9] 伍友佳.油藏地质学[M].2 版.北京:石油工业出版社,2004.

[10] 张国强,张卫平,李欣,等.电缆地层测试技术在渤海油田的应用研究[J].长江大学学报(自然科学版)理工卷,2010,7(3):528-530.

[11] 钱赓,张建民,刘传奇,等.利用静压数据探讨渤海海域常压油藏砂体连通性[J].石油与天然气地质,2016,37(4):584-590.

高南斜坡带东营组有效储层及相控特征

李 亮 唐小云 刘 晓 杨 岚 苏天喜

（中国石油冀东油田分公司勘探开发研究院 河北唐山 063004）

摘 要：根据钻井岩心、薄片、物性数据等资料，对高南东营组岩性储层特征进行分析，并探讨有效储层与沉积微相的关系。高南东营组以陆源碎屑岩为主，岩石类型主要为岩屑长石砂岩、长石岩屑砂岩，岩屑主要为中酸性火山岩，不稳定组分长石和岩屑含量占50%以上。储集空间主要以粒间溶孔、粒内溶孔为主，储层孔喉组合类型可分为特大孔中喉型孔隙结构、特大孔微细喉型孔隙结构等，为高南东营组有效储层。研究表明，有效储层分布具有明显的相控特点，西部高28×3井区、东部高25×1井区为北物源供给的两条分支河道对应的主河道区，Ⅰ类储层以水下分流河道微相为主，Ⅱ类储层以水下分流河道和河口坝为主。通过上述分析可以认识到有效储层的大体展布方向，同时基于纯砂岩声学特征分析、有利储层岩石物理特征分析参与初始的精细反演，开展高南东营组有效储层研究，精确落实有效发育区，通过高南东营组扇三角洲前缘相带富砂区预测技术，近两年在高南东营组预测有效储层发育面积 60 km²，发现高 179×2、高 28×3 等多个含油区块，新增探明储量×××万吨，动用地质储量×××万吨。

关键词：高南斜坡 东营组 有效储层 岩性圈闭

1 引言

本文在岩心观察、微观镜下薄片鉴定的基础上，阐明了优势储层的特征，探讨了有效储层与沉积微相的关系，揭示了有效储层分布相控的特点，利用地震敏感属性融合处理，形成高南斜坡带东营组扇三角洲前缘相带富砂区预测技术，该技术对于研究区及类似区块有效储层的刻画具有指导意义。

2 储层微观特征

2.1 岩矿特征

对研究区12口取心井的薄片进行分析、化验、鉴定，结果表明高南斜坡带东营组以陆源碎屑岩为主，岩石类型主要为长石岩屑砂岩，岩屑类型为石英、岩屑、长石及泥晶碳酸盐岩内碎屑，岩屑主要为中酸性火山岩，其次为石英岩，还含有少量千枚岩、白云岩、石灰岩、泥岩及云母，长石以钾长石为主，斜长石次之。

2.2 孔喉特征

高南斜坡带东营组发育多种不同成因孔隙组成的孔隙体系，主要有成岩过程中逐渐被压实或充填原生孔和沉积颗粒被溶解而产生的次生孔。在镜下可观察到不同岩石类型孔隙发育程度差异较大,大多数砂岩和中粗砂岩发育缩小的原生粒间孔和骨架颗粒溶孔,而粉砂岩、粉细砂岩储层孔隙发育较差,仅见粒间微孔隙。通过对研究区储层孔隙进行观察,发现溶蚀作用是利于储层发育的重要因素。主要有粒间溶孔、粒内溶孔、铸模孔、晶间微孔和构造缝等五种孔隙类型,其中粒间溶孔是主要的储集空间。根据孔隙的相对丰度,高南斜坡带东营组为构造缝、晶间微孔-铸模孔-粒内溶孔-粒间溶孔的孔隙组合。

喉道是决定储层渗流能力的主要因素,通过对比及观察铸体薄片图像,发现高南斜坡带东营组储层喉道类型主要为特大孔中喉道、特大孔微细喉道,储层总体表现为"孔隙中等、喉道中等"的特点,研究区储层具有中等的孔隙度和渗透率。同时,通过分析压汞曲线数据,发现储层随着埋深的增加,孔隙结构变差,因此寻找有效储层是进一步研究的重点。

3 储层相控特征

通过岩心观察、测井、分析化验,结合前人研究资料[1~5],认为高南斜坡带东营组主要发育扇三角洲及湖相沉积,其中扇三角洲前缘砂体最为发育,主要沉积微相有水下分流河道、河口坝和滩坝等。

通过沉积认识可以确定有效储层的大体展布方向,在高南斜坡带西部高 28×3 井区、东部高 25×1 井区为北物源供给两条分支河道对应的主河道区,在分流河道前端为河口坝区,呈环带状分布,形成有效储层沉积分布的宏观概念,可以为有效储层准确反演奠定基础。

4 有效储层预测

利用正演模拟,明确Ⅰ、Ⅱ、Ⅲ三类储层的地震响应特征,利用 GR、AC、RLLD、CNL 四种曲线与原始录井岩性交汇,分析Ⅰ、Ⅱ、Ⅲ三类储层测井相砂岩与泥岩的物理特征,明确研究区有效储层的声学特征,即自然伽马值小于 86,深侧向电阻大于 2.6。在此基础上,结合纯砂岩解释成果,采用阻抗-伽马交汇分析纯砂岩有利储层参数,确定有利储层门槛值,结果发现砂岩含油、含水阻抗值大于 8900 (g/cm)·(m/s),纯砂岩漏失率为 15%,纯砂岩误判率为 30%。

通过建立正演模型,结合正、反演联合储层预测技术,有利砂组预测对盲井符合率达到 76% 以上。利用高南斜坡带东营组扇三角洲前缘相带富砂区预测技术,近两年在高南斜坡带东营组发现了高 28×3、高 179×2 等多个富油区块,共发现和落实有利岩性地层或构造圈闭 36 个,圈闭面积约 48 km² 。以岩性油气藏为主要目标的再次勘探在高南斜坡带获得成功,为南堡凹陷冀东探区的增储上产作出了巨大贡献。

5 结论

(1)高南斜坡带东营组以陆源碎屑岩为主,岩石类型主要为长石岩屑砂岩,岩屑主要为中酸性火山岩。

(2)高南斜坡带东营组发育多种不同成因孔隙组成的孔隙体系,主要有粒间溶孔、粒内溶孔、铸模孔、晶间微孔和构造缝等,其中粒间溶孔是主要的储集空间。根据孔隙的相对丰度,高南斜坡带东营组为构造缝、晶间微孔-铸模孔-粒内溶孔-粒间溶孔的孔隙组合。溶蚀作用是利于储层发育的重要因素。

（3）高南斜坡带东营组主要发育扇三角洲水下分流河道、河口坝及滩坝等沉积微相。

（4）基于纯砂岩声学特征分析、有利储层岩石物理特征分析，通过高南斜坡带东营组扇三角洲前缘相带富砂区预测技术，在高南斜坡带东营组共发现和落实有利岩性地层或构造圈闭 36 个，圈闭面积约 48 km²，新增探明储量数百万吨，动用地质储量数百万吨。

参 考 文 献

[1] 陈广军,宋国奇,王永诗,等.斜坡带低位扇砂岩体岩性油气藏勘探方法——以埕岛潜山披覆构造东部斜坡带为例[J].石油学报,2002,23(3):34-38.

[2] 卿颖,张敬艺,汪浩源,等.南堡凹陷高南斜坡古近系岩性油藏勘探实践[J].特种油气藏,2013,20(6):48-51.

[3] 熊翥.地层、岩性油气藏地震勘探方法与技术[J].石油地球物理勘探,2012,47(1):1-18.

[4] 贾承造,赵文智,邹才能,等.岩性地层油气藏地质理论与勘探技术[J].石油勘探与开发,2007,34(3):257-272.

[5] 赖维成,宋章强,周心怀,等.地质-地震储层预测技术及其在渤海海域的应用[J].现代地质,2009,23(5):933-939.

鄂尔多斯盆地南缘早寒武世烃源岩发育特征与油气勘探方向

黄军平[1,2]　陈启林[2]　何文祥[1]　徐耀辉[1]　李相博[2]

包洪平[3]　王宏波[2]　章贵松[3]　完颜容[2]　王菁[2]

(1. 长江大学油气资源与勘探技术教育部重点实验室　湖北武汉　430100;

2. 中国石油勘探开发研究院西北分院　甘肃兰州　730020;

3. 中国石油长庆油田公司勘探开发研究院　陕西西安　710018)

摘　要：通过野外踏勘在鄂尔多斯盆地南缘早寒武世新发现了一套高丰度烃源岩,岩性为泥页岩,TOC 最高达 11.18%,类型以 II 型为主,处于高-过成熟演化阶段。这套源岩分布在盆地南缘,其发育受构造背景、陆缘斜坡及深水海湾欠补偿环境共同控制。构造背景控制源岩发育规模,陆缘斜坡及深水海湾欠补偿环境提供了较强的古生产力和强还原环境。同时,这套源岩具有两期生排烃特征,大规模生排烃在 P 末-T1-2,晚期在中、新生代存在二次生烃。

关键词：分布特征　发育模式　高丰度烃源岩　早寒武世　鄂尔多斯盆地南缘

在对包括鄂尔多斯盆地在内的整个华北板块寒武纪时期构造-古地理格局、烃源岩分布特征、生烃指标、发育模式与生排烃特征等方面进行系统研究的基础上,对鄂尔多斯盆地深层寒武系烃源岩进行了重新认识,取得了以下三个方面的认识：

(1)通过野外踏勘,在鄂尔多斯盆地南缘早寒武世新发现了一套高丰度烃源岩,岩性主要为泥页岩,由于经历了较长的热演化过程,部分泥页岩已变质,成为板岩或千枚岩。但该套烃源岩有机质丰度高,均值可达 3.14%,最高值可达 11.18%,且有机质类型较好,为 II 型,部分为 I 型。由于烃源岩经历了较长的热演化过程,等效镜质体反射率(R_o)总体在 2% 以上,处于高-过成熟阶段,新发现的这套烃源岩与戴金星等人(2003)报道的淮南地区早寒武世马店组海相烃源岩品质类似,烃源岩评价指标都达到了好烃源岩标准。

(2)早寒武世高丰度烃源岩主要分布在鄂尔多斯盆地南缘,厚度介于 10~60 m,主要分布在富平—洛川一带。通过对这套高丰度烃源岩发育环境进行研究,认为早寒武世烃源岩的发育受构造背景、陆缘斜坡及深水海湾欠补偿环境的共同控制。一方面,受古地貌凹槽或断陷及深水海湾的影响,早寒武世烃源岩在古地貌凹槽或断陷及深水海湾中较为发育,厚度较大;另一方面,受上升洋流控制的被动陆缘环境和构造运动的共同作用,高丰度烃源岩主要发育在深水陆棚区的古地貌凹槽或断陷及深水海湾等欠补偿环境中,这种环境为高丰度烃源岩的形成提供了较强的古生产力和强还原封闭的沉积环境。

(3)早寒武世烃源岩具有两期生排烃特征,早期大规模生排烃时期发生在二叠纪末期—

早中三叠世,此时秦岭尚未崛起,盆地南缘为一向南倾斜的构造斜坡,盆地南缘庆阳古隆起附近始终是油气运移的指向区;晚期在中、新生代存在二次生烃,这使得在构造活动较弱的富平—洛川海湾及新生代渭河盆地内仍有一定生烃潜力,具有向海湾两侧隆起区供烃的可能。故盆地南缘庆阳古隆起及富平—洛川海湾两侧的隆起区是油气运移的有利位置,其勘探前景值得重视。

本研究由国家油气重大科技专项"岩性地层油气藏区带、圈闭评价方法与关键技术"(编号:2017ZX05001-003)和"陆上油气勘探技术发展战略研究"(编号:2017ZX05001005),国家自然科学基金项目"不同热演化程度湖相泥页岩中 NSO 极性大分子化合物组成与变化"(编号:41672117),中国石油天然气股份公司重大科技专项"中国石油第四次油气资源评价"项目(编号:2013E-0502),湖北省自然科学基金创新群体项目"超深层油气聚集-散失-调整机制及富集要素"(编号:2017CFA027)联合资助。

高温对页岩岩石物理特性影响的研究

熊 健 林海宇 刘向君 梁利喜 李贤胜

（西南石油大学油气藏地质及开发工程国家重点实验室 四川成都 610500）

第一作者：熊健，男，1986 年 12 月生，于 2015 年 12 月博士毕业于西南石油大学，现工作于西南石油大学，副研究员，主要从事复杂地层岩石物理研究，特别是页岩气层岩石物理特性研究，2018 年获四川省科技进步二等奖（排名第四）。

页岩气赋存形式主要以吸附态和游离态为主，且在原始状态下，页岩中的气体处于吸附态和游离态的动平衡状态。现有的页岩气藏开采经验表明，开采初期页岩气井产量主要依赖于页岩中的游离气，而后期页岩气井产量主要依赖于页岩中的吸附气，产量递减快慢主要依靠页岩中吸附气的解吸作用，而升高储层温度是加快页岩气解吸的方法之一。目前，关于温度对富有机质页岩岩石的孔隙度、渗透率、声波、力学特性等物理特性的影响并未进行系统研究，还缺乏足够的认识。因此，本文以四川盆地龙马溪组富有机质页岩为研究对象，研究高温处理后页岩岩石物理特性的变化规律。

随着温度的升高，页岩样品的孔隙度和渗透率先缓慢上升后快速上升，经过 600 ℃温度处理后，页岩样品的孔隙度增加了 4～5 倍，渗透率增加了 80～100 倍。在升温过程中，页岩样品的质量、孔隙度和渗透率发生较明显的变化，说明该过程中存在一个阈值温度，龙马溪组页岩的阈值温度范围为 300～400 ℃。随着温度的升高，页岩样品的纵波、横波速度呈降低趋势，经过 600 ℃温度处理后，页岩样品的纵波、横波速度下降了 20％～30％。随着温度的升高，页岩样品的纵波、横波衰减系数呈增大趋势，经过 600 ℃温度处理后，页岩样品的纵波、横波衰减系数增加了 4～6 倍。随着温度的升高，页岩样品的单轴抗压强度降低，弹性模量下降，泊松比变化规律不明显，其中经过 600 ℃温度处理后，页岩样品的单轴抗压强度降幅达 39％。

XRD 衍射岩性识别技术在二连盆地乌兰花凹陷的应用

张君子 黎 铖 吴 颖 刘建新 阳祖河 李 娟

（中国石油渤海钻探工程有限公司第二录井分公司 河北任丘 062552）

摘 要： 二连探区储层具有类型多样、岩石学特征复杂的特点，且钻井采用高泵压、高转速、切削、研磨的破岩方式，造成岩屑细碎，甚至呈粉末状，岩性识别困难，而岩性识别是井筒地质剖面恢复、地层对比和层位确定的基础。通过 XRD 衍射岩性识别技术，实现了岩石成分精细、定量分析，并结合人工颜色、构造、显示综合分析，形成以矿物检测为主、以人工鉴定为辅的多项岩性识别技术组合，从成分、结构、构造等多角度进行分析，以实现二连盆地乌兰花凹陷储层岩性精准定名。

关键词： 碎屑岩 火成岩 XRD 矿物分析 岩性识别图版 砂岩指数

1 引言

二连盆地乌兰花凹陷构造隶属于温都尔庙隆起的中北部，自北向南依次发育土牧尔、赛乌苏、红格尔和红井四个次级构造带，主要目的层为腾一段和阿四段的砂岩、阿尔善组的安山岩和古生界的花岗岩。随着钻井工艺的进步、复杂井型施工的发展，录井基础条件发生了改变，针对一些岩石类型复杂的储层，岩屑细碎的条件下肉眼识别难度大，无法有效区分，这为录井岩性识别带来了巨大挑战。通过对 X 衍射全岩分析技术进行深入研究，实现了岩石成分精细、定量分析。结合人工颜色、构造、显示综合分析，形成以矿物检测为主、以人工鉴定为辅的多项岩性识别技术组合，从成分、结构、构造等多角度进行识别，较好地解决了乌兰花凹陷岩性精准定名的难题。

2 岩性识别难点

二连盆地乌兰花凹陷碎屑岩类岩性主要为白云质砂岩、灰质砂岩、含砾砂岩、砂砾岩等，火成岩类岩性主要为安山岩、花岗岩等。其中，碎屑岩储层岩性发育过渡岩性，多薄互层，岩屑代表性差，岩性精准定名及厚度划分难度大；安山岩气孔、杏仁等构造发育不均，古生界花岗岩潜山风化壳成分与本体一致，火成岩准确识别难。目前所采用的传统岩性识别方法，现场主要通过人工或借助简单的光学仪器进行岩性识别并建立井筒剖面[1~3]，识别储层；室内主要是在偏光薄片显微镜下进行岩石薄片的鉴定，观察岩石的组分、胶结物、结构、构造等。两者都是定性地描述地层岩性，很难准确地识别岩性。

3 XRD岩性识别方法

3.1 XRD矿物分析

XRD就是X射线衍射分析技术,可以通过材料X射线衍射产生不同衍射图谱,采集地层中各种矿物的相对含量,包括石英、斜长石、黏土矿物、方解石、白云石、黄铁矿等30多种矿物成分,通过矿物组合和成分含量确定岩性。近年来,该技术在录井现场得到了广泛应用,通过定量检测岩屑、壁心、岩心的矿物组成,根据其构成特征的变化,准确判断岩石类型。

3.2 XRD岩性标准的建立

3.2.1 岩性识别图版的建立

针对二连盆地乌兰花凹陷,选取298块标准储层的碎屑岩、火成岩XRD样品数据,按照岩石的XRD矿物组合和含量差异,筛选出岩石中的主要矿物和敏感矿物,最终以石英、长石、其他矿物(或黏土)为三端元建立乌兰花凹陷XRD岩性识别图版,如图1所示。该图版能较好地区分火成岩与碎屑岩。其中,碎屑岩主要为石英和长石,石英含量大于40%,高于长石,其次是黏土矿物和其他。火成岩都是以石英、长石为主,且长石含量高于石英,黏土矿物等泥质含量都很少。同时,该图版可以进一步对安山岩与花岗岩进行划分,安山岩长石含量为40%～70%,花岗岩长石含量一般为30%～60%,花岗岩石英平均含量高于安山岩,长石以斜长石、碱性长石为主,而安山岩的长石以中性斜长石为主。

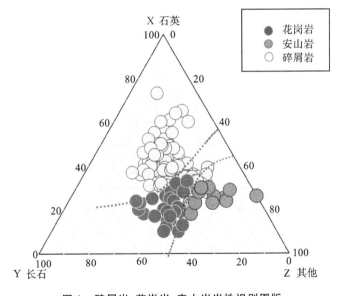

图1 碎屑岩、花岗岩、安山岩岩性识别图版

3.2.2 砂岩指数的建立

为了进一步区分砂泥岩剖面,根据砂岩、泥岩矿物组成的差异,筛选出敏感矿物,根据砂岩指数=(石英+长石)/黏土矿物,计算砂岩指数,从而较好地区分碎屑岩中的砂岩和泥岩。按照国内较为流行的曾允孚等人(1986)提出的砂岩分类三角图版进行分类,XRD矿物成分与岩矿定名对比,两者符合率达92.9%,从而论证了XRD分类图版定名是可行的。

4   现场应用情况

利用录井岩性识别技术对 L18X 井 1812～1818 m、1986～2035 m 井段的岩屑、岩心逐包进行分析：1812～1818 m 井段录井现场描述为砂砾岩，岩石薄片定名为含灰质砂砾岩，通过 XRD 衍射矿物分析，石英含量为 25%～48%，长石含量为 11%～24%，黏土矿物含量为13%～31%，方解石含量为 7%～20%，白云石含量为 4%～7%；1986～2035 m 井段录井现场描述为安山岩，岩石薄片定名为安山岩，通过 XRD 衍射矿物分析，石英含量为 16%～30%，斜长石含量为 35%～52%，黏土矿物含量为 12%～25%，方解石含量为 10%～16%，白云石含量为 4%～7%。对比两井段的矿物含量可以得出，1812～1818 m、1986～2035 m井段岩性矿物含量存在一定的差异，有效区分了碎屑岩与火成岩。1812～1980 m 井段的砂岩指数为 0.66～3.85，较好地区分了砂岩和泥岩。通过录井岩性识别技术(实物观察、岩石薄片、XRD 衍射矿物分析)进行综合分析，可以实现 L18X 井地层多种岩性的精准定名，如图 2 所示。

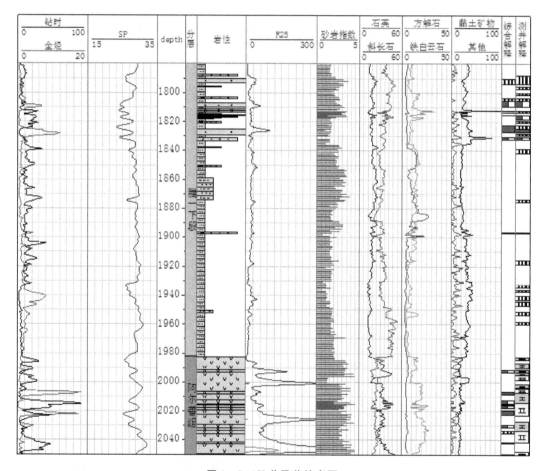

图 2   L18X 井录井综合图

5   结论与建议

(1)二连盆地乌兰花凹陷碎屑岩、火成岩岩性精准定名难，目前采用传统岩性识别方法与 XRD 衍射矿物分析相结合的方式,实现岩性识别从定性化到定量化的转变,使火成岩等复杂岩性在复杂井型施工、地质目标复杂的情况下导致的细末岩屑录井现场能够快速分析识别。

(2)根据 XRD 矿物组合和含量的差异,筛选出岩石中的主要矿物和敏感矿物,以石英、长石、其他矿物(或黏土)为三端元建立乌兰花凹陷 XRD 岩性识别图版,该图版能较好地区分碎屑岩与火成岩。根据砂岩指数=(石英+长石)/黏土矿物,计算砂岩指数,从而较好地区分碎屑岩中的砂岩和泥岩。

(3)目前乌兰花凹陷 XRD 衍射岩性识别技术在录井现场得到了广泛应用,有助于现场岩性剖面准确建立,提高了录井现场岩性剖面符合率,加快了勘探步伐。

参 考 文 献

[1] 张连梁,金兴明,张晓晖,等.X 射线元素录井在柴达木盆地英西地区岩性识别的应用[J].录井工程,2017,28(4):28-33.

[2] 何幼斌,王文广.沉积岩与沉积相[M].2 版.北京:石油工业出版社,2017.

[3] 付连明,申延晴,曹光福,等.XRD 衍射岩性识别技术在准噶尔盆地的应用[J].河南科技,2016,(13):84-86.

水平井地质导向自然伽马探边技术研究

蒋方贵　王嵩然　毕文毅

（长江大学地球物理与石油资源学院　湖北武汉　430100）

摘　要:利用水平井开发可以提高产量和采收率,高的钻遇率能保证产量和采收率。针对水平井轨迹和地层边界的相对位置与自然伽马测井值的关系进行了研究,利用随钻自然伽马测井来计算水平井井眼轨迹和地层边界之间的距离,确定井眼位置;研究了薄互层中探边方法和不同储盖组合探边方法的适用效果。结果表明,自然伽马探边在储盖岩石自然伽马值反差较大时适应性较好。

关键词:水平井　自然伽马　探边技术　随钻测井

1　引言

随着石油工业的发展,水平井钻井技术和地质导向技术作为提高单井产量和采收率的有效手段之一,用近钻头地质导向、工程参数测量和随钻控制手段来保证实际井眼穿过储集层并取得最佳位置[1~4]。本文对前人的研究工作进行系统的总结[5,6],根据自然伽马测井响应原理,模拟计算不同相对位置自然伽马的测井特征,分析并总结该方法在不同岩性储层中的适应性。

2　水平井砂泥岩储层伽马测井识别地层边界原理

假设均匀砂泥岩互层为三层模型,上覆盖层为泥岩,其伽马值为 $GR_{泥}$(为纯岩石中自然伽马测井值),中间层为砂岩储层,其伽马值为 $GR_{砂}$,厚度为 $H(>60\ cm)$。假定自然伽马探测范围是半径为 $R=30\ cm$ 的圆。

如图 1 所示,当水平井在储层中穿行且靠近地层边界时,自然伽马测井仪器探测范围由弓形区域的泥岩盖层贡献,剩余部分由砂岩储层贡献。假设水平井井眼距储层上边界的距离为 d,井眼在上边界之上为正,在上边界之下为负。

若水平井井眼在储层内,伽马测井响应值与地层边界相对位置的关系为

$$GR = GR_{泥}\frac{\pi R^2 - S_{弓}}{\pi R^2} + GR_{砂}\frac{S_{弓}}{\pi R^2} \tag{1}$$

$$GR = GR_{砂} + \frac{R^2 acos(-\frac{d}{R}) + d\sqrt{R^2 - d^2}}{\pi R^2}(GR_{泥} - GR_{砂}) \tag{2}$$

式中,GR 为测井响应值(API),$GR_{泥}$ 为上覆盖层纯岩石中的自然伽马测井值(API),$GR_{砂}$

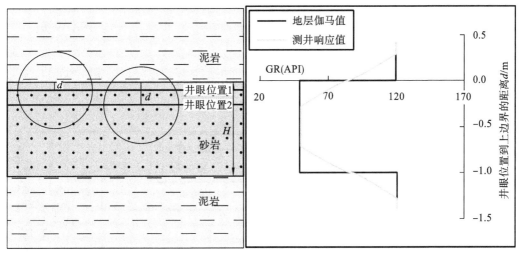

(a)砂泥岩互层模型　　　　　(b) 地层边界相对位置随伽马值变化情况

图 1　砂泥岩互层

为中间储层纯岩石中的自然伽马测井值(API)，R 为自然伽马测井仪器的探测半径(m)，d 为井眼距地层上边界的距离(m)。

3　水平井薄互层边界识别方法

针对中国陆相沉积油层大多为薄互层的特点，将薄互层的储层厚度分为小于探测半径和大于探测半径但小于两倍的探测半径两类模型。

一类薄层：储层厚度 H 小于伽马探测半径 R，如图 2 所示，假设 $H=0.25$ m。

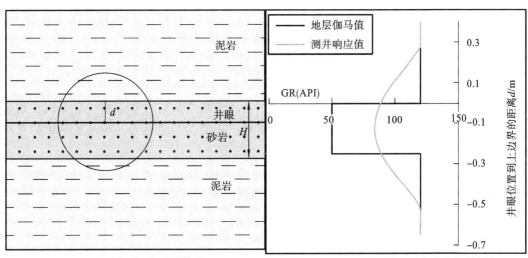

(a)一类砂泥岩薄互层模型　　　　　(b)地层边界相对位置随伽马值变化情况

图 2　一类砂泥岩薄互层

假设储层厚度为 0.25 m，此时伽马测井响应值与地层边界相对位置的关系为

$$GR = GR_砂 + (GR_泥 - GR_砂)$$

$$\frac{R^2 a\cos\left(-\dfrac{d}{R}\right) + d\sqrt{R^2 - d^2} + R^2 a\cos\left(H + \dfrac{d}{R}\right) - (H + d)\sqrt{R^2 - (H + d)^2}}{\pi R^2} \tag{3}$$

二类薄层:储层厚度 H 大于伽马探测半径 R 且小于两倍的伽马探测半径,如图 3 所示,假设 $H = 50$ cm。

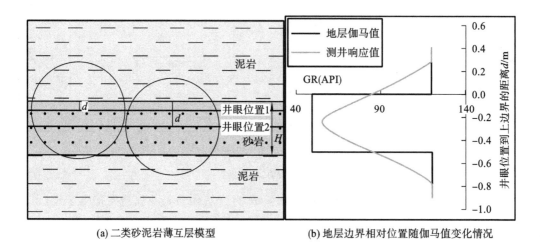

(a) 二类砂泥岩薄互层模型　　　　(b) 地层边界相对位置随伽马值变化情况

图 3　二类砂泥岩薄互层

当储层厚度介于探测半径与探测直径之间时,伽马测井响应模型有两种。其一,井眼位置靠近地层边界时($d + R < H$),自然伽马测井仪器探测范围由弓形区域的泥岩和剩余部分的砂岩贡献,如图 3 中的井眼位置 1,此时响应方程与式(2)是一致的。

其二,井眼位置在储层中间部分时($d + R > H$),此时自然伽马测井仪器探测范围包含上、下两个部分弓形的泥岩和中间部分的砂岩,响应方程与式(3)一致。

4　多种储盖类型中的应用

不同岩性地层的自然伽马测井值差异较大,为了分析不同岩性储层中边界识别方法的适用性,先根据测井解释常用岩石矿物手册和一些文献资料确定各类一般岩石矿物的自然伽马值,然后利用自然伽马探边方法进行分析。

图 4 给出了在多种储盖类型中井眼位置与自然伽马的关系。水平井自然伽马探边技术中沉积岩类储层效果最好,火成岩类储层次之,变质岩类储层最差。

5　结论与认识

(1)精准把握水平井井眼位置对于水平井生产开发来说至关重要。

(2)利用自然伽马测井曲线确定井眼位置,判断水平井的相对位置,为准确预测和控制、调整水平段轨迹、提高油层钻遇率提供一种新思路。

(3)储盖组合自然伽马差值越大,应用自然伽马探边技术效果越好。

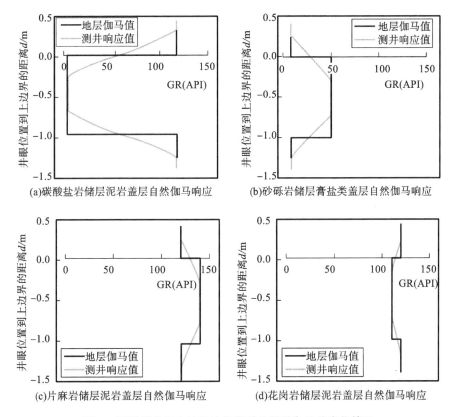

(a)碳酸盐岩储层泥岩盖层自然伽马响应   (b)砂砾岩储层膏盐类盖层自然伽马响应

(c)片麻岩储层泥岩盖层自然伽马响应   (d)花岗岩储层泥岩盖层自然伽马响应

图4 不同储盖组合地层边界相对位置随伽马值变化情况

参 考 文 献

[1] 范英锋,冷洪涛,赵昕.井眼轨迹分析在水平井测井解释评价中的应用[J].内蒙古石油化工,2009,35(20):27-29.

[2] 汪中浩,易觉非,赵乾富,等.水平井测井资料地质解释应用[J].江汉石油学院学报,2004,26(3):70-72.

[3] 罗荣,李双林,崔光.水平井井眼轨迹分析及其应用探讨[J].中外能源,2012,17(7):53-56.

[4] 郑建东,朱建华,闫伟林.大庆长垣扶余致密油水平井测井解释[J].测井技术,2019,43(1):53-57.

[5] 赵军,海川.水平井测井解释中井眼轨迹与油藏关系分析技术[J].测井技术,2004,28(2):145-147,154.

[6] 刘行军,杨新宏,何小菊,等.陇东致密区水平井井眼轨迹与地层关系[J].西南石油大学学报(自然科学版),2017,39(5):51-60.

柴达木盆地尕斯库勒油田新近系浅水辫状河三角洲前缘储层沉积特征

盛　军[1]　柳金城[1]　易德彬[1]　丁晓军[1]　李积永[1]　杨晓菁[2]　张彩燕[1]

(1.中国石油青海油田分公司勘探开发研究院　甘肃敦煌　736202；
2.中国石油青海油田分公司采油一厂　甘肃敦煌　736202)

摘　要:砂体的形态、空间尺度、空间接触关系对于在油田开发后期研究剩余油分布有着重要意义。本文首先通过综合岩心、测井、室内实验等方面的资料,细致地分析了尕斯库勒油田新近系浅水辫状河三角洲前缘储层的沉积特征,其次利用露头资料及密井网条件下的砂体井间刻画成果,对研究区的主要砂体类型进行了空间尺度刻画,并得到相应的数学模型,最后总结了不同砂体在空间上的叠置关系。结果表明,尕斯库勒油田新近系浅水辫状河三角洲前缘储层以长石砂岩、长石岩屑砂岩为主,颗粒磨圆度较差,分选较差,颗粒以点、线接触为主,成分成熟度与结构成熟度均较低。水下分流河道砂体厚度分布在 0.6～5.5 m 范围内,砂体宽度分布在 6.2～181.5 m 范围内,砂体宽厚比平均约为 24.68;河口坝砂体宽度分布在55.1～220.7 m 范围内,长度主要分布在 134.49～475.15 m 范围内,厚度最大可达4 m,最小为 0.8 m;远砂坝砂体宽度分布在 80.65～204.75 m 范围内,长度主要分布在97.68～635.32 m范围内,平均厚度约为 3 m。识别砂体叠置模式的六种类型,包括侧积型、加积型 a(正旋回)、加积型 b(反旋回)、进积型、切叠型、叠置型。

关键词:尕斯库勒油田　新近系　辫状河三角洲　沉积特征

1　引言

近年来,随着开发程度的深入,尕斯库勒油田面临的开发矛盾愈加突出,剩余油表征认识难度大,地质认识上的滞后造成日益精细的开发需求无法满足,严重制约了油田的进一步挖潜增效,因此亟须开展相关地质工作,为剩余油精细表征及下一步的挖潜提供地质依据。本文以辫状河三角洲前缘相为研究对象,辫状河三角洲前缘相主要发育在上干柴沟组(N₁)中上部及下油砂山组(N₂¹)中下部。

2　沉积特征

2.1　物源体系及沉积体系

物源体系反映了沉积物的物源位置及沉积物的搬运路径及距离,明确物源体系对于研究目标区沉积体系有着非常重要的意义[1~3]。目前认为柴西南地区主要存在三种物源:

①北部阿尔金物源;②南部祁漫塔格物源;③西部阿拉尔物源(阿尔金山与东昆仑山混合物源)。

对于尕斯库勒油田新近系储层(N_1-N_2^1),从下向上主要发育湖泊沉积体系、辫状河三角洲沉积体系、辫状河沉积体系。

2.2 岩石学特征

研究区储层岩性主要以长石砂岩、长石岩屑砂岩为主,部分为岩屑长石砂岩。从岩石碎屑组分的比例来看,石英类平均占碎屑总组分的 43.77%,长石类占 29.18%,岩屑类占 18.79%,其中以火成岩岩屑为主。

2.3 沉积微相标志

2.3.1 颜色标志

沉积岩的颜色(原生色)可以反映其沉积时的气候状况、水介质氧化-还原条件,稳定沉积的泥岩颜色更能作为相判断的标志。

2.3.2 沉积构造标志

沉积构造是沉积物沉积时期水动力条件、物源区沉积物粒度、物源供应量的直接反映,可反映沉积介质的性质和能量,据此可分析沉积岩的形成环境,是沉积相划分的重要标志之一[4]。

2.3.3 粒度分布标志

碎屑岩的粒度分布及分选性是衡量沉积介质能量的度量尺度,也是判别沉积时期自然地理环境以及水动力条件的良好标志。

2.3.4 测井相标志

测井相标志主要包括测井曲线的幅度、形态、光滑程度等,本文主要选择了最能反映沉积相特征的自然伽马曲线(成岩作用不强、含油性差的层段参考自然电位曲线和感应电阻率曲线)等进行测井相识别标志的确认[5~7]。

2.4 沉积微相的类型

在岩心观察的基础上,结合测井相特征,共识别了五种沉积微相:①水下分流河道微相;②水下分流河道间微相;③河口坝微相;④远砂坝微相;⑤席状砂微相。

3 砂体空间特征

砂体空间特征主要是指砂体在空间中的发育规模及砂体之间的接触关系,目前空间发育特征的识别与定量描述主要通过地面露头与密井位条件下的砂体刻画。明确砂体空间发育规模及其接触关系对于研究储层构型、精细刻画单砂体有着至关重要的意义。

3.1 砂体发育特征

主要发育了三种类型的砂体:①水下分流河道砂体;②河口坝砂体;③远砂坝砂体。河口坝与远砂坝砂体受纵向多期切叠的影响,长度与宽度的相关性要明显高于厚度与宽度的相关性,根据各构型单元砂体的宽度与厚度以及长度与宽度的关系式,就能利用钻井数据预测微相砂体的三维几何形态和分布,为储层随机模拟提供基础地质约束。

3.2 砂体空间叠置模式

砂体空间叠置是指在小层内部垂向发育的多期次的单砂体间的接触关系。本文在明确沉积体系与微相分布的基础上,按照砂体的空间关系,将研究区砂体的叠置模式主要分为以下五类:①侧积型;②加积型,包括加积正旋回叠置和加积反旋回叠置;③进积型;④切叠型;⑤叠加型。

4 结论

(1)尕斯库勒油田新近系辫状河三角洲前缘储层受北部阿尔金物源、南部祁漫塔格物源和西部阿拉尔物源的共同影响,岩石类型以长石砂岩、长石岩屑砂岩为主。

(2)主要发育了三种类型的砂体:①水下分流河道砂体;②河口坝砂体;③远砂坝砂体。

(3)辫状河三角洲前缘砂体的叠置模式可以分为五种,即侧积型、加积型(正旋回、反旋回)、进积型、切叠型、叠置型。

参 考 文 献

[1] 于兴河,李胜利,李顺利.三角洲沉积的结构——成因分类与编图方法[J].沉积学报,2013,31(5):782-797.

[2] 吴立群,焦养泉,杨琴,等.鄂尔多斯盆地富县地区延长组物源体系分析[J].沉积学报,2010,28(3):434-440.

[3] 张建林,林畅松,郑和荣.断陷湖盆断裂、古地貌及物源对沉积体系的控制作用——以孤北洼陷沙三段为例[J].油气地质与采收率,2002,9(4):24-27.

[4] 陈建强,周洪瑞,王训练.沉积学及古地理学教程[M].北京:地质出版社,2004.

[5] 陈钢花,王中文,王湘文.河流相沉积微相与测井相研究[J].测井技术,1996(5):335-340.

[6] 李军,王贵文.一种分析砂岩沉积相的新方法——测井相分析[J].地质论评,1996,42(5):443-447.

[7] 胡明毅,刘仙晴.测井相在松辽盆地北部泉三、四段沉积微相分析中的应用[J].岩性油气藏,2009,21(1):102-106.

德深 A 区块复杂致密气藏储层预测研究

陈振龙[1] 仲国生[1] 王晓龙[2] 熊玉娟[3] 常永松[1] 金橙橙[1]

(1.吉林油田松原采气厂 吉林松原 138000;
2.长江大学地球物理与石油资源学院 湖北武汉 430100;
3.吉林油田扶余采油厂 吉林松原 138000)

摘　要:本区探评井揭示了较好的油气显示,展示了较大的评价开发潜力。但研究区尚处于勘探与评价早期,纵向有三套含气地层,岩性复杂,包括火山碎屑岩、火山岩、基岩储层,储层总体属于特低孔、特低渗透储层,并且前期基础地质研究工作较少,地层、沉积、储层、流体分布、气藏特征及可动储量规模等均需进一步落实和明确。通过结合区域研究成果,首先进行区域地质统层,建立区域地层格架,然后根据地层及储层精细划分与对比,建立研究区地层格架;在等时地层划分对比的基础上,进行沉积特征及沉积相研究,并利用储层预测技术研究储层发育特征与空间展布规律,同时开展烃检测,优选有利区域。总体上对本井区的潜力有了深入的认识,对进一步扩大开发生产具有重要的指导意义。

关键词:地层对比 沉积相 储层物性 储层预测

1　研究区基本情况

德深 A 区块区域构造位置位于松辽盆地南部东部断陷带德惠断陷中部的华家构造带上,北部与王府断陷接壤,西南部隔怀德凸起与梨树断陷相望,区域地质背景有利[1,2]。

德惠断陷主力产气层为火石岭组和沙河子组,本区处于勘探及评价阶段,通过前期研究,展示了较大的评价开发潜力,但基础地质研究较少,地层特征、沉积特征、储层特征、气藏特征等均有待明确。本次研究通过深化基础地质认识,落实评价开发潜力及有利目标。

2　地层划分与对比

建立了全区的地层格架,识别出 3 个三级层序界面 T41、T42、T5,将沙河子组及火石岭组地层分别划分为 4 段和 3 段。将沙河子组、火石岭组共划分出 7 段、19 个砂组,从探井试气成果来看,出气层主要集中在沙一段、火三段。

3　储层沉积特征研究

火石岭组、沙河子组总体为滨浅湖-深湖沉积体系,发育扇三角洲和近岸水下扇相,研究区重矿物为锆石、绿帘石、石榴石组合,物源主要来自断陷北西方向。

研究区发育扇三角洲-近岸水下扇-滨浅湖-深湖的复杂沉积环境,主要发育近岸水下扇和湖泊两大沉积相类型,并进一步将近岸水下扇细分为内扇、中扇、外扇三个亚相,湖相沉积进一步细分为滨浅湖、深湖-半深湖亚相沉积。

4   储层物性分析

沙河子组储层孔隙度一般为 2%～10%,平均值为 6.7%,渗透率一般为 0.001～1 mD,平均值为 0.097 mD,总体表现为特低孔、特低渗透特点。

火石岭组储层孔隙度一般为 2%～6%,平均值为 3.7%,渗透率一般为 0.01～0.05 mD,平均值为 0.023 mD,与沙河子组储层相比,物性更差,总体表现为特低孔、特低渗透特点。

5   储层预测研究

三维地震资料目的层整体主频为 30 Hz,分辨率相对较低,但保幅性较好,可进行常规属性分析及地震反演研究。

5.1   岩石物理学分析

针对储层类型多、纵向层系跨度大的特点,细分预测单元,开展波阻抗、密度、伽马、孔隙度等多项岩石敏感参数分析,在明确物性控制含气性认识的基础上,确定了孔隙度为反映储层或含油气性的敏感参数,优选吸收衰减分析和分频反演技术,预测有效储层平面及空间展布特征。

5.2   吸收衰减分析

地震波经过含油气储层时发生衰减,且高频成分比低频成分的衰减程度高。地层吸收的不一致性使地震信号的谱结构发生了改变,频谱上表现为低频能量相对增加,高频能量相对减少,故地震频谱衰减分析可以作为含油气检测的手段。

沙河子组的气层与地震吸收衰减异常对应关系一般,尚需探索其他技术进行气层识别;火石岭组的气层与地震吸收衰减异常对应关系良好,可作为气层识别的方法之一。

5.3   分频反演技术

BP 神经网络学习的孔隙度曲线、实测曲线相似程度很接近 1,学习效果还是比较好的,利用这个学习结果建立了孔隙度曲线和单频体、瞬时频率、瞬时相位等属性的非线性映射关系,根据这种非线性映射结果反演孔隙度剖面,反演结果和实际井吻合较好,反演结果可信度较高。

5.4   反演结果分析

5.4.1   沙河子组有效储层分布特征

(1)剖面分布特征:有效储层发育以受物性控制为主,构造控制不明显,物性越好,含气性越好,靠近断层附近储层含气性较好,是气藏富集有利区带。

(2)平面分布特征:有效储层整体沿北西南东向发育,纵向叠合发育在 DS11、DS12、DS17 及 DS16 四个区带上。

5.4.2   火石岭组有效储层分布特征

(1)剖面分布特征:有效储层受物性控制,构造控制不明显,表现上倾尖灭岩性气藏特征。

(2)平面分布特征:高频衰减结果平面上整体预测富集区带与分频反演方法较一致,展现北西南东向展布,有效储层整体分布在 DS12 及 DS1 井南部。

参 考 文 献

[1] 赵志魁,张金亮,赵占银,等.松辽盆地南部坳陷湖盆沉积相和储层研究[M].北京:石油工业出版社,2009.

[2] 姚逢昌,甘利灯.地震反演的应用与限制[J].石油勘探与开发,2000,27(2):53-56.

探究页岩油储层中黏土含量的计算方法

党　微　孙　红　田彦玲　王东旭　温许静

（吉林油田公司勘探开发研究院　吉林松原　138000）

摘　要：对于页岩油这种非常规油气藏，研究基础中的基础是确定黏土含量。因为黏土含量不仅是反映储层岩性、物性的重要参数，同时也是精确求取其他物性参数的基础，更是进行地球物理正演的必要参数，对于计算工程参数、指导压裂选井选层、制订压裂方案，从而提高油井产能都是至关重要的。本文主要通过对 Techlog 的功能进行深度挖掘，同时对岩心数据进行精细梳理与统计，分析总结出四种计算黏土含量的方法。通过对四种方法进行对比分析，总结出最适合该区域页岩储层黏土含量的一种算法 K. mod，从而计算脆性指数，确定工程甜点区域的分布。与此同时，结合地质参数，确定地质的甜点区，最终确定页岩储层老井试油甜点区。

关键词：页岩油气　黏土含量　脆性指数　工程品质

1　计算黏土含量的必要性

地层矿物的主要成分为黏土矿物与脆性矿物，黏土含量的多少决定着脆性指数的大小，从而在平面上能够明确工程甜点的分布区域，同时结合脆性指数指导压裂选层，为工程方案的制订提供支持[1~4]。

2　技术路线

本文对斯伦贝谢公司的测井软件 Techlog 的功能进行深度挖掘，同时对岩心数据进行精细的梳理与统计分析[5~7]，最终确定了四种计算黏土含量的方法。通过对这四种方法进行对比分析，总结出最适合该区域页岩油储层黏土含量的一种算法，从而计算脆性指数，确定工程甜点区域的分布。与此同时，结合地质参数，确定地质甜点区，最终确定页岩油储层老井试油甜点区。

3　主要研究内容

3.1　利用 Quanti 求取组合算法的黏土含量

在岩心刻度测井的基础上，挖掘 Techlog 软件中第一种计算黏土含量的模块 Quanti，该模块的原理是采用多种常规经验公式，根据不同的条件，选择不同的组合算法。

应用自然伽马法、电阻率法、中子密度法等三种常规方法分别对黏土含量进行计算。对于好井眼的井段,应用此三种方法的算术平均值作为该井段的最终黏土含量;对于坏井眼的井段,应用自然伽马法和电阻率法这两种方法的算术平均值作为该井段的最终黏土含量。对结果进行输出,与岩心实验分析数据对比,可以看出误差比较大,进一步验证了常规经验公式对非常规储层的适用性较差。

3.2 利用 Quanti-Elan 解释矿物组分,计算黏土含量

挖掘 Techlog 软件中第二种计算黏土含量的模块 Quanti-Elan,该模块的原理是最优化求解测井响应方程组,同时根据质量控制曲线选择权重,通过图形化交互方式选择参数,最终输出精细的解释结果。

地层的组分大致包括石英、伊利石、油、水,测井曲线包括自然伽马能谱测井曲线、中子能谱测井曲线、密度测井曲线、声波时差测井曲线等,则体积的测井响应方程组为

$$GR = GR_{石英} \cdot V_{石英} + GR_{伊利石} \cdot V_{伊利石} + GR_{水} \cdot V_{水} + GR_{油} \cdot V_{油}$$

$$RHOB = RHOB_{石英} \cdot V_{石英} + RHOB_{伊利石} \cdot V_{伊利石} + RHOB_{水} \cdot V_{水} + RHOB_{油} \cdot V_{油}$$

$$NPHI = NPHI_{石英} \cdot V_{石英} + NPHI_{伊利石} \cdot V_{伊利石} + NPHI_{水} \cdot V_{水} + NPHI_{油} \cdot V_{油}$$

$$\vdots$$

式中:GR、RHOB、NPHI 表示各组分的参数,已知或通过交会图选择;V 表示各组分的含量,是要求解的内容。把结果代入上述方程组的右边,得到重构的 GRT、RHOBT、NPHIT。所有方程归一化的总误差最小时的求解结果,可认为是矿物组分最合理的结果。

从原理分析来看,对于非常规储层,确定不同组分的不同曲线的响应参数难度大,参数多变且不固定,并且邻井之间参数的借鉴性小。因此,对于非常规储层,不建议应用此方法。

3.3 利用 K.mod 模块建立多条曲线与黏土含量之间的关系

继续挖掘 Techlog 软件中第三种计算黏土含量的模块 K.mod,该模块采用了神经网络多层感知技术,基于训练数据建立曲线预测模型,通过交互学习和误差分析来检查模型质量,得到曲线重构的最佳结果。

利用自然伽马、密度、中子、声波时差、电阻率与 LS 元素测井的伊利石干重曲线进行交互学习和误差分析。以测井系列、岩心分析数据齐全的黑×井为标准井,建立模型,同时用邻井黑1井和黑2井进行验证,发现分析误差比较小,由此可认为该模型具有应用性及推广性。

3.4 依托岩心实验数据与放射性元素 U、Th、K 建立关系,求取黏土含量

黏土矿物对放射性元素有吸附作用,同时放射性元素 U、Th、K 与去铀伽马具有很好的相关性,因此放射性元素对页岩油储层中有机质含量及黏土矿物成分有一定的指示作用。在自然伽马能谱测井曲线的基础上,结合自然伽马曲线,在岩心数据刻度的基础上,建立放射性元素 U、Th、K 与黏土含量之间的关系式,即

$$黏土含量 = 5.261 \times U - 4.364 \times K + 1.048 \times Th + 11.396$$

同时利用黑×井和黑×井的相关数据,对上述公式进行验证,发现根据岩心分析数据得到的黏土含量与上述公式计算得到的黏土含量的吻合度比较高,从而验证了该公式的适用性。但是该方法只适用于有自然伽马能谱测井曲线的单井。

4 结论

(1)Quanti 模块计算黏土含量只是常规经验公式的一个组合算法,精度不高,更适用于

常规储层。

（2）Quanti-Elan模块确定组分响应参数难度大，经验值对非常规储层的适用性差，不建议非常规储层使用此方法。

（3）利用放射性元素U、Th、K回归计算黏土含量比较准确，但只适用于有自然伽马能谱测井曲线的单井。建议常规测井可以多测自然伽马能谱，不仅能计算黏土含量，还能确定黏土矿物成分。

（4）K.mod模块综合了多条曲线信息，能够指示储层特征，并且计算灵活，操作方便，算法准确。

参 考 文 献

[1] 吴胜和,熊琦华.油气储层地质学[M].北京:石油工业出版社,1998.

[2] 李艳华,邹长春,刘春芳,等.塔河油田碎屑岩储集层泥浆侵入带的测井响应[J].新疆石油地质,2006, 27(6):712-716.

[3] 范立国,侯启军,陈均亮.松辽盆地中浅层构造层序界面的划分及其对含油气系统形成的意义[J].大庆石油学院学报,2003,27(2):13-16.

[4] 侯启军,冯志强,冯子辉.松辽盆地陆相石油地质学[M].北京:石油工业出版社,2009.

[5] 张建华,欧阳健.泥浆侵入储层电阻率测井动态反演多解性研究[J].2000,24(2):102-107.

[6] 中国石油天然气总公司勘探局.测井新技术与油气层评价进展[M].北京:石油工业出版社.1997.

[7] 曾文冲.油气藏储集层测井评价技术[M].北京:石油工业出版社.1991.

××复杂碳酸盐岩储层地质特征认识

赵海珠 宋德康 倪 诚 陈晓冬 陈 杰 张庆辉 伍坤宇

（中国石油青海油田分公司勘探开发研究院）

摘 要: ××油藏为整体含油、局部富集的大型咸化湖相碳酸盐岩自生自储构造-岩性油气藏,具有地层压力大、油层厚度大、单井产量高、累计产量高的特征。油藏下干柴沟组上段(E_3^2)总体上为滨浅湖-半深湖相沉积,储层具有碳酸盐、陆源碎屑混积的特征,储层岩性主要为含泥灰云岩和泥质灰云岩,部分层段发育砂质灰云岩,属于中-低孔隙度、低-特低渗透率储层,储集空间以晶间孔、粒间孔、溶蚀孔洞及裂缝为主。其中,裂缝-孔洞型储层是××深层产量最大的贡献者。

关键词: ××盆地 ××深层 储层特征 开发方式

1 研究区基本概况

××地区位于××盆地西部坳陷区构造带的西北端,地面以风蚀山地为主,沟壑纵横,海拔为 3000～3900 m,地表地下条件复杂[1~3]。该区地面构造形态为一大型弧形背斜,构造南陡北缓,其东西长约 24 km,南北宽 7～8 km。2013 年利用××三维地震资料初步落实该区断裂结构和构造特征,受两条断层控制,××发育浅、中、深三个构造层。

2 储层地质特征

2.1 沉积特征

受构造-古地貌演化和古气候变化的影响,××油田下干柴沟组上段(E_3^2)沉积环境总体为滨浅湖-半深湖,纵向上经历了初始湖泛期(Ⅳ)、咸化期(Ⅴ-Ⅳ)和盐湖期(Ⅲ-Ⅰ),并以盐湖沉积为标志划分盐间(Ⅰ-Ⅲ)和盐下(Ⅳ-Ⅵ)两个中期旋回。

盐间地层划分了Ⅰ、Ⅱ、Ⅲ三个层组,对应为三个短期旋回。在频繁振荡性湖平面升降变化背景下,盐间处于盐湖期-淡化期振荡变化的演化阶段,发育盐湖和滨浅湖亚相的碳酸盐岩的滩-坪复合体及少量碎屑岩储集体。

盐下地层划分了Ⅳ、Ⅴ、Ⅵ三个层组,对应为三个短期旋回。在频繁振荡性湖平面升降变化背景下,盐下处于半咸化-咸化期的湖盆演化阶段,湖盆水体总体逐渐向上变浅,主要发育浅湖-半深湖亚相的碳酸盐岩的滩-坪复合储集体。

2.2 岩性特征

××油田下干柴沟组的岩石类型复杂多样,X 衍射全岩分析及岩性扫描测井揭示主要为黏土岩、碳酸盐岩、膏盐岩、碎屑岩四大类主要岩性的混积。盐间碳酸盐岩占比45%,碎屑岩占比25%,泥质占比20%,膏盐岩占比10%,盐下碎屑岩含量降低,盐岩减少,硬石膏增多;岩性(含泥、泥质)以灰云岩为主,通过统计5口井的X衍射资料,岩性由泥质、砂质(石英、钠长石、钾长石含量相加)、方解石、白云石、石膏等多种矿物组成,岩性复杂,岩性类型多。通过统计,储层岩性主要为含泥灰云岩和泥质灰云岩,部分层段发育砂质灰云岩。

2.3　物性特征

岩心观察和成像测井处理成果显示,××油田 E_3^2 油藏盐下存在三种储层:一种为裂缝溶蚀都发育的裂缝-孔隙型储层,成像测井处理成果图上有明显裂缝,沿裂缝溶蚀发育,岩心破碎,有角度大小不一的裂缝;另一种为只发育基质孔隙的孔隙型储层,成像测井处理成果图上无裂缝发育,岩心完整;还有一种为裂缝-孔隙互补型储层,孔隙和裂缝共存,但发育程度都不高。

通过研究分析确定,××油田储集空间类型复杂多样,包括原生基质孔(晶间孔、微孔)、溶蚀孔、洞和缝,其中基质孔和溶蚀孔、洞分布广,随着储集空间由小到大,储层渗流能力由弱到强,裂缝的主要作用是改善储层的渗流能力。

"孔、洞、缝"多重介质组合关系是储层高产的关键因素,根据储集空间配置关系,将××油田盐下划分为三类储层,即裂缝-孔隙型储层、孔隙型储层和裂缝-孔隙互补型储层。裂缝-孔隙型储层中基质孔隙和裂缝孔隙都发育,该类储层是最为有利的储层类型;孔隙型储层以基质孔隙为主,主要为不同尺寸的溶蚀孔、晶间孔,裂缝不发育或者欠发育,有利于油气聚集,可长时间稳产(见图1);裂缝-孔隙互补型储层孔隙、裂缝共存,但发育程度都不高。

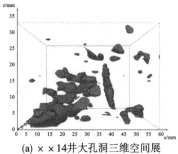 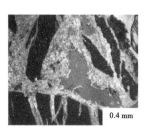 

(a) ××14井大孔洞三维空间展　　　(b) ××14井大孔洞铸体薄片　　　(c) ××14井基质溶蚀孔隙
　　布数字模型　　　　　　　　　　　　　　　　　　　　　　　　　　铸体薄片

图1　孔隙型储层储集空间

2.4　储层分类

根据储集空间配置关系和储层物性参数,将××油田 E_3^2 油藏储层分为三类,如表1所示。

表1　××油田 E_3^2 油藏储层综合分类表

××油田 E_3^2 油藏储层划分标准		裂缝孔隙度 FVPA/(%)		
		FVPA≥0.15	0.03≤FVPA<0.15	FVPA<0.03
基质孔隙度 /(%)	Φ≥8	I 类	I 类	I 类
	6≤Φ<8	I 类	I 类	II 类
	3≤Φ<6	I 类 II 类	III 类	干层
	Φ<3	干层	干层	干层

Ⅰ类储层分为两种：一种是基质孔隙度大于 8%，裂缝孔隙度小于 0.03%；另一种是裂缝孔隙度大于 0.15%，基质孔隙度只需要大于 3%。Ⅱ类储层基质孔隙度为 6%～8%，裂缝孔隙度小于 0.03%。Ⅲ类储层基质孔隙度为 3%～6%，裂缝孔隙度为 0.03%～0.15%；基质孔隙度小于 6%，裂缝孔隙度小于 0.03%。

3 结论

(1)××油田下干柴沟组上段(E_3^2)沉积环境总体为滨浅湖-半深湖，纵向上经历了初始湖泛期、咸化期和盐湖期，并以盐湖沉积为标志划分盐间和盐下两个中期旋回。

(2)××油田下干柴沟组的岩石类型复杂多样，主要为黏土岩、碳酸盐岩、膏盐岩、碎屑岩四大类主要岩性的混积，储层岩性主要为含泥灰云岩和泥质灰云岩。

(3)××油田储集空间类型复杂多样，包括原生基质孔(晶间孔、微孔)、溶蚀孔、洞和缝，其中基质孔和溶蚀孔、洞分布广。

(4)根据储集空间配置关系和储层物性参数，将××油田 E_3^2 油藏储层分为三类。Ⅰ类储层具有初期高产但递减较快、后期稳产的特点，是目前××油田深层产量最大的贡献者。Ⅱ类储层具有改造后能够达到工业产能，但相对维持时间较短的特点。

参 考 文 献

[1] 徐怀民,林玉祥,郗风云,等.茫崖坳陷下第三系有机酸形成演化及空间分布[J].石油勘探与开发,2000,27(6):23-25.

[2] 李延钧,江波,张永庶,等.柴西狮子沟构造油气成藏期与成藏模式[J].新疆石油地质,2008,29(2):176-178.

[3] 李元奎,王铁成.柴达木盆地狮子沟地区中深层裂缝性油藏[J].石油勘探与开发,2001,28(6):12-15.

镇泾长 8 油藏复杂地应力特征研究

王园园　邓虎成　侯　林　夏　宇

（成都理工大学能源学院　四川成都　610059）

摘　要：地应力研究是油藏开发过程中各种工程决策的重要依据。本文采用周向波速各向异性法及黏滞剩磁法确定研究区地应力方向，利用差应变法测量地应力的大小。研究表明，镇泾长 8 油藏水平最大主地应力方向为北东 60.9°到北东 103.1°之间，平均水平最大主地应力方向为北东 81.6°，平均水平最小主地应力方向为北东 171.6°。采用差应变法测试垂直主地应力梯度为 0.024 9～0.025 2 MPa/m，平均为 0.025 0 MPa/m；水平最大主地应力梯度为 0.018 5～0.020 3 MPa/m，平均为 0.019 8 MPa/m；水平最小主地应力梯度在 0.015 4～0.017 0 MPa/m 范围内，平均为 0.016 1 MPa/m。

关键词：镇泾长 8 油藏　地应力研究　周向波速各向异性法　黏滞剩磁法　差应变法

1　引言

镇泾长 8 油藏具有低孔、特低渗的特征，不经过压裂改造，油井基本无自然产能，而地应力则是进行压裂设计优化的基础[1]。虽然前人对镇泾长 8 油藏的地应力进行了测试和分析，但目前所具有的研究测试结果不一致，这为镇泾长 8 油藏的压裂优化设计带来了诸多难题。本文采用黏滞剩磁法确定地应力的方向，利用差应变法测量主应力的大小，从而为开发井网布局及保护套管等措施的提出提供依据，为高效开发镇泾区块做足准备。

2　地应力测试分析方法

2.1　黏滞剩磁法确定主应力方向

岩石中往往含有铁磁性矿物，在成岩作用过程中，由于受到客观存在的地磁场的作用，岩石记录了其形成时的地磁场特征[2]，利用岩石可记录其形成时的黏滞剩磁特征，从而得到水平最大主应力与地理北极的夹角方向，即水平最大主应力方向[3,4]。

2.2　地应力大小测试

差应变分析测试就是通过对试样进行室内三维试验来确定主地应变的方向及大小，并由此确定主地应力的方向及大小。在试验时，对试样加围压过程中，岩石的压缩可看作应力释放时岩石膨胀的逆过程，当岩石的力学性质为各向同性，且知道主应力值时，可利用主应变的比值关系确定地应力的大小[5~7]。

3 结果分析

3.1 地应力方向测试结果

图1所示为黏滞剩磁方向统计结果。黏滞剩磁与波速各向异性测量结果表明,镇泾长8

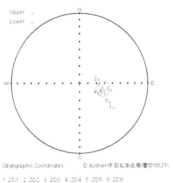

红河 16 井

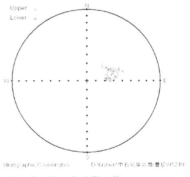

红河 26 井

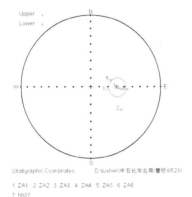

红河 37 井

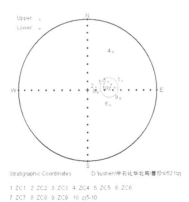

红河 103 井

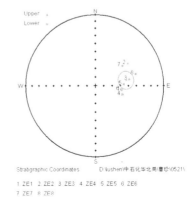

镇泾 5～10 井

镇泾 18 井

图 1 镇泾长 8 油藏黏滞剩磁统计结果分析图

油藏水平最大主地应力方向为北东 60.9°到北东 103.1°之间,平均水平最大主地应力方向为北东 81.6°,平均水平最小主地应力方向为北东 171.6°。

3.2 地应力大小测试结果分析

对镇泾长 8 油藏进行了 6 块岩心的差应变测试及分析,测试结果如图 2 所示。镇泾长 8 油藏差应变测试垂直主地应力梯度为 0.024 9～0.025 2 MPa/m,平均为 0.025 0 MPa/m;水平最大主地应力梯度为 0.018 5～0.020 3 MPa/m,平均为 0.019 8 MPa/m;水平最小主地应力梯度为 0.015 4～0.017 0 MPa/m,平均为 0.016 1 MPa/m。

镇泾长 8 油藏差应变测试结果表明,镇泾长 8 油藏地应力垂直主地应力大于水平最大主地应力。

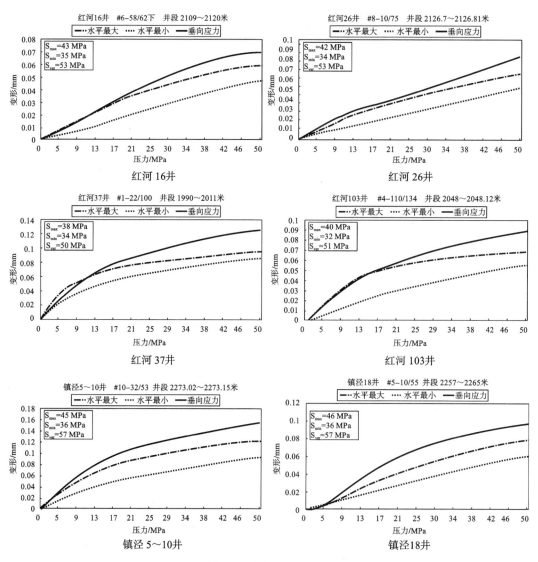

图 2　镇泾长 8 油藏差应变测试结果图

4 结论与认识

（1）黏滞剩磁测量结果表明，镇泾长 8 油藏水平最大主地应力方向为北东 60.9°到北东 103.1°之间，平均水平最大主地应力方向为北东 81.6°，平均水平最小主地应力方向为北东 171.6°。

（2）镇泾长 8 油藏差应变测试垂直主地应力梯度为 0.024 9～0.025 2 MPa/m，平均为 0.025 0 MPa/m；水平最大主地应力梯度为 0.018 5～0.020 3 MPa/m，平均为 0.019 8 MPa/m；水平最小主地应力梯度为 0.015 4 ～0.017 0 MPa/m，平均为 0.016 1 MPa/m。

（3）镇泾长 8 油藏差应变测试结果表明，镇泾长 8 油藏地应力垂直主地应力大于水平最大主地应力，压裂裂缝为垂直缝。

参 考 文 献

[1] 李志明，张金珠.地应力与油气勘探开发[M].北京：石油工业出版社,1997.
[2] 金衍,陈勉,郭凯俊,等.复杂泥页岩地层地应力的确定方法研究[J].岩石力学与工程学报,2006,25(11):2287-2291.
[3] 张广清,金衍,陈勉.利用围压下岩石的凯泽效应测定地应力[J].岩石力学与工程学报,2002,21(3):360-363.
[4] 边芳霞,林平,王力,等.油气井压裂时地层岩石新的破裂压力计算模型的建立[J].钻采工艺,2004,27(6):19-22.
[5] 中国科学院地球物理研究所,《地磁 大气 空间研究及应用》编委会.地磁 大气 空间研究及应用[M].北京：地震出版社,1996.
[6] 周文,闫长辉,王世泽,等.油气藏现今地应力场评价方法及应用[M].北京：地质出版社,2007.
[7] 谢润成,周文,单钰铭,等.考虑岩样尺度效应时钻井液对岩石力学性质影响的试验评价[J].石油学报,2008,29(1):135-138.

川西坳陷东坡地区沙溪庙组天然气藏断裂与油气运聚关系研究

夏 宇 邓虎成 王园园

（成都理工大学能源学院 四川成都 610059）

摘 要：川西坳陷自发现以来，一直是油气勘探的热门地区，但对该区的油气成藏模式的研究工作依旧相对薄弱，现已成为制约川西坳陷的重要因素，尤其是受断裂控制的区域。为了明确川西坳陷东坡地区沙溪庙组天然气藏断裂与油气运聚的关系，利用测井、录井等资料，结合包裹体均一温度、碳氧同位素等测试分析数据，对研究区断裂期次、发育规模以及对油气运聚的控制作用进行研究。研究结果表明，该区主要经历了三期断裂活动，具有一定的规律性，平面上由南向北迁移，烃源断裂具有自南向北形成演化逐渐变晚的特征，且研究区单一断裂区有利于成藏，断裂未断穿沙溪庙组更利于油气成藏，断裂夹持区成藏与断层产状组合有关，这些对于储层预测和油气勘探具有指导性意义。

关键词：川西坳陷 沙溪庙组 天然气藏 断裂 油气运聚

1 地质概况

川西坳陷位于四川盆地西部，北邻秦岭造山带，西受青藏高原东缘构造带围限，加上扬子地块自身的推挤作用，于晚三叠世以来形成了北西—南东向、南北向和东西向三大动力系统交汇叠加的局面。研究区川西坳陷东坡地区紧邻龙门山断裂带，构造样式复杂多样，中侏罗统沙溪庙组是本次研究层段。沙溪庙组气藏是典型的致密砂岩气藏，厚度为 $500 \sim 2200$ m，以叶肢介页岩为分界标志，可将沙溪庙组分为上、下两段。沙溪庙组属于三角洲沉积体系，物源主要来自北面米仓山，砂体总体呈北东—南西向展布，主要发育三角洲平原和三角洲前缘亚相。

2 断裂特征研究

2.1 断裂期次的研究

研究中常用断裂充填物的碳氧稳定同位素分析、充填物包裹体测温等方法来确定断裂形成演化过程中的主要期次，为多期断裂系统的评价及在油气富集过程中的主要作用提供基础[1~3]。

应用包裹体测温数据判断断裂形成时的应力类型，显示构造活动的力源机制[4,5]。包裹体不同的温度分布对应不同的活动期，沙溪庙组包裹体测温显示裂缝形成期次可分为三期：

①第一期为 90～100 ℃区间范围;②第二期为 110～130 ℃区间范围;③第三期为 160～170 ℃区间范围。均一温度较低的包裹体可能形成于断裂活动之前,而均一温度较高的包裹体可能受到热事件的影响。

通过对研究区块裂缝充填物的碳氧稳定同位素测定,无论是低角度裂缝充填物还是高角度裂缝充填物,其充填的方解石 $\delta^{13}C$ 值相差较大,$\delta^{18}O$ 特征也相差较大,这说明充填物是多期产物,反映了裂缝是多期构造运动形成的。进一步将测试得到的数据按照裂缝类型、充填程度进行交会图分析,结合本地区构造演化史,可见研究区沙溪庙组的裂缝期次可以划分为三期,经历三期构造运动,即燕山中期、燕山晚期和喜山期。

2.2 断裂规模的研究

燕山中期断裂发育比较受局限,为断裂发育的雏形阶段,断裂总体上表现为隐伏断裂在知新场-石泉场构造地层中的"Y"字形断层是由于燕山早幕构造运动而形成的,并逐渐形成早期的断裂构造圈闭。燕山晚期断裂开始大范围发育,南部石泉场、知新场断裂继承发展。喜山期石泉场、知新场以及东部平缓区断裂多为继承发展,新生断裂稀少,合兴场则以新生断裂为主,最终形成现今的断裂展布特征。断裂活动具有规律性,表现在:主要烃源断裂在南部早期发育相对密集,晚期发育相对稀疏;主要烃源断裂在北部早期发育受局限,晚期发育相对密集。平面上主要烃源断裂具有自南向北形成演化逐渐变晚的特征,断裂活动在平面上由南向北迁移。

3 断裂系统对油气富集的控制作用

研究区裂缝分布密集,油气的聚集很大程度上受控于断裂的组合。在对工区高产油气区高庙子构造和中江构造进行断裂组合特征分析以及与研究区其他油气相对低产的构造区块进行对比后发现,断裂组合控制了对接砂体油气充注丰度,其中多断裂网络区导致供烃分散和逸散,砂体油气充注丰度相对低,单一断裂区供烃集中,砂体油气充注丰度高。

断裂发育区断层是油气运移的重要通道,断裂的断穿层位直接影响了对接砂体的油气充注丰度[6]。当断层未断穿沙溪庙组断裂区时,下部油气经断裂运移到沙溪庙组砂体,在构造高点聚集成藏,这类气藏成藏效率高,油气充注丰度高;而当断层断穿沙溪庙组层位的断裂区时,油气大部分通过断层向上部层位分散和逸散,导致这些区块的油气充注丰度低,油气成藏条件差。

断裂夹持区油气富集区平面上集中在构造高点,纵向上受断层产状和油气在夹持区逸散情况的影响。由断层产状控制的 Y 形构造越往上的地层保存条件越好,因此油气在此富集,而反 Y 形断裂夹持区构造越往下的地层保存条件越好,因此造成了在不同断裂夹持区油气富集在沙溪庙组上部层位、下部层位的差异。

4 结论

(1)川西坳陷东坡地区沙溪庙组主要发育三期断裂,分别是燕山中期、燕山晚期和喜山期。平面上主要烃源断裂具有自南向北形成演化逐渐变晚的特征,断裂活动在平面上由南向北迁移。

(2)川西坳陷东坡地区沙溪庙组单一断裂区更有利于成藏,未断穿沙溪庙组更有利于油气成藏,断裂夹持区成藏与断层产状组合有关。

参 考 文 献

[1]　李智武,刘树根,陈洪德,等.川西坳陷复合-联合构造及其对油气的控制[J].石油勘探与开发,2011,
　　　38(5):538-551.

[2]　李智武,刘树根,林杰,等.川西坳陷构造格局及其成因机制[J].成都理工大学学报(自然科学版),
　　　2009,36(6):645-653.

[3]　袁红英.川西坳陷东坡沙溪庙组成藏过程研究[D].荆州:长江大学,2017.

[4]　安红艳.川西坳陷中段侏罗系沙溪庙组和遂宁组物源分析及油气地质意义[D].成都:成都理工大
　　　学,2011.

[5]　王丽英,王琳,张渝鸿,等.川西地区侏罗系沙溪庙组储层特征[J].天然气勘探与开发,2014,37(1):1-
　　　4,9.

[6]　苏华成,贾霍甫,曹波,等.川西坳陷南北向构造带须家河组断层封闭性分析[J].四川地质学报,2018,
　　　(2):208-211.

埠岛油田东部斜坡带构造特征及其
对油气成藏的控制作用

罗　阳　张在振　杨　斌　刘文芳　蒋晓澜　张　磊

（中国石化胜利油田分公司海洋采油厂　山东东营　257237）

摘　要：为了明确构造特征及其对油气成藏的控制作用，在三维地震资料精细解释的基础上，对其断裂类型及发育特征进行解剖分析，并对断裂与油气成藏的关系进行探讨。综合研究表明：东部斜坡带的东部陡坡带发育的埠北30北断层具有走滑-拉张性质，西部缓坡带发育一系列具有拉张性质的断层，构造样式主要为伸展构造样式和走滑-伸展构造样式；埠北30北断层持续活动控制东营组沉积，继承性发育的大沟道控制了浊积扇砂体展布；砂岩和不整合为油气侧向运移的通道，断层是油气垂向运移的通道；伸展作用和走滑作用共同作用，形成了陡坡带有利圈闭。

关键词：埠岛油田　东部斜坡带　构造特征　油气成藏

1　区域概况

胜利海上埠岛油田位于山东省东营市河口区渤海湾南部的极浅海海域，其东部斜坡带位于埠岛油田主体东北部，水深 15～20 m，勘探面积为 200 km²。埠岛油田东斜坡地区共发现古生界、下第三系沙河街组、东营组、上第三系馆陶组四套含油气层，其中东营组是主要含油气层。

埠岛油田东部斜坡带是埠北低凸起向渤中凹陷倾覆的斜坡带，地层整体向北东方向倾斜。受控于古地貌和埠北30北断层的活动，具有南高北低、东西分带、中洼侧隆、东断西坡北凹陷的构造特征，这奠定了本区特有的宏观沉积体系展布以及油气运聚成藏与分布特征。

2　构造特征

构造发育和构造演化是影响盆地油气集聚的主要因素之一。东部斜坡带处于济阳坳陷与渤中坳陷结合部的浅海地区，且郯庐断裂带邻近该区，平面上为东断西坡南高北洼的构造格局，在结构上可划分为东部陡坡带、北部洼陷带和西部缓坡带。

2.1　断层成因类型

东部斜坡带区域地质作用主要为伸展作用，同时郯庐断裂带对本地区的走滑作用具体表现为：平面上，埠北30南断层与埠北30北断层及其派生断层呈反向帚状构造特征；剖面上，两条右旋走滑断层之间的区域产生增压挤压作用，在叠置区形成拱起。因此，东部斜坡带受古近纪东西向拉张,表现为明显的伸展作用,使得局部断层具有走滑特征。

埕北 30 北断层位于东部陡坡带,规模大,延伸远,北部呈近北东向展布,南端呈近东西向展布,古近纪至第四纪持续活动,在古近纪东西向伸展作用的背景下受郯庐断裂带右旋走滑作用影响,具有走滑-拉张性质,派生断层平面上呈帚状和雁列式分布并控制了区域沉积。

近东西走向的埕北 8 断层,北西向的胜海 8 南、胜海 10 南断层,近北东走向的胜海 8 北断层分布在区域西部缓坡带,具有拉张性质,古近纪至新近纪持续活动,十分有利于油气的运移和聚集。

2.2　构造样式特征

构造样式为同一应力作用或同一构造变形作用所产生的构造形迹的总和[1],是盆地构造演化分析的重要内容,不同的构造样式反映了不同类型的动力学特征[2]。本文通过前期大量剖面分析发现,伸展作用和走滑作用控制了该区的构造演化,依据力学性质将青南洼陷构造样式分为伸展、走滑-伸展两种类型。

伸展作用主导了该区的构造演化,伸展构造样式在整个斜坡带均有发育,主要发育有"Y"字形组合、"人"字形断层和"X"字形断层等。其中,"Y"字形组合和"人"字形断层主干断层在古近系到馆陶-明化镇组沉积期持续活动。

东部斜坡带靠近郯庐断裂带,在新近纪受其右旋走滑作用影响,发育多级"Y"字形走滑-伸展构造样式。浅层次级断层发育,与主干断层形成多级"Y"字形组合样式,说明本地区在拉张作用的背景下在东营期末期被走滑作用改造。

3　构造对油气成藏的控制作用

3.1　构造对沉积的控制作用

中生代断层的切割作用,形成了大的沟梁相间的古地貌特征。古近纪以后在原有古地貌上继承性发育,形成了北东向展布的沟谷和高地,二者相间分布,自南向北发育了四条大型沟谷,分别是埕北 32 西、埕北 8、胜海 8 和胜海 10 沟谷。

东部斜坡带受埕北 30 北断层持续活动控制,在东营组依次发育深水湖-浊积扇沉积体系、扇三角洲-滑塌浊积扇体系、辫状河三角洲体系,晚期则以低弯度河流-冲击平原相体系覆盖全区。大型沟谷控制了东营组早期浊积扇和扇三角洲展布,同时断层的活动为浊积扇滑塌的重要触发机制。

东营组下段沉积相图如图 1 所示。

以东营组下段沉积为例,Ed8＋9 砂组沉积时期,以沟谷为物源通道,主要发育两期、四个规模较大的斜坡浊积扇体;Ed 7 砂组为扇三角洲-滑塌浊积扇体系,为胡退期,Ed 7 砂组时期,沟谷开始充填,为多物源沉积;Ed 6 砂组时期,斜坡沟谷基本填平。

3.2　断裂与输导体系

油气输导体系是指连接源岩与圈闭的各种运移通道所组成的输导网络[3,4],洼陷生成的油气可沿断裂和砂体流体通道向构造高部位运移,且在不同区域输导体系结构有所不同。

剖面上,陡坡带存在渗透性砂岩-断裂、断裂-渗透性砂岩等输导体系,缓坡带存在砂岩-不整合、断层-砂岩、砂岩-不整合-断层、不整合-断层-砂岩等多种类型的输导体系。其中,砂岩和不整合为油气侧向运移的通道,断层是油气垂直运移的通道。

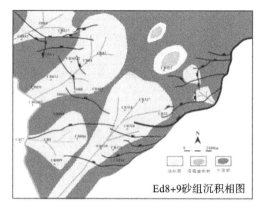

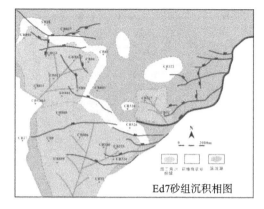

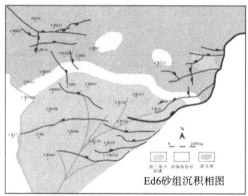

图1 东营组下段沉积相图

平面上,本地区有北西、北北西、近东西向和北东向的断裂走向。东营组砂体主要走向为北东、北北东、北东向,与多组断裂方向垂直,组成了很好的砂体-断裂输导体系,加上斜坡上的沙一段底部不整合面,使得洼陷部位的油气可以通过这种侧向与垂向运移的组合向斜坡上及上部层系运移。在输导体系的末端,如砂体的顶部侧翼以及断层附近,都是油气运移指向区。

埕岛油田东部地区东营组油气输导模式图如图2所示。

3.3 伸展与走滑构造及有利圈闭

埕北30北断层为主干断层,深切基底,断层上盘在东营组发育逆牵引背斜,对地层沉积有明显的控制作用。在古近纪晚期的构造演化中,走滑作用的右旋及其与伸展作用的匹配形成压扭作用,使断层上盘在东营组地层发育背斜等类型圈闭,在两种作用的共同影响下形成了陡坡带埕北32-325-326一线有利圈闭。

4 结论

(1)东部斜坡带处于济阳坳陷与渤中坳陷结合部,受区域拉张力和剪切力共同作用,发育伸展和走滑-伸展构造样式,其中伸展构造样式发育在西部缓坡带,主要的构造样式有"Y"字形组合、"入"字形断层和"X"字形断层,走滑-伸展构造样式发育在东部陡坡带,发育多级"Y"字形组合样式。

(2)埕北30北断层下控制区域沉积体系,在东营组依次发育深水湖-浊积扇沉积体系、

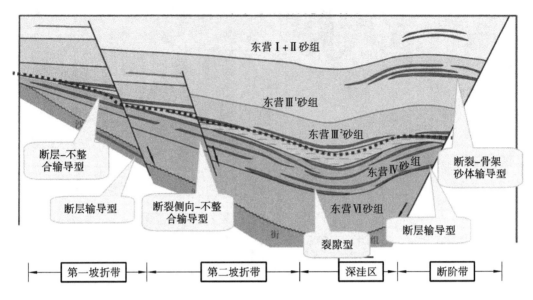

图2　埕岛油田东部地区东营组油气输导模式图

扇三角洲-滑塌浊积扇体系、辫状河三角洲体系,晚期则以低湾度河流-冲击平原相体系覆盖全区。在早期继承性发育的大沟道控制了浊积扇和扇三角洲等有利于砂体的展布,同时断层活动是东营组下段主要储层浊积扇滑塌的重要触发机制。

　　(3)陡坡带存在渗透性砂岩-断裂、断裂-渗透性砂岩等输导体系,缓坡带存在砂岩-不整合、断层-砂岩、砂岩-不整合-断层、不整合-断层-砂岩等多种类型的输导体系。

　　(4)走滑作用的右旋及其与伸展作用的匹配形成的压扭作用以及逆牵引构造为陡坡带提供了有利的油气藏圈闭。

参 考 文 献

[1]　李政,张春荣,刘庆,等.青南洼陷烃源岩生烃演化特征[C].第十届全国有机地球化学学术会议论文摘要汇编,2005.

[2]　范长江,时丕同,王振华,等.埕岛油田"网毯式油气成藏"动力学分析[C].2018 IFEDC油气田勘探与开发国际会议,2019.

[3]　梁书义,刘克奇,蔡忠贤.油气成藏体系及油气输导子体系研究[J].石油实验地质,2005,27(4):327-332.

[4]　赵忠新,王华,郭齐军,等.油气输导体系的类型及其输导性能在时空上的演化分析[J].石油实验地质,2002,24(6):527-532,536.

一种改进的多点地质统计反演方法

王立鑫[1]　尹艳树[1]　赵学思[2]

(1.长江大学地球科学学院　湖北武汉　430100；
2.延长石油(集团)有限责任公司研究院　陕西西安　710069)

摘　要: 从多点地质统计方法的角度出发,改变训练图像的形式,用多个方向的二维切片作为训练图像,以期构建三维模式,进而实现多点反演的目的。即在原有资料的基础上,修改训练图像的扫描方式,采用不同方向的搜索模板扫描对应方向的训练图像,获取各个方向上的概率,采用适当的融合策略对不同方向的概率进行融合,得到待估点处的模式,再抽取岩石物理属性,合成地震记录,选取最优保留。

关键词: 多点地质统计　地震反演　地质统计建模　训练图像

地质统计学反演这一概念是1992年由Bortoli提出来的,1994年Haas和Dubrule等人最早利用地质统计学中的序贯高斯模拟技术与地震反演相结合,根据地质统计学理论,从井位外推整个波阻抗剖面,并以与实际地震数据的相似程度作为地震反演结果的判别准则,这就是地质统计学反演的实际应用。1999年,Torres将道积分反演方法和地质统计学反演方法进行了比较,并在随机反演过程中增加了波阻抗对岩性、密度的独立转换,拓宽了反演的范围[1,2]。

多点地质统计学由Guardiano和Srivastava于1993年提出,其目的就是根据有限的地质资料,建立训练图像,并在局部条件数据的约束下,从训练图像中寻找最优的数据事件,作为待估点的模拟实现[3]。近二十年来,多点地质建模算法发展迅速,从训练图像的生成、优选到多点地质建模算法的选择,都形成了较为系统的体系,但基于多点地质统计学的地震反演方法尚处于探索阶段。González教授于2008年开展了基于Simpat算法的多点地质统计学反演方法的尝试,取得了不错的效果[4]。尹艳树和赵学思等人在2018年提出了一种基于多点地质统计学的储层反演新方法。刘兴业于2018年提出了联合多点地质统计学与序贯高斯模拟技术的随机反演方法,能够在较少的迭代次数内同时获得具有较高分辨率的岩相和物性参数反演结果。近几年,多点地质统计反演方法已经开始由理论转为实践,形成了完整的体系,其基本步骤包括:

(1)统计岩石相与物理属性统计关系;

(2)建立合适的三维训练图像,并选取适当的搜索样板,同时确立模拟的路径;

(3)根据搜索样板获得的条件数据事件,在训练图像中寻找匹配的相模式,按照匹配的相模式抽取岩石物理属性(速度、密度),计算该模式的合成地震记录,并与原始地震记录对比,选取误差最小的模式保留;

(4)依次对整个工区网格节点进行反演；

(5)在前一次反演的基础上,对反演结果中误差较大的区域再次进行反演,重复步骤(5)至工区反演结束；

(6)若反演结果误差仍未达到要求精度,继续重复步骤(5)至符合要求,结束迭代,输出反演结果。

由于受限于多点地质统计反演方法中的训练图像,能得到一个与实际区相符的训练图像较为困难,因而多点地质统计反演方法在实际应用中存在一定的难度。

基于以上认识,从多点地质统计反演方法的角度出发,改变训练图像的形式,用多个方向的二维切片作为训练图像,以期构建三维模式,进而实现多点反演的目的。即在原有的基础上修改训练图像的扫描方式,采用不同方向的搜索模板扫描对应方向的训练图像,获取各个方向上的概率,采用适当的融合策略对不同方向的概率进行融合,得到待估点处的模式,再抽取岩石物理属性,合成地震记录,选取最优地震记录保留。

扫描训练图像模式的具体步骤为：

(1)确定待估点处 I、J、K 方向上的条件点,根据搜索模板搜索各个方向上的条件模式。

(2)确定离该点最近的剖面,并搜索最近剖面上的匹配模式。

(3)剖面融合,包括两次融合。

a.同方向邻近剖面融合:通过距离约束(距离反比加权),给予不同的权重。

b.三个方向(I,J,K)概率融合:算术平均、距离加权。

(4)概率抽样,确定此处的相类型。

改进的方法旨在修改训练图像的扫描方式,可极大地降低反演的难度,而训练图像切片可来自连井剖面的地质解释,这样又增加了地质解释与建模、反演之间的互动,有望成为多点反演的主要研究方向。该方法在保证精度的同时,也提了反演效率,但仍存在不足,即目前的方法仅适用于正交的训练图像切片,而连井剖面往往具有一定的角度,目前的处理方式是在合适的位置将连井剖面解释结果进行角度校正。如何合理地处理这一问题有待进一步研究。

图1显示了第一次、第三次、第六次多点地质统计反演的地震记录与原始地震记录的对比,由此可见,随着迭代次数的增加,反演结果越来越接近原始地震记录。

图2显示了待估点与邻近训练图像切片的距离,根据距离对相同方向的训练图像切片的模式进行融合,其中 $d_{i,1}$ 为待估点到 i 方向第1个训练图像切片的距离,$d_{i,2}$ 为待估点到 i 方向第2个训练图像切片的距离。

$$P_j(A) = \frac{d_{j,2}}{d_{j,1}+d_{j,2}} \cdot P_{j,1}(A) + \frac{d_{j,1}}{d_{j,1}+d_{j,2}} \cdot P_{j,2}(A)$$

$$P_j(B) = \frac{d_{j,2}}{d_{j,1}+d_{j,2}} \cdot P_{j,1}(B) + \frac{d_{j,1}}{d_{j,1}+d_{j,2}} \cdot P_{j,2}(B)$$

$$P_i(A) = \frac{d_{i,2}}{d_{i,1}+d_{i,2}} \cdot P_{i,1}(A) + \frac{d_{i,1}}{d_{i,1}+d_{i,2}} \cdot P_{i,2}(A)$$

$$P_i(B) = \frac{d_{i,2}}{d_{i,1}+d_{i,2}} \cdot P_{i,1}(B) + \frac{d_{i,1}}{d_{i,1}+d_{i,2}} \cdot P_{i,2}(B)$$

$$P_k(A) = \frac{d_{k,2}}{d_{k,1}+d_{k,2}} \cdot P_{k,1}(A) + \frac{d_{k,1}}{d_{k,1}+d_{k,2}} \cdot P_{k,2}(A)$$

$$P_k(B) = \frac{d_{k,2}}{d_{k,1}+d_{k,2}} \cdot P_{k,1}(B) + \frac{d_{k,1}}{d_{k,1}+d_{k,2}} \cdot P_{k,2}(B)$$

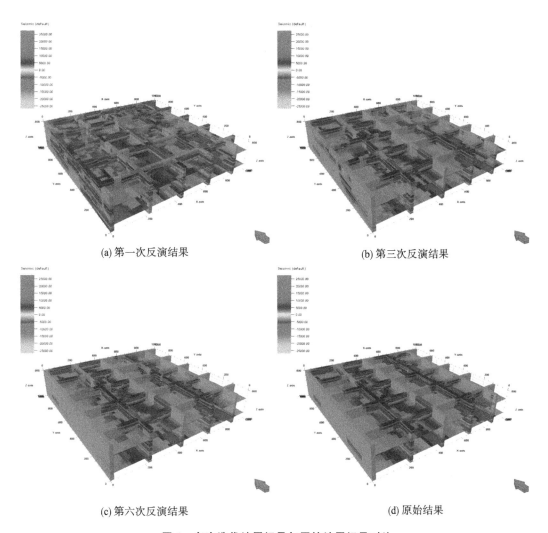

(a) 第一次反演结果　　　　　　　　　　(b) 第三次反演结果

(c) 第六次反演结果　　　　　　　　　　(d) 原始结果

图 1　多次迭代地震记录与原始地震记录对比

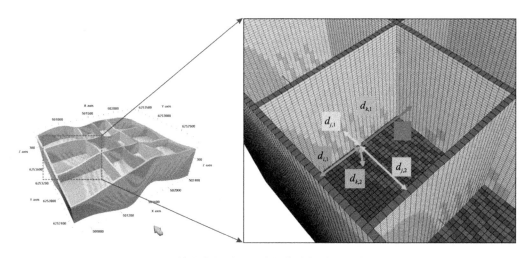

图 2　待估点与训练图像切片的相对位置关系

上述公式为剖面融合方法（距离反比加权），A、B 代表两种相类型。

参 考 文 献

[1] GONZALEZ E F，MUKERJI T，MAVKO G. Seismic inversion combining rock physics and multiple-point geostatistics[J]. Geophysics，2008，73(1)：14JF-Z11.

[2] 尹艳树，赵学思，王立鑫.一种基于多点地质统计的储层反演新方法[J].长江大学学报（自然科学版），2018，15(5)：22-26.

[3] 刘兴业，李景叶，陈小宏，等.联合多点地质统计学与序贯高斯模拟的随机反演方法[J].地球物理学报，2018，61(7)：2998-3007.

[4] CHEN Q，MARIETHOZ G，LIU G，et al. Locality-based 3-D multiple-point statistics reconstruction using 2-D geological cross sections［J］. Hydrology and Earth System Sciences，2018，22（12）：6547-6566.

鄂尔多斯盆地延长组泥页岩
矿物组成及分布规律

解馨慧[1] 邓虎成[1,2]

(1.成都理工大学能源学院 四川成都 610059;
2.国家油气勘探重点实验室 四川成都 610059)

摘 要: 对鄂尔多斯盆地延长组泥页岩矿物组成的类型和分布规律的认识是制约该地区泥页岩储层评价的一个关键性因素,陆相泥页岩组分的特征和空间变异性对评价和表征泥页岩储层起着至关重要的作用。本文综合运用了 X 衍射分析(XRD)、场发射扫描电镜(SEM)等分析方法,对研究区泥页岩矿物含量的变化、类型及纵横向分布规律和主控因素等进行研究。研究结果显示,鄂尔多斯延长组泥页岩中共鉴定出 10 种矿物,并划分为富石英型(类型一)、富伊利石和绿泥石型(类型二)、伊蒙混层型(类型三)、富长石型(类型四)四种类型。一般来说,类型一主要位于研究区的西北部;类型四主要位于研究区的南部;类型二和类型三夹在类型一和类型四之间,分布在盆地中部。随着埋藏深度的增加,伊利石的含量呈现增加的趋势,蒙脱石向伊利石转化。随着矿物的演化,泥页岩表面的孔隙度进而增加。影响矿物成分性质和空间变异性的主要因素有沉积环境、物源和成岩作用等。本文从鄂尔多斯盆地延长组泥页岩矿物组成和分布规律入手,探究其形成机理和影响因素,希望为陆相泥页岩油气的有效勘探开发及其储层评价提供一定的参考依据。

关键词: 矿物学特征 空间变异性 陆相泥页岩 鄂尔多斯盆地 延长组 7 段

1 引言

鄂尔多斯盆地延长组的泥页岩是中国典型的陆相页岩,该地区页岩储层在鄂尔多斯盆地南部多个区块都有油气显示,其中下寺湾区块获得了工业气流,被证实具有页岩油气勘探开发前景[1~3]。本文试图通过较为系统的分析来认识鄂尔多斯盆地延长组泥页岩矿物纵横向分布规律,通过研究泥页岩的组成,了解储层的物性,间接反映了储层的储集性能和生油潜力,希望为下一步鄂尔多斯盆地陆相页岩气的勘探开发提供一定的帮助。[4]

2 地质概况

鄂尔多斯盆地是华北板块、秦岭板块、扬子板块相互俯冲碰撞且又经历了复杂的大陆内多期次造山及成盆作用而形成的,整个盆地为华北克拉通中最稳定的一个块体。鄂尔多斯盆地形成于中燕山运动(期),发展完善于喜马拉雅运动(期),现今构造面貌总体为一南北翘起、东翼缓而长、西翼陡而短的近南北走向不对称大向斜[5,6]。

3 样品与方法

样品采自鄂尔多斯盆地南部,研究区共选择31个位置进行样品采集,其中包括7个出露较完整的露头剖面点及24个具有代表性的井位点,包括岩心小柱样和岩屑样。所采集的样品属于长7、长9油层组,主要分布在长7期的湖盆中部、三角洲前缘和三角洲平原相中。为了尽可能地反映整个研究区的岩石矿物组成特征,在平面上尽可能多地选择样品点的同时,对于出露较完整的露头剖面点及钻井岩心,选择上、中和下部3个位置均匀取样,力求能够全面地反映其矿物组成及其他相关特征。

本文通过X衍射分析(XRD)、场发射扫描电镜(SEM)等对储层页岩的组分进行研究,SEM实验在中国油气藏地质及开发工程国家重点实验室完成,X衍射(XRD)实验在四川省成都市东方矿产开发技术研究所测定。

4 实验结果

通过全岩XRD分析,确定了延长组泥页岩岩样的矿物成分,共鉴定出10种矿物,成分较为复杂。研究区的矿物由陆源碎屑矿物、黏土矿物和其他矿物三大类组成。陆源碎屑矿物组成以石英和长石为主,其中石英的质量分数为14.2%~49.3%,平均为27.3%,长石的质量分数为3.7%~30.3%,平均为14.2%;黏土矿物的质量分数为31.0%~75.5%,平均为50.18%,其中伊利石的质量分数为3.0%~47.9%,平均为31.6%,伊蒙混层矿物为0%~45.2%,绿泥石的质量分数为0%~35.0%,平均为18.39%;其他矿物主要有碳酸盐岩和黄铁矿,碳酸盐岩的质量分数为0~10.4%,黄铁矿分布不均匀,其质量分数为0~7.0%,平均为3.2%。

4.1 泥页岩矿物组成

鄂尔多斯盆地延长组泥页岩矿物主要由陆源碎屑矿物、黏土矿物以及其他矿物组成[7],其中:陆源碎屑矿物中石英含量高,长石的含量极不稳定,波动范围较大;黏土矿物以伊利石和绿泥石为主;其他矿物以碳酸盐岩、黄铁矿为主,其含量较少,一般在5%左右[8]。

4.2 泥页岩矿物的分布规律

(1)泥页岩矿物的横向分布规律。

根据矿物种类及其相对含量,延长7组页岩可分为以下四类:富含石英的页岩类型(类型一)、富含伊利石和绿泥石的页岩类型(类型二)、富含伊利石-蒙脱石的页岩类型(类型三)、富含长石的页岩类型(类型四)。

(2)泥页岩矿物的纵向分布规律。

沉积环境和成岩环境的差异导致了延长7组矿物成分在垂向上的非均质性。在井内,即使在同一层,黏土矿物成分也各不相同,井间矿物成分也会有很大的差异。可以观察到,从地表到2300m的深度,延长7组矿物经历了从类型四到类型三,然后到类型一,最后到类型二的有序变化。

4.3 泥页岩矿物纵横分布的影响因素

泥页岩矿物组分与沉积环境、成岩演化、物源和构造等因素有关。西南、东北、西北、西部、南部五个物源区是引起长石含量变化的主要因素。河流三角洲沉积的弱还原-氧化环境及其强水动力条件为黏土矿物的沉积、转换及保存提供了有利的条件,在此环境中伊蒙混层相对含量较高。研究区埋藏深度大,已进入晚成岩阶段,伊蒙混层在富含 K$^+$ 的环境中转化为伊利石,且深度越深,成岩演化程度越高。地层演化过程中构造运动会造成不同地区不同层序纵向上矿物演化程度的差异,从而影响泥页岩矿物的组成成分。

5 结论

(1)鄂尔多斯盆地延长组泥页岩矿物中石英含量高,长石的含量极不稳定,非均一性较强,波动范围较大;黏土矿物以伊利石和绿泥石为主;碳酸盐岩、黄铁矿等其他矿物含量较少,一般在 5% 左右。根据长石含量,将矿物划分为富含石英型(类型一)、富含伊利石和绿泥石型(类型二)、伊蒙混层型(类型三)、富含长石型(类型四)四种类型。

(2)泥页岩矿物组分与沉积环境、成岩演化、物源和构造等因素有关。

参 考 文 献

[1] WANG M,LU S. Reservoir characteristic of lacustrine shale and marine shale[J]. Acta Geologica Sinica,89(s1):89-90.

[2] ARINGHIERI R. Nanoporosity characteristics of some natural clay minerals and soils[J]. Clays and Clay Minerals,52(6):700-704.

[3] PU B,DONG D,ZHAO J,et al. Differences between marine and terrestrial shale gas accumulation: taking Longmaxi Shale Sichuan Basin and Yan Chang Shale Ordos Basin as examples[J]. Acta Geologica Sinica,89(s1):200-206.

[4] LI M,ZHANG Q,DUAN H,et al. Clay mineral distribution and its controlling factors in the Upper Paleozoic gas reservoirs of Sulige gas field[J]. Oil & Gas Geology,2012(5):743-750.

[5] YANG J. Tectonic evolution and oil-gas reservoirs distribution in Ordos Basin[J]. Beijing:Petroleum Industry Press,2002:245.

[6] MOSSER-RUCK R,PIGNATELLI I,BOURDELLE F,et al. Contribution of long-term hydrothermal experiments for understanding the smectite-to-chlorite conversion in geological environments[J]. Contributions to Mineralogy and Petrology,2016,171(11):97.

[7] LIU S,KE A,WU L,et al. Sediment provenance analysis and its tectonic significance in the foreland basin of the Ordos southwestern margin[J]. Acta Sedimentologica Sinica,1997,(1):156-160.

[8] HACKLEY P C,CARDOTT B J. Application of organic petrography in North American shale petroleum systems:a review[J]. International Journal of Coal Geology,2016,163(1):8-51.

柴达木盆地低渗透储层特征及开发潜力分析

姜明玉

（青海油田公司勘探开发研究院　甘肃敦煌　736202）

摘　要：位于柴达木盆地的南翼山油田新近系上新统上油砂山组 N_2^2 油藏具有长井段、薄互层的特点，纵向上生产层段跨度长达 1400 m，细分为Ⅰ＋Ⅱ油组和Ⅲ＋Ⅳ油组两套层系进行开发。其中Ⅲ油组油藏埋深为 1200 m，储层具有中低孔、低渗透、低含油的特性，纵向非均质性强，常规注水开发难以有效动用。近年来，通过钻井、取心、特殊测井、分析化验等专项系统研究，认为电性特征上表现为高伽马、低电阻的储层具有一定的开发价值。该类储层岩性以泥晶灰岩为主；孔隙类型以残余粒间孔、晶间孔为主，其次为粒间溶孔及微裂缝等，孔隙结构以微空隙和细喉道为主，储渗性能差；储层含油级别低，主要以荧光为主，含少量油斑。通过蓄能压裂改造试采评价，相继动用了Ⅲ油组纵向上 14 个产层，平面上落实了开发潜力区含油面积 6.25 km²，新增油砂体储量 571.6 万吨，试采评价累计增油 2.5 万吨，为柴达木盆地低渗、难采储层的有效开发起到了示范引领作用。

关键词：长井段　薄互层　低渗透　开发潜力

1　储层沉积特征

南翼山油田位于青海省柴达木盆地西部北区，其浅油藏是在缺乏陆源物供应、温暖清澈的浅湖咸水环境下形成的湖相碳酸盐岩与陆源碎屑的混积沉积，受索尔库里-干柴沟水系控制，物源来自构造北西方向。N_2^2 时期，随着湖盆沉积中心往北东方向迁移，主要发育浅湖亚相和半深湖亚相。浅湖亚相主要发育砂坪、泥坪、颗粒滩、灰坪、云坪等微相，半深湖亚相主要发育泥坪、灰坪、砂坪等微相[1~4]。

南翼山Ⅲ油组平面上沉积稳定，岩相变化小；纵向上沉积韵律明显，纹层交替频繁，沉积微相变化快。碳酸盐岩、粉砂岩与泥岩组成较明显的互层韵律，纹层厚度为毫米级，反映出沉积分异作用在纵向上交替频繁、沉积周期短、变化快的特点[5~7]。

2　储集性能特征

2.1　储集空间类型

南翼山地区储层胶结及压实作用较强，孔隙类型为残余粒间孔、晶间孔、次生粒间溶孔及微裂缝；喉道类型以微细喉道为主，主要有裂缝喉道、晶间隙（片状）喉道、孔隙缩小喉道等[8]。

2.2　储层物性特征

南翼山Ⅲ油组孔隙度主要分布范围为16%～22%,平均孔隙度为17.5%,属于中高孔隙度储层。

南翼山Ⅲ油组渗透率主要分布范围为0.1～10 mD,平均渗透率为6.1 mD,属于低渗透率储层。

依据南翼山Ⅲ油组岩心孔隙度、渗透率实验数据,确定储层物性下限为孔隙度大于10.5%,渗透率大于0.5 mD。

2.3　空隙结构特征

南翼山Ⅲ油组储集空间类型有孔隙型、微裂缝型和微裂缝-孔隙型,具有中低孔、微喉道特征。南翼山Ⅲ油组孔喉半径为0.02～0.15 μm,平均排驱压力为16.5 MPa,平均最大进汞饱和度为74.3%,平均最大连通孔喉半径为0.2 μm,平均退汞效率为40.3%。由此可以看出,储层整体储渗性能差。

2.4　储层渗流特征

南翼山Ⅲ油组储层储渗性能差,束缚水饱和度为36.89%,残余油饱和度为28.86%。油水相对渗透率的交点在54%～56%(含水饱和度)范围内,说明油层具有水润湿性。

无因次采液(油)指数显示,水相渗透率曲线前期较低且平直,但后期上升快,表明油井初期含水率上升慢,水线一旦推进到油井,含水率将加速上升。随着含水率的上升,产液能力有不同程度的上升,后期有提液潜力。

3　储层含油特征

通过取芯实验证实含油岩心主要为藻灰岩、泥晶灰岩、泥灰岩、泥质粉砂岩及粉砂质泥岩。储层含油性以油斑、荧光为主。藻灰岩和泥晶灰岩的含油性较好。

南翼山Ⅲ油组目的层段Ⅲ-40小层岩性为藻灰岩,含油级别为油迹,侧向、感应电阻率均大于2 $\Omega \cdot$m,平均孔隙度为17.5%,解释结论为油水同层;Ⅲ-41小层岩性为泥灰岩,含油级别为油迹,侧向、感应电阻率均大于1.6 $\Omega \cdot$m,平均孔隙度为15.1%,解释结论为油水同层;Ⅲ-42小层岩性为泥质粉砂岩,含油级别为荧光,侧向、感应电阻率均大于1.4 $\Omega \cdot$m,平均孔隙度为19.1%,解释结论为油水同层;Ⅲ-45小层岩性为泥质粉砂岩及泥灰岩,含油级别为荧光,侧向、感应电阻率均大于1.6 $\Omega \cdot$m,平均孔隙度为17.7%,解释结论为油水同层;Ⅲ-47小层岩性为藻灰岩,含油级别为油迹,侧向、感应电阻率均大于1.4 $\Omega \cdot$m,平均孔隙度为17.3%,解释结论为含油水层;Ⅲ-49小层岩性为藻灰岩,含油级别为油迹,侧向、感应电阻率均大于1.7 $\Omega \cdot$m,平均孔隙度为15.9%,解释结论为油水同层。

4　开发潜力分析

在老井开展试采评价,选区构造不同部位的井,开展上返南翼山Ⅲ油组层位,累计补孔压裂13井次,平均单井日增油3.2吨,平面上进一步拓宽了建产潜力区6.2 km²。通过部署试采评价井组,新钻产能井进一步证实了南翼山Ⅲ油组开发潜力,储层平均有效厚度为10.3 m,累计投产24口井,通过压裂改造,平均单井日产油6.2吨,新建产能4.46万吨,取得了较好的建产效果。

试注水实验表明,南翼山Ⅲ油组储层具有一定的吸水能力,采用3封3配分层注水,能达到分注的目的,油藏平均注水启动压力为16.3 MPa,设计注采比为1.5。

通过测试产液剖面,进一步落实了南翼山Ⅲ油组主力产层为Ⅲ-40、Ⅲ-42、Ⅲ-45、Ⅲ-47、Ⅲ-52层,与地质综合研究的认识成果一致。

针对储层纵向上含油小层多、各小层有效厚度差别大、含油性变化大、储量在纵向和平面上分布不均一等特点,结合目前的注采井网现状、储量类别和动用状况,确定在已开发动用区优选油层富集区,下一步进行层系细分井网调整,通过优化注采井网系统、注采比,提高井网对储量的控制程度,改善水驱开发效果。

5 结论及认识

南翼山油田 N_2^2 时期主要发育浅湖亚相和半深湖亚相沉积,沉积为以碳酸盐岩沉积为主的混合沉积,没有纯的碳酸盐岩或粉砂岩、泥岩;纵向上沉积韵律明显,纹层交替频繁,沉积微相变化快;平面上沉积稳定,岩相变化小。

南翼山Ⅲ油组平均孔隙度为17.5%,平均渗透率为6.1 mD,储层具有中低孔、微喉道、储渗性能差等特征。孔隙类型为残余粒间孔、晶间孔、次生粒间溶孔及微裂缝;喉道类型以微细喉道为主,微裂缝是储层主要的连通通道。

南翼山Ⅲ油组储层物性最好的(含粉砂)为藻灰岩,其次为粉砂质(泥质)泥晶灰岩和灰质(泥质)粉砂岩。藻灰岩和泥晶灰岩的含油性较好,含油级别以油斑、荧光为主,表明储层岩性、物性、含油性具有一定的相关性。

通过试采评价效果分析,认为南翼山Ⅲ油组具有很好的开发潜力,平面上拓宽了建产潜力区 6.2 km²,纵向上证实了以Ⅲ-40、Ⅲ-42、Ⅲ-45、Ⅲ-47、Ⅲ-52层为主的14个产层;试注水实验表明,南翼山Ⅲ油组储层具有一定的吸水能力。

参考文献

[1] 牟中海,罗晓兰.南翼山油田浅层储层特征研究及地质建模[R].成都:西南石油大学,2009.

[2] 张长好,郭召杰,崔俊,等.柴达木盆地南翼山浅层油藏岩石类型及沉积模式[J].天然气地球科学,2012,23(5):903-908.

[3] 唐丽,张晓宝,龙国徽,等.湖相碳酸盐岩油气藏特征及成藏分析——以柴达木盆地南翼山油气藏为例[J].天然气地球科学,2013,24(3):591-598.

[4] 周海彬,戴胜群.南翼山新近系上统湖相碳酸盐岩储层微观孔隙结构及渗流特征[J].石油天然气学报,2009,31(3):42-45.

[5] 臧士宾,赵为永,陈登钱,等.柴达木盆地西部北区新近系非常规低渗储集层特征及控制因素分析[J].沉积学报,2013,31(1):157-166.

[6] 何建红,马莎莎,宋良利,等.南翼山油田非达西渗流规律研究及其勘探开发启示[J].青海石油,2014,32(3):21-34.

[7] 张晓晖.南翼山Ⅲ+Ⅳ油组测井二次解释及油砂体研究[R].敦煌:中国石油测井公司,2018.

[8] 龙国徽,王国颜,黄建红,等.南翼山油田中浅层油藏特征及成藏主控因素分析[J].青海石油,2013,31(1):7-14.

[9] 何建红.南翼山Ⅲ+Ⅳ油层组精细油藏描述[R].敦煌:青海油田公司,2016.

[10] 罗纯.南翼山Ⅲ+Ⅳ油组低渗透油藏开发技术政策研究[D].荆州:长江大学,2012.

第二章
复杂油气田开发

低/特低渗油藏提高采收率用低界面张力黏弹流体驱油新技术

胡睿智[1] 唐善法[1,2] 程远鹏[1,2] 金礼俊[1]

Musa Mpelwa[1] 樊英凯[1] 郑雅慧[1]

（1.长江大学石油工程学院 湖北武汉 430100；
2.长江大学非常规油气湖北省协同创新中心 湖北武汉 430100）

摘 要：我国低渗、特低渗油藏孔隙/喉道尺寸小，贾敏效应严重，驱替压力过高，且水窜、水淹现象严重，现有的 EOR 技术无法同时满足提高波及效率及洗油效率、注入性好、无色谱分离的要求。据此提出了构筑低浓度单组分低界面张力黏弹流体驱油体系的观点。目前已研发了 GCET 新型表面活性剂黏弹流体，该流体具有良好的黏弹性、较高的界面活性，黏度行为良好，可以满足低/特低渗油藏提高采收率的需求。未来，低界面张力黏弹流体驱油技术将在低/特低渗油藏三次采油化学驱提高采收率方面有着良好的应用前景。

关键词：提高采收率 低/特低渗油藏 低界面张力 黏弹流体

随着我国大多数老油田产量的下降以及进入高含水阶段，低渗、特低渗油藏不仅成为今后我国石油储备的主要资源，而且必将成为我国提高石油产量的主要开发方向。因此，如何改善低渗透油田的开发效果，提高低渗、特低渗油田的采收率是我们必须解决的问题。

1 低渗、特低渗油藏水驱后提高采收率技术研究现状

低渗、特低渗油藏储层致密，埋藏较深[1,2]，地层温度较高，孔隙/喉道尺寸小且粗细不均，启动压力梯度现象普遍存在，贾敏效应和表面分子力作用强烈[3]，注水推进速度不均，且易发生绕流与卡断等[4,5]。低渗、特低渗油藏地质特征复杂，有针对性地开展低渗、特低渗油藏，提高采收率技术的基础研究具有十分重要的意义。

1.1 CO_2 驱油技术

CO_2 的临界点较低，易于压缩并溶解于原油而形成混相，能使地层流体碳酸化，是低渗透油藏注气提高采收率比较理想的介质。国内很多油田开展过 CO_2 驱先导性矿场试验，但因成本、气源和腐蚀等原因，发展较为缓慢[6,7]。

1.2 聚合物驱油技术

将高黏度聚合物水溶液注入地层后，可有效改善水油流度比，扩大驱替液波及体积，提高采收率[8]。聚合物驱已成功应用于中高渗油藏。近年来研究发现，低渗透油藏也可以开展聚合物驱[9]，但需考虑聚合物注入性能及不可及孔隙体积对驱油效果的影响[10,11]，这就要

求选择与渗透率相匹配的相对分子质量合适的聚合物[12]。

1.3 表面活性剂驱油技术

将表面活性剂以段塞或连续的方式注入地层,通过降低油水界面张力、改变油藏孔隙介质的润湿性能等,起到降压增注的作用,提高注水开发效果[13]。低渗透油藏的表面活性剂需协同优化渗吸效应、乳化能力、界面张力、润湿性能等指标[14],近年来,延长、长庆等低渗透油田进行了表面活性剂驱现场应用,取得了一定的成效[15,16],但仍处于小规模先导试验阶段,究其原因在于单一注表面活性剂溶液驱油效率甚至低于水驱,而且存在活性水沿大孔道、高渗带窜流的风险。

1.4 MEOR(微生物提高采收率)驱油技术

国内大庆、延长和长庆油田在低渗透油藏已开展了小规模的 MEOR 矿场实践[17],特别是延长油田利用微生物的发酵产物与表面活性剂的协同效应研发的生物活性复合驱油技术应用效果良好[18]。目前,微生物采油研究集中在驱油机理、筛选菌种以及地下菌群结构的认识上,而对驱油工艺优化、井层选择等方面的探讨不够深刻[19]。

2 黏弹表面活性剂驱油技术研究现状

2007 年,Istvan Lakatos 等[20]首次研究发现,由黏弹表面活性剂构成的低界面张力黏弹性流体在更宽的温度、压力范围内均有较强的流度控制能力,低界面张力、黏弹表面活性剂驱则能提高 15%～17%的原油采收率。2012 年,Jose M. 等人[21]研究发现,两性离子黏弹表面活性剂浓度接近其临界交叠浓度时,可降低水相渗透率,提高 10%的油湿性油藏采收率,有利于提高老油田或成熟开发油田采收率。

唐善法等人[22]研制的新型双子表面活性剂可满足中低渗油藏提高采收率的需求。研究表明,黏弹性阴离子双子表面活性剂 DS18-3-18 不仅增稠效果好,而且降低油水界面张力效果好,0.2%单组分阴离子双子表面活性剂在 75 ℃、20 s^{-1}条件下,黏度高达 25.25 mPa·s,油水界面张力低达 3×10^{-3} mN/m,体现出良好的低界面张力、黏弹表面活性剂的特点,在低渗油藏提高采收率方面具有潜在的应用前景。

3 低界面张力黏弹流体驱新进展

根据低渗、特低渗油藏的地质特征,驱替流体需要满足以下要求:①构成简单,无明显色谱分离现象,注入性好;②具有良好的黏弹性,并具有一定的剪切稀释性,可封堵高渗通道,提高注入流体波及系数;③界面活性高,可有效降低油水界面张力,提高洗油效率。为此,本课题组研发了一种具有新型结构的双子表面活性剂 GCET,以此作为用于低/特低渗油藏提高采收率的驱油剂。

3.1 溶液黏度评价

在剪切速率 7 s^{-1}的条件下测试了 GCET 溶液的黏度,实验结果如表 1 所示。

表 1　GCET 溶液黏度与温度及浓度的关系

浓度/(%)	黏度/(mPa·s)			
	30 ℃	45 ℃	60 ℃	75 ℃
0.1	3.96	2.21	1.07	—

续表

浓度/(%)	黏度/(mPa·s)			
	30 ℃	45 ℃	60 ℃	75 ℃
0.3	13.72	7.02	3.79	1.7
0.5	26.98	15.00	8.11	3.96

　　研究发现,30 ℃时,0.5%GCET 溶液的黏度大于 20 mPa·s,体现出较好的增黏性能;当温度升高至 75 ℃时,溶液黏度仍有 3.96 mPa·s。GCET 溶液耐温性与增黏性能较好,溶液黏度适中,可满足低/特低渗油藏注入性及提高波及系数的要求。

3.2　溶液黏弹性评价

　　在 30 ℃时,对浓度为 0.1%、0.3%、0.5%的 GCET 溶液进行黏弹性测试,测试结果如表 2 所示。

表 2　GCET 溶液黏弹性测试

浓度/(%)	储能模量 G'	耗能模量 G''	$\tan\delta$	松弛时间/s
0.1	不具备黏弹性			
0.3	2.626 5	2.272 4	0.865 2	0.147
0.5	3.299 8	2.755 8	0.835 1	0.593

　　在 GCET 溶液浓度为 0.1%时,溶液不具备黏弹性;在 GCET 溶液浓度为 0.3%和 0.5%时,溶液具备黏弹性。0.5%的 GCET 溶液 $\tan\delta$ 为 0.835 1,松弛时间达到 0.593 s,$\tan\delta$ 较小且松弛时间较长,溶液黏弹性较好,有利于弹性驱油以及增强剪切恢复性能。

3.3　溶液界面活性评价

　　在 30 ℃时测试了 0.5%的 GCET 溶液的油水界面张力,测试结果如表 3 所示。

表 3　0.5%的 GCET 溶液的油水界面张力随时间的变化趋势

时间/min	5	10	15	20	25	30	35
油水界面张力/(mN/m)	0.277	0.063	0.016 8	0.007 42	0.011 6	0.012 8	0.011 9

　　GCET 可将瞬时 IFT 降低至超低界面张力级别(7.42×10^{-3} mN/m),且降低 IFT 的效率非常高,25 min 后便可达到稳定,稳定后界面张力依然处于 10^{-2} mN/m 级别,这说明 GCET 表面活性剂降低 IFT 的能力极好,在驱油方面具有较好的应用潜力。

4　结语

　　低渗、特低渗油藏提高采收率是一项高难度、极复杂的大型系统工程,本课题组提出了构筑低浓度单组分低界面张力耐温表面活性剂黏弹流体驱油体系这一思路,研发了新型表面活性剂 GCET。GCET 溶液具有显著的界面活性,同时又具有良好的增黏能力以及独特的流变性,因此,GCET 黏弹流体能够满足低渗、特低渗油藏提高采收率的需求。

参 考 文 献

[1]　黄延章.低渗透油层渗流机理[M].北京:石油工业出版社,1998.

[2] 李中锋,何顺利.低渗透储层非达西渗流机理探讨[J].特种油气藏,2005,12(2):35-38.

[3] 肖啸,宋昭峥.低渗透油藏表面活性剂降压增注机理研究[J].应用化工,2012,41(10):1796-1798.

[4] 王凤琴,廖红伟,蒋峰华,等.低渗油田注水能力下降原因分析及其对策研究[J].西安石油大学学报（自然科学版）,2009,24(1):52-55,60.

[5] 张春荣.低渗透油田高压注水开发探讨[J].断块油气田,2009,16(4):80-82.

[6] 钟张起,吴义平,付艳丽,等.低渗透油藏 CO_2 驱注入方式优化[J].特种油气藏,2012,19(1):82-84.

[7] 刘淑霞.特低渗透油藏 CO_2 驱室内实验研究[J].西南石油大学学报（自然科学版）,2011,33(2):133-136.

[8] 曹瑞波,丁志红,刘海龙,等.低渗透油层聚合物驱渗透率界限及驱油效果实验研究[J].大庆石油地质与开发,2005,24(5):71-73.

[9] 张冬玲,李宜强,鲍志东.大庆中低渗油层聚合物驱可行性室内实验研究[J].油田化学,2005,22(1):78-80,96.

[10] 张帆.驱油用低分子量聚合物粘度特性及适应性研究[D].大庆:大庆石油学院,2010.

[11] 陈鹏,邵振波,刘英杰.中、低渗透率油层聚合物相对分子质量的确定方法[J].大庆石油地质与开发,2005,24(3):95-96.

[12] 李丹丹,王业飞,张鹏,等.低渗透油藏驱油用聚合物相对分子质量确定方法的研究进展[J].油田化学,2014,31(3):470-474.

[13] 张永刚,陈艳,邓学峰,等.超低渗油藏表面活性剂降压增注及提高采收率[J].大庆石油地质与开发,2016,35(1):126-130.

[14] 郭东红,李森,袁建国.表面活性剂驱的驱油机理与应用[J].精细石油化工进展,2002,3(7):36-41.

[15] 张瑶,付美龙,侯宝峰,等.耐温抗盐型嵌段聚醚类阴-非两性离子表面活性剂的制备与性能评价[J].油田化学,2018,35(3):485-491.

[16] 李雪.微生物驱提高低渗油藏采收率技术可行性研究[D].西安:西安石油大学,2014.

[17] 李蔚,刘如林,石梅,等.低渗透油藏微生物采油现场试验研究[J].石油勘探与开发,2003,30(5):110-112.

[18] 刘珑,范洪富,赵娟.生物表面活性剂提高采收率的研究进展[J].油田化学,2018,35(4):738-743.

[19] 陈刚,宋莹盼,唐德尧,等.表面活性剂驱油性能评价及其在低渗透油田的应用[J].油田化学,2014,31(3):410-413,418.

[20] LAKATOS I,TOTH J,BODI T,et al. Application of viscoelastic surfactants as mobility-control agents in low-tension surfactant floods[C]//International Symposium on Oilfield Chemistry. Society of Petroleum Engineers,2007.

[21] BUELVAS M J L,MILNE A W. A solids-free permeability modifier for application in producing and injection wells[C]//SPE International Symposium and Exhibition on Formation Damage Control. Society of Petroleum Engineers,2012.

[22] 胡小冬,唐善法,刘勇,等.阴离子双子表面活性剂驱油性能研究[J].油田化学,2012,29(1):57-59,79.

海上油田回注污水对储层堵塞机理研究

曹　旭　裴海华　张贵才　李　津　戚俊领

(中国石油大学(华东)石油工程研究院　山东青岛　266580)

摘　要：海上油田注水开发过程中常出现注水井欠注问题，主要原因是回注的污水中固体悬浮物和含油量严重超标，造成地层堵塞，使得注入压力升高。利用 X 射线衍射对储层岩性特征和注水井垢样成分进行分析，通过岩心流动物理模拟研究了注入水中固体悬浮物和含油量对地层的堵塞规律。研究结果表明，储层黏土矿物含量达到 24%，水敏性较强，黏土矿物伊利石及伊/蒙间层易发生水化膨胀、分散运移，造成地层堵塞。注水井垢样以铁的氧化腐蚀产物和少量的碳酸钙镁垢为主，易随注入水堵塞储层。注入水中悬浮物含量越大，岩心渗透率伤害程度越高，当悬浮物含量为 80 mg/L 时，渗透率伤害率超过 50%。注入水中含油量越大，岩心渗透率伤害程度也越高，当含油量为 60 mg/L 时，渗透率伤害率可达 70%。

关键词：海上油田　污水回注　固体悬浮物　含油量　堵塞机理

海上油田注水开发由于注入水源匮乏，常采用处理后的生产污水进行回注[1]，但平台污水处理能力有限，注入水的水质往往不达标，水中的大量固体悬浮物、石油液滴等都会造成地层堵塞，导致注水压力升高。国外油田如美国的普鲁霍德湾油田、英国的 Maureen 油田和南斯拉夫的 Kalinovac 油田等，都因不达标的产出水回注造成严重的地层伤害，导致注水井吸水能力下降，注采失衡[2]。因此，需要开展室内评价实验来分析注入水悬浮物和含油量对储层的伤害机理，为解决注水井堵塞问题提供依据。

1　材料与方法

1.1　实验材料

实验岩心为人造岩心，其组分与油田储层岩心相近，岩心气测渗透率在 600 mD 左右。实验用水为注入水和地层水，其离子组成如表 1 所示。

表 1　注入水和地层水的离子组成

类　　型	离子含量/(mg/L)							总矿化度/(mg/L)	水　　型	pH 值
	Cl^-	HCO_3^-	CO_3^{2-}	Ca^{2+}	Mg^{2+}	SO_4^{2-}	$Na^+ + K^+$			
注入水	12 851	1777	300	1252	266	600	14 541	31 587	碳酸氢钠	7.9
地层水	21 048	2287	251	438	418	300	23 031	47 775	碳酸氢钠	8.1

1.2 模拟污水的配制方法

1.2.1 含固体悬浮物模拟污水的配制

参照《水质 悬浮物的测定 重量法》(GB 11901—1989)测定注入水水样中固体悬浮物含量,然后用过滤后的注入水将原始水样稀释为不同固体悬浮物含量的模拟污水。

1.2.2 含油模拟污水的配制

将不同量的原油分别加入含有乳化剂的地层水中,置于 90 ℃ 条件下用搅拌器以 4000 r/min 的速度搅拌 25 min 以上,至原油完全乳化,制得不同含油量的模拟污水。

1.3 岩心伤害率评价方法

首先用地层水驱替岩心,压力稳定后测定初始水测渗透率,然后用模拟污水进行驱替,测定污水流过岩心的伤害率。

岩心伤害率计算公式为

$$I_a = \frac{K_0 - K_a}{K_0} \times 100\%$$

式中,I_a 为岩心伤害率,K_0 为用地层水测定的初始渗透率(mD),K_a 为不同注入倍数时测定的岩样渗透率(mD)。

2 注入水中悬浮物对储层堵塞机理

固体悬浮物颗粒能在岩石表面附着、桥堵,甚至侵入岩石孔喉,造成储层损害。

利用配制好的不同固体悬浮物含量的污水进行岩心伤害率评价实验,结果如图 1 所示。从图中可以看出,污水开始注入阶段,悬浮物颗粒主要进行内部堵塞,岩心伤害率上升明显;之后渗透率趋于稳定,悬浮物颗粒在岩心端面形成外滤饼,不再有悬浮物颗粒侵入岩心。在相同的注入量和固体悬浮物粒径的情况下,污水对岩心伤害程度会随着悬浮物浓度的增加而增大。悬浮物浓度为 15 mg/L 的污水对岩心的伤害率小于 30%,伤害程度低;悬浮物浓度为 80 mg/L 的污水对岩心的伤害率大于 50%,伤害程度高。

3 注入水中含油量对地层堵塞机理

注入水含油量对地层伤害程度不亚于固体悬浮物颗粒。乳化油滴颗粒粒径较小,易侵入地层孔喉,产生贾敏效应,堵塞渗流通道,造成注水压力升高。

对不同含油量的污水进行岩心伤害率评价实验,结果如图 2 所示。从图中可以看出,岩心伤害率随着含油量的增加而增大,且随着含油污水注入量的增加,岩心伤害率骤增。注入 7 PV 后,当含油量小于 10 mg/L 时,岩心伤害率小于 50%;而当含油量大于 60 mg/L 时,岩心伤害率大于 70%,伤害程度高。

4 结论

(1)注入水中固体悬浮物含量越高,对储层的堵塞程度越大。

(2)含固体悬浮物污水注入量增加,岩心伤害率先急剧增加,之后趋于稳定。

(3)注入水中含油量越高,对地层的堵塞程度越大。

(4)含油污水注入量增加,岩心伤害率骤增。

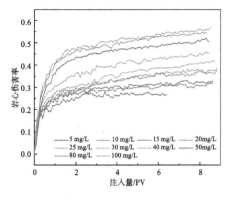

图 1　不同固体悬浮物含量污水的岩心伤害率

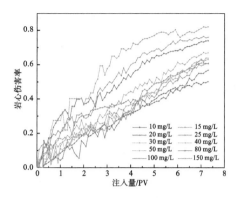

图 2　不同含油量污水的岩心伤害率

参 考 文 献

［1］　张旭东,陈科,何伟,等.渤海西部海域某区块油田注水过程储层伤害机理[J].中国石油勘探,2016,21
　　　(4):121-126.

［2］　林永红.海上油田注水引起的地层损害及增注措施[J].油气地质与采收率,2002,9(1):83-85.

有杆泵替代电泵节能降电技术应用

丁 涛 杨 峰

（中国石化胜利油田分公司东辛采油厂 山东东营 257094）

摘 要： 针对东辛电泵井进行摸排，筛选出产液能力差、小排量生产、系统效率较低的电泵井，开展低效电泵井治理；探索创新有杆泵改进配套模式，实现低效电泵井替代。本文从东辛电泵井生产的实际情况出发，通过理念创新、技术攻关、细化管理等方式，实现低效电泵井的优化治理和小排量电泵井的大泵提液替代，最大限度地提升系统效率，节能降耗，践行低成本战略，不断提高油田开发效益。研究过程中创新了低成本举升方式替代理念，建立低效电泵井大泵替代的效益评价模式，有效解决了电泵井投入高、能耗大而传统有杆泵采油配套模式排量受限的生产问题；形成了两种配套替代技术，在低油价的环境下，为低效电泵井进行有杆泵替代提供了参考依据。

关键词： 电泵 系统效率 替代技术 大泵提液

油田进入中高含水后期，油井提液是一种投资少、见效快的增产挖潜手段，潜油电泵作为一种成熟的采油方式，在大排量提液方面有明显的优势，但另一方面又是耗能大户[1,2]。

胜利油田中高渗油藏油井提液方式以大直径有杆泵举升和大排量电泵举升为主，其中日液 150 m^3/d 以下以有杆泵举升为主，日液 150 m^3/d 以上以电泵举升为主。东辛采油厂目前电泵井开井数 250 余口，平均系统效率为 28%，平均单井日耗电约为 1500 kW·h，吨液耗电 10.53 kW·h，相比有杆泵井高 4.04 kW·h，平均单井年用电量为 547 600 kW·h，其中 37 口中小排量电泵井具有大泵提液替代电泵的潜力。

1 大泵替代电泵降电技术的研究

针对东辛采油厂电泵井进行摸排，筛选出产液能力差、小排量生产、系统效率较低的电泵井，特别是具有大泵提液替代潜力的井，开展低效电泵井治理，形成两种低效电泵井替代治理配套模式，最大限度地提升系统效率、节能降耗，不断提高油田开发效益。

2 应用两种低效电泵井替代治理配套模式

2.1 105 泵大泵提液工艺配套技术

105 泵排量系数为 12.26，最高可实现 200 m^3/d 的大排量提液。对于产液量为 90～180 m^3，动液面不超过 700 m 的低效电泵井，可采用 105 泵进行替代，形成 105 泵配套技术系列，现场应用效果好。

105 泵的技术参数如表 1 所示。

表 1　105 泵的技术参数

规格 ＼ 参数	外径 /mm	工作压力 /MPa	泵常数 /(m³/d)	间隙代号	连接螺纹
CYB105-5.0	115	10	12.46	3	$3\frac{1}{2}$TBG

技术特点:

(1)充分利用了套管内径,增大了柱塞直径,同等排量下有效减少了冲次;

(2)脱接装置设计在泵筒内,不受油管内径限制,增大了过流面积;

(3)自带导向式脱接装置,提高了对接成功率。

适用条件:

(1)油井日液为 90～180 m³/d;

(2)举升冲次≤6 min^{-1};

(3)动液面≤700 m;

(4)适用原油黏度≤4000 mPa·s(50 ℃)。

2.2　63/70 大泵碳纤维杆深抽配套优化技术

近年来,碳纤维复合材料被广泛应用在石油开采中,碳纤维连续抽油杆因其质轻、耐腐蚀等特点,克服了传统钢制抽油杆自重大、易腐蚀、易发生疲劳断裂的不足,为日趋复杂的油田开发提供了技术支持[3]。

针对产液量不超过 60 方,动液面在 1500～1800 m 的低效电泵井,实施大泵配套碳纤维杆深抽工艺,突破传统意义上的深抽局限性。利用碳纤维杆可以深抽减载的特点,合理匹配底部加重钢杆的质量和碳纤维杆的杆径、长度及组合,优化生产参数,在保证抽吸系统安全的前提下,尽可能减轻杆柱负荷。

技术特点:

(1)具有质轻、抗磨、抗腐蚀的优良特性;

(2)解决了常规有杆泵举升能耗高、下泵深度受限的问题;

(3)解决了因防偏磨而选择小排量电泵的举升方式的问题。

适用条件:

(1)油井日液≤60 m³/d;

(2)动液面为 1500～1800 m;

(3)泵径为 56～70 mm。

3　应用效果

3.1　DXX77CX6 大泵提液替代电泵

DXX77CX6,2016 年 4 月,100 方电泵机组烧关井,9 月实施有杆泵大泵提液替代,工作制度为 105×900×3.6×2.7,液量/油量/含水量为 83.7 m³/0.5 t/99.3％,日耗电 301 kW·h,与替代前的电泵相比,液量、油量变化不大,但日耗电减少 1300 kW·h,节电效果明显,且 105泵相比于电泵机组,单次投入费用减少 5.03 万元。

3.2 DXX176X4大泵配套碳纤维杆深抽替代电泵

DXX176X4,2016年5月,63泵配套25 mm钢杆800 m+碳纤维杆1250 m,替代原50方电泵,工作制度为$63×2050×5.2×3.2$,目前日液量为37.5 m^3,日油量由3.2 t增至5.7 t,含水量为84%,配套800 m碳纤维杆后,最大载荷减少19.2 kN,可在常规抽油机上实现大泵提液,日耗电量由1482 kW·h降至234 kW·h,节能经济效益明显。DXX176X4大泵替代电泵前后生产数据对比如图1所示。

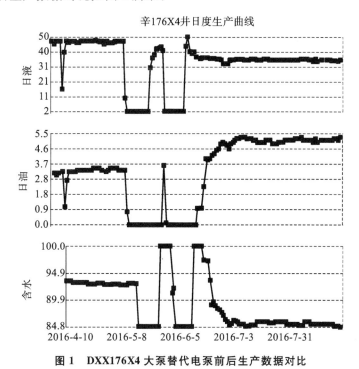

图1 DXX176X4大泵替代电泵前后生产数据对比

4 完成情况及经济效益分析

全年共实施节能降电替代21口井,其中大泵提液替代电泵6口井,大泵深抽替代电泵15口井,有杆泵与电泵相比,减少了成本投入,有杆泵替代扶停后,累积增油2100 t,增加原油收入421.4万元,产生经济效益342.65万元,平均单井日节电940 kW·h,累计节电2 368 800 kW·h,节省电费155.4万元。

5 结论

(1)大泵提液替代电泵和大泵配套碳纤维杆替代电泵两种配套替代技术,在低油价的环境下,为低效电泵井进行有杆泵替代提供了参考依据。

(2)大泵提液替代电泵和大泵配套碳纤维杆替代电泵两种配套替代技术节电效果明显,可以大幅减少运行成本,提升经济效益,在采油厂及油田有较强的推广意义。

参 考 文 献

[1] 王志刚,俞启泰.不同类型井提液增产效果及有效途径[J].大庆石油地质与开发,1994,13(3):31-34.

［2］　陈丽伟,姜汉桥,陈民锋,等.边底水块状油藏油井提液技术研究［J］.内蒙古石油化工,2008,34(24):100-102.

［3］　薛承瑾.耐温型碳纤维拉挤复合材料连续抽油杆的制备和性能研究［J］.北京化工大学学报(自然科学版),2003,30(4):55-59.

东辛复杂断块油藏轮采轮注技术研究与应用

董 睿 郭家东 丁 涛

（中国石化胜利油田分公司东辛采油厂 山东东营 257094）

摘 要：断块油藏是东辛油田的主要油藏类型，水驱油藏动用储量为 3.57 亿吨，年产油 171 万吨。断块 289 个，断层近 2000 条；含油层系 7 套，砂层组 43 个，含油小层 100 多个；渗透率级差在 100 以上；92.7％的储量开展过综合调整。经过多年的开发调整，层系、井网基本到位，已进入"三高"开发阶段，特高含水期开发难度不断增大。渗透率差异大造成的层间矛盾突出，注入水单层突进或局部突进比较严重，出现注水易水窜、停注能量差的开发状况，导致注采不均衡，开发效果变差。采用轮采轮注开发方式可以有效解决水驱开发后期注水容易水窜、驱油效果差的问题。近两年，东辛厂从分层注水、分层采油等方面开展研究，最终形成一套满足复杂断块油藏油水井耦合联动、多油层轮采轮注的配套技术，为复杂断块油藏改善水驱效果、提高最终采收率提供了技术保障。

关键词：断块油藏 轮采轮注 精细开发

东辛油田是多油层复杂断块油藏的典型代表，其特点包括：一是油藏类型复杂多样，静态非均质性强，东辛油田断块油藏具有断块多、层系多、差异大、调整多的油藏特点，其断块有 289 个，含油小层有 100 多个，渗透率级差在 100 以上；二是特高含水开发阶段，动态非均质加剧，东辛油田已进入"三高"开发阶段，特高含水期开发难度不断增大，由于渗透率差异大而造成层间矛盾更加突出，注入水单层突进或局部突进比较严重，注采不均衡，开发效果越来越差。

在油田开发过程中，我们逐步认识到分层注采是多层系非均质性油藏改善水驱效果的有效手段[1,2]。通过合理采用分层采油工艺以及加强其集成应用，可有效减缓层间矛盾对采油的影响，改善层间动用状况，达到高效挖潜剩余油藏的目的[3~5]。为此，我们在不同油层类型中开展了以分层注采为基础、以耦合联动为核心的多油层轮采轮注技术试验。

1 水井智能分层注水技术

水井智能分层注水技术主要由远程控制单元、井口控制单元及井下智能配水器组成，在不改变现有的分注管柱结构的前提下，可实现分注井单层流量的实时采集和实时控制。

辛 31-4 井于 2016 年 10 月下入无线智能测调系统，分两级三段注水，三层合格，截至目前累计注水 7.5 万方。

先后实施测调 3 次，发送指令、单个配水器执行指令 200 多次，调配过程中井下、井口、室内通信正常，智能配水器执行指令到位，配注全程合格。

2　油井分层采油技术

2.1　杆式泵抽油杆控制换层采油管柱(换向地面可视,适用于中深层分层)

利用长短轨道控制,实现上下层的产层控制,换向时需要上提杆式泵内筒 $1\sim2$ m,下放改变上下密封位置,识别上对上、下对下。

GLL55X1 井:配套 y441+D56 杆式分采泵,开井 159 天,其间为落实含水量变化原因,两度换层,动态变化显著,开关稳定有效,日液量为 16.2 m³,日油量为 4.1 t。GLL55X1 井分采动态曲线如图 1 所示。

2.2　压电式分层测控采油技术(无缆,适用于深层)

压电式分层测控采油技术是一种通过压力指令控制智能开关器(电池)开启状态,从而实现控制油层生产的分层采油技术。

DXX34X70 井:分两层采油(沙二 24、沙二 25),分层可靠,换层成功,调整后日增油 1.8 t,含水量下降 8%,控水增油效果显著。DXX34X70 井分采动态曲线如图 2 所示。

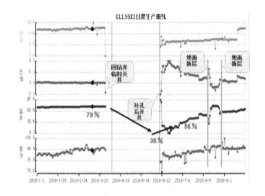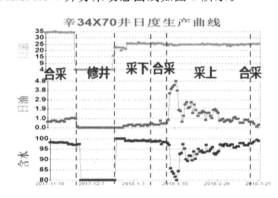

图 1　GLL55X1 井分采动态曲线　　　　图 2　DXX34X70 井分采动态曲线

2.3　智能分层测控采油技术(有缆,地面实时测控)

井下测试实时获取各层生产动态数据,地面系统结合油藏进行分析后,通过调节井下流量调节阀嘴的大小,实现对各层的实时管理与优化。

辛 77 斜 18 井原生产沙二 2-3,含水量为 92%,动液面为 1191 m。根据该井历史生产情况,生产沙二 3(10-13)时,末期含水量为 83.6%,但能量差(动液面为 1421 m)。针对此问题,现场实施智能分层测控采油技术。实施该技术后,液量由 29 m³ 降至 20 m³,含水量由 92% 降至 86%,日油量基本不变,实现了降水稳产提效的目的。

辛 77 斜 18 井生产曲线如图 3 所示。

3　井组轮采轮注应用与效果评价

初期,在一注一采井组试验单层"短注长采、注采耦合",为后续多层轮采轮注做好参数优化数据准备。

辛 11XN80 井组注采耦合现场试验条件如下。

试验前:开油井 1 口(间开,3 天/月)。

试验方式:短注长采,注采耦合;注入周期为 $20\sim30$ d;注水量为 100 m³/d;采出周期为

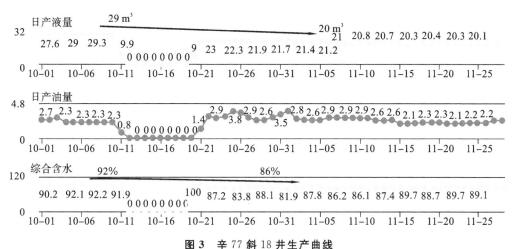

图 3 辛 77 斜 18 井生产曲线

120～150 d；采液量为 16 m³/d；压力保持水平，为地层原始压力的 80％。

试验后，油井日液量增加 14 方，日油量增加 6 吨，动液面恢复 760 米。

试验结果表明，注采耦合是实现复杂断块油藏控水稳油的一项有效措施。

4 结论

（1）有缆智能分层测控采油技术实现地面实时获取井下各层温度、压力、流量等参数，可根据开发需要快速精准地调整分层开关开度；

（2）中深层杆式泵分层采油配套技术、深层无缆智能分层采油常规配套技术，油井分采开关稳定、可靠，解决了轮采轮注技术的瓶颈；

（3）初步实现了井组油水井的轮采轮注配套，通过井组中水井智能分注、油井智能分采，油水井不同层间轮采轮注，有效控制了注入水乱窜，解决了层间干扰等问题。

参 考 文 献

[1] 许泽涟.油井多层分采工艺技术研究与应用[J].化工管理,2015,(36):180.

[2] 孙伟.多油层分层采油工艺技术的研究与应用[J].化工管理,2014,(36):173.

[3] 刘玉文.辽河油田稠油分层采油技术[J].石油钻采工艺,2003,25(z1):85-86.

[4] 马洪志.分层采油在川口油田的应用[J].内蒙古石油化工,2015,(20):138-140.

[5] 袁月.分层采油技术在榆树林油田的应用[J].化学工程与装备,2015,(12):120-122.

高温高盐中低渗油藏微动力乳化
驱油体系研制及驱油性能研究

樊胤良　范海明　亓　翔　公　证　李春阳

(中国石油大学(华东)石油工程学院　山东青岛　266580)

摘　要:通过测试不同表面活性剂体系的乳化能力与界面张力,优选出适合于高温高盐中低渗油藏的微动力乳化表面活性剂体系,通过渗流、驱油实验,考察了微动力乳化表面活性剂体系的驱油效果,结果表明:当表面活性剂 CH-13 与 BS-12 复配时,在 80 ℃及矿化度为 44 592 mg/L 的条件下形成的乳液粒径分布范围为 10～15 μm,完全破乳大约需要 30 min,乳化效果及稳定性最好,界面张力可达到 3.7×10^{-3} mN·m^{-1};微动力乳化驱油体系具有良好的注入性和提高采收率的作用,在渗透率为 140 mD 的条件下可提高采收率 20%。

关键词:乳液表面活性剂驱　微动力乳化　驱油性能　界面张力

1　引言

微动力乳化表面活性剂驱[1~3]是通过向地层注入具有强微动力乳化能力的表面活性剂,使其在高含水条件下可以自发形成 O/W 型乳状液,提高表面活性剂驱的洗油效率。一些研究[4]表明,羧酸盐类以及烷基醚类表面活性剂具有较强的乳化能力。基于上述观点,本文以烷基醇聚氧乙烯醚羧酸钠表面活性剂为主体,复配不同类型的表面活性剂,研究复配表面活性剂体系在地层条件下的微动力乳化性能,并评价该体系提高采收率的效果。

2　实验部分

2.1　材料与仪器

材料:微动力乳化表面活性剂 CH-13,表面活性剂 KD-200、BS-12、BS-16(胜利油田石油工程技术研究院);实验用油为东辛莱-1 区地层脱水原油与煤油以质量比 2∶1 混合的模拟油,黏度为 6.2 mPa·s(80 ℃);实验用水为地层采出水,矿化度为 44 592 mg/L。

仪器:DHG-924A 型恒温箱、XSJ-2 型显微镜、TX-500C 型全量程旋转滴界面张力仪、驱替实验装置、微观驱替实验平台、填砂管(规格为 ϕ2.5 cm×30 cm)。

2.2　实验方法

2.2.1　乳化能力测试

采用瓶试法 180°上下摇晃试管 5 次,按照 3∶7 的油、水体积比测试表面活性剂的乳化能力,使用 XSJ-2 型显微镜观察玻璃瓶摇动后水相的微观形态。

2.2.2 界面张力测试

80 ℃下利用 TX-500C 型全量程旋转滴界面张力仪测量模拟油与不同微动力乳化表面活性剂体系间的界面张力。

2.2.3 岩心渗流实验

岩心渗流实验在 80 ℃下进行,具体步骤如下:①气测岩心渗透率;②水驱至压力稳定,然后乳液驱,记录注入压力,驱替过程中注入速度均为 0.2 mL/min。

2.2.4 宏观岩心驱油实验

岩心驱油实验在 80 ℃下进行,具体步骤如下:①气测渗透率;②饱和原油;③水驱至含水量为 98%;④转注 0.5 PV 表面活性剂体系段塞,然后继续水驱至产出液含水量为 98%时结束实验,驱替过程中注入速度均为 0.2 mL/min。

2.2.5 微观驱替实验

向微观驱替模型中注入一定量的微动力乳化表面活性剂体系,注入速度为 0.01 mL/min,观察微观驱替模型中原油的状态变化。

3 结果与讨论

3.1 微动力乳化驱油体系乳化效果研究

采用瓶试法测试 CH-13 的乳化能力,结果表明 CH-13 溶液中加入低浓度的表面活性剂,能使油滴在轻微界面扰动作用下发生微动力乳化,形成 O/W 型乳状液。当 CH-13 与 BS-12 共存于溶液中时,乳状液粒径明显减小,液滴的数量大幅度增加,粒径为 $10\sim15~\mu m$ 的乳状液液滴约占 70%,乳状液油、水相完全分开大约需要 30 min。

3.2 微动力乳化驱油体系界面张力测试

80 ℃下不同类型的表面活性剂复配体系与原油的动态界面张力均在 $10^{-2}\sim10^{-3}$ mN/m 数量级范围内,在低浓度下 CH-13 不能使油水界面张力降到超低,但仍有能力促进 O/W 型乳状液的形成。

3.3 不同渗透率下微动力乳化驱油体系注入性研究

采用不同渗透率的岩心评价了复配微动力乳化体系形成的乳液的渗流能力,结果如图 1 所示。从整体上看,对于 127 mD、467 mD、963 mD 三种渗透率的岩心,乳液都能注入岩心深部,注入性较好。渗流过程中,对填砂管出口端产出液取样观察,记录产出液随 PV 数的变化情况。产出液为 1 PV 时,原先占据岩心的地层水完全被乳液驱替出,产出液多为水,呈透明状,继续注入乳液,产出液乳液态逐渐明显。

3.4 微动力乳化驱油体系提高采收率效果研究

采用不同渗透率的岩心评价了微动力乳化表面活性剂体系的驱油效果,结果如图 2 所示。总体上看,开始水驱时,注入压力和采收率均迅速增大并达到峰值;当水流突破之后,由于水流通道的形成,注入水沿着阻力较小的路径流动,导致注入压力和采收率趋于稳定;转注表面活性剂段塞后,注入压力和采收率再次增大。由图 2 同时可以观察到,随着渗透率的降低,微动力乳化表面活性剂体系提高采收率的效果逐渐增强。

3.5 微动力乳化驱油体系微观驱油机理研究

乳状液在微观孔隙中运移的一个重要特征就是乳状液的形成增加了流体的黏度,降低

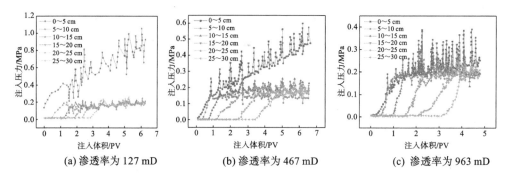

图1　不同渗透率的岩心乳液渗流压力梯度与产出液量的关系曲线

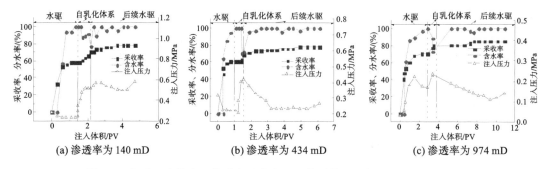

**图2　不同渗透率的岩心微动力乳化表面活性剂体系驱替过程中注入压力、
含水率和采收率随注入体积的变化情况**

了驱替相的流速,起到了调剖的作用。另外,乳状液在通道中流动时,一方面沿着孔道中心向前移动,另一方面又会挤压孔道内壁的残余油,起到刮油的作用。

4　结论

本文针对高温高盐中低渗油藏条件,优选出合适的微动力乳化表面活性剂体系,得出以下结论:

(1)复配CH-13与BS-12可以增强微动力乳化表面活性剂体系的乳化效果及延长乳液稳定时间,乳化效果最好。

(2)微动力乳化表面活性剂体系具有良好的注入性,压力梯度保持在稳定的范围内。

(3)微动力乳化表面活性剂体系在驱油过程中可以明显提高注入压力以及原油采收率。

(4)微动力乳化表面活性剂体系主要通过乳化增黏来降低驱替相的流速,起到调剖的作用,从而扩大波及体积,提高原油采收率。

参 考 文 献

[1]　康万利,刘延莉,孟令伟,等.永平油田稠油自发乳化降粘剂的筛选及驱油效果评价[J].油气地质与采收率,2012,19(1):59-61.

[2]　赵清民,吕静,李先杰,等.非均质条件下乳状液调剖机理[J].油气地质与采收率,2011,18(1):41-43,47.

[3]　LIU Q , DONG M , YUE X , et al. Synergy of alkali and surfactant in emulsification of heavy oil in brine[J]. Colloids and Surfaces A Physicochemical and Engineering Aspects,2006,273(1):219-228.

[4]　曹绪龙,马宝东,张继超.特高温油藏增粘型乳液驱油体系的研制[J].油气地质与采收率,2016,23(1):68-73,95.

海上油田中低渗储层生物纳米技术的先导试验研究

冯　青　李啸南　黄子俊　曾　鸣　魏志鹏

杨慰兴　樊爱彬　杨　浩　蔡依娜　李学军

（中海油油田生产研究院　天津　300459）

摘　要：由于储层物性差、层间矛盾突出，导致低渗透油藏注水压力高及吸水指数低等问题，使得注水井欠注、储层亏空等矛盾日益凸显，因此寻求降压增注工艺成为低渗油藏注水开发的一个攻关难题。纳米增注技术是海上中低渗油田注水开发的一次重要尝试，具有效果显著、施工简单、无污染等优点。本文基于纳米材料，从储层作用机理出发，进行流固耦合分析。纳米材料吸附及疏水性质不仅能改变储层润湿性，而且还能改善储层物性；采用定流量压降法、动态吸水指数法对纳米增注效果进行评价。研究结果表明，生物纳米材料作为一种新的降压增注处理剂，在多孔介质表面形成憎水性覆膜，能增大润湿接触角；现场试验应用证明生物纳米技术具有明显的降压增注效果，试验井作业后储层吸水指数由 12 m³/(d·MPa) 上升到 28 m³/(d·MPa)，中低渗小层的启动压力由 15.1 MPa 下降到 3.6 MPa。本文的研究对解决海上中低渗油藏注水困难及生物纳米增注效果评价难题具有一定的指导意义。

关键词：中低渗油藏　生物纳米技术　降压增注　先导试验

1　引言

注水开发的低渗油田进入中后期时，因储层物性差、储层黏土矿物水化膨胀引起储层吸水指数低，导致油田水驱效果差、地层亏空严重，影响整个油田的采收率[1~3]。目前海上油田解决注水井注入困难的措施一般是常规解堵措施，但多轮次酸化之后，储层中能够溶蚀的物质逐渐减少，增注有效期逐渐缩短甚至无效，因此研究新的增注工艺十分必要[4~6]。纳米聚硅材料作为低渗油藏一种新的降压增注处理剂[7,8]，需要对纳米聚硅材料的注入性能进行评价，评价纳米聚硅材料对储层物性、润湿性、界面张力的改善程度。研究发现纳米增注对于改善低渗油藏注水井的降压增注具有明显的应用效果[9,10]，从微观上解决了低渗油田注水困难的问题，同时本文研究对国内外其他低渗油田提高采收率具有重要的指导意义。

2　纳米降压增注机理

2.1　纳米聚硅材料性能评价

2.1.1　纳米聚硅溶液密度

纳米聚硅粉体颗粒具有自身独特的性质,当其加入柴油后纳米聚硅溶液密度受温度的影响,如图 1 所示。

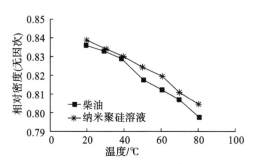

图 1　纳米聚硅溶液与柴油密度受温度影响的对比

由图 1 可见,随着温度的升高,纳米聚硅溶液和柴油的相对密度降低;在同一温度下,纳米聚硅溶液相对密度略高于柴油的相对密度。

2.1.2　纳米聚硅溶液的黏温特性

不同浓度的纳米聚硅溶液在不同温度下的黏度测量结果如图 2 所示。

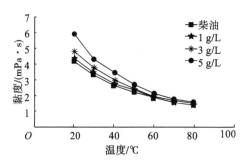

图 2　纳米聚硅溶液的黏温特性曲线

由图 2 可见,随着温度的升高,柴油和纳米聚硅溶液的黏度均降低;在相同的温度下,纳米聚硅溶液的黏度随着浓度的增加而增大。这是因为纳米聚硅颗粒外敷的有机质存在聚合链,它在油相中伸展,导致黏度增大。

2.1.3　纳米聚硅溶液界面张力

图 3 给出了不同浓度的纳米聚硅溶液界面张力随温度的变化曲线。随着温度的升高,纳米聚硅溶液界面张力降低;随着浓度的增加,纳米聚硅溶液界面张力略有增大。

2.2　纳米聚硅溶液流固耦合分析

2.2.1　储层物性的影响

纳米聚硅溶液处理前后的岩心相渗曲线如图 4 所示。

在图 4 中,岩心样品被纳米聚硅溶液处理前后水相端点相对渗透率比值超过 5 倍,表明纳米聚硅材料具有较强的提高水相渗透率的能力。

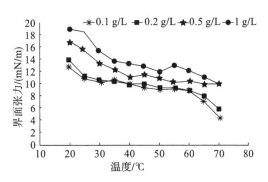

图3 不同温度下纳米聚硅溶液界面张力变化曲线

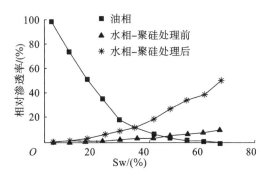

图4 纳米聚硅溶液处理前后的岩心相渗曲线

2.2.2 渗透性的影响

纳米聚硅溶液浸泡时间对岩心注入压力的影响如图5所示。

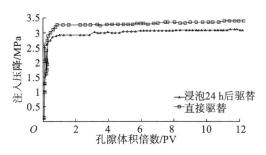

图5 纳米聚硅溶液浸泡时间对岩心注入压力的影响

在图5中,岩心直接注入纳米聚硅溶液驱替,岩心经过纳米聚硅溶液浸泡24 h后,溶液中的纳米聚硅颗粒与岩心孔隙喉道充分接触、吸附,岩心憎水性增强,表面积增大,使得水流通道变得光滑,水流摩擦阻力变小,宏观上表现为水驱稳定压力降低。

2.2.3 润湿性的影响

储层中常含有蒙脱石、高岭石等黏土矿物,注水开发时易产生水化膨胀,堵塞孔隙喉道,但纳米聚硅溶液对储层黏土矿物的水化膨胀有抑制作用。黏土矿物在不同溶液中的膨胀率变化曲线如图6所示。

由图6可以看出,随着测量时间的延长,黏土矿物的膨胀率逐渐增大,达到一定时间后膨胀率趋于稳定。

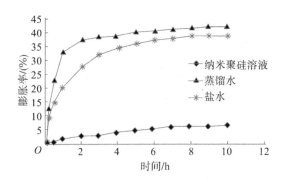

图6　黏土矿物在不同溶液中的膨胀率变化曲线

3　现场应用研究

渤海油田 BY25-3-B1 井为沙河街组 2 井区的一口注水井,2015 年 12 月开始投注,配注量为 280 m³/d,但注入过程中注入压力短期快速上升,实际注水量为 110 m³/d,远远达不到配注量。

BY25-3-B1 井于 2019 年 6 月采取纳米解堵增注措施,取得了较好的降压增注效果。

采取纳米增注措施后,储层渗透率由 14.8 mD 上升到 38.73 mD,注入压力下降 2 MPa,注水量提高 130%,吸水指数大幅度提升,表明纳米聚硅材料降低了注入流体的渗流阻力,改变了储层润湿性,降低了注入流体与多孔介质表面的摩阻系数,提高了储层介质的渗透性。

4　结论

(1)纳米聚硅材料性能易受温度、浓度的影响,温度升高时,纳米聚硅溶液的密度、黏度、界面张力均会下降;

(2)纳米技术对储层物性、渗透性、润湿性均有一定的影响,纳米聚硅材料利用其吸附性、强疏水性,在储层孔隙喉道内表面形成覆膜,抑制黏土水化膨胀,减小流体渗流阻力,增大多孔介质的孔隙度及渗透率,对注水井起到降压增注作用;

(3)通过注入性能评价实验,可发现纳米聚硅溶液具有降压增注效果,流体渗流阻力减小,注入流速提高 40%,注入压降提高 10%。

参 考 文 献

[1] 郑浩,马春华.基于正交试验法的低渗透油藏超前注水影响因素分析[J].石油钻探技术,2007,35(5):90-93.

[2] ZHANG J,CAO X,TANG Z,et al. Experiment of polysilicic material for improving waterflooding effect in low permeability oil reservoir[J]. Oil & Gas Recovery Technology,2003,4(10):60-64.

[3] 程为彬,吴九辅.基于前置增压泵压力和流量可调性注水技术的应用[J].石油学报,2005,26(4):115-118.

[4] 徐军,孙尚如,龙国清,等.长位移水平井在夹层发育的小型低渗透底水油藏中的应用[J].特种油气藏,2000,7(4):27-30.

[5] 熊春明,周福建,马金绪,等.新型乳化酸选择性酸化技术[J].石油勘探与开发,2007,34(6):740-744.

[6] 王德民.发展三次采油新理论新技术,确保大庆油田持续稳定发展(上)[J].大庆石油地质与开发,

2001,20(3):1-7.

[7] 狄勤丰,沈琛,王掌洪,等.纳米吸附法降低岩石微孔道水流阻力的实验研究[J].石油学报,2009,30(1):125-128.

[8] 杜洪荣,姜淑霞,赵文民,等.低渗透砂岩储层酸化增产规律分析[J].石油钻探技术,2008,36(4):61-63.

[9] 苏咸涛,闫军,吕广忠,等.纳米聚硅材料在油田开发中的应用[J].石油钻采工艺,2002,24(3):48-51.

[10] 吴非,狄勤丰,顾春元,等.疏水纳米 SiO_2 降低岩心流动阻力效果的室内实验研究[J].钻采工艺,2008,31(2):102-103,112.

三元复合驱化学清除垢措施应用时机探讨

郭永伟　高文政　金　萍　闫方平

（承德石油高等专科学校　河北承德　067000）

摘　要：三元复合驱采油技术（ASP）目前在大庆油田得到了工业化矿场应用，可提高采收率近20％，是三次采油重要技术之一。但在实际生产过程中发现机采井存在结垢问题，导致三元复合驱机采井的检泵周期变短，严重影响三元复合驱的经济效益。矿场上经常采取化学清除垢措施来清除机采井上附着的垢质，该措施是用一些化学清除垢药剂清除井筒及泵内相关井下设备上的垢质的方法，该种方法具有除垢效率高、反应时间短、操作灵活可靠等特点，可大大延长机采井的检泵周期。但是在具体应用过程中，化学清除垢措施的应用时机一直是困扰现场工艺的主要问题，为此，本文主要以大庆油田某区块三元复合驱为例，通过数据分析与实际应用相结合的方法，开展了三元复合驱化学清除垢措施的应用时机研究，以期对现场的实际操作给出一定的指导。

关键词：三元复合驱　化学清除垢　应用时机

油田通过强碱性和弱碱性的三元复合驱获得了较好的驱替效果[1]，但三元复合驱在采出端面临着一定的技术难题，在碱性环境下容易产生盐类垢质沉淀，结垢主要发生在采出环节[2]，结垢部位通常在射孔井段附近、井下机采设备和地面输油管线设备中，以区块内的中心采出井最为严重。

结垢不单单对油层环境造成影响，也对常规举升系统带来了很大的影响，最主要的影响是油井的检泵周期大幅度缩短。以某试验区为例[3]，当采出端末结垢时，区块内机采井的平均检泵周期大约在500天以上，当采出端结垢后，结垢机采井的平均检泵周期不足60天，结垢问题严重影响了机采井的正常生产运行，给机采设备带来了一定的破坏，使得设备维护费用增加，经济效益变差[4]。

1　国内外研究现状

1.1　国内研究现状

三元复合驱机采井的清除垢技术起步较晚，但经过几年的室内及现场试验，取得了很大的进步，尤其是在清垢剂选择、清垢时机及清垢工艺方面，措施有效率持续提高[5]。

1.2　国外研究现状

国外主要处于基础理论研究阶段，关于驱油用表面活性剂及驱油用聚合物的开发研制等方面的研究较多，对于三元复合驱机采井化学清除垢措施的研究基本处于空白状态，没有检索到有价值的报道。

2 模型的建立

为了有效求得参数上升幅度,本文采用逻辑回归与梯度上升算法。逻辑回归与梯度上升算法用于二分类问题,面对具体的二分类问题,比如是否应采取清除垢措施,现场操作人员通常是估计的,并没有十足的把握,因此很适合用概率统计及特征表象来计算。逻辑回归与梯度上升算法本质上是一个基于条件概率的判别模型,利用了 Sigma 函数值域在 $[0,1]$ 区间的特性。

$$g(z) = \frac{1}{1 + \mathrm{e}^{-z}} \tag{1}$$

将 $g(z)$ 函数扩展到多维空间,并且加上参数,则式(1)变为

$$h_\theta(x) = g(\boldsymbol{\theta}^{\mathrm{T}} x) = \frac{1}{1 + \mathrm{e}^{-\boldsymbol{\theta}^{\mathrm{T}} x}} \tag{2}$$

式中,x 是变量,$\boldsymbol{\theta}$ 是参数向量,$\boldsymbol{\theta}^{\mathrm{T}}$ 表示矩阵 $\boldsymbol{\theta}$ 的转置,$\boldsymbol{\theta}^{\mathrm{T}} x$ 表示矩阵乘法。选择合适的参数向量 $\boldsymbol{\theta}$ 以及样本 x,那么对样本 x 分类就可以通过式(2)计算出一个概率值,如果该概率值大于 0.5,我们就说事件发生,否则判断事件未发生。

3 实际应用

表 1 所示为 NS 三元复合驱区块卡泵井生产参数变化表,将表中的参数通过以上方法进行迭代回归。

表 1 NS 三元复合驱区块卡泵井生产参数变化表

井号	井 别	卡 泵 前		卡 泵 后		差 值		上 升 幅 度	
		电流 /A	载荷 /kN	电流 /A	载荷 /kN	电流 /A	载荷 /kN	电流 /(%)	载荷 /(%)
1	抽油机	36	72	40	79	4	7	10.0	10.0
2	抽油机	38	67	42	74	4	7	10.0	10.0
3	抽油机	23	35	25	38	2	3	10.0	8.0
4	抽油机	37	70	39	76	2	6	5.0	8.5
5	抽油机	46	70	48	77	2	7	5.0	10.0
6	抽油机	39	65	42	71	3	6	7.6	10.0
7	抽油机	29	39	30	42	1	3	5.0	8.2
8	抽油机	39	84	44	93	5	9	12.0	10.0
9	抽油机	46	98	48	108	2	10	5.0	10.0
10	抽油机	44	73	46	80	2	7	5.0	10.0
11	抽油机	49	81	57	142	8	61	17.0	75.0
12	抽油机	29	48	32	53	3	5	9.0	10.0
13	抽油机	84	99	88	108	4	9	5.0	10.0
14	抽油机	63	79	66	86	3	7	5.0	10.0

续表

井号	井　别	卡　泵　前		卡　泵　后		差　值		上　升　幅　度	
		电流/A	载荷/kN	电流/A	载荷/kN	电流/A	载荷/kN	电流/(%)	载荷/(%)
15	抽油机	72	70	84	98	12	28	16.0	40.0
16	螺杆泵	39	786	41	872	2	86	5.0	11.0
17	螺杆泵	33	731	35	983	2	252	5.0	34.5
18	螺杆泵	28	445	29	725	1	280	5.0	62.9
19	螺杆泵	56	441	59	812	3	371	4.5	84.1
20	螺杆泵	35	436	36	482	1	46	4.0	10.6

　　结果表明,当最大载荷增大8%以上,上电流上升超过4%时,易发生卡泵风险。应用以上清除垢措施,某三元复合驱区块共进行化学清除垢施工19口井,酸性清垢剂10口井,中性清垢剂9口井,其中18口井采用清除垢措施后,电流及载荷均有不同程度的降低,措施有效率为94.7%。

4　结论

　　(1)化学清除垢措施是延长三元复合驱机采井检泵周期的有效途径,如能准确把握应用时机,将有助于提高措施的有效率。

　　(2)当载荷增大8%、电流上升5%时,应及时采取化学清除垢措施,避免机采井因垢检泵。

参 考 文 献

[1]　王玉普,程杰成.三元复合驱过程中的结垢特点和机采方式适应性[J].大庆石油学院学报,2003,27(2):20-22.

[2]　孙赫,陈颖,钱慧娟.油田除垢技术研究进展[J].化学试剂,2012,34(11):991-994.

[3]　吕秀凤.二元复合驱油井清防垢方法及应用效果分析[J].鸡西大学学报,2016,16(7):30-32.

[4]　马超,赵林,占程程,等.碱驱过程中硅酸盐垢的形成机理、影响因素及解决途径[J].西部探矿工程,2006,18(3):95-96.

[5]　王璐.三元复合驱油井结垢规律及防垢清垢技术探讨[J].化工管理,2017,(24):132.

柴达木盆地长井段薄互层油藏
细分层系开发实践

姜明玉

（青海油田公司勘探开发研究院 甘肃敦煌 736202）

摘 要： 位于柴达木盆地西部北区的南翼山油田新生界新近系上新统的上油砂山组Ⅲ＋Ⅳ油组，油藏埋深1800 m，其纵向上生产层段跨度达630 m，共划分为118个小层，油砂体平均有效厚度只有2 m，属于典型的长井段、薄互层、低渗透油藏。采用混层系开发，油藏水驱储量控制程度较低，导致开发过程中存在严重的层间干扰，水驱储量动用程度低，严重制约油藏的效益开发。基于油藏地质特征研究及开发动态特征分析，通过开展细分层系可行性研究，制定合理的层系细分界限，编制配套的开发调整方案，切实提高低渗、难采储量有效动用程度和改善油藏水驱开发效果，为油田稳产、增产提供技术保障。

关键词： 长井段 薄互层 低渗透 细分层系

1 油藏开发特征分析

1.1 开发现状

南翼山浅油藏位于青海省柴达木盆地西部北区，属于西部坳陷区茫崖凹陷南翼山背斜带上的一个三级构造，构造类型为两断夹一隆的大而平缓的断背斜构造[1~4]。截至2018年底，南翼山Ⅲ＋Ⅳ油组共有采油井164口，年产油11.6万吨，累计产油75.9万吨，综合含水率为57.7%，地质储量采油速度为0.10%，地质储量采出程度为4.81%；注水井64口，年注水量为33.9万方，累计注水量为277万方，累计注采比为1.33。

1.2 生产特征

南翼山Ⅲ＋Ⅳ油组射孔投产无自然产能，油水井通过压裂改造才能获得产能。构造主体部位开发效果相对较好，向构造两翼逐渐变差。油藏目前平均单井日产油2.5吨，其中平均单井日产油1~4吨的井占比为52%。

南翼山Ⅲ＋Ⅳ油组建产初期新投油井压裂投产，自然递减率较高，近几年自然递减率呈逐年下降的趋势，2018年自然递减率为9.6%，综合递减率为3.2%。

南翼山Ⅲ＋Ⅳ油组目前处于中高含水期，由于油藏产层多为油水同层，没有无水采油期，建产初期含水率上升快，水驱开发期含水率上升趋势变缓。2018年综合含水率为57.7%，含水率为20%~60%的井所占比例最大。

1.3 储量动用情况

南翼山Ⅲ＋Ⅳ油组探明储量含油面积为16.6 km²；平面上动用区主要分布在构造西端

的中部主体区域,含油面积为 10.4 km²;未动用石油地质储量主要分布在构造东端高含水
区,含油面积为 6.2 km²。纵向上已开发的主力小层Ⅳ-4、Ⅳ-5、Ⅳ-10、Ⅳ-17、Ⅳ-18、Ⅳ-40、
Ⅳ-47、Ⅳ-49 动用程度高,基本集中在Ⅳ油组,而油藏上部的Ⅲ油组层位Ⅲ-24、Ⅲ-26、Ⅲ-40、
Ⅲ-41、Ⅲ-45、Ⅲ-52、Ⅲ-54,以及Ⅳ油组次主力小层Ⅳ-58、Ⅳ-59、Ⅳ-60 动用程度低。

2　细分层系可行性研究

2.1　油砂体精细刻画

油砂体刻画以各砂体井点测井解释数据严格控制的各含油砂体边界为准,通过油砂体
展布特征研究,界定了有利储层的空间位置及分布范围,为油藏细分层系开发部署提供了储
量资源基础。

通过精细描述单层油砂体在平面上的展布特征,进一步明确了有利储层的分布范围。
Ⅲ-40、Ⅲ-52、Ⅲ-54、Ⅲ-58 层油砂体在构造主体部位分布较好,向两翼及边部变差;Ⅳ-10、
Ⅳ-17、Ⅳ-18、Ⅳ-40、Ⅳ-47、Ⅳ-49 层油砂体西北端优于东南端,在构造西北端还具有扩边潜
力;未开发的Ⅳ-58、Ⅳ-59、Ⅳ-60 层油砂体在主体部位有一定分布,可作为下一步开发的潜
力层。

2.2　试采产能评价

在老井开展试采产能评价,在构造不同部位开展报废井上返Ⅲ油组,2017—2018 年共
实施补孔压裂措施 13 井次,措施有效率为 100%,措施前单井日产油 0.7 吨,措施后单井日产
油 3.9 吨,平均单井日增油 3.2 吨。典型井南浅 1-05-1 井位于构造主体部位,补孔压裂层
为Ⅲ-40、Ⅲ-42、Ⅲ-45、Ⅲ-47、Ⅲ-49、Ⅲ-52、Ⅲ-54 层,措施前日产油 0.9 吨,措施后初期日产
油 6.4 吨,日增油 5.5 吨。

新钻产能评价井组,2018 年投产 24 口井,初期平均单井日产油 6.2 吨,新井年累计产油
1.4 万吨,当年贡献率为 31.4%,取得了较好的建产效果。测试产液剖面,Ⅲ-40、Ⅲ-42、
Ⅲ-45、Ⅲ-47、Ⅲ-52 层为主力产层,进一步证实了Ⅲ油组的开发潜力。

通过试采产能评价,纵向上新增动用单层油砂体 10 个,平面上进一步拓宽了建产潜力
区,进一步证实了Ⅲ油组具有开发潜力,为层系细分可行性论证提供了单井产能依据。

2.3　层系细分方案编制

油藏层系细分开发的目的是解决因储层纵向上非均质性造成的层间矛盾,从而提高油
藏的采收率[5]。针对南翼山Ⅲ+Ⅳ油组纵向上含油小层多、各小层储量差别大、含油性变化
大、储量分布不均一等特点,优选油层富集区部署层系细分方案,优化注采井网系统、层系组
合,提高井网对储量的控制程度和动用程度[6]。

依据层系极限有效厚度论证结果,南翼山Ⅲ油组有效厚度极限值为 10.3 m,结合油砂
体在平面上的展布规律,优选储层有效厚度大于 10 m 的有利区域部署细分层系井网,其油
砂体含油面积为 6.25 km²。

采用合理采油速度法、单井产能法、注采平衡法等三种方法计算南翼山Ⅲ油组技术极限
井距为 191~210 m;采用单井产油量经济界限法,即油井投入的总费用与产出的总收入相
等时的单井平均日产油量,在原油售价为 60 $/bbl,操作成本为 1000 元/t 时,开发评价期
20 年内,测算南翼山Ⅲ油组经济极限井距为 129 m。综合考虑技术井距论证结果和已建成
的井网,确定合理的注采井距为 200 m。

南翼山Ⅲ油组主体区按照 200 m×200 m 的正方形反九点注采井网进行部署,平面上设计井位与老井网井间整体偏右移动半个井距,按照先肥后瘦、边实施边完善的原则,分两批实施。其中第一批在有效厚度 20 m 内部署油井 53 口、水井 17 口,日产油 4.0 吨,建产 6.36 万吨;第二批在有效厚度 10～20 m 范围内部署油井 63 口、水井 22 口,日产油 3.0 吨,建产 5.67 万吨。

3 现场应用效果分析

3.1 快速建产,接替老井产量递减,提高油田整体采油速度

依据"总体部署、分批实施、跟踪分析、及时调整"的方案实施原则,产能建设期为 2018—2020 年,为期 3 年,新钻井数 155 口,计划建产 12.03 万吨。截至 2019 年上半年,在构造主体部位已完钻 76 口井,已投产油井 24 口,排液水井 21 口,平均单井日产油 4.6 吨,新建产能 3.31 万吨,取得了较好的建产效果。层系细分方案边研究边实施,一年时间内油藏日产油水平达到 177 吨,综合含水率为 45.5%,预计年底Ⅲ油组产量达到 3.9 万吨,产量比重占南翼山油田整体产量的 18%。

3.2 纵向上低渗难采储层有效动用,提高油藏水驱储量控制及动用程度

随着方案部署产能建设的不断实施,南翼山Ⅲ油组主体区注采井网基本完善,已形成注采井组 22 个,目前油藏水驱储量控制程度达到 82.7%,提高了 10.8%。纵向上南翼山Ⅲ油组新增动用层数 14 个,厚度为 28.8 m,动用砂体储量 487.9 万吨,水驱储量动用程度达到 54.8%,提高了 7.8%。从已测井的叠合产液剖面图来看,Ⅲ-40、Ⅲ-42、Ⅲ-45、Ⅲ-47、Ⅲ-52 层为主力产层,次主力产层Ⅲ-22、Ⅲ-26、Ⅲ-41、Ⅲ-46、Ⅲ-54 也有动用。

3.3 试采产能评价明确油、水井分段压裂层段划分,试注水实验证实分层注水可行

依据油砂体纵向上的分布规律,结合层间非均质性特征,压裂改造分 4 段进行,每段单砂体数不超过 4 层,其中Ⅲ-52、Ⅲ-54 为压裂Ⅰ段,Ⅲ-45、Ⅲ-47、Ⅲ-49 为压裂Ⅱ段,Ⅲ-40、Ⅲ-41、Ⅲ-42 为压裂Ⅲ段,Ⅲ-22、Ⅲ-24、Ⅲ-26 为压裂Ⅳ段。试注水实验表明Ⅲ油组储层具有一定的吸水能力,采用 3 封 3 配分层注水能达到分注的目的,油藏平均注水启动压力为 16.3 MPa,设计注采比为 1.5。

3.4 转变以往开采方式是提高低品位储量有效动用程度的重要手段

依据油藏低渗难采的特点,改变以往压裂改造后追求返排率的投产方式,先采用缝网压裂进行储层改造,然后采用焖井置换的方法进行井下流体置换,补充地层能量,最后采用油嘴控压方式自喷生产,待压力降低后转抽生产。缝网压裂后采用焖井置换、蓄能控压的方式求产,能够延长油井自喷周期,生产效果较好。

4 结论

(1)通过从层系极限有效厚度、单井极限控制可采储量、单井经济极限日产油量等方面论证了油藏层系细分开发的可行性。依据单砂体储量纵向分布特征,以Ⅲ-58 层为界细分层系。

(2)对推荐实施的层系细分方案开展开发指标预测和经济效益评价,在 20 年开发评价

期内,层系细分方案累计产油48.8万吨,砂体储量采出程度为11.8%,税后财务内部收益率为13.5%,投资回收期为8.6年,由此说明层系细分方案具有较好的盈利能力和社会效益。

(3)层系细分方案建设期在现场取得较好的应用效果,细分层系Ⅲ油组已投产井平均单井日产油量为4.6吨,高于设计日产油量,新建产能3.31万吨,取得了较好的建产效果,进一步证实了采用细分层系开发能够提高长井段、薄互层、低渗难采油藏的采收率。

参 考 文 献

[1] 罗晓兰,段国禄.南翼山浅油藏三维地震解释与地质建模研究[R].敦煌:青海油田公司,2007.

[2] 段国禄.南翼山浅油藏储层沉积相研究[R].敦煌:青海油田公司,2007.

[3] 牟中海,罗晓兰.南翼山油田浅层储层特征研究及地质建模[R].成都:西南石油大学,2009.

[4] 罗晓兰.南翼山浅层油藏整体开发方案[R].敦煌:青海油田公司,2013.

[5] 吴杰.低渗透油藏合理注采技术政策研究[D].荆州:长江大学,2014.

[6] 房育金.鄯善油田低渗透油藏注水开发技术研究[D].大庆:东北石油大学,2011.

[7] 郭玲玲,姜明玉,万有余,等.南翼山浅层Ⅲ+Ⅳ油藏压裂增产措施适应性评价[J].青海石油,2012,30(1):117-123.

基于遗传算法的油田开发方案
多变量优化方法研究与应用

李冠群[1]　苏玉亮[1]　王文东[1]　张国威[2]

(1.中国石油大学(华东)石油工程学院　山东青岛　266580；
2.长江大学石油工程学院　湖北武汉　430100)

摘　要:注水开发油藏经过长期注水开发后出现不均衡驱替的问题,油藏存在优势渗流通道与大量潜力区域。为了实现均衡驱替的目标,需进行系统的优化调整。本文提出了基于遗传算法的油田开发方案多变量优化方法,该方法考虑了实际油田开发设计中存在的井位、井别、射孔和注采参数的约束问题,将多种核心开发优化指标纳入最优化模型指标体系,提出了各类指标综合编码方法,从而实现对实际问题更全面的数学描述,引入了种群有效性检验方法来处理约束问题。通过优化实例证明了该方法相对常规调整方法的优越性,能够极大地促进油藏整体开发指标自动优化的计算机实现。

关键词:开发方案优化　自动优化　油藏整体优化　遗传算法

1　考虑多变量的油田开发方案优化遗传算法

1.1　遗传算法

遗传算法是借鉴生物界的遗传机制演化而来的随机的搜索方法,在求解过程中,每次迭代都保留一组候选最优解,并从解群中选取较优的个体,对这些个体按选择、交叉、变异这一过程进行组合,产生下一代的候选最优解,重复此过程,直到满足要求为止[1~6]。遗传算法不像其他传统方法那样从一个点开始搜索,它是从多个点开始搜索,特别是当油藏区域非常复杂时,可能会存在多个局部最优点,此时遗传算法就更能发挥其优势,找出问题的全局最优点[7]。

1.2　最优化数学模型与约束问题的处理

油田开发方案优化的目的是使油藏能长期稳定生产,油田获得较好的经济效益,所以本文以开采 n 年后的采出程度为目标函数,则目标函数为

$$\text{Max} f(x) = \frac{x_n}{N} \times 100\%$$

式中,x_n 为 n 年后的累计产油量(吨),N 为地质储量(吨)。

考虑到实际问题的多重约束条件,本文采用种群有效性检验方法对遗传过程进行控制。当参数被锁定时,此参数不再随机生成;当参数未锁定时,可在约束范围内随机生成。本实

际问题的约束条件为不等式约束,有 m 个约束条件,可表示为

$$g_i(x) \leqslant 0, \ i = 1, 2, \cdots, m$$

$$x = (x_1, x_2, \cdots, x_n) \in X$$

$$X = \{(x_1, x_2, \cdots, x_n) \mid l_i \leqslant x_i \leqslant u_i, i = 1, 2, \cdots, n\}$$

$$L = (l_1, l_2, \cdots, l_n)$$

$$U = (u_1, u_2, \cdots, u_n)$$

式中, x 为 n 维决策变量, $x \in X$ 为域约束, L 和 U 分别为决策变量 x 的上界和下界。

2　实例分析

以某实际油藏为例,图1所示为 H2 油田模拟工区 2015 年剩余油饱和度分布图,模型维数为 $153 \times 136 \times 1$,网格步长为 $10 \ \mathrm{m} \times 10 \ \mathrm{m} \times DZ$。现对该区设置六种方案,参考实际油藏生产历史数据,最大注入量为 $20 \ \mathrm{m^3/d}$,最大产液量为 $30 \ \mathrm{m^3/d}$,注采参数范围设置为 $-20 \sim 30 \ \mathrm{m^3/d}$,具体参数调整如表1所示。

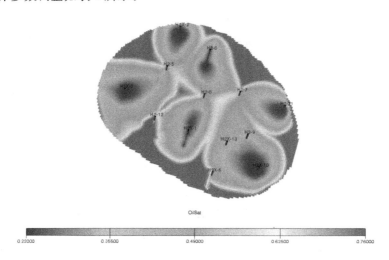

图 1　H2 油田模拟工区 2015 年剩余油饱和度分布图

表 1　六种方案参数调整对比

方案	新井/口	调整井/口	新井井位	井别		射孔参数	注采参数
				新井	调整井		
1	无	无	无	无	无	不变	不变
2	3	5	人工	2口水井 1口油井	转注3口 转抽2口	人工调整	人工
3	3	5	自动	2口水井 1口油井	转注3口 转抽2口	自动	自动
4	3	5	自动	2口水井 1口油井	自动	自动	自动

续表

| 方 案 | 新井/口 | 调整井/口 | 新井井位 | 井 别 | | 射 孔 参 数 | 注 采 参 数 |
				新 井	调 整 井		
5	3	5	自动	自动	转注3口 转抽2口	自动	自动
6	3	5	自动	自动	自动	自动	自动

针对方案3～6,以累计产油量作为适应度指标,采用数值模拟方法预测适应度,设置种群大小和进化代数,方案3～6最佳个体出现代数及最佳个体适应度如表2所示,并对最佳个体进行解码,得到最优方案。

表2 方案3～6最佳个体出现代数及最佳个体适应度

方案	3	4	5	6
最佳个体出现代数	3	23	47	14
最佳个体适应度	180 300	184 200	183 700	183 900

通过比较六种方案,预测采出程度随时间变化曲线(见图2),采用本文优化方法设计的方案3～6的采出程度更高,其中方案4～6的采出程度随时间变化情况更加接近。通过比较六种方案的采出程度和含水率(见图3),在相同采出程度的情况下,与方案2相比,方案3～6的含水率更低,方案2的含水率随采出程度先急剧下降后迅速上升,而方案3和方案5的含水率比较稳定,初期没有巨大波动,更加适应油藏的油水分布,使油藏得到更好的开采,并且提高了最终采收率。

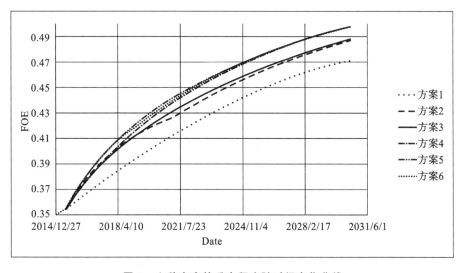

图2 六种方案的采出程度随时间变化曲线

3 结论

(1)建立了考虑多变量的油田开发方案优化遗传算法,将井位、井别、射孔参数和注采参数等核心开发优化指标纳入优化指标体系,实现多指标整体优化。

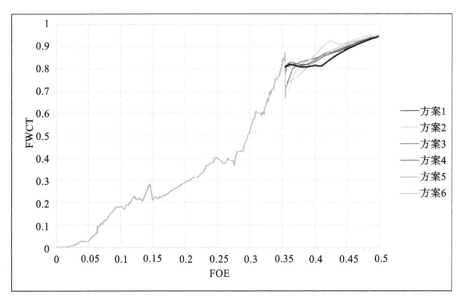

图3　六种方案的采出程度与含水率预测曲线对比图

（2）针对优化过程中面临的实际约束问题，提出了种群有效性检验方法，根据多重约束条件对遗传过程进行控制。

（3）考虑多变量的油田开发方案优化遗传算法可以实现开发方案与储层非均质最大限度地匹配，当以流场强度变异系数作为适应度函数时，能实现均衡驱替，改善水驱状况和提高最终采收率。

参 考 文 献

［1］刘德华,唐洪俊.油藏工程基础［M］.2版.北京:石油工业出版社,2011.

［2］白晓明.改进的小生境遗传算法在油藏评价中的应用研究［D］.西安:西安石油大学,2017.

［3］冯其红,王波,王相,等.基于油藏流场强度的井网优化方法研究［J］.西南石油大学学报（自然科学版）,2015,37（4）:181-186.

［4］SALAM D D,GUNARDI I,YASUTRA A. Production optimization strategy using hybrid genetic algorithm［C］//Abu Dhabi International Petroleum Exhibition and Conference,2015.

［5］姚婷.深水油藏井网优化方法研究［D］.青岛:中国石油大学（华东）,2011.

［6］David E. Goldberg. Genetic Algorithms in Search,Optimization ＆ Machine Learning［M］. Hoboken:Addison-Wesley,1989.

［7］李敏强,寇纪淞,林丹,等.遗传算法的基本理论与应用［M］.北京:科学出版社,2002.

海上高渗砂岩油藏防砂堵水一体化技术研究

曾 鸣 李啸南 冯 青 杨慰兴

(中海油田服务股份有限公司油田生产事业部 天津 300452)

摘 要：出砂和高含水是制约海上油田高产稳产的两大难题,研制出的 FSG 控砂堵水剂具有良好的控砂和选择性堵水的能力。FSG 控砂堵水一体化技术现场施工工艺简单,风险小,对油层伤害率低,药剂耐冲刷性能强,满足海上疏松砂岩油藏高渗透率、高产液强度下的堵水与控砂技术需求。通过实验验证了 FSG 控砂堵水剂的控砂和选择性堵水的作用。海上油田现场试验显示,措施后油井含水率下降 10% 以上,出砂得到完全控制,取得了较好的控砂、堵水效果,极大地释放了油井的生产潜力。

关键词：海上油田 疏松砂岩油藏 控砂 堵水

1 引言

海上疏松砂岩油藏地层非均质性较强,注入水易沿着高渗层突进。由于储层胶结疏松、原油黏度较大、流体携砂能力强等原因,在长期的注水开发过程中,高渗层冲刷出大孔道,大量注入水沿着大孔道突进,造成无效循环,不仅驱油效率低,浪费了大量能源,也给油田的注水、脱水、堵水等带来了很多困难[1~3]。同时,在油田的高含水中后期开发中,油水井出砂愈来愈严重[4,5],造成大量油井限液生产甚至关停,严重制约了油田的高产稳产。目前尚未检索到关于海上疏松砂岩油藏防砂堵水一体化工艺研究的文献[6~12]。通过大量室内实验研究数据,结合海上油田现场施工效果,FSG 防砂堵水一体化技术具有良好的防砂和选择性堵水性能。

2 作用机理

FSG-2A 防砂堵水剂具有外界感知能力,随着外界环境的变化,FSG-2A 溶液转变为胶体状态,并与固体颗粒生成失去流动性的半固体状凝胶-固体颗粒体系。FSG-2A 分子在地层中的含水孔隙中发生反应,而不在含油孔隙中发生反应,达到了防砂堵水而不堵油的目的。

3 性能评价实验

3.1 防砂性能评价

将 40 g 粒径为 0.4~0.8 mm 的石英砂和 40 g 粒径为 0.01~0.05 mm 的地层砂混匀

后,从管的一端装入有机玻璃管(2.5 cm×10 cm)中;然后将玻璃管水平放置于 60 ℃水浴锅内,以流量为 3 mL/min 正向注入煤油 100 mL,测定岩心的油相渗透率 K_o;再正向注入清水 100 mL,反向注入 15 g(约 2 PV)的 FSG-2A 防砂堵水剂,反应 24 h 后,正向注入煤油 100 mL,测定岩心被伤害后的油相渗透率 K_o';最后以流量为 10 mL/min 正向注入清水 1000 mL,收集流出物,并测定总质量,分出其中的固体物质,烘干后测定其质量,计算出砂率。

FSG-2A 防砂堵水剂在保持较理想的固砂能力(出砂率为 0.02 g/L)的前提下,对人工岩心的伤害率较小(伤害率为 6.5%)。

3.2　堵水性能评价

将粒径为 0.3～0.6 mm 的石英砂按一定比例混匀,从管的一端装入有机玻璃管(80 cm×5 cm)中,制备出高渗透性的人工岩心。

60 ℃温度下,将 1♯人工岩心饱和地层水(矿化度为 35 000 mg/L,$CaCl_2$ 型)、2♯人工岩心饱和原油(1 PV,60 ℃黏度为 850 mPa·s)并联水平放置备用,正向通入矿化度为 350 000 mg/L 的模拟地层水,等两根岩心管两侧的压差稳定后,再反向注入一定量的处理液,静置反应若干小时,分别测定 1♯岩心的渗透率 K_1 和 2♯岩心的渗透率 K_2,分别于 30 ℃、60 ℃和90 ℃三种温度下测定两种岩心不同处理量处理前后的渗透率变化。

油藏温度下,处理量为 1 PV 时,饱和水岩心封堵率大于 60%,处理量为 4 PV 时,饱和水岩心封堵率为 86%;处理量为 1 PV 时,饱和油岩心封堵率小于 3%,处理量为 4 PV 时,饱和油岩心封堵率为 10%左右。

4　现场应用

海上某高渗油井由于出砂导致产液量受到限制,该井含水率高达 95.4%,生产潜力受到极大限制。采取措施前该井日产液量为 162.6 m³,日产油量为 7.5 m³,含水率为 95.4%。海上某高渗油井物性参数如表 1 所示,该井生产曲线如图 1 所示,该井采取措施前后生产情况对比如表 2 所示。

表 1　海上某高渗油井物性参数

层位	垂深 /m	油层厚度 /m	孔隙度 /(%)	渗透率 /mD	泥质含量 /(%)	原油密度 /(g/cm³)	原油黏度 /(mP·s)	地层水型	地层水矿化度 /(mg/L)
明化镇	1818	9.2	30.5	4367	8.5	0.897	120	$CaCl_2$	10 563

表 2　海上某高渗油井采取措施前后生产情况对比

项　目	产液量/(m³/d)	产油量/(m³/d)	含水率/(%)
采取措施前	162.6	7.5	95.4
采取措施后	143.3	26.5	81.5

采取措施后该井含水率最低下降至 81.5%,日产油量达到 26.5 m³。由于该井出砂得到完全控制,有较大的提液空间,逐步提液后,该井含水率有继续下降的趋势,取得了较好的防砂堵水效果,极大地释放了油井生产潜力。

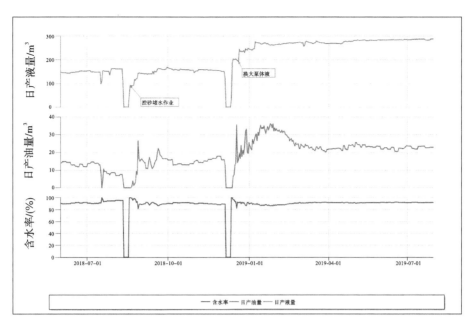

图 1 海上某高渗油井生产曲线

5 结论

(1)FSG-2A 防砂堵水剂具有良好的油水选择性封堵能力,处理量为 4 PV 时,对饱和水岩心封堵率为 86%,对饱和油岩心封堵率为 10% 左右;

(2)FSG-2A 防砂堵水剂在保持较理想的固砂能力(出砂率为 0.02 g/L)的前提下,对人工岩心的伤害率较小(伤害率为 6.5%);

(3)采取措施前海上某高渗油井日产液量为 162.6 m³,日产油量为 7.5 m³,含水率为 95.4%,采取措施后该井含水率最低下降至 81.5%,日产油量达到 26.5 m³,出砂得到完全控制,取得了较好的防砂堵水效果,极大地释放了油井生产潜力。

参 考 文 献

[1] DOVAN H T, HUTCHINS R D. New polymer technology for water control in gas wells[J]. SPE Production and Facilities (Society of Petroleum Engineers),1994.

[2] 刘翔鹗.我国油田堵水调剖技术的发展与思考[J].石油科技论坛,2004,(1):41-47.

[3] ZAITOUN A,KOHLER N,GUERRINL Y. Improved polyacrylamide treatments for water control in producing wells[J]. Journal of Petroleum Technology,1991,43(7):862-867.

[4] 胡玉国,邓大智,宿辉,等.我国化学防砂工艺技术现状和发展趋势[J].精细与专用化学品,2002,10(23):11,14-16.

[5] 薛锋,刘承美,张小平,等.化学防砂新工艺的矿场试验研究[J].断块油气田,2001,8(2):61-64.

[6] EL-SAYED A H,AL-AWAD M,EMAD A. Two new chemical components for sand consolidation techniques[J]. SPE Middle East Oil Show,2001:841-849.

[7] FIREDMAN R H. Sand consolidation methods using adsorbable catalysts:US,4512407[P]. 1985-04-23.

[8] WIECHEL J F, FRENCH C R, HALL W L. Sand control employing halogenated, oil soluble

hydrocarbons:US,4494605[P]. 1985-01-22.

[9]　熊春明,唐孝芬.国内外堵水调剖技术最新进展及发展趋势[J].石油勘探与开发,2007,34(1):83-88.

[10]　ZUBAREV E R,PRALLE M U,LI L,et al. Conversion of supramolecular clusters to macromolecular objects[J]. Science,1999,283(5401):523-526.

[11]　ZAITOUN A,CHAUVETEAU G. Effect of pore structure and residual oil on polymer bridging adsorption[J]. SPE/DOE Improved Oil Recovery Symposium,1998.

[12]　HAN D K,HUBBELL J A. Synthesis of polymer network scaffolds froml-lactide and poly(ethylene glycol) and their interaction with cells[J]. Macromolecules,1997,30(20):6077-6083.

适用于指定油藏的可采储量预测方法优化研究
——水驱特征曲线的优化与 Arps 递减曲线的特定应用性

李 鑫

（吉林油田英台采油厂　吉林松原　138000）

摘　要：水驱特征曲线和 Arps 递减曲线作为动态评价方法，在已开发油田评价可采储量和预测开发指标中发挥了重要的作用。但实际应用中常规曲线局限性明显：对于常用的四种水驱特征曲线，易出现低含水期出现直线段较晚、高含水期上翘等情况；对于常规的两种递减规律（指数递减与调和递减），无法全面拟合产量递减全程形态；对两种方法的预测结果如何取值仍存在分歧。本文提出了一种适用性更广的相渗形态表征式，并据此推导出一种新型水驱特征曲线；同时提出 Arps 递减曲线拟合法，分阶段地高度拟合产量递减态势；最后在预测可采储量时综合考虑新型水驱特征曲线与 Arps 递减曲线的适用阶段及相关性系数，评定最优解。新型水驱特征曲线与 Arps 递减曲线能够更准确地预测可采储量，在油田动态分析和生产策略制定中具有较好的应用价值。

关键词：水驱特征曲线　递减规律　可采储量

1　新型水驱特征曲线

1.1　理论基础

本文对现有的相渗描述形式进行了校正，提出了一种适用于不同相渗曲线 K_{rw}/K_{ro} 完整形态的最新表达式，并据此推导出一种新的可适用于含水上升全过程的水驱特征曲线[1~3]。

1.2　新型水驱特征曲线的推导

根据油水相渗参数定义[4~6]，采用微积分方法，可以推导出新型水驱特征曲线，即

$$\ln Y = D \ln N_p + E \tag{1}$$

$$\frac{f_w}{1-f_w} = -\frac{\pi}{2} \frac{A_3 D}{N_r} \tan\left[\frac{\pi}{2} R^D\right] R^{D-1} \tag{2}$$

式中：$Y = \arccos[\exp(A_3 W_p)]$，其中 A_3 为常数，W_p 为油田累计产水量；f_w 为油田含水率；R 为可动油采出程度，$R = \dfrac{N_p}{N_r}$。式（1）表示的新型水驱特征曲线可以描述以不同复杂相渗形态为基础的水驱规律；式（2）表示的新型水驱特征曲线可以描述不同类型的含水率上升规律，可采储量随水驱特征曲线斜率 D 的增大、常数 A_3 和水驱特征曲线截距 E 的减小而增大。

2 Arps 典型理论曲线拟合法

2.1 理论基础

根据 J. J. Arps 的递减理论[7,8],定义瞬时递减率为

$$D = - \mathrm{d}Q/(Q \cdot \mathrm{d}t) = kQ^n \tag{3}$$

Arps 递减曲线一般有三种类型:指数递减、双曲线递减和调和递减。产量与递减率之间的关系可表示为

$$D/D_i = (Q/Q_i)^n \tag{4}$$

n 为递减指数,用于判断递减类型。当 $n=0$ 时为指数递减,当 $n=1$ 时为调和递减,当 $0<n<1$ 时为双曲线递减。为了简化应用,矿场上产量递减过程拟合只采用一种递减方式,多为指数递减或调和递减,但单一的递减方法拟合精度偏低。实际上,在整个递减过程的不同阶段,递减形态不尽相同,甚至很多递减规律符合双曲线递减,但双曲线递减的递减指数 n 的判别非常麻烦,因此提出一种典型理论曲线图,可判别 n 值,诊断产油量递减过程中不同阶段的递减类型。

2.2 典型理论曲线图的绘制方法

首先,绘制月产量与时间之间的变化关系,确定月产量递减起始点,令其所在月份对应的递减时间为 $t=1$。在递减初期递减率较大,一般符合指数递减规律,选取至少 12 个数据点,对月产量与时间之间的变化关系进行指数式拟合,确定递减期初始产量 Q_i 和初始时刻递减率 D_i。然后将产量递减公式改成无量纲形式,即

$$Q_i/Q = \mathrm{e}^{D_i t} \text{(指数递减)} \tag{5}$$

$$Q_i/Q = (1 + nD_i t)^{1/n} \text{(双曲线递减)} \tag{6}$$

$$Q_i/Q = 1 + D_i t \text{(调和递减)} \tag{7}$$

当给定不同的 n 值和 $D_i t$(t 以月为单位)值时,可以计算出不同的理论产量比 Q_i/Q。最后,将不同 n 值下的理论产量比 Q_i/Q 与 $D_i t$ 的对应值绘制在双对数坐标纸上,即可得到典型理论曲线图。

3 实例应用

选择吉林油田一块天然水驱油藏的生产数据作为实例,分别用新型水驱特征曲线和 Arps 典型理论曲线拟合法预测该油藏的可采储量。

应用新型水驱特征曲线预测。首先根据以年为单位的 $\ln N_p$ 和 $\ln\{\arccos[\exp(A_3 W_p)]\}$ 绘制散点图,调整区块特定系数 A_3 进行直线拟合,力求相关性系数最大;再根据以月为单位的 $\ln N_p$ 和 $\ln\{\arccos[\exp(A_3 W_p)]\}$ 绘制散点图,选取最后的直线段,利用确定好的特定系数 A_3 进行直线拟合,得到斜率和截距,计算极限可采储量,结果为 102.6 万吨(相关性系数 $R^2 = 0.9956$)。

Arps 典型理论曲线拟合法预测。根据确定好的递减期初始产量 Q_i 和初始时刻递减率 D_i 计算出不同的实际产量比 Q_i/Q,然后将不同 n 值下的实际产量比 Q_i/Q 与 $D_i t$ 的对应值落在典型理论曲线上,根据实际生产曲线与理论曲线的重合段确定相应的 n 值,即不同的递减规律。可以看出,区块产量近几年(2014—2019 年)的变化符合 $n=0.5$ 的双曲线递减规

律,因此利用双曲线累计产量与时间的公式

$$N_p = \frac{Q_i}{0.5D_i}\left(1 - \frac{1}{1 + 0.5D_i t}\right) \tag{8}$$

计算极限可采储量为102.5万吨,同时利用式(8)拟合 N_p 与 $\left(1 - \dfrac{1}{1 + 0.5D_i t}\right)$ 之间的变化关系,其相关性系数 $R^2 = 0.9997$。

对于近几年的产量变化形态,新型水驱特征曲线与 Arps 典型理论曲线拟合法均适用,拟合形态相关性系数的平方均高达0.995以上,预测极限可采储量相差不到1.0%,精度较高,同时高度接近,极大限度地确定了极限可采储量的理论值。对于最终结果,取两者的平均值102.55万吨。

4　结论

(1)为使油藏工程方法更具针对性地解析不同油藏的特殊性,深化认识开发规律,以及更科学地调整开发方案,提出两种新型可采储量预测方法:一是新型水驱特征曲线,二是 Arps 典型理论曲线。

(2)新型水驱特征曲线基于对油水相对渗透率的最新表征式,可以描述以不同相渗形态及含水率上升类型为基础的水驱规律,并可通过拟合参数直接求取可采储量。实例应用表明,采用该新型水驱特征曲线进行拟合,直线段出现时间早,相关性系数大,拟合效果好,在不同含水阶段均具有较好的适用性,能够更准确地描述水驱特征及方便地预测可采储量,在油田动态分析和生产策略制定中具有较好的应用价值。

(3)Arps 典型理论曲线基于三种常规递减规律公式的无量纲形式变换,绘制典型理论曲线图。实际生产曲线与理论曲线重合段对应的 n 值即为此阶段的递减规律。因此,在产量递减阶段可实现分阶段拟合,拟合精度高,预测方式更严密。

(4)两种方法的极限可采储量预测结果高度接近,说明这两种方法在符合应用阶段的前提下,预测值均具有科学性、精准性,最终可取其平均值作为最优解。通过双重优化对比分析,能够更准确地预测可采储量,在油田动态分析和生产策略制定中具有较好的应用价值。

参 考 文 献

[1] 陈元千.水驱曲线关系式的推导[J].石油学报,1985,6(2):69-78.

[2] 陈元千,陶自强.高含水期水驱曲线的推导及上翘问题的分析[J].断块油气田,1997,4(3):19-24.

[3] 张玄奇.油水相对渗透率曲线的实验测定[J].石油钻采工艺,1994,16(5):87-90.

[4] 俞启泰.张金庆水驱特征曲线的应用及其油水渗流特征[J].新疆石油地质,1998,19(6):505-511.

[5] 王继强,岳圣杰,宋瑞文,等.特高含水期油田水驱特征曲线优化研究[J].特种油气藏,2017,24(5):97-101.

[6] 耿站立,张鹏,张伟,等.广适水驱特征曲线的适用性及应用方法[J].科学技术与工程,2018,18(3):215-220.

[7] 姚建.4种水驱特征曲线与 Arps 递减曲线的关系[J].新疆石油地质,2016,37(4):447-451.

[8] 裴连君,王仲林.Arps 递减曲线与甲型水驱曲线的相关性及参数计算[J].石油勘探与开发,1999,26(3):62-65.

整装厚油层特高含水后期转流场调整探索

——以孤东油田七区西 Ng6^{3+4} 单元为例

李振东　崔文福　宋鸿斌

（中国石化胜利油田分公司孤东采油厂　山东东营　257238）

摘　要：孤东油田为中高渗整装疏松砂岩油藏，高速高效开发了 30 多年，目前已进入特高含水开发后期，受井网流线固定影响，注入水沿高渗条带低效循环，驱替质量差，开发效果差。为了进一步提高采收率，开展转流场调整配套化学驱开发探索，通过实施油水井井别互换的方式实现井网调整转变流线，避开高渗条带，动态上强化弱驱，同时配套化学驱开发，提高非主流线的剩余储量动用程度，取得了较好的实施效果，探索出一项整装厚油层特高含水后期提高采收率的新技术。

关键词：特高含水后期　高渗条带　转变流线　水井转油井　全井封堵复射

河流相中高渗整装油藏非均质性强，进入特高含水开发后期，油水渗流差异越来越大，发育极端耗水层带，注入水低效循环。极端耗水层带具有沿河道发育、位于正韵律油层底部、纵向厚度小、耗水量大等特征，储层剩余油分布受其影响明显。通过开展流场调整研究，优化流场调整方式，进一步扩大注水波及体积，提高非主流线的剩余储量动用程度。实践证明，该技术能进一步提高中高渗老油田开发效果，能够为同类型特高含水期油藏的效益开发提供指导和借鉴，并在孤东油田七区西 6^{3+4} 转流场试验区取得了明显的实施效果。

1　概述

本论文以孤东油田馆陶组 Ng6^{3+4} 单元为研究对象[1]，围绕地层注入水低效循环的问题，首先从极端耗水层带的矿场表现特征入手，再利用数值模拟技术开展极端耗水层带分布特征研究，在此基础上开展流场调整技术研究，通过转变注采井网、调整流场分布、规避极端耗水层带等措施，提高非主流线区域的剩余油动用程度。实践证明，上述措施的实施对于进一步提高特高含水期老油田的开发效果具有重要的理论及实践意义。

2　流场调整可行性分析

在水驱开发特高含水后期，通过调整井网转变流场，改变地下驱替压力方向，可以改变介质在孔隙中的流动方向，重建地下压力场，打破原有的驱替平衡，改变孔隙内部长期形成的渗流规律，提高滞留剩余油的动用程度[2,3]。从空间上避开 S_w 达到相渗曲线突变点的区域，改变孔隙内部渗流平衡，降低水油流度比，增大波及系数。数值模拟研究结果显示，转流场可以提高采收率，模拟孤东油田目前特高含水油藏条件下开展油水井井别互换转流场调整。从模拟结果来看,十五年后平均含油饱和度较不调整流场低 0.08,对比不调整流场提高采收率 6.0%[4,5]。

3 矿场实践

3.1 选区基本情况

优选孤东油田七区西 Ng6^{3+4} 单元心滩坝区域油层发育好、综合含水率高、具有典型代表性的中部井区,开展转流场调整矿场试验。试验井区含油面积为 1.6 km²,地质储量为 366×10⁴ t,开油井 30 口,开水井 19 口,平均单井日产液量为 92 t,平均单井日产油量为 0.9 t,综合含水率为 99.0%,采出程度为 42.86%,采油速度为 0.26%,采收率为 43.8%,平均单井日注水量为 102 m³,动液面为 357 m,整体呈现采出程度高、综合含水率高、采油速度低的特点。

3.2 矿场实施情况

平面上通过油水井井别互换调整,转变井网形式,即油井排的油井隔一口井转为注水井,水井排的水井隔一口井转为采油井,实现平面上流线转变 60°。原水洗严重、剩余油饱和度低、极端耗水层带发育的油水井主流线转变为井间滞留区,原剩余油较为富集的井间滞留区转变为油水井主流线,平面上有效地避开了极端耗水层带,提高了原井间剩余储量的动用程度。同时配套实施聚合物驱,进一步封堵孔道,扩大波及体积,提高转流线实施效果。

纵向上配合实施层内射孔井段优化,实现纵向转流线。油水井均实施全井封堵复射顶部,封堵原极端耗水层带较为发育的油层底部,补孔储层发育略差、驱油效率较低、剩余油较为富集的油层顶部,挖潜厚油层顶部剩余油。

生产过程中配合实施注采参数优化,弱化强驱,实现动态转流线。原老流线老水井控制注入,配注下调到 50 m³/d,新转注水井的新流线强化注入,设计配注 110 m³/d,转抽井强化提液至 200 t/d,实现动态上调整流线。

3.3 实施效果

中心油井孤东 7-25-斜更 246 井为水转油井,该井原为注水井,在本层位累计注水量为 230×10⁴ m³,实施全井封堵复射顶部作业,原层位转为采油井,转抽后通过强化提液,重建地下流场,正常生产时日产液量为 200 t,累计排水 190 天,排水量为 1.73×10⁴ m³ 时开始见油,随后产量迅速上升,峰值日产油量达到 6.9 t,含水率下降到 97.1%,已累计增油 4107 t,如图 1 所示。该井为胜利油田第一口原层位水转油井,进一步证明了实施转流线调整能够有效改变地下流体的运移方向,提高弱驱部位的储量动用,提高油藏采收率。另一口中心油井孤东 7-27-4246 井为本层位的老油井,对应老油井(孤东 7-28-4246 井、孤东 7-26-4266 井)转注转流线后配套实施全井封堵复射顶部,实施前日产油量仅为 0.3 t,含水率为 99.7%,实施后日产油量上升到 12 t,含水率降至 92%,已累计增油 1.5×10⁴ t。

从整个试验区的实施效果来看,平均单井日产油量由 0.8 t 上升至 6.1 t,上升了 5.3 t,综合含水率由 99.0% 下降到 94.5%,下降了 4.5%,在油价为 50 $/bbl 的条件下,税后收益率达到 45.8%,已累计增油 7.3×10⁴ t。

4 结论和认识

(1)对于河流相沉积的正韵律厚层油藏,极端耗水层带主要发育于韵律层底部,具有沿

图1   孤东 7-25-斜更 246 井转抽后生产曲线

河道发育、纵向厚度小、耗水量大的特征,剩余油分布受极端耗水层带分布的影响作用明显。

(2)利用流场调整技术,改变原有流线分布,规避极端耗水层带,提高原弱驱区域的储量动用程度,能够有效改善特高含水期中高渗砂岩油藏的开发效果,对于提高特高含水期中高渗老油田的采收率,实现老油田效益开发具有重要意义。

参 考 文 献

[1]   窦之林,曾流芳,贾俊山.孤东油田开发研究[M].北京:石油工业出版社,2003.

[2]   刘志宏,朱奇,冯其红,等.高耗水层带的级别划分方法[J].特种油气藏,2018,25(6):114-119.

[3]   吴忠维,崔传智,杨勇,等.高含水期大孔道渗流特征及定量描述方法[J].石油与天然气地质,2018,39(4):839-844.

[4]   李振东.实施转流线调整 改善Ⅳ类油藏开发效果[J].内江科技,2018,(6):70-71.

[5]   孙焕泉,张以根,曹绪龙.聚合物驱油技术[M].东营:石油大学出版社,2002.

整装油藏零散小砂体开发技术

李振东 李林祥 陈柏平

（中国石化胜利油田分公司孤东采油厂 山东东营 257238）

摘 要：孤东油田为河流相沉积的大型整装油藏，馆5、6砂体组为辫状河沉积，发育厚油层油藏，馆4砂层组为曲流河沉积，砂体发育零散，呈现小、窄、薄、渗透率低的特点[1]。孤东油田经过20多年的高效开发，主力油层已经普遍进入高含水期，提高采收率难度大，而馆4砂层组的零散小砂体储量动用程度低，注采井网完善程度低，开发效果差。因此，加强零散小砂体开发技术政策研究，实施单砂体完善，对于提高老油田的储量动用率及采收率有着重要意义。

关键词：零散小砂体 开发技术政策研究 单砂体完善 开发潜力

1 基本概况

根据井距及井网形式，按照形成简单注采井网确定小砂体面积，计算出一个单注单采砂体的最小面积为 0.05(0.045) km^2，形成一个反九点注采井组的最小面积为 0.1(0.09) km^2，因此面积小于 0.1 km^2 的砂体可作为小砂体。统计孤东油田小砂体油井生产数据，71％的砂体未得到有效动用，已动用砂体平均单井日产液量为 23.5 t，单井日产油量为 2.6 t，含水率为 89％，采出程度为 10.64％，采油速度为 0.76％，呈现低含水率、低采出程度、低采油速度的特点。

2 小砂体开发技术研究

2.1 精细储层研究

精细对比落实储层。针对小砂体发育特点，在精细储层对比过程中，由以传统的等高程对比模式为主转变为以相变对比模式为主，进一步细化小砂体展布特征[2]。

井震一体确定边界。一是通过合成地震记录来标定地震层位，将地震资料与测井资料紧密结合，提高地质层位标定的准确性；二是鉴于馆陶组河道砂体纵向叠置、发育厚度薄、横向变化快、组合样式复杂等情况，受地震资料分辨率的限制，剖面上难以有效识别；三是利用河道砂体追踪描述技术，对小砂体反射轴进行横向追踪，精细刻画小砂体平面展布及砂体边界，提高含油砂体边界的横向识别能力[3]。

动静结合深化认识。结合动态生产资料，对小砂体的展布特征和连通性进行重新认识，对于部分注水不见效砂体，权衡层内、平面非均质性、连通性等因素，动静结合，深化认识，进一步落实小砂体展布形态。

2.2 开发技术政策研究

根据小砂体发育情况,建立了两种模型:

(1)模型1(面积小于0.04 km²,储量大于2.0×10⁴ t):面积小,不能够完善注采井网的砂体。

a. 直井弹性开采。

根据数值模拟技术,分别计算了有效厚度为2 m、3 m、4 m、5 m的小砂体的累计产油量及地层压力。由计算结果可知,按直井累计产油量达3800 t的经济极限标准,有效厚度在5 m及5 m以下的小砂体的累计产油量均达不到直井的经济油量,地层压力下降很快,如有效厚度为5 m,在400天时就已达到枯竭压力,此时最大累计产油量只有2337 t。

b. 水平井弹性开采。

对于采用直井弹性开采不经济的小砂体,利用模型1对最大有效厚度为5 m的水平井弹性开采方式进行研究,通过数值模拟计算可知,水平井弹性开采至200天左右时,地层压力就下降至枯竭压力,此时累计采油量只有2394 t,采收率仅为7.3%。

c. 直井单井吞吐。

针对小砂体采用弹性开采不经济的情况,利用模型1对有效厚度为3 m、4 m、5 m的单井吞吐开采方式进行研究,通过数值模拟计算可知,单井吞吐开采方式在小砂体有效厚度为4 m时,970天以后可达到经济油量,即3年就可收回投资,此时采收率为18.2%,而有效厚度为4 m以下的小砂体,在合理投资回收期6年内累计产油量还达不到经济极限油量。

(2)模型2(面积为0.04~0.1 km²,储量大于2.0×10⁴ t):面积较大,能够完善简单注采关系的砂体。

a. 直井一注一采。

计算砂体面积为0.1 km²的不同厚度(1.0 m、1.5 m、2.5 m)的直井一注一采,由计算结果可以看出,有效厚度在1 m以上的砂体,累计产油量均能达到3800 t的经济油量,只不过时间长短不同而已,厚度越大的砂体,其达到经济油量的时间越早,反之则越晚。通过数值模拟计算可知:有效厚度为2.5 m的砂体,其达到经济油量的时间为613天;有效厚度为1.5 m的砂体,其达到经济油量的时间为1004天;有效厚度为1 m的砂体,其达到经济油量的时间为1200天。均在6年内收回投资。

b. 直井一注二采。

由计算结果可以看出,有效厚度在1 m以上的砂体,累计产油量均能达到7600 t的经济油量,只不过时间长短不同而已,厚度越大的砂体,其达到经济油量的时间越早,反之则越晚。通过数值模拟计算可以看出:有效厚度为2.5 m的砂体,其达到经济油量的时间为652天;有效厚度为1 m的砂体,其达到经济油量的时间为1437天。

c. 水平井注采方式。

由计算结果可以看出,有效厚度为4 m的砂体,累计产油量在324天时可达到7500 t的经济油量,而有效厚度为2.5 m的砂体,在2000天时累计产油量才能达到7500 t。因此,水平井注采方式在面积为0.1 km²时最好应用于有效厚度大于3 m的砂体。

根据研究成果,对于不同的砂体(面积、储量、厚度),采取不同的技术对策。小砂体开发技术对策如表1所示。

表 1 小砂体开发技术对策

小砂体分类	地 质 特 征	技 术 对 策
<0.04 km²	储量≤1.0万吨,厚度≤3 m	弹性开采
	储量>1.0万吨,厚度>3 m	单井吞吐
0.04~0.1 km²	储量≤3.0万吨,厚度≤2 m	一注一采,不稳定注水
	储量>3.0万吨,厚度>2 m	矢量井网完善注采关系,不稳定注水
	储量>4.0万吨,厚度>3 m	水平井一注一采,不稳定注水

3 矿场应用效果

在小砂体开发潜力分析及开发技术政策研究的基础上,实施小砂体新油井 53 口,平均单井日产油量为 7.9 吨,平均含水率为 72.9%,同时配套老井完善措施 35 口,增加动用储量 166 万吨,新增水驱储量 134 万吨,新增可采储量 42.0 万吨,提高采收率 3.39%,新建产能 4.8 万吨。

4 结论与认识

(1)零散小砂体地质认识程度低,储量动用程度低,注采井网完善程度低,具有进一步调整的潜力,是老油田开发后期挖潜方向之一。

(2)对于小砂体开发,地质研究是关键,在落实空间展布、对应状况、技术政策、经济界限的基础上,建立有效的注采关系,保持地层能量,从而实现小砂体的效益开发。

参 考 文 献

[1] 赵翰卿.对储层流动单元研究的认识与建议[J].大庆石油地质与开发,2001,20(3):8-10.
[2] 李林祥.孤东油田小油砂体提高采收率技术[J].油气地质与采收率,2013,20(2):67-70,73.
[3] 窦之林,曾流芳,贾俊山.孤东油田开发研究[M].北京:石油工业出版社,2003.

底水油藏水平井水淹规律影响因素研究

梁　潇　喻高明　翟明昆

（长江大学石油工程学院　湖北武汉　430100）

摘　要：稠油边底水油藏天然能量充足，油水黏度比高，水驱开发剩余油丰富。在利用水平井开发边底水油藏过程中，由于水油流度比大，边水及注入水指进，底水脊进，直接造成油藏无水采油期短暂甚至消失，采收率低。本文以油藏数值模拟为手段，建立了胜利油田 Z 区块的单井数值模型，在此模型的基础上研究了采液速度、油水黏度比、储层厚度对含水率与采出程度的影响，并且考虑了夹层的存在，主要有夹层渗透率、无因次夹层位置、无因次夹层半径。使用极差分析方法分析各参数对见水时间的影响程度，影响程度由大到小依次为采液速度、油水黏度比、储层厚度、夹层渗透率、无因次夹层半径、无因次夹层位置。本文的重点在于研究油藏含水率变化规律，为制定合理的开发技术政策和提效挖潜提供理论依据。

关键词：水淹规律　水淹模式　水平井　底水

1　引言

我国底水油藏分布较广，在实际开采中大多有着见水时间过早、见水后油井产量无法维持原有水平甚至快速下降等缺点，因此提高此类油藏的挖潜效率有着很重要的实际意义[1~6]。

2　模型建立

以胜利油田 Z 区块储层及流体物性参数为基础建立模型，使用 CMG 数值模拟软件建立针对该区块的底水油藏单井模型[7]。

3　底水油藏水淹规律影响因素研究

3.1　采液速度

通过改变模型采液速度的大小，得到不同采液速度下底水油藏含水率变化情况。设采液速度分别为 10 t/d、20 t/d、30 t/d、40 t/d、50 t/d、70 t/d、90 t/d、120 t/d，对这 8 组采液速度进行模拟，结果发现开发初期，受流体物性的影响，含水率上升速度基本不受采液速度的影响，含水率陡然上升，均快速达到 60％左右。

3.2　油水黏度比

保持地层水黏度不变，改变原油黏度，模拟不同油水黏度比下底水油藏含水率的变化情况,对后期该区块降黏措施的效果做预测。设置原油黏度为 0.4 mPa·s、4 mPa·s、40 mPa·s、120 mPa·s、200 mPa·s、320 mPa·s、400 mPa·s 和 480 mPa·s,得到油水黏度比为 1、10、100、300、500、800、1000、1200 时油藏含水率变化情况。

模拟结果表明,在油水黏度比较小时,底水油藏含水率上升速度比较平缓,属于比较好的含水率上升情况;随着油水黏度比的不断增大,底水油藏含水率上升速度越来越快,这是因为较小的油水黏度比能够形成有利的水油流度比,油水前缘能够较为匀速地前进。

3.3 储层厚度

设置模型储层厚度为 17 m、20 m、25 m、26 m、27 m、28 m、30 m,垂向网格步长设置为 0.5 m。

当储层厚度较小时,底水很快到达水平井,底水油藏含水率上升很快,水平井快速水淹,而储层厚度较大时则正好相反。随着储层厚度的增大,底水油藏含水率上升速度变缓,但随着储层厚度的继续增大,底水油藏含水率上升速度变缓。

3.4 夹层渗透率

在基础模型中,设置夹层渗透率分别为 0 μm^2、0.001 μm^2、0.005 μm^2、10 μm^2、20 μm^2、50 μm^2 和 100 μm^2,模拟得到不同夹层渗透率下底水油藏含水率随时间变化曲线。结果发现存在夹层时,底水在上升过程中易在夹层处形成"绕流"现象。

3.5 夹层位置(无因次)

夹层纵向上无因次位置从下到上的顺序分别为 0.1、0.2、0.4、0.6、0.7、0.8、0.9,模拟过程中水平井的长度不变。夹层的位置对油井采出程度有较大影响,当夹层距离水平井最近(无因次位置为 0.9)时,底水绕过夹层的时间明显滞后,延长水平井见水,采出程度较大。夹层距离油水界面越近,含水率上升越快。

3.6 夹层半径大小(无因次)

改变夹层的无因次半径大小,模拟不同夹层大小对底水油藏含水率的影响规律。模拟过程中,设置夹层位于水平井段与底水之间的中部。研究发现,夹层对底水推进有明显的抑制作用,夹层越大,对底水推进的抑制作用越显著,油井见水时间延缓。

4 各因素对水淹的影响

使用数理统计中的方差分析法,即通过分析研究不同来源的变异对总变异的贡献,从而确定可控因素对研究结果影响力的大小。使用 SPSS 数理统计分析软件对上述六种因素进行方差分析,结果如表 1 所示。

表 1 方差分析结果

因　　素	偏差平方和	自　由　度	F 比值	F 临界值	显　著　性
储层厚度	0.034	3	0.850	2.96	显著
采液速度	0.217	3	5.425	2.96	非常显著
油水黏度比	0.009	3	5.225	2.96	非常显著
夹层半径大小(无因次)	0.018	3	0.450	2.96	较为显著
夹层渗透率	0.027	3	0.675	2.96	显著

续表

因　　素	偏差平方和	自　由　度	F 比值	F 临界值	显　著　性
夹层位置(无因次)	0.016	3	0.400	2.96	较为显著

　　若因素的 F 比值大于或等于 5.225,则因素非常显著;若因素的 F 比值大于或等于 0.675,则因素显著;若因素的 F 比值大于或等于 0.400,则因素较为显著。由此运用方差分析法得到底水油藏存在夹层时采收率影响因素的次序从主到次依次为采液速度、油水黏度比、储层厚度、夹层渗透率、夹层半径大小(无因次)、夹层位置(无因次)。

5　结论

　　(1)较高的采液速度、较低的油水黏度比、较小的储层厚度有利于水平井开发底水油藏。

　　(2)底水油藏水平井开发过程中,应优先确定合适的采液速度,对于稠油油藏来说,应尽可能采取技术手段来降低油水黏度比,并且在开发之前对储层厚度和所开发层位是否有夹层分布有一定的了解。

　　(3)由方差分析法得出,存在夹层的底水油藏的采收率影响因素的次序从主到次依次为采液速度、油水黏度比、储层厚度、夹层渗透率、夹层半径大小(无因次)、夹层位置(无因次)。在实际应用中,方差分析法为更好地掌握底水油藏含水率变化规律提供了方法。

参 考 文 献

[1]　喻高明,凌建军,蒋明煊,等.砂岩底水油藏开采机理及开发策略[J].石油学报,1997,18(2):61-65.

[2]　郑俊德,高朝阳,石成方,等.水平井水淹机理数值模拟研究[J].石油学报,2006,27(5):99-102,107.

[3]　王家禄,刘玉章,江如意,等.水平井开采底水油藏水脊脊进规律的物理模拟[J].石油勘探与开发,2007,34(5):590-593.

[4]　韩超.底水油藏水淹规律探讨[J].石化技术,2018,25(1):264.

[5]　周代余,江同文,冯积累,等.底水油藏水平井水淹动态和水淹模式研究[J].石油学报,2004,25(6):73-77.

[6]　姜汉桥,李俊键,李杰.底水油藏水平井水淹规律数值模拟研究[J].西南石油大学学报(自然科学版),2009,31(6):172-176,221.

[7]　赵燕,陈向军.底水油藏水锥回落高度预测模型[J].断块油气田,2018,25(3):367-370.

烯烃焦油水包油型乳状液性能及影响因素研究

刘冬鑫　张贵才　葛际江　裴海华　蒋　平

(中国石油大学(华东)石油工程学院　山东青岛　266580)

摘　要: 烯烃焦油产量多、价廉,但利用率不高,多用于燃烧,对环境有一定的污染。因此,为提升烯烃焦油的经济附加值,对烯烃焦油水包油型乳状液的性能及影响因素进行研究,同时为乳状液驱油提供理论依据。试验以乳化不稳定系数为乳化剂的筛选指标,再通过控制变量法考察乳化剂含量、油水比和温度对乳状液稳定性和流变性的影响,结果表明,非离子型表面活性剂 APE-20 和阴离子型表面活性剂 AES 按质量比 1:1 复配时,乳状液的稳定性最好。随着乳化剂含量的增加,乳化不稳定系数先减小后增大,表观黏度先增加后趋于稳定。随着油水比的增大,乳状液的稳定性增强,表观黏度增大。随着温度的升高,乳状液的稳定性降低,表观黏度减小。

关键词: 烯烃焦油　水包油型乳状液　表面活性剂　乳化不稳定系数　流变性　采收率

乳状液驱油是指将高速搅拌下所形成的水包油型乳状液注入地层中,驱替水驱后的残余油[1]。乳状液驱油比普通水驱能获得更好的洗油效率和波及系数,可以有效减少残余油,提高原油采收率[2]。烯烃焦油是工业烯烃生产的废料,其产量可观,价格低廉,现多用于燃烧,由于其化学物质含量较多,燃烧过程中会有黑烟产生,对环境造成污染[3,4]。因此,为了提升烯烃焦油的经济附加值,同时为油田开发提供一种低成本的原材料,本文将进行烯烃焦油水包油型乳状液稳定性、流变性及其影响因素的研究,为烯烃焦油水包油型乳状液驱油提供理论和试验依据。

1　试验部分

1.1　试验材料

试验材料为烯烃焦油以及多种表面活性剂,烯烃焦油来自燕山石化,20 ℃时的密度为 0.922 g/cm^3,50 ℃时的黏度为 22.7 mPa·s。

1.2　试验方法

1.2.1　乳化剂的筛选

采用乳化不稳定系数作为乳化剂的筛选指标。乳化不稳定系数越小,乳状液越稳定。乳化不稳定系数的定义式为

$$USI = \frac{\int_0^t V(t)}{t}$$

$$(1)$$

式中,USI 为乳化不稳定系数,$V(t)$ 为乳化体系分出的水相体积与时间的变化函数,t 为乳化体系静止时水相分离时间(h)。

1.2.2 乳状液的制备及性能评价

在搅拌器(江苏金怡仪器科技有限公司生产)中放入 APE-20 与 AES 水溶液,并以 500 r/min 的转速搅拌,随后缓慢加入烯烃焦油,以 900 r/min 的转速搅拌 4 h,即可得到烯烃焦油乳状液。在室温下观察乳状液的油水分离情况,从而评价乳状液的稳定性;采用旋转黏度计(德国哈克公司生产)测量乳状液的流变性。

2 试验结果与讨论

2.1 乳化剂的筛选结果

为了提高乳状液的耐温性及耐盐性,选用了阴离子型、非离子型两种表面活性剂进行乳化剂的筛选试验。试验结果显示,当 APE-20 和 AES 按质量比 1:1 复配时,二者的正协同效果最好,乳化不稳定系数最小,此时 USI=1.172 9。因此,最后选用 APE-20 和 AES 作为烯烃焦油乳状液的复合乳化剂。

2.2 烯烃焦油乳状液的稳定性及流变性评价

2.2.1 乳化剂含量对乳状液稳定性及流变性的影响

控制试验变量条件,测试乳化剂含量对乳状液稳定性和流变性的影响,结果如图 1 所示。试验结果显示,当乳化剂含量为 0.1%~0.3% 时,随着乳化剂含量的增加,乳状液分出的水相体积减小,USI 减小,乳状液稳定性增强,这主要是因为随着乳化剂含量的增加,油水界面膜增厚,有利于阻碍两相液滴聚并,同时油水界面张力减小,促使乳化体系破碎,使得所形成的乳状液的分散体系更加均匀。当乳化剂含量达到 0.3% 时,乳化不稳定系数最小,乳状液稳定性最强。再继续增加乳化剂含量后,乳化不稳定系数变大后趋于稳定,这是因为随着乳化剂含量的增加,阴离子型表面活性剂 AES 电离出的负离子对带正电荷的油滴双电层起到了压缩作用,引起乳状液分出的水相体积增大。

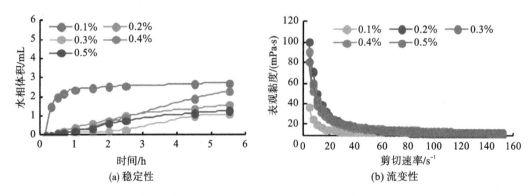

图 1 乳化剂含量对乳状液稳定性及流变性的影响

2.2.2 油水比对乳状液稳定性及流变性的影响

控制试验变量条件,测试油水比对乳状液稳定性及流变性的影响,结果如图 2 所示。试验结果显示,随着油水比的增大,乳状液液滴更加细密,分出的水相体积减小,表观黏度增大。分析了 50 ℃ 下四种不同油水比的乳状液剪切应力与剪切速率之间的关系,结果表明,当含水率较高,即油水比为 5∶5 时,乳状液的流变模型符合幂律模型,流变指数 $n=0.55$,流体属于假塑性流体;当含水率较低,即含水率小于 50% 时,乳状液的流变模型符合宾汉模型,流体属于塑性流体,需要施加一定的外力乳状液才能流动。

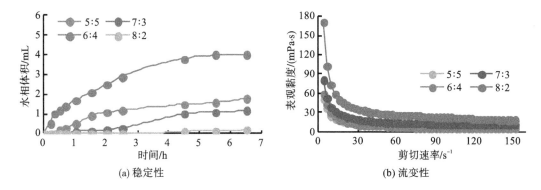

(a) 稳定性   (b) 流变性

图 2 油水比对乳状液稳定性及流变性的影响

2.2.3 温度对乳状液稳定性及流变性的影响

控制试验变量条件,测试温度对乳状液稳定性和流变性的影响,结果如图 3 所示。试验结果显示,随着温度的升高,乳状液稳定性下降,表观黏度减小,这是因为温度的升高加剧了乳状液液滴的布朗运动,液滴间碰撞、合并的概率增大,同时乳化剂分子热运动增强,吸附在油水界面上的乳化剂分子逐渐分离出来,导致界面膜强度降低,液膜破裂的概率增加,又由于油水界面电荷数减少,液滴之间的静电排斥力减弱,使得液滴的聚并速率加快,导致分出的水相体积增多,乳状液稳定性下降。

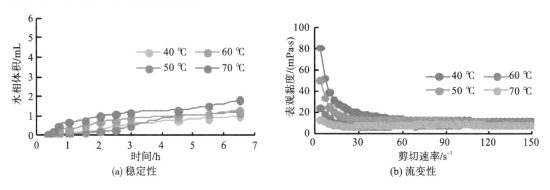

(a) 稳定性   (b) 流变性

图 3 温度对乳状液稳定性及流变性的影响

3 结论

(1)以乳化不稳定系数为乳化剂的筛选指标,筛选出非离子型表面活性剂 APE-20 和阴离子型表面活性剂 AES,作为烯烃焦油水包油型乳状液的复合乳化剂。

(2)以烯烃焦油水包油型乳状液为研究对象,考察分析了乳化剂含量、油水比、温度对乳状液稳定性和流变性的影响,为烯烃焦油水包油型乳状液驱油提供理论依据。试验结果显示:随着乳化剂含量的增加,乳化不稳定系数表现出先减小后增大的趋势,表观黏度则先增大后趋于稳定;随着油水比的增大,乳状液的稳定性增强,表观黏度增大;随着温度的升高,乳状液的稳定性降低,表观黏度降低。当含水率较高时,乳状液的流变模型符合幂律模型;

当含水率较低时,乳状液的流变模型则符合宾汉模型。

参 考 文 献

［1］ 史胜龙,汪庐山,靳彦欣,等.乳状液体系在驱油和调剖堵水中的应用进展[J].油田化学,2014,31(1):141-145.

［2］ 李传宪,杨飞,林名桢,等.草桥稠油 O/W 乳状液的稳定性与流变性研究[J].高校化学工程学报,2008,22(5):755-761.

［3］ 蒋华义,张兰新,孙娜娜,等.稠油水包油型乳状液稳定性与流变性影响因素[J].油气储运,2018,37(10):1121-1127.

［4］ 冯建国,张小军,范腾飞,等.体系 pH 值、乳化温度和电解质离子对异丙甲草胺水乳剂稳定性的影响[J].高等学校化学学报,2012,33(11):2521-2525.

沧东凹陷孔二段页岩油可压裂性评价及实践

刘学伟 赵 涛 尹顺利 唐红霞 李 茂

（中国石油大港油田公司 天津 300280）

摘 要：大港探区沧东凹陷孔二段发育典型的陆相页岩油，国内外以海相页岩油为对象的脆性指数模型不适用于指导该区页岩油压裂改造。本文在系统分析孔二段页岩油地质特征的基础上，通过岩心试验建立了基于杨氏模量、剪胀角和峰值应变的脆性指数模型，形成了天然裂缝和地应力影响因子的计算方法，建立了预测页岩油藏裂缝复杂程度的缝网指数模型，依据此模型优化水平井簇间距设计、射孔参数及压裂施工参数，优选滑溜水＋低伤害压裂液体系、石英砂＋陶粒组合支撑剂，形成页岩油水平井体积压裂技术。技术成果应用于GD1701H、GD1702H井，微地震、稳定电场监测证实形成复杂网络裂缝，取得了显著的增产效果。

关键词：沧东凹陷 页岩油 缝网指数模型 体积压裂 裂缝监测

1 孔二段页岩油地质特征

沧东凹陷位于渤海湾盆地中部，是渤海湾盆地"小而肥"的富油凹陷之一[1,2]，其古近系孔店组孔二段岩性主要为块状泥岩以及油页岩[3]。

沧东凹陷孔二段脆性矿物含量高达 75% 以上，以长英质（34%）为主，其次为白云石（26%）和方沸石（14%），黏土含量较低。孔二段页岩油有效储集空间以基质孔为主，会有少量微裂缝，CT 扫描孔喉以 20～700 nm 为主，平均为 520 nm，孔隙度为 1.0%～12.0%，渗透率为 0.02～1.0 mD。

岩石力学测试表明，孔二段静态杨氏模量为 10～43.7 GPa，泊松比为 0.11～0.417。Rickman 公式计算的岩样力学脆性指数为 15%～70%，平均为 40%。官 108-8 井孔二段页岩岩心有单缝剪切、多缝剪切等破裂形态。

地应力测试结果表明，官 108-8 井孔二段最大水平主应力为 72.7～81.0 MPa，最小水平主应力为 48.5～58.5 MPa，水平主应力差值为 21.0～25.4 MPa。

2 孔二段页岩油可压裂性

孔二段致密油岩石的破裂包含以下三种：张性劈裂破坏、多缝剪切破坏和单缝剪切破坏。杨氏模量、剪胀角和峰值应变可以分别反映岩石抵抗变形的能力、变形的速率和变形的大小，可以较好地描述岩石的脆性特征；同时，这三个参数均反映了应力应变曲线上不同阶段的特征，不存在描述特征的重复性，线性组合起来简单实用，通过赋予各参数相应的权值

来建立脆性评价方法,可以反映整个应力应变曲线的特征。因此,建立适合页岩的脆性评价方法,即

$$B_I = 0.262E_n + 0.353\psi_n + 0.385\varepsilon_{pn} \tag{1}$$

式中,B_I 为脆性指数,E_n、ψ_n 和 ε_{pn} 分别为归一化的杨氏模量、剪胀角和峰值应变。

建立考虑天然裂缝张开长度的天然裂缝因子和地应力因子,天然裂缝因子为

$$F_n = 1 - \frac{(\sigma_H - \sigma_h)\sin^2\theta}{\sigma_{nm}} \tag{2}$$

式中:F_n 为天然裂缝因子,无因次;θ 为水力裂缝面与天然裂缝面的夹角(°);σ_{nm} 为区块($\sigma_H - \sigma_h$)$\sin^2\theta$ 的最大值(MPa)。

地应力因子为

$$S_I = 1 - \frac{\sigma_H - \sigma_h}{\Delta\sigma_m} \tag{3}$$

式中,$\Delta\sigma_m$ 为区块水平应力差的最大值(MPa)。

缝网指数为

$$F_I = B_I(w_4 F_n + w_5 S_I) \tag{4}$$

式中,F_I 为缝网指数,B_I 为脆性指数,F_n 为天然裂缝因子,S_I 为地应力因子。

绘制了缝网指数与压后日产量之间的关系曲线,本次提出的缝网模型与压后日产量具有较好的一致性。

3　页岩油水平井体积压裂技术

3.1　分段分簇优化

利用诱导应力场分析可知,等间距内随着裂缝数的增加,即簇间距的缩短,地应力干扰作用越大。

孔二段页岩油的缝网指数为 0.4~0.5 时,优化缝间距为 20~30 m;缝网指数为 0.3~0.4 时,减小缝间距至 15~20 m;缝网指数为 0.2~0.3 时,优化缝间距为 10~15 m。优化孔眼数 40 孔,实现各簇裂缝均匀进液。

3.2　压裂材料优选

页岩油需要采用滑溜水大排量施工,以提高裂缝复杂程度。滑溜水压裂液配方为 0.1% 降阻剂+0.3% 防膨剂,现场降阻率不低于 70%。近井筒主裂缝采用 30/50 目和 40/70 目组合陶粒支撑,次裂缝采用 40/70 目陶粒支撑,微裂缝利用 70/140 目石英砂、岩石粗糙面自支撑。

4　现场应用效果

GD1701H、GD1702H 两口井采用水平井细分切割体积压裂工艺,其基本参数如表 1 所示。

表 1　页岩油水平井细分切割体积压裂工艺基本参数

井号	段数	簇数	液量/m³	滑溜水比例/(%)	支撑剂量/m³	石英砂比例/(%)
GD01	16	54	34 089	80	1387	30

续表

井号	段数	簇数	液量/m³	滑溜水比例/(%)	支撑剂量/m³	石英砂比例/(%)
GD02	21	66	40 678	81.70	1343	30.60

微地震监测图如图 1 所示。GD1701H 井裂缝长度为 167～704 m,裂缝宽度为 64～206 m,缝高 61～205 m,裂缝方向以北偏东 60°为主,整体裂缝区长 1230 m,宽 480 m,高 120 m。

稳定电场监测图如图 2 所示。GD1701H 井监测到网状裂缝 30 条,各条裂缝缝宽 8～32 m,缝长 91～258 m,方位角为 28°～52°。

图 1　微地震监测图　　　　　　图 2　稳定电场监测图

GD1701H 井目前 57 泵生产,日产油量为 17.76 m³,累计产油量为 5954 m³,产气量为 407 560 m³;GD1702H 井目前日产油量为 23.46 m³,累计产油量为 7434 m³,产气量为465 900 m³。

5　结论与认识

(1)杨氏模量、剪胀角和峰值应变能较好地反映沧东凹陷孔二段页岩油破裂的脆性特征,缝网指数评价方法为水平井井段优化、射孔位置优选提供了技术支撑。

(2)水平井细分切割体积压裂工艺提高了陆相页岩油水平井裂缝复杂程度,增加了水平井改造体积,提高了水平井压裂改造效果。

(3)微地震监测、稳定电场监测技术为压裂施工提供了实时监测手段,为压裂施工的顺利完成提供了保障,为压裂工艺优化设计提供了技术支撑。

参 考 文 献

[1] 邹才能,张光亚,陶士振,等.全球油气勘探领域地质特征、重大发现及非常规石油地质[J].石油勘探与开发,2010,37(2):129-145.

[2] 付茜.中国页岩油勘探开发现状、挑战及前景[J].石油钻采工艺,2015,37(4):58-62.

[3] 武晓玲,高波,叶欣,等.中国东部断陷盆地页岩油成藏条件与勘探潜力[J].石油与天然气地质,2013,34(4):455-462.

次生底水油藏的三元复合驱替特征及影响因素

吕端川[1,2]　林承焰[1,2]　任丽华[1,2]　狄喜凤[1,2]　宋金鹏[3]

(1.中国石油大学(华东)地球科学与技术学院　山东青岛　266580；
2.山东省油藏地质重点实验室　山东青岛　266580；
3.中国石油塔里木油田分公司勘探事业部　新疆库尔勒　841000)

摘　要:为了确定次生底水油藏内各油井的复合驱替特征,利用油井生产数据,划分化学驱替的不同阶段。利用驱替特征曲线定量化确定各井在驱油剂持续受效阶段的驱替能力,同时分析了影响其化学驱替的工程、地质及化学因素。结果表明,与常规底水油藏开发相似,次生底水油藏仍需要控制水锥,驱油剂降水能力对开发效果具有重要影响。同类型的其他油藏进行化学驱开发时,在各组分协同作用的前提下,可略侧重于维持驱油剂的稳定性。

关键词:次生底水油藏　三元复合驱　驱替特征曲线　化学封堵　剩余油

1　引言

具有正韵律沉积储层类型的原生整装油藏在经过长期注水开发之后,大多表现为砂体中下部高度水淹,可动剩余油在中上部富集的特征[1,2],此时油藏类型可看作次生底水油藏。由于油井的暴性水淹,油井产水率接近其经济临界值意味着水驱阶段结束,目前多个油田针对该类型的油藏进入了以化学驱为主的三次采油阶段[3~7]。次生底水油藏在化学驱方式下,既要降低井筒周围的大量可动水的相对渗透率,又要实现残余油的可动化,因此,选择全井段射孔是能够满足该要求的优选方式。但是受储层发育特征和开发条件的影响,驱油剂在地下不均匀推进[8],当驱油剂的堵水效果变差时,次生底水一旦进入油筒内,会导致油井产水率迅速升高,其挖潜效果降低。三元复合驱作为化学驱类型之一[9,10],目前针对三元复合驱的文献大多侧重于驱油剂不同组分的驱油机理和驱油剂与储层反应造成储层物性变化以及结垢现象[11~13],较少有针对油井不同生产阶段的驱替特征的文献。但是准确确定化学驱阶段的驱替特征是评价油井挖潜效果的重要指标,也是油藏精细研究的重要内容。通过对三元复合驱阶段生产井的分析,以期对同类型油藏的化学驱开发提供依据。

2　研究区概况

研究区位于大庆长垣杏树岗油田杏六区东部Ⅰ区块,面积约1.2 km²,地层平缓,无断裂发育,主力产油层为葡萄花油层,其中 PI33 单砂体大面积连片分布,该单砂体属于浅水三角洲平原内低弯度曲流型分流河道沉积,砂体平均厚6.2 m,有效厚度为4.5 m,埋深约940 m,成岩作用较弱,呈中高孔中高渗储层特征。研究区成藏条件良好,投产初期为整装油藏,束缚水饱和度为21.3%,在1968年以水驱方式进行投产,到2007年底区域产水率接近98%,此时采出程度为47.8%。根据三元复合驱井网新钻井资料,该单砂体内平均77.5%的厚度为中-高水淹,4.2%的厚度为未水淹。

3   次生底水油藏化学驱生产特征

三元复合驱油井的生产情况受碱液、聚合物和表面活性剂三种组分的协同作用影响,其中聚合物在高水淹位置滞留,造成液流转向,使驱油剂向中低水淹区及未水淹区流动,扩大了驱油剂的波及范围,同时碱液和表面活性剂降低了油水界面张力,提高了洗油效率,从而增加了剩余油的采出程度。油井产水率是表征油井生产情况的重要参数,根据油井产水率曲线,三元复合驱的开发具有明显的阶段性。按照90%作为节点,将产水率持续低于90%的时间段作为驱油剂的持续受效期,因此整个三元复合驱开发过程可以分为驱油剂的受效前期、持续受效期和受效后期。

利用三元复合驱油井的累计产水量和累计产油量数据,绘制驱替特征曲线,该曲线呈明显的三段式,如图1所示。在驱油剂持续受效期内,驱替特征曲线表现出较为平直的现象,直线段斜率可反映驱油剂的驱替能力。

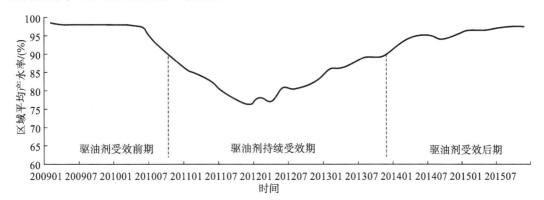

图 1   区域平均产水率及化学驱替不同阶段

4   次生底水油藏化学驱开发的影响因素

4.1   地质因素

夹层的存在一方面可以克服驱油剂受重力的影响,扩大其平面推进范围;另一方面可以延缓水锥的突破时间,有利于增强其挖潜效果。注采井间砂体连通关系越强,其内部越易形成注入水的无效循环通道,所需封堵强度就越大,不利于驱油剂保持持续受效状态。

4.2   工程因素

在砂体中上部射孔能够缓解次生底水的锥进,延长产水率呈低值的时间,有利于对剩余油的挖潜。另外,由于化学驱的开发具有时效性,若油井因为工程原因而频繁处于关井状态,则生产压差的不稳定会影响驱油剂的波及范围,使驱替效果减弱。

4.3 化学因素

驱油剂在推进过程中,与地层水和岩石颗粒发生一系列复杂的物理化学反应,其浓度逐渐降低。根据采油井产出液浓度及产水率的对比结果可知,当聚合物浓度越高时,产水率呈低值的持续时间越长,并且聚合物浓度峰值出现得越早,驱替效果就越好。

5 结论

(1)正韵律砂体经过长期注水开发后可形成次生底水油藏,其内部剩余油类型为水驱绕流式可动剩余油和水淹区的残余油,该部分储量可通过化学驱进行挖潜。

(2)次生底水油藏的化学驱挖潜机理是通过降低水相渗透率来封堵高渗通道,以扩大波及体积,同时降低油水界面张力,以增大洗油效率,与常规底水油藏的开发过程存在明显的不同。

(3)次生底水油藏化学驱挖潜效果受地质因素和工程因素的影响,同时也受到驱油剂性能的影响,稳定的聚合物对化学驱挖潜具有重要意义。

参 考 文 献

[1] 林承焰,孙廷彬,董春梅,等.基于单砂体的特高含水期剩余油精细表征[J].石油学报,2013,34(6):1131-1136.

[2] SUN M,LIU C,FENG C,et al. Main controlling factors and predictive models for the study of the characteristics of remaining oil distribution during the high water-cut stage in Fuyu oilfield,Songliao Basin,China[J]. Energy Exploration & Exploitation,2018,36(2):97-113.

[3] LI X,QIN R,GAO Y,et al. Well logging evaluation of water-flooded layers and distribution rule of remaining oil in marine sandstone reservoirs of the M oilfield in the Pearl Rivel Mouth basin[J]. Journal of Geophysics and Engineering,2017,14(2):283-291.

[4] 李琛,李光华,朱思静,等.基于岩心录井的砂砾岩储层优势渗流通道识别与预测——以准噶尔盆地东部滴20井区为例[J].石油天然气学报,2017,39(5):229-237.

[5] AYIRALA S,YOUSEF A. A state-of-the-art review to develop injection-water-chemistry requirement guidelines for IOR/EOR projects[J]. SPE Production & Operations,2015,30(1):26-42.

[6] QI P,EHRENFRIED D H,KOH H,et al. Reduction of residual oil saturation in sandstone cores by use of viscoelastic polymers[J]. SPE,2016,22(2):447-458.

[7] TAVASSOLI S,POPE G A,SEPEHRNOORI K. Investigation and optimization of the effects of geologic parameters on the performance of gravity-stable surfactant floods[J]. SPE,2015.

[8] LIU S,MILLER C A,LI R F,et al. Alkaline/surfactant/polymer processes:wide range of conditions for good recovery[J]. SPE,2010,15(2):282-293.

[9] 孙龙德,伍晓林,周万富,等.大庆油田化学驱提高采收率技术[J].石油勘探与开发,2018,45(4):636-645.

[10] BRYANT S L,RABAIOLI M R,LOCKHART T P. Influence of syneresis on permeability reduction by polymer gels[J]. SPE Production & Facilities,1996,11(4):209-215.

[11] 赵凤兰,李子豪,李国桥,等.三元复合驱后关键储层特征参数实验研究[J].西南石油大学学报(自然科学版),2016,38(5):157-164.

[12] 宋考平,何金钢,杨晶.强碱三元复合驱对储层孔隙结构影响研究[J].中国石油大学学报(自然科学版),2015,39(5):164-172.

[13] 程杰成,王庆国,王俊,等.强碱三元复合驱钙、硅垢沉积模型及结垢预测[J].石油学报,2016,37(5):653-659.

A New Workflow to Build Heterogeneity Carbonate Gas Reservoir Model

Yunhe Su　Zhenhua Guo　Xizhe Li　Yujin Wan　Lin Zhang　Xiaohua Liu

(Petroleum Exploration and Development Research Institute，
PetroChina，Langfang，Hebei，065007，PRC)

Abstract：The example of Longwangmiao gas reservoir model shows：influence of fracture density on gas accumulative production is the biggest. Position of fracture on water gas ratio is also the biggest. This means fracture can improve the deliverability，and is the major route of water invasion because of higher permeability than others.

Keywords：carbonate gas reservoir model　heterogeneous　multi-scale　fracture　pressure transient analysis　production analysis

1　Introduction

There are three main approaches to dealing with uncertainties in reservoir models with production history. The first is based on the generation of several reservoir models，using geostatistical techniques[1]. The second is based on the use of a given optimization (or sampling) algorithm，such as Hamiltonian Monte Carlo，Particle Swarm Optimization and Neighborhood Algorithm，to obtain several matched models[2]. The third approach is a more formal statistical way of integrating history matching and uncertainty analysis and consists of updating a PDF based on observed data，which change the PDF of the attributes according to the misfit between observed data and simulation results[3,4].

In this context，the number of researches in the literature dealing with this subject have increased over the last years[5~7]. However，there are still many challenges in this area. The main challenge is how to build exactly DFN model based on the goal of the study and simulate accurately the transfer from matrix to fracture for multi-phase flow in 3D geological model based on plenty of observed data[8]. The main objective of the present work is to propose a methodology to meet the research needs based on DFN model calibrated by pressure transient analysis method (PTA) and production analysis method (PA)，and reduce the uncertainty by the integration of history matching and uncertainty analysis.

2 Proposed methodology

The methodology presented in this paper constitutes important advances in this area. It is a new workflow that represents an innovative way of solving the problem. In the next sections, the main steps of the methodology and the main differences and characteristics compared to the other methods commonly found in the literature are presented.

2.1 Main steps of the proposed method

The main steps are described as follows:

(1)Understanding and analyzing the research goal.

(2)Collecting and analyzing reservoir data.

(3)Building a matrix model by traditional method.

(4)Building a fracture density model based on multi-scale data.

(5)Building DFN model calibrated by PTA and PA.

(6)Building matrix-fracture model calibrated by history matching and uncertainty analysis.

Compared with the traditional method, the new workflow adds steps 4~5 to calibrate the model based on the goal of the study.

2.2 DFN model based on multi-scale data

In order to accurately describe fracture, much more observed data will be used in the new workflow and the following steps are taken:

Step 1: The change of strong stress induced faults and fractures. So there are many fractures around the fault, which are much more closer to the fault. A property model, describing the distribution of fractures based on the distance to the fault, will be subtracted from the structural map and stored in the matrix $A(l, w)$.

Step 2: In the same layer, FMI data from different wells are interpolated and stored in the matrix $B(l, w)$. The data of well are loyal to FMI data, and the inter-well are kept on the consistent trend to A. When the coefficient η of $COV(A, B)$ is 1, the property model based on FMI data is confirmed.

Step 3: In the same layer, Core data from different wells are interpolated and stored in the matrix $C(l, w)$. The data of well are loyal to Core data, and the inter-well are kept on the consistent trend to B. when the coefficient η of $COV(B, C)$ is 1, the property model based on Core data is confirmed.

Step 4: In the same layer, CT and NMR data from different wells are interpolated and stored in the matrix $D(l, w)$. The data of well are loyal to CT and NMR data, and the inter-well are kept on the consistent trend to C. when the coefficient η of $COV(C, D)$ is 1, the property model based on CT and NMR data is confirmed.

When the above steps are completed, the preliminary DFN model is built in the first layer. Others layers are built in the same method.

2. 3 DFN model calibrated by PTA and PA

In the new workflow, dynamic test data is used to calibrate the DFN model based on static data including well test data and production data.

Step 1: Plot log curve ($P \sim \Delta t$) and the history curve ($P \sim t$ and $q \sim t$) by PTA method. If the tolerance of observed data and the model calculated data is reached, i. e. matching is good. Otherwise, the grid numbers of REV including the fractures will be increased to reduce the tolerance. Fracture density model will be rebuilt and recalculated the PTA model. Repeat the steps until the requirements are met. DFN model calibrated by PTA is written as PTA Model.

Step 2: Input PTA model type and parameters matched and calculated the Blasigame curve (Normalized rate $\sim$ Material balance pseudo time) by PA method. If the tolerance of observed data and the model calculated data is reached, i. e. matching is good. Otherwise, the grid numbers of REV including the fractures will increase to reduce the tolerance. Fracture density model will be rebuilt and recalculated the PA model. Repeat the steps until the requirements are met. DFN model calibrated by PA is written as PA model.

When the above steps are completed, the DFN model calibrated by PTA and PA is built. Because the production time of PA model is longer than PTA model, which standards the real performance. It is selected to build matrix-fracture model calibrated history matching and uncertainty analysis.

2. 4 Matrix-fracture model calibrated by history matching and uncertainty analysis

In the new workflow, the long-term production data is used for calibrating matrix-fracture model by history matching and uncertainty analysis.

Step 1: Build probability model and evaluate the influence of parameters (fracture length, fracture width, fracture density, matrix permeability etc.) on development index (gas rate, recovery factor, water gas ratio etc.).

Step 2: Plot the curve ($P \sim t$ and $q \sim t$) by history matching method. If the tolerance of observed data and the model calculated data is reached, which means matching is good. Otherwise, repeat the steps until meets the requirements.

When the above steps are completed, the final model is built, which will be used to do numerical simulation and forecast the performance of gas wells.

3 Application and results

3. 1 A strong heterogeneity dolomite gas reservoir

Natural gas was found mainly stored in corroded pores and caves in the Lower Cambrian Longwangmiao Formation dolomite gas reservoir in the Sichuan Basin in China.

There are many faults in the gas reservoir. Plenty of high and low angle fractures are observed from core and FMI data. Based on micro-scale data (tested by CT and NMR), the intrinsic permeability of Longwangmiao dolomite reservoirs ranges from 0. 001 mD to 2 mD at an average of 0. 32 mD. The porosity ranges from 2% to 10% at an average of 4. 62%.

High deliverability and good connectivity are showed in the production performance. This means that the permeability is improved by many fractures. The fracture is a two-edged sword: it improves gas well deliverability; it leads to the rapid invasion of edge and bottom water and there is a lower recovery factor. What is the connectivity of matrix-fracture and fracture-fracture? How to connect with fractures and aquifers? How to flow in the system for multi-phase liquid. So we should exactly describe the fracture based on multi-scale data in 3D geological model to solve the above problems.

3.2　3D geological model based on the new workflow

The main steps to build a geological model is described as follows:

Step 1: The goal is the relationship of matrix-fracture and fracture-fracture. How to flow for multi-phase liquid in the system?

Step 2: Analyzing reservoir data collected and building a matrix model in the traditional method.

Step 3: Building a fracture density model based on multi-scale data.

(1)A property model, describing the distribution of fractures based on the distance to the fault, has been subtracted from the structural map of Longwangmiao gas reservoir and stored in the matrix A.

(2)Based on the FMI data, the fractures are divided into two types: high angle and low angle.

(3)The matrix B is built based on FMI data in the first layer when the coefficient η of COV(A,B) is infinitely close to 1. The matrix C and D are built based on core and micro-scale data in the same method.

(4)The DFN model of Longwangmiao gas reservoir in all layers is built in the same method.

Step 4: Building DFN model calibrated by PTA and PA.

(1)When a grid cell is far bigger than the fracture scale, and matched tolerance of pressure data is bigger in the welltest period. So the grid cell including fractures is refined to suit for the fracture scale, which is local grid refinement (LGR).

(2)Input PTA model type and parameters matched and calculated the Blasigame curve by PA method in XX1 gas well of Longwangmiao gas reservoir. Because the production time is shorter in the well test period and liquid loading happen in the well bottom. The permeability and skin factor calculated are bigger than the real. When the permeability (3.6 mD) is smaller, the Blasigame curve matched is better.

The results calculated by PTA and PA method showed that the connectivity of matrix-fracture and fracture-fracture is good, i. e. many micro-fractures in Longwangmiao gas reservoir improved the permeability of REV.

Step 5: Building matrix-fracture model calibrated by history matching and uncertainty analysis.

(1)Build probability models and evaluate the influence of parameters (fracture length, fracture width, fracture density, matrix permeability etc.) on development index.

Influence of fracture density on gas accumulative production is the biggest. Position of fracture on water gas ratio is also the biggest. This means fracture can improve the deliverability of gas wells, and is the major route of water invasion because of higher permeability than others.

(2) Based on the uncertainty analysis and model calibrated by PTA and PA method, the gas rate is given and the wellhead pressure is fitted by history matching method. The pressure tolerance of observed and calculated is smaller in XX1 gas well of Longwangmiao gas reservoir, i. e. matching is good.

Results demonstrate that the new workflow to build 3D geological model is combining the advantage of the DFN static model and business software. The model calibrated by dynamic data meets the research needs.

4 Conclusion

(1) Based on multi-scale data, a new workflow have been built for strongly heterogeneous carbonate gas reservoir, which considered the advantage of the DFN static model and business software.

(2) DFN model is built which considering structure, FMI, core, CT and NWR data.

(3) The results calculated by PTA and PA method showed that the connectivity of matrix-fracture and fracture-fracture is good, i. e. many micro-fractures improved the permeability of REV.

(4) Influence of fracture density on gas accumulative production is the biggest. Position of fracture on water gas ratio is also the biggest. This means fracture can improve the deliverability, and is the major route of water invasion because of higher permeability than others.

References

[1] ELFEEL M A, GEIGER S. Static and dynamic assessment of DFN permeability upscaling[J]. Society of Petroleum Engineers, 2012:1-16.

[2] DERSHOWITZ W, LAPOINTE P, EIBEN T, et al. Integration of discrete feature network methods with conventional simulator approaches[J]. SPE Reservoir Evaluation & Engineering, 2000.

[3] MASCHIO C, SCHIOZER D J. A new procedure to reduce uncertainties in reservoir models using statistical inference and observed data[J]. Journal of Petroleum Science and Engineering, 2013, 110: 7-21.

[4] MASCHIO C, CARVALHO C P V D, SCHIOZER D J. A new methodology to reduce uncertainties in reservoir simulation models using observed data and sampling techniques[J]. Journal of Petroleum Science and Engineering, 2010, 72(1-2):110-119.

[5] KARIMI-FARD M, DURLOFSKY L J, AZIZ K. An efficient discrete-fracture model applicable for general-purpose reservoir simulators[J]. Society of Petroleum Engineers, 2004, 9(2):227-236.

[6] MASCHIO C, SCHIOZER D J, MOURA FILHO, M A B D, et al. A methodology to reduce uncertainty constrained to observed data[J]. SPE Reservoir Evaluation & Engineering, 2009, 12 (1):167-180.

[7]　WARREN J E，ROOT P J. The behavior of naturally fractured reservoirs[J]. Society of Petroleum Engineers，1963，3(3)：245-255.

[8]　ZERPA L E，QUEIPO N V，PINTOS S，et al. An optimization methodology of alkaline-surfactant-polymer flooding processes using field scale numerical simulation and multiple surrogates[J]. Journal of Petroleum Science and Engineering，2005，47(3-4)：197-208.

孤东油田边际油藏提高采收率技术研究

张 宁 谭河清 官敬涛 白需正

（中国石化胜利油田分公司孤东采油厂地质所 山东东营 257237）

摘 要：孤东油田目前整体处于特高含水开发阶段，但边际油藏受储层发育、层间非均质等的影响，储量动用程度低。近年来，通过理论及矿场实践，在明确边际油藏分类的基础上，重点针对薄层建立了多因素控制下的储层精细表征，运用聚类分析法，围绕储层分布、非均质性、含油状况等进行了分类描述，为有效动用打好地质基础。通过配套工艺技术，形成了薄层水平井开发技术体系，对于特高含水阶段油藏的高效开发具有重要的意义。

关键词：边际油藏 薄层 储层精细表征 水平井

1 概况

孤东油田是目前胜利油区四大主力整装油田之一，主要含油层段为馆陶组，共分为 10 个砂层组、33 个小层[1]。目前油田已进入特高含水开发阶段，综合含水率已达 96.8%，但是主力层与非主力层呈现差异化的特点，主力层单元厚度大，注采完善，整体水淹程度高，非主力层含水率低，采出程度低，剩余油富集。

通过调研，根据地理位置和储层类型，边际油藏主要分为海上边际油藏和陆上边际油藏，陆上边际油藏又分为低渗透边际油藏、薄互层和复杂断块边际油藏以及稠油难采边际油藏；根据沉积相和储层物性，边际油藏分为片状油藏、条带状油藏和点状油藏[2]。

从边际油藏的分类看，孤东油田边际油藏主要包括小砂体和薄层，其中薄层主要分布在 4^5 层、主力层砂体边部和厚层顶部韵律层。针对特高含水阶段薄层动用程度低、剩余油饱和度高的现状，近年来重点开展了薄层的动用技术研究，通过薄层水平井配套注水和注汽引效，形成了薄层油藏提高采收率技术，并在矿场取得了显著的应用效果[3,4]。

2 边际油藏提高采收率技术及应用

2.1 薄层地质特征

孤东油田薄层主要分布在二区、三四区、六区和八区 4^5 层，整体以曲流河道沉积为主，储层发育连片且相对稳定，但厚度仅有 2.3 米，储量为 909 万吨。如孤东油田二区 4^5 层平均厚度为 2.6 米，整体呈现中部有效厚度大、南北有效厚度较小的特征。渗透率中部较高，向南北两侧逐渐变小。受储层条件的影响，相对于常规储层，薄层储层的精细表征要更为复杂。

2.2 薄层存在的问题及潜力

一是受河流相沉积特征的影响，储层认识难度大。二是受储层物性的影响，薄层储量控制程度低。根据统计的 7 个典型薄层油藏储量动用情况,目前控制储量为 499.2 万吨,失控储量为 167.5 万吨,未动用储量为 103.8 万吨,储量控制程度仅为 64.8%。三是受层间干扰的影响,开发效果差。四是动用程度低,具有调整的物质基础。统计孤东 54-斜 4 块 4^5 薄层钻遇 5 口新井情况,平均含油饱和度高达 47.4%。

2.3 薄层提高采收率技术研究及应用效果

针对薄层存在的问题和潜力,重点从储层精细表征和开发方式优化两个方面对薄层提高采收率技术进行了研究,并在矿场进行了应用,取得了较好的效果。

2.3.1 建立多因素控制下的薄层储层精细表征

孤东二区馆上 4^5 薄层属于曲流河沉积,平面非均质性较强,储层物性的平面展布影响因素较多。在薄层边际油藏的分类评价中,采取多因素综合分析,建立聚类分析方案,划分孤东二区馆上 4^5 薄层流动单元,综合分析储层有效厚度、渗透率等对边际油藏开发的影响。

聚类分析的原则是把相似度大的样品并成一类,而把相似度小的样品分为不同的类,直到把所有的参数指标聚合完毕。以孤东二区馆上 4^5 薄层为例,首先以黏度 1500 mPa·s 为界,将边际薄层油藏分为稀油边际薄层油藏和稠油边际薄层油藏,以有效厚度、渗透率等为参数,通过聚类分析,共分为三类,主要以 I、II 类流动单元为主。边际薄层油藏分类图如图 1 所示。

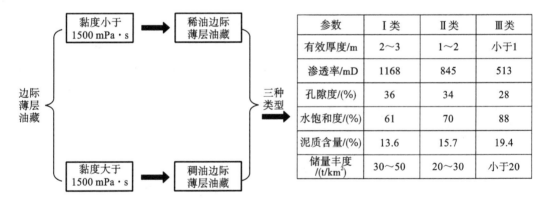

参数	I 类	II 类	III 类
有效厚度/m	2～3	1～2	小于1
渗透率/mD	1168	845	513
孔隙度/(%)	36	34	28
水饱和度/(%)	61	70	88
泥质含量/(%)	13.6	15.7	19.4
储量丰度/(t/km²)	30～50	20～30	小于20

图 1 边际薄层油藏分类图

2.3.2 不同类型的薄层油藏开发方式优化研究

首先建立了不同类型的薄层油藏的经济技术模板,如图 2 所示。稠油井分为水平井和直井,开发方式分为弹性开发和注汽开发,建立了稠油薄层油藏的经济技术模板;稀油井分为水平井、直井和侧钻井,开发方式分为弹性开发和注水开发,建立了稀油薄层油藏的经济技术模板。

其次依据孤东油田真实的地层条件,建立不同有效厚度下稀油、稠油薄层油藏采取不同开发方式的理论模型,针对不同有效厚度、不同井型、不同开发方式,开展数值模拟研究,优化最佳开发方案。不同类型的薄层油藏采取不同开发方式的计算结果如图 3 所示。

最后评价了不同类型的薄层油藏的最佳开发方式。对于稀油薄层油藏,水平井(侧钻)配套细分注水最佳;对于稠油薄层油藏,水平井(侧钻)配套注汽吞吐最佳。

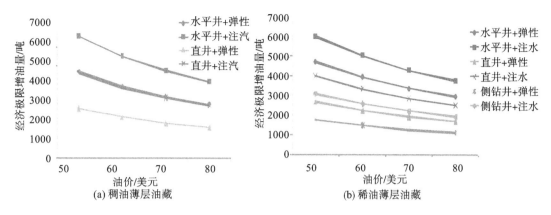

图 2　不同类型的薄层油藏的经济技术模板

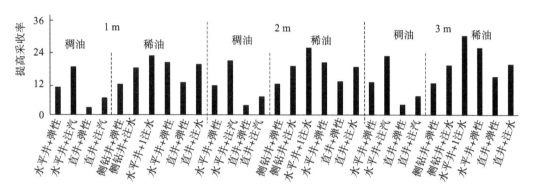

图 3　不同类型的薄层油藏采取不同开发方式的计算结果

2.4　薄层油藏实施效果

根据不同类型的薄层油藏的优化结果以及矿场实施效果,近几年按照"稠油薄层水平井＋注汽吞吐、稀油薄层水平井＋细分注水"的调整思路,在矿场进行应用,效果显著。

2.4.1　水平井配套注水开发

针对六区 4^5 层层薄、储量动用程度低的问题,部署水平井 2 口,配套水井转注,强化弱驱。2 口新井平均单井日产油量为 11.6 吨,含水率为 35.4%,目前已累计产油 1.99 万吨。

2.4.2　水平井配套注汽开发

针对一、二区 4^5 层层薄、储量动用程度低的问题,部署水平井 3 口,配套注汽开发。3 口新井平均单井日产油量为 10.4 吨,含水率为 43.1%。

3　结论及认识

针对薄层油藏厚度薄、层间干扰严重的开发特点,实施水平井开发调整技术,通过薄层水平井技术配套注水和注汽,有效提高了薄层砂体的储量动用程度,实现了边际油藏的高效开发。2014 年以来,4^5 层累计部署水平井 16 口,初期平均单井日产油量为 7.3 吨,累计产油 5.52 万吨。

参 考 文 献

[1]　窦之林,曾流芳,贾俊山.孤东油田开发研究[M].北京:石油工业出版社,2003.

[2]　ZHAO W Z, HU Y L, LU O K. Status of production, technology improvement and challenges of marginal oil reserves in China [A]. WPC-Round Table-4,2005.

[3]　姜洪福,隋军,庞彦明,等.特低丰度油藏水平井开发技术研究与应用[J].石油勘探与开发,2006,33(3):364-368.

[4]　张人玲,唐湘明.砂泥薄互层稠油边际油藏经济开发方式[J].石油勘探与开发,2004,31(1):100-102.

孤东油田特高含水单元韵律层
流场调整技术研究

白需正　李林祥　崔文福　官敬涛

（中国石化胜利油田分公司孤东采油厂地质所　山东东营　257237）

摘　要：孤东油田自 1986 年投入开发以来，按照"密井网、细分层系、储量一次动用"的开发技术政策，经过近 30 年的高速高效开发，采收率已达 40.5%，处于"双特高"（可采储量采出程度为 92.1%，综合含水率为 95.8%）的开发阶段。但剩余油资料表明其仍具有调整的物质基础，以七区西 5^{2+3} 单元为例，针对单元单层开发、井网固定以及强注强采，导致流线固定，厚油层底部存在高耗水带、注水低效循环、经济效益差等问题，选区东部井区探索实施"三个转变"，延长经济寿命期。在精细韵律层细分和剩余油分布研究的基础上，充分利用老井，避开底部高耗水带，实施韵律层侧钻流场调整，提升单元开发效果。

关键词：韵律层细分　剩余油分布研究　侧钻流场调整

2013 年以来孤东油田先后探索实施了整体和井组转流线调整，效果明显。近两年在深化剩余油分布差异性认识的基础上，以提升弱驱部位储量有效动用程度为目标，开展了低成本井区流场调整技术研究，特别是在特高含水单元七区西 5^{2+3} 单元东部井区实施了低成本韵律层侧钻流场调整，取得了较好的经济效益。

1　选区开发概况

孤东油田七区西 5^{2+3} 单元属于典型的曲流河沉积[1]，平均有效厚度为 7.2 m，平均渗透率为 $1767 \times 10^{-3} \mu m^2$，1986 年投入开发，1990 年至今一直采用 300 m×150 m 的正对行列式井网开发，强注强采，近三十年井网形式固定不变，导致流线固定，厚油层底部存在高耗水带，注入水低效循环，但有关剩余油资料表明仍有调整的物质基础[2]。

针对单元开发效益差的问题，为延长经济寿命期，提高效益，重点实施"三个转变"：精细地质研究由单元向井区转变、剩余油研究由井层向韵律层转变、调整部署由以新井为主向老井侧钻利用转变。按照"分片研究、分批实施、整体评价、后续跟踪"的思路，选择单元东部井区实施调整研究，选区地质储量为 243 万吨，油井共 8 口，平均单井日产液量为 99.8 吨/天，单井日产油量仅为 0.7 吨/天，综合含水率高达 99.3%。

2　井区韵律层转流线调整

2.1　厚韵律层细分研究

在对七区西取芯井岩性结合测井解释技术进行详细研究的基础上，进行了层内夹层的电性识别,将夹层划分为岩性夹层、钙质夹层和物性夹层等三类[3]。韵律层对比以沉积规律、沉积单元和夹层的电性特征为识别准则,以沉积的等时性和相控砂体分布为原则。根据沉积的期次性及层内夹层发育特征,对选区 5^{2+3} 厚油层进行韵律段细分,共划分为五个韵律层,即非主力韵律层 5^{21}、5^{22},主力韵律层 5^{23}、5^{31}、5^{32}[4]。

从分层砂体厚度来看,非主力韵律层 5^{22} 较薄,平均砂厚仅有 1.7 m。从隔层发育情况来看,$5^{21}\sim5^{22}$ 隔层全区大面积分布,平均厚度达到 2.7 m,$5^{23}\sim5^{31}$ 隔层主要分布在研究区北部和南部,中间部位零星分布,平均厚度只有 1.1 m,$5^{22}\sim5^{23}$ 和 $5^{31}\sim5^{32}$ 隔层连片分布,但存在局部连通的砂体通。

2.2　剩余油分布特征研究

韵律层间吸水差异性较大。从注入井吸水情况来看,主力韵律层 5^{23}、5^{31}、5^{32} 每米吸水量分别为 13.9 立方米、26.3 立方米、20.8 立方米,非主力韵律层 5^{22} 基本不吸水,每米吸水量仅为 1.4 立方米。

平面上井排间剩余油相对富集。数值模拟结果表明,平面上井排间、局部井间及砂体边部剩余油相对富集。从主力韵律层 5^{31} 平面剩余油分布情况来看,剩余油主要集中在井排间,通过流线模拟也可以看出井排之间的流线较稀疏,反映该区域局部井排地下流体流动性差,注入水波及程度低,储层动用程度低,剩余油丰富。

韵律层间动用程度差异性较大。主力韵律层 5^{23}、5^{31}、5^{32} 采出程度在 43% 以上,非主力韵律层 5^{22} 采出程度为 29.4%,韵律层间剩余油饱和度相差 16%。

3　井区转流线调整对策及效果

在选区精细地质和剩余油分布研究的基础上,充分利用老井,避开底部高耗水带,实施侧钻转流场调整。针对 5^{22} 薄层实施水平井调整,配套老井转注,提高储量动用程度。针对井间剩余油富集、采出程度较低的井区,充分利用老井,拉大井距,实施流场调整,挖掘剩余油潜力。调整后井网由南北向调整为近东西向,流线调整 75°,井网井距由 300 m×150 m 调整为 450 m×200 m,共部署调整 7 口井,侧钻新井 3 口,配套转注 2 口。调整前后井网图如图 1 所示。

从新井钻遇情况来看,韵律层顶部和油井间含油饱和度较高(56% 以上),投产效果好;水井间含油饱和度较低(35.2%),待转流线见效。从新井投产效果来看,平均单井日产油量为 4.3 吨,是井区老井的 7.2 倍;含水率为 88.1%,比井区老井低 11.2%。调整后选区吨油完全成本由 102 美元/桶下降至 55 美元/桶,取得了较好的经济效益。

4　效果与认识

通过对七区西 5^{2+3} 单元井区实施低成本侧钻转流场调整,增加了动用储量 16.5 万吨,增加了可采储量 2.6 万吨,实现了特高含水单元的有效经济动用。主要有以下三个方面的认识:

(1)选区调整前综合含水率高,整体采出程度高,但并不代表该井区潜力小,该井区仍然有挖潜的物质基础。

(2)特高含水后期油藏剩余油仍呈现差异化分布特征,精细井区研究调整是实现效益开发的有效手段。

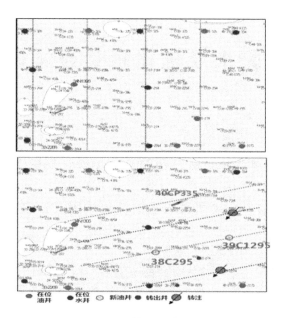

图1 调整前后井网图

（3）调整过程中，充分利用老井实施侧钻，可以有效实现降本增效。

参 考 文 献

[1] 窦之林,曾流芳,贾俊山.孤东油田开发研究[M].北京:石油工业出版社,2003.

[2] 孙焕泉.胜利油田不同类型油藏水驱采收率潜力分析[J].油气采收率技术,2000,7(1):33-37.

[3] 岳大力,吴胜和,程会明,等.基于三维储层构型模型的油藏数值模拟及剩余油分布模式[J].中国石油大学学报(自然科学版),2008,32(2):21-27.

[4] 贾俊山,王建勇,段杰宏,等.胜利油区整装油田河流相开发单元开发潜力及对策[J].油气地质与采收率,2012,19(1):91-94.

孤东油田注聚末期优化延长技术研究与应用
——以孤东油田七区西 4^1-5^{1}单元为例

颜伟涛　谭河清　陈柏平　陈孝芝　何吉荣

（中国石化胜利油田分公司孤东采油厂地质所　山东东营　257237）

摘　要：七区西 4^1-5^{1}二元驱于 2013 年 11 月开始注聚，目前已进入注聚末期。为适应持续低油价的严峻形势，将注入尺寸、累采累注、吨聚增油、见聚浓度、含水率等各项开发指标均细化到每个井组，由整体延长向井组差异优化注入转移，精细个性调整，实现由规模增油向效益增油的转变，由追求采收率最大化向采收率最优、效益最大的转变。

关键词：注聚末期　低油价　差异化调整　效益　采收率

1　概况

孤东油田七区西位于孤东构造的东翼，其北、西、南分别被断层所切割，向东与七区中自然相连，为向北东方向倾伏的单斜，构造简单，内部无断层，顶面构造平缓，倾向北东，倾角为 1°～2°，呈现西南高、东北低的单斜构造形态，构造高点位于西南部（23-194），构造高差小（约为 50 m）[1]。

七区西 4^1-5^{1}单元为孤东油田七区西五套开发层系之一，单元砂体发育整体较零散，从平面上来看，主力砂体主要分布在中北部和东南部，砂体一般呈连片席状、条带状、土豆状分布，以土豆状和条带状砂体为主，属于典型的曲流河沉积，为构造简单、油层物性好的构造岩性油藏。

七区西 4^1-5^{1}二元驱含油面积为 4.6 km^2，地质储量为 658 万吨，油藏平均埋深为 1200～1280 m，平均有效厚度为 3.7 m，平均孔隙度为 33%，平均渗透率为 1689×10^{-3} μm^2，原始含油饱和度为 66.0%，原始油层压力为 12.5 MPa，渗透率变异系数为 0.77。方案设计段塞 0.744 PV，预计提高采收率 6.4%，累计增加原油 42.18 万吨[2]。

2　单元注聚末期动态特征

单元于 2013 年 11 月正式注聚，2014 年 12 月转二元，2018 年 5 月停二元，截至 2018 年 12 月底，累计注入 0.703 PV。单元于 2014 年 1 月（0.025 PV）初见效，于 2015 年 12 月（0.302 PV）进入高峰期，峰值与注聚前对比，含水率下降 4.5%，日产油量增加 160 吨，无因次油量是注聚前的 2.9 倍。

2.1　注入状况分析

七区西 4^1-5^{1}二元驱整体注入状况良好，压力上升平稳，与注聚前相比，油压上升

2.3 MPa,阻力系数增大,第一段塞阻力系数为 1.60,第二段塞阻力系数为 2.04。单元投注聚以来累计监测吸聚剖面 90 井次(41 口),其中可对比井 8 口,注聚剖面得到一定改善。

主要存在问题:平面压力分布较均衡,局部存在高低压井。

2.2 见效状况分析

与其他同类单元对比,七区西 4^1-5^1 含水率下降幅度小,无因次增油相当。目前单元见效井 90 口,见效率为 90.1%,累计增油 22.283 1 万吨。正见效和高峰井 69 口,占总井数的 69.7%,日产油量为 151.6 吨,占总产量的 89.7%;回返井 20 口,占总井数的 20.2%,日产油量为 12.0 吨,仅占总产量的 7.1%。

20 口含水回返井平面上零散分布,主要受单向突进、孔道和发育差的影响,且无层间接替潜力,目前以限液、间关治理为主。

3 优化延长的主要做法

3.1 注聚末期差异化井组延长注聚技术

为适应持续低油价的严峻形势,提高注聚后期项目整体开发效益,必须要坚持"有效益井组延长,无效益井组转水驱"的理念,将注入尺寸、累采累注、吨聚增油、见聚浓度、含水率等各项开发指标均细化到每个井组,由整体延长向个性化井组延长转移,实现注入末期项目的效益开发[3]。个性化井组延长遵循"五停五不停"原则,即注入 PV 大和见聚浓度高的井区、储层差和剩余油饱和度低的井区、处于含水回返期和失效期措施效果差的井区、注采对应差且难见效的井区以及单层无潜力的井区停注聚,注入 PV 少和见聚浓度低的井区、储层好和剩余油饱和度高的井区、处于见效初期和高峰期的井区、注采对应好且有望见效的井区以及多层有层间接替的井区继续延长注聚。围绕个性化井组延长技术重点开展以下研究。

3.1.1 注入方式优化

2018 年在数值模拟研究的基础上,结合油藏工程方法,对单元整体延长方案进行设计及优化,追加 0.12 PV 聚合物有效延长高峰谷底,最终提高采收率 6.04%,比原方案多增油 6.0 万吨,增加用量吨聚增油 13.4 吨/吨,在 50 美元/桶的调价下,内部收益率为 4.1%,平衡油价为 51 美元/桶;追加 0.12 PV 二元,最终提高采收率 6.41%,内部收益率为 -5.4%,平衡油价为 63 美元/桶。因此,单注聚合物比注二元有效,推荐追加 0.12 PV 聚合物。

3.1.2 分井区进行效益评价

研究并明晰了化学驱项目内各井区的效益情况,根据单井生产动态判断目前见效类型,利用各种类型油井增油及递减预测模型预测增量干粉累增油。以水井为中心测算吨聚增油,即水井对应油井延长后劈产累增油量除以水井延长年注入干粉用量,测算后单元平均吨聚增油 13.3 吨/吨,对单元进行分井区效益评价。

依据井组筛选标准,对 38 个局部高效井组延长注入,停注 29 个无效益井组,提高了聚合物利用率,节约了干粉用量,实现降本增效。

3.2 优化注采结构调整,延长单元注聚效果

根据油水井注采强度、见聚、注入 PV 和地层能量等情况,油水井联动分析,持续优化井组、井区、单元注采结构,通过"提""限""调"相结合,实现井组、井区、单元的注采结构均衡,提高见效率和见效幅度,转水驱部分提水提液,减缓递减。

4   结论及认识

(1)四类油藏化学驱项目经济效益显著增加,吨聚增油由 13.3 吨/吨提高到 17.7 吨/吨,提高幅度达到 33.1%。

(2)化学驱项目储量接替阵地更加明确。通过注聚末期单元流场调整、个性化井组优化延长注聚技术,化学驱项目注聚段塞延长 17.1%,自 2018 年 11 月实施差异化注聚后,每月节省干粉 110 吨左右,2018 年累计比不延长多增油 1.63 万吨,有效解决了无新项目投入和储量接替不足的矛盾。

参 考 文 献

[1]   窦之林,曾流芳,贾俊山.孤东油田开发研究[M].北京:石油工业出版社,2003.

[2]   毕义泉,王瑞平.胜利油田高效开发单元典型实例汇编[M].北京:石油工业出版社,2013.

[3]   孙焕泉,张以根,曹绪龙.聚合物驱油技术[M].东营:石油大学出版社,2002.

化学驱脉冲注聚技术探索与实践

王海涛　李林祥　崔文福　房朝连　何小兰

（中国石化胜利油田分公司孤东采油厂地质所　山东东营　257237）

摘　要： 孤东油田已进入特高含水开发期，三次采油技术成为提高采收率的重要手段。目前孤东油田适合化学驱的Ⅰ、Ⅱ类资源已全部覆盖，适合资源动用率达到92%，化学驱的储量接替严重不足。经过多年高速开发，目前聚驱油藏水淹严重，剩余油驱替困难加大，常规注聚挖潜剩余油难度大，通过探索研究脉冲注聚新思路，控制含水回返，有效提高化学驱末期开发效益。

关键词： 脉冲注聚　三次采油　剩余油　开发效益

1　基本概况

目前单元存在两个问题：一是流线分布不均衡，储量动用程度差异大，仍有进一步扩大聚驱效果的潜力；二是聚合物干粉成本投入高，在低油价下利润缩减，部分井区处于运行无效状态[1]。

2　脉冲注聚研究

为解决见效不均衡及聚驱利润缩减的问题，在注聚单元探索研究脉冲注采的可行性，实现八区 3-4 单元二元复合驱低成本开发[2]。不同于常规连续注入，脉冲注聚技术能够缩短聚合物溶液的注入时间，关井期间聚合物段塞稳定推进，油层中剩余油重新富集，实施脉冲注聚能够转变流场、挖潜分流线剩余油、提高剩余油挖潜力度的目标。为进一步深入研究脉冲注聚的可行性，开展了脉冲注聚物模以及数模试验[3,4]。

2.1　机理研究

2.1.1　物模研究

物模试验表明，连续注采的波及系数达到了 72.2%，而脉冲注采技术的波及系数可以达到 96.7%。研究发现，连续注采随着累积注入强度的增大，注入液沿注采井主流线窜聚，而脉冲注采技术的边角区与油井间形成新流线，波及程度扩大了 24.5%。

2.1.2　数模研究

为了探索最优的脉冲注采参数，在孤东八区 3-4 单元模型的基础上，建立以正对行列式井网主力层 $Ng3^24^2$ 为主的油藏数值模型，开展脉冲注聚优化研究。

流线模拟研究表明，在原有流线的基础上，非主流线产生多条新流线，有效扩大了聚驱波及范围。数模预测不同注入方式下含水率与采出程度曲线如图 1 所示。

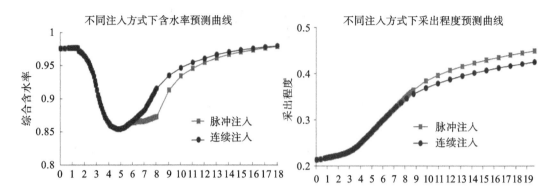

图 1　数模预测不同注入方式下含水率与采出程度曲线

应用化学驱数值模拟技术,分别设计化学驱脉冲注采结构为对称型和非对称型两类,其中对称型结构设计一轮次时间与二轮次时间比例为 1∶1,非对称型结构设计一轮次时间与二轮次时间比例为 1∶3、1∶2、2∶1、3∶1 等四种形式。通过对称型和不对称型脉冲结构数值模拟优化,推荐对称型脉冲结构一轮次时间与二轮次时间比例为 1∶1。

通过数值模拟技术,对注聚脉冲周期进行优化研究,根据采出程度模拟结果,推荐注聚脉冲每轮次周期为 3 个月。

通过研究得出,脉冲注聚可在降低化学剂用量的同时,延长含水率在低点持续时间,持续时间可达 2 年左右,延长了受效高峰期,可进一步提高原油采收率。

2.2　现场应用

2018 年 2 月,孤东八区二元复合驱 $Ng3^2$ 层中部构造平台井区综合含水率高达 96.6%,吨聚增油仅为 9.5 吨/吨,直接成本无效。为改善开发效果,开展脉冲注聚试验。实施过程初期,将水井隔一抽一,以一个月为周期,实施间开关,间关 10 天,间开 20 天;配套主流线高液高见聚油井限液、次流线低液低见聚油井提液,降低注采速度,转变流场。现场实施过程中进行数模跟踪,2018 年 7 月将脉冲注聚实施周期进行优化,调整为间关 15 天、间开 15 天,2018 年 11 月将注聚脉冲每轮次周期延长至 3 个月。

3　实施效果

3.1　$Ng3^2$ 层井区效果

$Ng3^2$ 层 9 个井组与调整前对比,井区综合含水率下降 0.6%,截至 2018 年 10 月累计增油 242 吨,节约注入干粉 53.9 吨,节省化学剂费用 86.24 万元,吨聚增油提高 2.1 吨/吨。

3.2　$Ng4^5$ 层井区效果

2018 年 6 月优选 $Ng4^5$ 层条带砂体开展脉冲注聚适应性试验,日产油量上升 4 吨/天,含水率下降 3.4%,累计节约干粉 10.6 吨,吨聚增油上升 9.7 吨/吨。

3.3　经济效益

孤东八区 3-4 单元二元复合驱 11 个注聚井实施脉冲注聚一年以来,目前投入产出比为 1∶2.4,月节约药剂费用 8.8 万元,月产油量上升 140 吨,吨聚增油提高 4.7 吨/吨。

3.4 推广应用

孤东八区 3-4 单元二元复合驱脉冲注聚实施成功以后，为了研究脉冲注聚的适应性，先后在七区西 Ng5^4-6^1 二元复合驱、六区 Ng3-5 二元复合驱等注聚单元推广应用，合计推广 3 个正注单元、8 个井区，累计增油 0.23 万吨，吨聚增油平均提高 15.2%。

4 结论与认识

（1）化学驱末期油水井之间存在主流线高渗条带，部分油井高见聚，水井低压，含水回返严重，开发效益差。实施脉冲注聚技术，能够降低注采速度，转变流场，挖潜分流线剩余油；

（2）数值模拟试验推荐对称型脉冲结构一轮次时间与二轮次时间比例为 1∶1 时，脉冲注聚能够发挥最大效用。结合现场实际情况开展脉冲注聚，建议实施周期调配，同时数值模拟试验显示脉冲每轮次周期为 3 个月时，实施效果最佳。

参考文献

[1] 娄小娟,孟立新,乔宏实,等.高含水油藏脉冲注水开发效果及其影响因素分析[J].石油天然气学报,2011,33(6):300-303.

[2] 刘海成.特高含水后期油藏低成本开发技术研究[J].石化技术,2017,24(2):120-121.

[3] 李艳莲.腰英台油田脉冲注水试验及效果分析[J].内蒙古石油化工,2012,21:145-146.

[4] 周伟东,刘玉梅,孙晓燕,等.特高含水期改善水驱效果方法探索及矿场实践[J].河南石油,2002,16(4):30-32.

低渗透油藏大斜度井精细
注水技术研究与应用

王金忠 张建忠 刘 京 张 霞 付 军

（冀东油田钻采工艺研究院 河北唐山 063004）

摘 要：注水是油田稳产和实现可持续发展的关键，冀东油田低渗透储量存在埋藏深（3300～4400 m）、井斜大（30°～65°）、温度高（120～160 ℃）、物性差（渗透率为 1.0～47.5 mD）、注水启动压力高（27.3～34.6 MPa）、水敏性强、注水水质不达标等问题，导致高压欠注凸显。针对制约低渗透油藏注水开发的关键技术问题，通过优化地面增压工艺，注水压力由 30 MPa 提高至 45 MPa，解决了注不上水的难题；通过研制逐级坐封、逐级验封、逐级解封、遇卡逐级丢手分段打捞的大斜度井分注管柱，以及大斜度井高温高压注水封隔器、逐级解封丢手接头等系列工具，形成了高温高压长效密封和安全起出的大斜度井分注工艺；通过研制桥式同心水量连续可调配水器和桥式偏心配水器等配水装置及仪器，形成了深层大斜度井高效测调技术；提出了以成垢离子为控制指标之一的注水水质标准，研发了低渗透油藏减阻增注剂和撬装式在线加药装置，形成了在线减阻增注技术。现场成功应用 520 井次，最高分注段数 5 级 5 段，累计增注 128.2 万方，累计增油 28.55 万吨，自然递减下降 3.2%，动用程度提高 5.8%，实现低渗透油藏注上水、注够水、注好水、精细注水的目标。

关键词：低渗透 分注管柱 精细注水 注水水质 减阻增注

冀东油田低渗透油藏储量丰富，储层物性差（渗透率为 1.0～47.5 mD）、埋藏深（3300～4400 m）、温度高（120～160 ℃）、启动压力高（27.3～34.6 MPa）、井斜大（30°～65°，40°以上占 50%）、水敏性强、回注污水不达标等因素导致注水困难，造成水驱储量动用程度低，产量递减快，严重制约了低渗透油藏的高效注水开发[1,2]。本文针对低渗透油藏大斜度井注水开发过程中存在的技术难点，开展低渗透油藏大斜度井精细注水技术攻关。

1 大斜度井高温高压分注技术

1.1 地面增压注水技术

通过对低渗透油藏欠注原因及增压注水机理的研究，明确了储层启动压力高（27.3～34.6 MPa）是低渗透油藏注不进水的根本原因，确定了注水压力控制范围（30.16～47.88 MPa）。在已有的 30 MPa 管网的基础上，优化设计了柱塞泵与离心泵二级增压结构，井口注水压力提升至 45 MPa，解决了高压注水井注不上水的技术难题。

1.2 大斜度井高温高压分层注水技术

针对大斜度井分注管柱及工具下入成功率低的问题[3,4]，设计了螺旋扶正和防撞保护下入工具;针对封隔器密封不严的问题,设计了端部过盈保护,优选氟橡胶及二级注入模压工艺,提高了耐温耐压指标;针对管柱有效期短的问题,研发了组合密封的长行程伸缩补偿器,消除了管柱蠕动;针对起出困难的问题,研发了逐级解封封隔器、解封丢手接头等工具,实现了逐级解卡,遇卡逐级丢手分段打捞,降低了管柱负荷,减小了大修率。该技术有保护套管、双向锚定补偿、长效密封、逐级解卡等特点,将笼统增注提高至 5 段高压分注,突破了国内只能笼统增注的界限[5~7]。现场应用最大深度为 4200 m,验封合格率为 98.3%,小修成功率由 70% 提高至 98%,工作寿命由 1 年延长到 2 年。

1.3 深层大斜度井高效测调技术

针对分注段数不超过 3 段的深层大斜度井,研发了桥式偏心定量配水技术,提高了投捞成功率和配注合格率;同时研制了大斜度井双导向桥式偏心配水器、定量配水堵塞器、滚轮投捞减阻器,实施规模应用,最高分注段数为 5 级 5 段,最大井斜为 58.82°,投捞成功率为 93%,配注合格率为 81.8%。

针对分注段数不少于 3 段、偏心投捞效率低的问题,发明了桥式同心连续可调配水器,创新设计偏心阀、恒流阀,实施规模应用,最高分注段数为 5 段,最大井斜为 62.08°,测调成功率为 97%,测配合格率为 90.3%。

1.4 主要技术指标

根据大斜度井高温高压分注技术指标,制定了分注技术选井标准和技术规范。针对井斜不超过 45°、分注段数不超过 3 段的大斜度井,应用桥式偏心定量配水技术;针对井斜不超过 60°或分注段数不少于 3 段的大斜度井,应用桥式同心连续可调配水技术。

2 低渗透油藏注水井在线减阻增注技术

2.1 化学减阻增注技术

研发了双子表面活性增注剂,由阳离子头基-连接基-阳离子头基连接,吸附在岩石表面,形成纳米级分子膜(分子量为 2000~3000),将油水界面张力降低至 10^{-4} mN/m,降低了注水摩阻和毛管阻力。疏水基朝外,改变了岩石表面润湿性(强亲水转变为弱亲水),降低了固液黏滞阻力[8]。

活性增注剂处理后的岩心薄片表面的 SEM 图表明,处理后的岩心薄片表面有明显的吸附现象,密集地吸附了一层分子膜,且分子膜在个别地方有明显的堆积,岩心薄片表面有了微纳米级的粗糙度。

岩心流动实验验证了活性增注剂具有较好的减阻效果,经活性增注剂处理后,岩心的水相渗透率有了不同程度的提高。随着流量的增大,压力下降明显。

2.2 在线注入工艺及配套装置

在地面注水流程中加装在线注入装置,注水井在不停注的情况下将活性增注剂周期性地按比例注入减阻增注剂中,在线稀释并注入地层,实时监测注入参数。施工作业时不需要体积庞大的储液罐配制溶液,作业程序简化,作业风险降低。

2.3 优化施工工艺

通过对比不同段塞组合增注效果和焖井时间优化实验,确定了酸化解堵后配合表面活性剂大排量(1.0 m³/min)段塞式挤注,焖井 12 h 后注水井配合在线注入表面活性剂效果最好。规模实施在线减阻增注技术后,平均注水压力下降 9.4 MPa,增注有效期提升 2 倍,达到了降低注水压力、提高低渗透油藏的注水能力和水驱效率的目的。

3　低渗透注入水水质提升技术

针对回注污水与储层不配伍的问题,通过将软件模拟与室内评价实验相结合,开展了水质控制指标优化研究,明确了注水过程中储层伤害类型,建立了低渗透储层注入水中悬浮物粒径与孔喉的匹配关系,提出了以成垢离子作为控制指标之一的注水水质标准,形成了低渗透油藏水质提升技术。

针对成垢离子含量高造成注水井结垢的问题,从结垢机理与结垢影响因素入手,开展了水中成垢离子的指标优化研究,以结垢指数 SI<0.8 为依据,最终确定 Ca^{2+} 浓度不超过 5 mg/L,Mg^{2+} 浓度不超过 2 mg/L。油田建设了首座软化水处理站,将成垢离子控制在指标内,结垢现象明显缓解。

4　结论与建议

(1)优化了地面增压工艺,采用柱塞泵与离心泵二级增压结构,注水压力由 30 MPa 提高至 45 MPa,解决了高压欠注问题。

(2)发明了大斜度井分注管柱,形成了逐级坐封、逐级验封、逐级解封、遇卡逐级丢手分段打捞的大斜度井分注技术,将笼统注水提高至 5 级 5 段分注。

(3)研发了大斜度井高温高压注水封隔器、逐级解封丢手接头等工具,形成了高温高压长效密封和安全起出技术,小修成功率由 70% 提高至 98%,工作寿命由 1 年延长到 2 年。

(4)发明了桥式同心连续可调配水器,一次起下仪器,测试调配层段由 1 段提高至 5 段,井斜由 35° 提高至 62.08°,测调成功率提高至 97%,测调效率提高了 3 倍以上。

(5)研发了注水井减阻增注剂和撬装式在线注入装置,形成了在线减阻增注工艺;提出了以成垢离子为控制指标之一的注水水质标准,形成了低渗透油藏水质提升技术。

参 考 文 献

[1] 王金忠,肖国华,宋显民,等.冀东油田分层防砂分层注水一体化技术研究[J].石油机械,2010,38(11):62-64.

[2] 肖国华,王金忠,王芳,等.增压注水工艺技术的研究与应用[J].石油机械,2015,43(11):114-118.

[3] 肖国华,王金忠,宋显民,等.滩海人工岛大位移斜井多级分注配套管柱研究[J].石油机械,2011,39(11):40-43.

[4] 王金忠,肖国华,耿海涛,等.大斜度井多级分注工艺技术研究与应用[J].石油机械,2014,42(8):79-83.

[5] 肖国华,宋显民,王瑶,等.南堡油田大斜度井分注工艺技术研究与应用[J].石油机械,2010,38(3):60-63.

[6] 王金忠.冀东油田注水井分层测试技术研究与应用[J].石油机械,2015,(8):114-118.

[7] 刘合,肖国华,孙福超,等.新型大斜度井同心分层注水技术[J].石油勘探与开发,2015,4(4):512-517。

[8] 刘京,刘彝,张霞,等.低渗透季胺盐双子表面活性剂在线增注工艺的应用[J].西安石油大学学报(自然科学版),2018,(S1):123-125.

热采多轮次调剖后强化泡沫控制边水技术研究及应用

程显光　何海峰　王　东

（胜利油田孤东采油厂工艺研究所　山东东营　257237）

摘　要：孤东稠油吞吐井多轮次吞吐后，地层能量下降快，采收率低，现场采用氮气泡沫调剖等工艺，取得了良好的效果[1,2]。但随着注入轮次的增多，在仅增加氮气泡沫注入量的情况下，增油效果和效益明显变差，现场矛盾呈现多元化[3~6]。本文对热采多轮次调剖后泡沫控制边水技术开展研究，建立泡沫封堵强度与不同边水强度的对应关系，实现泡沫高效长期稳定堵水，达到进一步提高热采井采收率的目的。

关键词：多轮次吞吐　氮气泡沫调剖　泡沫控制边水　封堵强度　边水强度　采收率

1　泡沫体系控水规律实验研究

图1所示为整个驱替实验过程中采出程度和含水率与注入量之间的关系，从图中可以看出，注入体积为 0.25 PV 时，无水采油期结束，之后含水率逐渐上升，当含水率稳定到 98% 时，采出程度为 55%，这时注入强化泡沫。注入强化泡沫并焖井结束复采时，含水率一度大幅度下降至 25%，二次水驱过程中含水率稳定在 98%，最终采出程度为 68%。

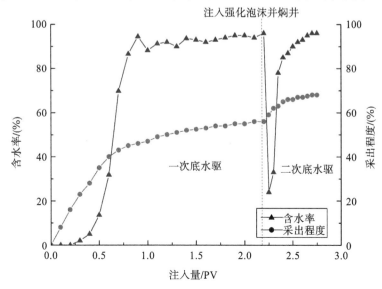

图 1　整个驱替实验过程中采出程度和含水率与注入量之间的关系

利用强化泡沫封堵底水锥进时,强化泡沫注入后,在井底附近形成高强度的封堵区域,焖井过程中部分泡沫会发生聚并、破灭,导致气液分离,但是固相颗粒的加入能够大大减缓该过程的发生,提高泡沫的稳定封堵能力[7~10]。

2 粉煤灰强化泡沫体系配方的确定及其稳泡机理分析

2.1 粉煤灰强化泡沫体系配方的确定

2.1.1 实验方法

Waring Blender 法为评价泡沫性能的简便方法,它所用的药品少,实验周期短,使用条件限制较少,是国内外应用最多的标准评价方法之一。

2.1.2 分散剂协同粉煤灰颗粒稳泡性能评价

在体系中加入木质素后,实验中使用 GD-1 作为起泡剂,浓度为 3%,悬浮剂钠土浓度取 3%,粉煤灰加量为 6%。

基于上述实验确定了最终的强化泡沫体系配方为 GD-1(3%)+悬浮剂钠土(3%)+粉煤灰颗粒(6%)+分散剂木质素(0.15%)。

2.2 强化泡沫体系的稳泡机理

强化泡沫在孔道中流动时,仍然具备普通泡沫的分裂、变形、运移等变化规律:在通过直径较小的喉道时,体积较大的气泡会分裂成体积较小的气泡,并且由于体系中加入了固相颗粒,固相颗粒附着在液膜的表面,形成骨架,增强了液膜的质量,使得气泡具有更好的形态;在通过直径较大的喉道时,体积较小的气泡不会发生分裂,只是形态发生了一定的变化,静置一段时间后,体积较小的气泡未发生聚并,且气泡在孔隙中具有较好的聚集状态和稳定的性能。

3 现场应用

工艺优化后,孤东油田现场应用改善后的氮气泡沫体系调剖 5 井次,平均上轮注汽压力为 9.6 MPa,本轮注汽压力为 12.6 MPa。注入高温氮气泡沫段塞后,注蒸汽压力升高 3 MPa,说明高温氮气泡沫调剖效果明显。5 口井调剖前平均日产液量为 41.3 吨,日产油量为 1.8 吨,含水率为 95.6%;调剖后平均日产液量为 31.5 吨,日产油量为 8.6 吨,含水率为 72.7%,较调剖前日增油 6.8 吨,含水率下降 22.9%,单井平均增油 401.2 吨,降水增油效果明显。

4 结论

(1)强化泡沫由于固相颗粒的存在,延缓了气体的扩散,提高了泡沫在油水界面区域的稳定性,并且在后期泡沫破灭之后,气体上浮形成人工气顶,动用油藏顶部剩余油,起泡剂提高后续水驱的洗油效率,原位滞留的固相颗粒能够继续维持该区域的渗流阻力,三者综合作用,提升了控制底水锥进的效果,进而迫使底水绕流,扩大了水驱的波及范围,起到了增油的效果。

(2)采用 Waring Blender 法,最终确定强化泡沫体统配方为 GD-1(3%)+悬浮剂钠土(3%)+粉煤灰颗粒(6%)+分散剂木质素(0.15%)。强化泡沫在孔隙中不仅具有普通泡沫的性能,而且具有好的泡沫形态和聚集状态。

(3)强化泡沫在岩心注入过程中具有较高的注入压差,能够进入岩心深部,对岩心深部具有一定的封堵作用。在注入强化泡沫并长时间封存之后,强化泡沫对岩心深部仍具有较高的封堵能力。对注入强化泡沫的岩心长时间封存后,在后续水驱过程中,强化泡沫对岩心深部的封堵效果较普通泡沫的封堵效果提升了2~4倍。

参 考 文 献

[1] 李士伦,周守信,杜建芬,等.国内外注气提高石油采收率技术回顾与展望[J].油气地质与采收率,2002,9(2):1-5.

[2] 李士伦,郭平,戴磊,等.发展注气提高采收率技术[J].西南石油学院学报,2000,22(3):41-45.

[3] 王杰祥,张琪,李爱山,等.注空气驱油室内实验研究[J].石油大学学报(自然科学版),2003,27(4):73-75.

[4] 王杰祥,任韶然,来轩昂,等.轻质油田注空气提高采收率技术研究[C]//2006中国油气钻采新技术高级研讨会论文集,2006.

[5] 王杰祥,来轩昂,王庆,等.中原油田注空气驱油试验研究[J].石油钻探技术,2007,35(2):5-7.

[6] 王杰祥,徐国瑞,付志军,等.注空气低温氧化驱油室内实验与油藏筛选标准[J].油气地质与采收率,2008,15(1):69-71.

[7] 高海涛.氮气泡沫驱注入参数优化试验研究[J].石油化工应用,2012,31(1):1-4,13.

[8] 杨振骄.混相驱油机理研究及应用前景展望[J].油气采收率技术,1998,5(1):69-74.

[9] 王进安,岳陆,袁广钧,等.氮气驱室内实验研究[J].石油勘探与开发,2004,31(3):119-121.

[10] 曾贤辉,王进安,张清正,等.文188块氮气驱室内试验研究[J].油气地质与采收率,2001,8(1):59-61.

注采井间裂缝对地热回灌的影响研究

魏 凯

（长江大学石油工程学院 湖北武汉 430100）

摘 要：天然裂缝或压裂诱导裂缝是地热储层主要的储集空间和流体渗流通道，是影响含裂缝热储资源可持续利用的关键因素。本文考虑渗流对传热的影响，建立了含裂缝热储层的渗流-传热弱耦合模型，并结合"一采一灌"的对井注采模式，分析了裂缝特征对热储渗流场、温度场的影响规律。结果表明：裂缝倾角和渗透率对热突破现象的影响较大，倾角越小，渗透率越大，热突破越快，且当裂缝处于注采井连线上时，热突破最快；当裂缝的渗透率一定时，通过优化注采井与裂缝间的方位关系，可以延缓生产井的热突破。

关键词：地热回灌 裂缝 热突破 渗流场 温度场

1 引言

本文考虑渗流对传热的影响，建立了含裂缝热储层的渗流-传热弱耦合模型，并结合"一采一灌"的对井注采模式，分析了裂缝特征对开采井热突破的影响规律，为地热储层开发方案的优化奠定了理论基础。

2 含裂缝热储层的渗流-传热耦合模型

对于含裂缝的热储层，由于存在多孔基岩和裂缝两种渗流通道，其热传递过程比单一匀质物体的复杂[1,2]。本文忽略回灌水的相变，以及温度变化对回灌水黏度和储层渗透性的影响，建立了含裂缝热储层的渗流-传热耦合模型。

若不考虑温度变化对回灌水黏度和储层渗透性的影响，则含裂缝热储层的渗流-传热属于弱耦合问题[3,4]，即只考虑流体的渗流对多孔介质和裂隙中的热传导、热对流的影响。渗流-传热弱耦合关系如图1所示。

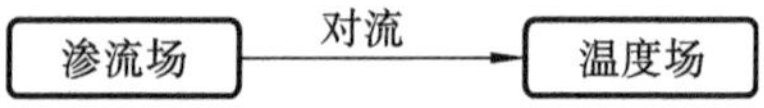

图 1 渗流-传热弱耦合关系

根据渗流-传热弱耦合关系，温度场的对流速度即为渗流场的速度，于是有

$$u_m = -\frac{\kappa_m}{\mu} \nabla p_m, \quad u_f = -\frac{\kappa_f}{\mu} \nabla p_f \tag{1}$$

式中，u_m 为基岩内渗流速度（m/s），κ_m 为基岩渗透率（D），μ 为流体动力黏度（Pa·s），∇ 为哈密顿算子，p_m 为地热储层压力（Pa），u_f 为裂缝内渗流速度（m/s），κ_f 为裂缝等效渗透率（D），p_f

为裂缝内的压力(Pa)。

另外,在裂缝与基岩的交界面上,渗流和传热满足连续性条件,即

$$u_f\big|_{\sum} = u_m\big|_{\sum}, \quad q_f\big|_{\sum} = q_m\big|_{\sum} \tag{2}$$

式中,$\sum$ 表示裂缝壁面,q 为热通量(W/m²)。

3 注采井间含裂缝时回灌开采模型的建立

根据建立的含裂缝热储层的渗流-传热耦合模型,结合注采井网方案,即可建立含裂缝热储层的回灌开采模型。

本文考虑"一采一灌"的对井注采模式进行建模,而且为了减少计算量,建立图2所示的二维模型。假设热储层孔隙压力为 p_0,地层温度为 T_0,回灌和开采的质量流量都为 Q_M,回灌温度为 T_{in},回灌井和开采井间的距离为 L,裂缝位于回灌井和开采井之间,长度为 L_f,与两井间连线的夹角为 α。

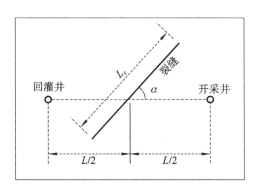

图 2 注采井间裂缝形态示意图

根据以上物理模型及假定条件,可以确定相应的定解条件。

3.1 初始条件

热储层初始孔隙压力为 p_0,初始温度为 T_0。

3.2 边界条件

渗流场:回灌井质量流量为 Q_M,开采井质量流量为 Q_M,热储层边界保持为初始孔隙压力 p_0。

温度场:热储层边界保持为初始温度 T_0,回灌井注入热量为 Q_T,其表达式为

$$Q_T = c_{pl} Q_M (T_{in} - T) \tag{3}$$

式中,T 为回灌井井底温度(K)。

4 裂缝对热突破的影响规律分析

为了分析裂缝对地热回灌热突破的影响,选取某地热储层进行实例分析,主要模型参数如表1所示。

表 1 主要模型参数

类　　别	参　　数	值	类　　别	参　　数	值
几何参数	x 方向长度 /m	500	热储参数	密度 /(g/cm³)	2.3
	y 方向长度 /m	500		孔隙压力 /MPa	10
	井距 /m	300		原始温度 /℃	100
	井径 /mm	139.7		渗透率 /mD	5000
回灌流体	回灌量 /(m³/h)	50		孔隙度	0.3
	回灌温度 /℃	60		比热容 /[J/(kg·K)]	850
	密度 /(g/cm³)	1.0		导热系数 /[W/(m·K)]	3
	黏度 /(mPa·s)	0.3	裂缝参数	裂缝宽度 /mm	50
	比热容 /[J/(kg·K)]	4300		裂缝粗糙度 /mm	1
	导热系数 /[W/(m·K)]	0.7		裂缝孔隙度	0.6

根据建立的含裂缝热储层"一采一灌"对井开发的渗流-传热耦合模型,采用三角形单元对模型进行自由剖分。为了提高精度,对回灌井、开采井和裂缝等进行局部网格细化,形成图 3 所示的有限元模型,对模型求解,即可获得储层的渗流场和温度场。图 4 所示为含水平裂缝热储层回灌生产 50 年后的渗流场和温度场,从图中可以看出,裂缝对热突破有较大影响。

4.1 裂缝倾角的影响

分析裂缝倾角为 0°、30°、45°、60°、90° 和无裂缝情况下开采井的热突破情况,结果发现裂缝倾角越小,开采井的热突破越快,当裂缝处于回灌井和开采井的连线上时,开采井的热突破最快。因此,在设计注采井网方案时,应尽量使裂缝与注采井间的夹角最大,从而延缓开采井的热突破。

4.2 裂缝渗透率的影响

裂缝宽度、粗糙度等是裂缝渗透率的影响因素,因此直接分析裂缝渗透率对开采井热突破的影响。选取水平裂缝进行分析,并设置裂缝渗透率分别为 10 D、100 D、1000 D、10 000 D,结果发现裂缝渗透率对开采井热突破的影响较大,裂缝渗透率越大,热突破越快。

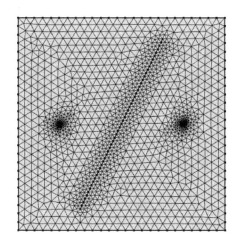 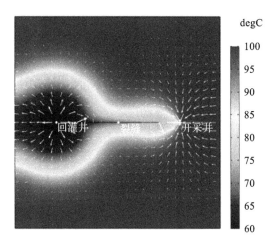

图 3　含裂缝热储层的二维有限元模型　　图 4　含水平裂缝热储层回灌生产 50 年后的渗流场和温度场

4.3　裂缝孔隙度的影响

选取水平裂缝进行分析,并假设裂缝孔隙度分别为 20％、40％、60％,结果发现,在注采井几何参数和注采量相同的条件下,裂缝孔隙度对开采井热突破的影响并不显著。

5　结论

(1)本文考虑渗流对传热的影响,以多孔介质传热理论为基础,建立了含裂缝热储层的渗流-传热耦合模型,并结合"一采一灌"的对井注采模式,分析了裂缝特征对热储层的渗流场、温度场的影响规律,为含裂缝地热储层的开发提供了技术支撑。

(2)裂缝倾角和渗透率对热突破的影响较大,倾角越小、渗透率越大,热突破越快,且当裂缝处于回灌井和开采井的连线上时,热突破最快;在裂缝的渗透性一定时,通过优化注采井与裂缝间的方位关系,可以延缓生产井的热突破。

参 考 文 献

[1]　刘久荣.地热回灌的发展现状[J].水文地质工程地质,2003,30(3):100-104.

[2]　AKSOY N,SIMSEK C,GUNDUZ O. Groundwater contamination mechanism in a geothermal field:a case study of Balcova,Turkey[J]. Journal of Contaminant Hydrology,2009,103(1-2):13-28.

[3]　曲占庆,张伟,郭天魁,等.基于局部热非平衡的含裂缝网络干热岩采热性能模拟[J].中国石油大学学报(自然科学版),2019,43(1):90-98.

[4]　许光祥,张永兴,哈秋舲.粗糙裂隙渗流的超立方和次立方定律及其试验研究[J].水利学报,2003,34(3):74-79.

致密气储层泥岩段可压裂性
分析及评价方法研究

魏志鹏 姜 杰 曾 鸣 冯 青 樊爱彬

（中海油田服务股份有限公司油田生产事业部 天津 300459）

摘 要:致密砂岩气储层岩性、物性及厚度在空间上变化较快,水平井很难保持较高的砂岩钻遇率。为了避免泥岩段压裂带来的超压、砂堵等风险,最大限度地提高水平井压后产能,需要准确评估储层展布特征,合理优化水平井分段设计。以工区某口钻遇率较低的水平井为例,通过精细描述其钻遇储层纵向砂泥岩叠置方式、横向砂体展布范围,对水平井泥岩段压裂效果及风险进行预估,指导水平井压裂分段设计。作业后,通过施工压力曲线及四维影像监测手段对压后效果进行验证与评价,结果证实了泥岩段压裂的可行性。进行储层特征精细研究可有效指导低钻遇率水平井压裂分段设计,避免压裂施工风险,最大化水平井压后产能。

关键词:致密砂岩气 泥岩可压性 储层展布 四维影像监测

1 引言

本文以工区某口钻遇率较低的水平井为例,通过精细描述其钻遇储层纵向砂泥岩叠置方式、横向砂体展布范围,对水平井泥岩段压裂效果及风险进行预估,指导水平井压裂分段设计。作业后,通过施工压力曲线及四维影像监测手段,对压后效果进行验证与评价。

2 区块储层特征

2.1 储层展布特征

某区块位于鄂尔多斯盆地北部,多期分流河道叠加形成盒8段纵向砂泥岩叠置分布的典型沉积特征[1~4]。受主河道控制的叠置带储层砂体物性好,分布相对集中,而河道间砂体水动力弱。

2.2 储层裂缝发育情况

通过野外地质考察,认识到石盒子组砂泥岩叠置沉积单层厚度较薄,发育高角度构造裂缝。统计认为当岩层单层厚度大于 3 m 时,其裂缝发育程度较差。在对水平井薄泥岩层(小于 3 m)压裂时,因裂缝发育,压裂后更易沟通相邻有效含气砂层[5,6]。

3 L-1-4H 井储层地质分析与压裂分段设计

3.1 水平井钻探概况

L-1-4H 是区块钻探的一口水平开发井,开发层位为盒 8 段,气层钻遇率仅为 41%。该井采用投球滑套分段压裂技术,经过详细的储层地质分析,认为压裂段 3、5 泥岩压裂可行,压裂段 1 泥岩压裂风险较大。

3.2 水平段储层地质分析

领眼井 L-1-4P 在盒 8 段钻遇一套气层与泥岩的叠置沉积储层,四个含气小层自上至下分别命名为 1~4 号气层,并在 L-2 井区方向逐渐减薄至尖灭。

水平段钻遇的三套主要气层,即压裂段 6、压裂段 4、压裂段 2 分别对应 1、2、4 号含气小层,压裂段 5 紧邻 4 号气层底部发育,压裂段 3 夹于 1 号气层与 3 号气层之间,两套泥岩段与相邻气层呈纵向薄互层叠置沉积,符合辫状河沉积模式,且泥岩厚度较薄,小于 2 m,这种薄层极易发育天然构造缝,在该处压裂作业极易穿透泥岩,沟通纵向气层。在压裂段 1 钻遇大套泥岩,认为已到达砂体尖灭处,纵向泥岩厚度较大,无气层发育,在该处进行压裂作业,缝高难以扩展,存在超压砂堵风险。

结合盒 8 段上 2 砂组平面沉积微相图,可见 L-1-4H 水平段前端一直沿主河道方向钻进,压裂段 2 至 5 段作业后裂缝长易得到有效拓展。在近 B 靶点压裂段 1 处,属于河道间湾相带,为水下分支河道之间相对较低洼的海湾地区,泥岩发育,在该处裂缝长难以得到有效扩展。

4 压裂效果评价

该井在某日进行了压裂段 1 至压裂段 6 的压裂施工,除第一段(泥岩段)超压导致未完成加砂外,其余段加砂率均为 100%。

4.1 施工压力变化

压裂段 1 压裂作业期间,随着排量的上升,油压快速上升,说明压裂施工过程困难,裂缝难以穿透大段泥岩隔层,且没有沟通有效含气砂岩,有砂堵迹象,与压裂前的分析基本一致。压裂段 2 至压裂段 5 施工压力保持在 28~36 mPa,压力相对平稳,表明压裂施工顺利进行。

4.2 四维影像监测

压裂施工期间采用微地震波的四维层析成像"能量扫描"裂缝监测技术,在时间域上分析得出压裂裂缝三维空间形态的演变过程及裂缝走向等相关参数。

图 1 所示为 L-1-4H 水平井各压裂段四维影像监测成果,该监测成果反映了破裂能量随时间的变化情况,由此可见,破裂初期(0~15 分钟)裂缝规模较小,施工期间破裂能量多集中于井筒附近,裂缝难以穿透泥岩隔层向远处拓展,产生超压砂堵现象。

压裂段 3、5 裂缝监测成果显示,裂缝在压裂初期(0~15 分钟)就已形成一定规模,说明隔夹层易突破,与压裂前的分析一致。

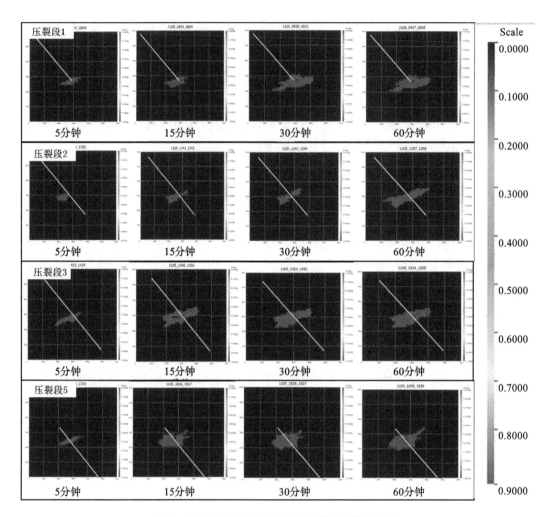

图1　L-1-4H 水平井各压裂段四维影像监测成果

5　结论

(1)水平井钻遇泥岩并不都是无效压裂段,压裂可穿透泥质薄隔层,沟通邻近含气砂体,最大限度地提高水平井产能。

(2)通过压裂四维影像监测资料、压裂施工曲线以及指示剂跟踪技术相结合的手段,可以有效验证与评价压裂效果。

(3)储层地质研究对于指导低钻遇率水平井压裂分段设计,避免压裂施工风险具有重要意义。

参 考 文 献

[1]　邹才能,张光亚,陶士振,等.全球油气勘探领域地质特征、重大发现及非常规石油地质[J].石油勘探与开发,2010,37(2):129-145.

[2]　贾承造,郑民,张永峰.中国非常规油气资源与勘探开发前景[J].石油勘探与开发,2012,39(2):129-136.

[3]　关德师,牛嘉玉,郭丽娜,等.中国非常规油气地质[M].北京:石油工业出版社,1995.

［4］ 田景春,吴琦,王峰,等.鄂尔多斯盆地下石盒子组盒 8 段储集砂体发育控制因素及沉积模式研究[J].岩石学报,2011,27(8):2403-2412.

［5］ 姚军朋,孙小艳,吴迎彰,等.致密砂岩气藏含气控制因素研究与评价应用[J].测井技术,2015,39(4):482-485,490.

［6］ 曾联波,高春宇,漆家福,等.鄂尔多斯盆地陇东地区特低渗透砂岩储层裂缝分布规律及其渗流作用[J].中国科学:D 辑,2008,38(S1):41-47.

裂缝性有水气藏水侵及开发对策实验研究

徐　轩[1,2]　韩永新[1,2]　梅青燕[3]　胡　勇[1,2]　陈颖莉[3]·焦春艳[1,2]

(1.中国石油勘探开发研究院　河北廊坊　065007；

2.中国石油天然气集团公司天然气成藏与开发重点实验室　河北廊坊　065007；

3.中国石油西南油气田分公司勘探开发研究院　四川成都　610041)

摘　要: 针对裂缝性边水气藏主要治水措施,建立了物理模拟方法并开展实验,系统地测试了气藏内部动态压降剖面,对比分析了不同水体、不同治水措施下气藏开采动态及储量动用规律。研究结果表明:①水体能量不同时,相同的控气排水措施将导致完全不同的实际效果——30倍水体时采收率可提高10.8%,而无限大水体时采收率反而降低15.6%。生产参数和动态压降剖面揭示了无限大水体时过分控制生产压差不仅难以减缓水侵,相反还会导致采速降低,延长水侵时间,加剧水侵对开发的影响。②多井协同排水采气治水效果显著,裂缝性储层中的水会在自身弹性能和剩余气驱动下大量排出,大幅提升气相渗流能力,促使封闭气重新产出,采收率可再提高10%～30%。水侵影响越严重的气藏,越早采取排水采气措施,治水效果越好。③裂缝贯通水体和气井时,地层水主要沿裂缝向气井侵入,外围基质区含水饱和度增量低于5%,压降剖面显示基质区仍有大量封闭剩余气,这些未动用储量是后期实施排水采气等增产措施的重要物质基础。

关键词: 裂缝性气藏　水侵　治水对策　排水采气　压降剖面

　　我国大多数气藏均属于不同程度的水驱气藏,其中边底水活跃的气藏占40%～50%[1]。此类气藏主要为背斜圈闭,且多有断层、裂缝发育。采气过程中,边水或底水容易沿裂缝侵入,分割气藏,造成气井产水并加速递减,储量难以有效动用,对采气危害很大[2~4]。基于此,本文首次建立了裂缝性边水气藏水侵及治水全周期物理模拟实验方法并开展实验。

1　气藏水侵与排水采气物理模拟

1.1　实验方法设计

　　实验装置主要包括高压水体、储层模型、围压控制系统、出口回压控制装置、出口计量与采出系统等。

　　设计5组实验,分别模拟无限大水体和有限水体(30倍)条件下无回压定产生产和控气排水开采,作为对比,开展一组无水体条件的控气开采实验。

1.2　不同水体及采气方式实验结果分析

1.2.1　有限水体气藏生产动态

30倍水体条件下,不同采气方式的气、水产出特征及采收率存在明显差异:

无回压定产生产,气体以 400 mL/min 的速度稳产 20 min,稳产期产量高达 8.16 L;稳产结束后产气速度在 20 min 内迅速由 400 mL/min 递减到约 5 mL/min,此后一直以较低的产气速度生产。无水采气期为 217 min,产气量为 9.04 L,采出程度为 69.8%。

控气排水生产,气水同产期大幅度延长至 15 h,阶段产气量大幅度增加至 1.51 L;最终累产 17.9 h,累计产气 10.81 L,采收率为 83.1%,较无回压定产生产增加了 10.8%。

总体而言,对于有限水体,采用控气排水生产虽大幅度缩短了稳产期,但有效抑制了水侵量,延长了气井生产时间,使得平均日产水量减小 50%,采收率增加 10% 以上,治水效果明显。

1.2.2 无限大水体气藏生产动态

无限大水体条件下,相对于无回压定产生产,控气排水生产并没有使生产得到明显改善,反而较大幅度地降低了稳产期产量和采收率:稳产期采气量从 7.69 下降到 3.29 L,无水采气期采出程度由 60.9% 大幅度下降至 39.8%,生产结束后累计产气量从 7.8 L 下降到 5.8 L,相应地,采收率也大幅度减少了 15.6%。

对比于 30 倍水体采气过程,可见水体能量对气藏生产影响巨大:水体能量越大,采气效果越差,而且这种影响越到后期越显著。水体能量差异导致相同的治水对策产生了完全不同的生产效果:30 倍水体条件下的控气排水生产,采收率提高 10.8%;无限大水体条件下的控气排水生产,采取率降低 15.6%。

2 气藏排水采气物理模拟

2.1 实验方法设计

水侵实验后,将水体(储水中间容器)与裂缝性储层间的阀门关闭,阻断水体的继续侵入,出口持续开井至缓慢恢复生产。实验通过关闭水体客观达到了排水井排水阻断水体沿裂缝侵入的效果,从机理上模拟了气藏排水井与采气井协同治水。

2.2 实验结果分析

统计两种水体排水采气措施前后生产参数,如表 1 所示。两种水体排水采气措施前的生产特征上文已论述,下面重点分析排水采气措施对气井增产作用。

表 1 两种水体排水采气措施前后生产参数

水体能量	排水前无回压定产生产参数				排水阶段增量					全程累计生产参数			
	累产时间/min	累计产水量/mL	累计产气量/L	采出程度/(%)	排水开始时间/min	累产时间/min	累计产水量/mL	累计产气量/L	采出程度/(%)	累产时间/min	累计产水量/mL	累计产气量/L	采收率/(%)
30倍水体	360	5.98	9.4	72.2	370	940	6.67	1.44	11.21	1300	12.65	10.84	83.41
无限大水体	20	10.21	7.8	60.9	60	320	15.99	3.62	26.85	340	26.20	11.42	87.75

30 倍水体条件下,排水前无水产气期和气水同产期持续时间较长,气井采出程度达

72.2%。由于气藏剩余储量有限,排水后气井产气速度并未大幅度提升,仅以 1~5 mL/min 持续低产约 940 min,排水采气措施后累计产气 1.44 L,阶段采出程度为 11.21%

无限大水体条件下,排水前气井受水侵影响严重,排水采气措施后,累计产气量为 3.62 L,阶段采出程度达 26.85%,增产效果显著。最终通过排水采气措施,气井全生命周期累产 340 min,累计产气 11.42 mL,采收率达到 87.75%,高于 30 倍水体时排水采气措施后的采收率。

3　结论与建议

实验系统测试了储层气、水生产动态,对比了不同水体、不同排水采气措施下的开发效果,分析了水侵规律和储量动用机理。研究结果表明:

(1)裂缝性边水气藏采用控气排水措施治水时应谨慎,需根据地层条件和水体能量因井施策。

(2)多井协同排水采气治水效果显著,采收率提升 10%~30%。水侵影响越严重的气藏,往往剩余未动用储量越大,越应尽早采取排水采气措施。

(3)裂缝贯通水体和气井时,水侵主要发生在近井区裂缝带,外围基质区可作为实施加密布井、产量接替的重点区域。

参考文献

[1]　郭平,景莎莎,彭彩珍.气藏提高采收率技术及其对策[J].天然气工业,2014,34(2):48-55.

[2]　夏崇双.不同类型有水气藏提高采收率的途径和方法[J].天然气工业,2002,22(z1):73-77.

[3]　李熙喆,郭振华,胡勇,等.中国超深层构造型大气田高效开发策略[J].石油勘探与开发,2018,45(1):111-118.

[4]　孙志道.裂缝性有水气藏开采特征和开发方式优选[J].石油勘探与开发,2002,29(4):69-71.

中浅层气田措施技术应用与效果评价

臧　研　张勇刚　张厚军　史　昕　刘凤贤　代俊芳

（吉林油田松原采气厂　吉林松原　138000）

摘　要：近几年，随着老气田开发步入中后期，产量、地层压力持续下降，水淹停井、低产低压井逐年增多。本文在以往的措施挖潜工作的基础上，深入开展潜力层优选和压缩机助排，以及单井提压、解堵和气水同层试验，取得了很好的效果。研究和实践结果表明，措施增产取得了一定的效果和认识。在老气田剩余潜力层不足、新层动用存在风险的背景下，单井提压和压缩机助排技术有助于低产低效井的综合治理，更大限度地发挥潜力，为延长老气田的稳产期提供有力的保障。

关键词：新层动用　压缩机助排　单井提压　解堵　气水同层

1　引言

近几年，随着老气田开发步入中后期，产量、地层压力持续下降，水淹停井、低产低压井逐年增多[1~5]，逐渐形成以压缩机连续助排和单井提压为主体的措施增产技术路线，措施有效率得到大幅度提升[6]。

2　气田地质研究

在以往工作的基础上，继续深化对伏龙泉、双坨子等老气田的未动用层段的挖潜工作，通过统计各气田单井不同层位的动用效果，精细刻画含气面积。在可靠的含气区域内对单井的解释层位电性指标进行分析，同时参考邻井的动用情况，综合选取具有潜力的层段作为措施目标，最终落实双坨子气田4口井、伏龙泉气田2口井进行新层动用。

对新层动用效果进行分析，双坨子气田青二＋三段、姚二＋三段采出程度高，可采剩余储量低，地层压降明显，地层能量不足是新层动用效果较差的主要原因。伏龙泉气田井网密度大，井间干扰明显，地层压降大，未来实施新层动用具有较大风险。

3　措施技术应用

在实施新层动用效果不佳的情况下，同时积极探索了其他措施技术。

3.1　压缩机助排技术

天然气压缩助排工艺已广泛应用于气田排水采气增产中[7,8]，该工艺具有施工简易、成本低、适用性广、连续性好、措施增产效果明显等优点，并可同步辅助其他多种措施。

压缩机连续助排措施适用于受积液影响、采出程度低、剩余井控储量大的气井。压缩机助排成为伏龙泉气田稳产的主体措施,伏龙泉气田已累计实施助排井 24 井次,王府气田压缩机助排得到进一步推广,实施压缩机助排 3 井次。

3.2 单井提压技术

随着气田气井生产年限的延长,气井井口压力逐步降低,生产能力逐步下降,部分气井携液能力降低,甚至造成积液停产[9]。单井增压在满足气体输送的情况下更好地利用了气井的压力,并且增压设备结构紧凑、投资低,能更好地节约成本,还能更好地减小井间的影响,提高天然气产量。

应用单井提压技术能进一步降低气井废弃压力,最大限度地提高采收率。选择储层物性好、剩余井控储量大、单位压降产气量大的气井。中浅层伏龙泉气田泉头组储层物性最好,继双坨子气田降压开采取得良好效果后,在伏龙泉气田推广实施 8 口井,双坨子气田实施 12 口井。

3.3 解堵试验与气水同层试验

通过使用解堵、解水锁工艺,解除储层污染,恢复气井产量,提高近井带排液能力,实现气井长期增产、稳产的目的。实施解堵井 2 口、气水同层井 3 口。

4 措施效果评价

4.1 压缩机助排技术应用效果

伏龙泉气田实施的助排井累计增气 3699 万方。王府气田 3 口水淹停产井借助平台优势,通过压缩机助排技术成功复产,累计增气 632 万方。

压缩机助排见效井,搬走设备后,难以持续自喷,实施助排后效果较好,平均单井日增气 0.7 万方,搬走压缩机后,气井产量递减高达 70%,目前全部关井恢复。压缩机助排有效井建议持续实施。剩余井控储量大、物性好的气井助排效果更好。水淹停产 350 天内采取有效措施,单井产能可恢复到停产前水平。

4.2 单井提压技术应用效果

双坨子气田实施单井提压的 12 口井累计增气 1750 万方。伏龙泉气田采取降压开采措施,增气效果明显,实施 8 井次,日增气 4.5 万方,平均单井日增气 0.5 万方,累计增气 58.6 万方。单井提压效果统计表如表 1 所示。

表 1 单井提压效果统计表

序号	措施项目	井号	措施日期	油压/MPa	套压/MPa	日增气/万方	目前年累计增气/万方
1		F3	2019.4.24	0.4	0.5	0.5	7.6
2		F4	2019.4.24	0.4	0.4	0.5	7.1
3		F5	2019.4.24	0.4	0.5	0.4	6.9
4	单井提压	F6	2019.4.19	0.4	0.5	0.5	7.9
5		F7	2019.4.24	0.6	0.7	0.7	11.6
6		F8	2019.4.19	0.5	0.5	0.6	8.7
7		F9	2019.4.24	0.4	0.5	0.6	8.8
合计				0.4	0.5	3.8	58.6

4.3 解堵试验与气水同层试验效果评价

解堵井 F10、F11,目前日增气 0.8 万方,初期增气量较高,有待进一步观察,预计年增气 71 万方。气水同层井初步见到好的苗头,H1 井点火放喷,目前井口压力为 2.5 MPa,日产气 0.5 万方,F12 井未见气、液大,采取气举＋助排的方式,排液求产。

5 结论

(1)实施新层动用的双坨子气田青二＋三段、姚二＋三段,平均地层压降超过 50％,采出程度超过 80％,地层能量低,而伏龙泉气田同样也存在地层压降大的情况,同时井间干扰明显,未来实施新层动用具有较大风险。

(2)新技术在老气田措施增产中发挥作用:首先,压缩机助排技术在伏龙泉气田、王府气田取得了良好的效果;其次,单井提压技术在双坨子气田、伏龙泉气田稳产中继续发挥重要作用。对于产液量较小、剩余井控储量可观、地面流程相对完善、天然气因井口压力低于集输压力而无法连续进站的气井,采用单井提压技术,可实现长时间连续稳产。

(3)解堵试验和气水同层试验都取得了较好的效果,增气效果显著。

(4)单井提压技术和压缩机助排技术在中浅层气田试验成功,为长岭气田的措施增产提供了经验。未来计划在长岭气田针对越来越多的井继续推广这两项技术,为更大限度地发挥气田潜力,延长气田的稳产期提供有力的保障。

参 考 文 献

[1] 杨泽超,申洪,余娟,等.低压低产气井自生气排水采气技术的研究与应用[J].钻采工艺,2014,37(3):63-66.
[2] 左海龙,安文宏,刘志军,等.榆林南区挖潜措施井优选及效果预测[J].石油化工应用,2014,33(4):50-53.
[3] 陈庆辉.低压低产气井排水采气工艺技术的应用分析[J].科学技术应用,2016,4(9):78,125.
[4] 马国华,刘三军,王升.低产气井泡沫排水采气技术应用分析[J].石油化工应用,2009,28(2):52-55.
[5] 杨川东.四川气田排水采气的配套工艺技术及其应用[J].天然气工业,1995,15(3):37-41.
[6] 姚伟.低产低压气井排水采气技术对策分析[J].内蒙古石油化工,2011,(16):105-107.
[7] 余淑明,田建峰.苏里格气田排水采气工艺技术研究与应用[J].钻采工艺,2012,35(5):40-43.
[8] 巩凯房.基于低压低产气井排水采气工艺技术的分析与研究[J].石化技术,2015,(3):91-92.
[9] 王海兰,辜利江,廖阔.低渗透气田气井生产工艺技术研究[J].天然气技术与经济,2013,7(2):30-32.

大老爷府油田长停井利用技术对策研究及应用

孟　影　赵政飞　马本彤

（吉林油田松原采气厂　吉林松原　138000）

摘　要：大老爷府油田自 1995 年投入开发，目前含水率已达到 96％，处于特高含水开发阶段，长停井逐年增多，油井利用率低，采出程度低，停井原因主要以低产、水淹为主。如何利用好长停井，发挥长停井潜力，为油田稳产提供保障，是本文研究的主要内容。重点从调整井网、恢复产能、压裂引效、转注利用等方面研究长停井利用方式，跟踪评价利用效果、效益，通过所做工作，长停井取得了突出效果，获得了巨大收益，为大老爷府油田持续稳产奠定了坚实的基础。

关键词：大老爷府油田　长停井利用　调整井网　压裂引效　综合稳产

1　油田基本情况

1.1　地质概况

大老爷府油田处于中央坳陷区华字井阶地中南部，油藏类型为短轴背斜层状构造油气藏[1]，储层岩性以粉砂岩及泥质粉砂岩为主，沉积体系为三角洲前缘及前三角洲沉积[2,3]，开发层系为高台子、扶余油层。大老爷府油田含油面积为 43.6 km²，地质储量为 3177.12×10⁴ t，平均孔隙度为 14.1％，平均渗透率为 $5.8×10^{-3}$ μm^2，无自然产能，必须采取压裂投产，非均质性强，砂泥交错，高、低渗多层纵向叠加，显示了极其复杂的非均质性，是典型的低阻低渗油气藏[4]。

1.2　开发现状

油井总数为 524 口，开井 353 口，停井 171 口，水井为 176 口，开井 145 口，目前日产油 100 t，含水率为 96.3％，日注水 5003 m³，采油速度为 0.17％，采出程度为 12.6％。

2　长停井开发面临的主要问题

2.1　长停井多，油井利用率低

油井总数为 524 口，开井 353 口（其中捞油 18 口），停井 171 口，占总井数的 33％，停井前日产油 17 t。其中大老爷府油田长停井为 156 口，停井前日产油 14.2 t。

2.2　采出程度低，资源潜力大

大老爷府油田 156 口长停井地质储量为 435 万吨，累计产油 47.2 万吨，采出程度为

10.9%,停井原因主要以低产、水淹为主。

如何利用好长停井,发挥长停井潜力,为油田稳产提供保障,是本文研究的主要内容。

3 长停井利用主要做法

重点从调整井网、恢复产能、压裂引效、转注利用等方面研究长停井的利用方式,跟踪评价利用效果、效益,并以效益为前提,针对具备潜力的长停井,逐个从井网需求、区块治理等方面综合考虑,真正做到恢复利用有价值、有效益,先从"点"试验,再到"面"突破,以点带面,点面结合,深入挖掘长停井潜力。

3.1 通过动态开停,改变液流方向,调整井网,挖掘剩余油

大老爷府油田以反九点注采井网为主,平面上见水受裂缝影响大,方向性明显,导致无效水短路循环[5]。通过研究分析前期与东北石油大学合作开展的大老爷府油田油藏描述成果,加深对剩余油分布规律的认识。

剩余油分布规律:平面主要分布在储层物性变差的部位、砂体边部、井间、注采不完善区;层间受非均质性影响,FⅡ+Ⅲ、GⅠ+Ⅱ砂组动用程度低,剩余油相对富集;层内受物性和沉积韵律控制,主要分布在物性条件相对较差的部位。

为了挖掘剩余油,针对无效水短路循环的高产液井,实施关井,以提高地下存水率,同时对周围长停井开井。

通过动态开停,促使注入水绕流,实现液流转向,驱替剩余油富集区,提高驱油效果。2017—2018年共关停16口高产液井,相当于日增注480方,38口油井见效,日产油增加3.8吨。

典型井15-2动态关停:该井在2018年1月关井,停前油井参数为26.5/0.1/99.6,半年后周围邻井有3口陆续见效,同时对井组内的17-01、15-04两口长停井恢复利用。

3.2 深入研究,采取不同方式恢复利用,实现效益挖潜

在注水效果改善及注采关系完善的前提下,结合措施挖潜,通过堵水、解堵、大修、清检、直接复活等方式,对长停井逐步恢复利用。共计复活28口井,日产油量增加9.2吨,年累计增油3007吨,为完成3.5万吨的目标奠定了坚实的基础。

针对水淹层清楚的单井,结合堵水进行恢复利用。实例,9-01井堵水复活,2009年12月投产,初期动用G10、F6.6.7小层,后期补压G2.3.4小层,增油445吨,2017年2月水淹停井,2018年4月堵水复活,目前日产油0.4吨。

水淹层判断:自2016年7月开始,产液量、含水率上升,产油量下降;分测压力显示G10、F6.6.7小层压力高,分析判断该小层是主要产水层;周围水井开展层排轮注试验,GⅠ+Ⅱ砂组注水得到加强。

针对因油层堵塞、注水不见效导致的低产停井,结合解堵恢复。实例:33-15井复活后解堵,2008年1月投产,后期递减较快,2016年3月因低产关停;处于断层附近,与水井处于同一沉积相带,但注采不见效;从历次作业情况看,该井结垢较严重,分析认为油层堵塞较重,导致该井注采不见效;2018年4月恢复利用后实施解堵,目前日产油0.3吨。

针对注采关系发生变化的油井,及时开井恢复利用。实例:17-5井结合井组实施氮气驱,及时恢复利用该井;2016年10月管漏停井(停前日产油0.1吨),水井于2017年9月实施氮气驱,周围油井陆续见效,2017年12月清检复活。

针对因井况导致产能未正常发挥的油井,结合大修作业恢复利用,共计恢复利用 3 口井,开井后目前日产油 1.5 吨,2018 年产油 378 吨。

3.3　针对生产井低成本压裂见到好苗头,研究长停井压裂恢复潜力

初步优选潜力井 8 口,2018 年先实施 3 口油井。目前二次压裂程度只有 9%,而长停井二次压裂程度只有 1%。因压裂成本低(12 万元),在 50 美元/桶油价的条件下,增油 70 吨效益即达标。对策:结合已实施压裂井增油情况,优选电性指标、沉积相带一致的长停井压裂引效。为保证效果,对 3 口长停注水井已提前恢复注水,补充能量,单注主力层。

3.4　作为能量补充井点,转注利用,逐步建立完善注采关系

一是针对注采关系不完善、注采见效差的区域,对长停井进行转注利用,挖掘井组剩余油,共实施 2 口井(12-09、11-21)。转注选井以完善单砂体注采关系为原则,以改善井组水驱开发效果为目的。

二是对长停井注入氮气,改善井组注采关系,扩大波及体积。实例:7-2 井转注后注气,受东西向裂缝及沉积展布的影响,注入水沿高渗条带突进,平面及层间矛盾突出;开井 8 口,产量分别为 82.2/2.4/97.1,GⅢ、GⅣ、FⅡ+Ⅲ 为主产层,GⅠ、GⅡ 为接替层;先对 GⅢ、GⅣ、FⅡ+Ⅲ 进行注气调驱,然后根据周围油井动态反应,适时对 GⅠ+Ⅱ 注气调驱,11 月开始实施。

3.5　建立长停井数据库,时刻掌握长停井动态

对全厂长停井进行系统梳理,建立台账,从经济效益、井网需求、区块治理、地面状况等方面对每个油井进行综合考虑,恢复利用,通过完善长停井动静态资料,时刻跟踪评价长停井动态变化。

4　主要效果

通过长停井利用四结合,即停产井与生产井相结合,整体治理,单井恢复与区块治理相结合,整体提效,常规技术与非常规技术相结合,完善手段,历史资料与新资料相结合,深化认识,长停井取得了突出效果,为油田持续稳产贡献了较大力量。

(1)通过对 28 口长停井进行恢复利用,全年累计产油 3007 吨,占全年总产量的 8.6%,投入 274 万元,产出 483 万元,创效 209 万元,投入产出比为 1∶1.8。

(2)通过关停 16 口高产液井,38 口油井见效,日产油增加 3.8 吨,改变了液流方向,实现了调整井网的目的。

(3)通过压裂引效恢复、长停井注气驱替试验,极大地拓宽了长停井再利用渠道。

5　取得的认识

(1)把长停井当成新井管理,新开一口油井相当于新打一口油井,相对节省时间、经费。

(2)油井长停必然导致地下油水规律变化,把长停井当成试验井管理,摸索剩余油分布规律。

(3)长停井再利用是提高油井产能、动态调整井网、改善油田开发效果的有效手段。

参考文献

[1]　陈遵德.储层地震属性优化方法[M].北京:石油工业出版社,1998.

［2］ 张洪亮,郑俊德.油气田开发与开采［M］.北京:石油工业出版社,1993.

［3］ 王捷.油藏描述技术 勘探阶段［M］.北京:石油工业出版社,1996.

［4］ 李道品.低渗透砂岩油田开发［M］.北京:石油工业出版社,1997.

［5］ 王俊魁,朱丽侠,俞静.裂缝性低渗透油藏注水方式的选择［J］.大庆石油地质与开发,2004,23(4):
84-86.

油田开发后期提高压裂效果技术研究与应用

李英赫　吕　航　张博林　张礼哲　袁金芳

（吉林油田新木采油厂　吉林松原　138000）

摘　要：随着油田开发的不断推进，注水驱油和重复压裂改造的矛盾日益凸显，呈现出含水率上升、产量下降、重复压裂效果差的状况[1~3]。提高压裂效果，在疏通原有人工主裂缝的基础上形成新的裂缝，沟通注水驱油形成的"死油区"，保障压裂规模、增产规模，确保压裂形成稳定增长极，逐渐成为油田开发必须解决的问题[4]。以注采单元为对象，以调整改善注采关系为目的，针对单井及区块一体化个性化设计，形成了压裂选井、滑溜水压裂、蓄能压裂、同步集团压裂、远程压裂、合理流压控制等多项技术[5]，增加储层改造复杂程度，改善注采关系，最终建立了老区整体压裂技术理念及设计方法。

关键词：低渗透　一体化　封堵转向　集团压裂

1　滑溜水压裂技术研究

相对于传统的冻胶压裂液体系，滑溜水压裂液体系以其高效、低成本的特点在低渗透致密储层具有独特的应用价值[6]。

滑溜水压裂液中98.0%~99.5%是混砂水，添加剂一般占总体积的0.5%~2.0%。与清水压裂相比，滑溜水压裂可将摩擦压力降低40%~50%。

滑溜水压裂的优点如下：

（1）压裂基本造剪切缝，扩大了裂缝波及程度，扩展了裂缝，有效增加了地层的接触面积，增加了储层采出程度，提高了单井控制储量及单井稳产能力。

（2）清洗近井地带裂缝，油水置换，起吞吐、蓄能作用。

（3）滑溜水对地层伤害小，不用返排，清洁环保。

（4）与其他压裂液体系相比，具有适宜地层温度范围大、降低界面张力明显、施工减阻率高、压后地层无残渣等优点；而常规冻胶压裂，由于排液不完善，裂缝的导流能力受残渣伤害而有所降低。

（5）对于质地坚硬的岩石，致密的脆性砂岩，具有很高的抗剪强度的天然裂缝发育储层，地层压力较低、抗二次污染能力较差的低孔低渗储层，较适合滑溜水压裂技术，实施较大排量、大液量的清洁、蓄能与造复杂缝深度储层改造。

滑溜水压裂成功的关键主要取决于地层应力、岩石物性、裂缝系统有利的形态、储层注采关系的认识以及个性化工艺设计等。

2 同步干扰整体压裂技术研究

区块选择上：以重新认识老油田为突破口，以老油田主体区为目标领域，综合多种手段，重点研究油田开发面临的主要矛盾和瓶颈问题，明确潜力方向。

技术组合上：以重新构建技术体系为突破口，瞄准瓶颈问题和关键环节，集成传统技术和非常规理念、方法，淡化单井改造概念，突出井群整体研究认识和优化设计。

实施形式上：以多井、同层、同步集团式压裂施工为主要模式，不同时间段可以组合"转、蓄、扰、驱、调"等多种技术手段。

效果评价上：以持续改善注采关系，充分发挥井网作用，增加水驱动用储量，提高采收率为主要工作方向，通过整体集团式压裂，实现老油田深度二次开发。

效果：B区块，2018年3月开抽，初期单井日增油2.5吨，目前日增油0.9吨，累计增油3174吨，投入产出比为2.8。

取得以下三点认识：

（1）区域整体的压裂改造能改善低渗透油藏水驱开发效果；

（2）低渗透油藏通过蓄能方式能提高地层能量及措施效果；

（3）油藏动态监测资料的分析及应用有效指导了油藏开发。

3 树脂砂定位封堵转向压裂技术研究

与常规暂堵转向压裂技术相比，树脂砂定位封堵转向压裂技术封堵可靠性高，技术适应性更强，尤其适用于高含水水淹井层长期封堵，控水增油。树脂砂定位封堵转向压裂技术通过注采关系分析、剩余油认识、历史压裂规模分析、软件模拟认识等方面的综合分析，形成了一套工艺流程：

（1）根据PT模拟历史人工裂缝，得到封堵位置及泵送固化材料到封堵位置所需液量、排量值；

（2）通过常规压裂撑开原裂缝，预置可固化材料至预定位置；

（3）停泵等待可固化材料固化，等待时间以室内实验结果为准；

（4）固化强度达到要求后，进行第二次压裂施工，再进行裂缝转向压裂。

4 结论

（1）滑溜水压裂技术基本造剪切缝，扩大裂缝波及缝长，沟通裂缝尤为明显；清洗近井地带裂缝，油水置换，起吞吐、蓄能作用；滑溜水对地层伤害小，不用返排；清洁、蓄能、沟通、驱替作用显著，对于注采见效差的低孔低渗区块，应用效果尤为明显，具有很大的扩展空间。

（2）同步干扰整体压裂技术配套压前压后测试手段，可以提高重复压裂设计针对性、措施有效率及压后效果，进而达到提高储层改造复杂程度、改善区块注采关系、提高区块整体稳产及开发水平的目的。

（3）与常规暂堵转向压裂技术相比，树脂砂定位封堵转向压裂技术封堵可靠性高，技术适应性更强，尤其适用于高含水水淹井层长期封堵，控水增油。

参 考 文 献

[1] 杨卫化.水力深穿透射孔技术研究[D].大连:大连理工大学,2009.

[2] 杨兵,王福旺,边亮,等.水力割缝技术在油田开发中的应用[J].油气井测试,2002,11(4):63-65.

[3] 宫啸鸣.水力喷射径向水平打孔工艺技术应用[J].采油工程文集,2014,4(2):59-63.

[4] WANG M,WANG R. Euler/euler theory and application of fluid-particle two-phase jet[J]. Journal of Hydrodynamics,2006,18(3):120-124.

[5] 蒋玉梅,钱慧娟.高含水期油井重复压裂技术研究[J].油气田地面工程,2009,28(4):21-23.

[6] 张海龙,王宪峰,逯艳华,等.新木油田重复压裂的选井选层方法[J].油气地质与采收率,2003,10(z1):86-87.

气田开发不同阶段提高采收率方法研究

刘凤贤[1] 李云广[2] 王凤刚[1] 张勇刚[1] 史 昕[1] 臧 研[1] 代俊芳[1]

(1.吉林油田松原采气厂 吉林松原 138000；
2.吉林油田公司勘探开发研究院 吉林松原 138000)

摘 要：本文通过对伏龙泉气田开发技术的总结,形成一套气田开发不同阶段提高采收率技术方法,以期为其他气田的开发提供指导和借鉴。气田开发一般可划分为上产、稳产、产量递减和低产四个阶段。在气田开发的不同阶段,做好地质研究、开发方案设计及产能开发效果评价等几项重点工作,采取针对性技术措施,以达到科学效益开发,提高气藏采收率。通过十多年来的气田开发工作,总结气田开发有效增产技术措施:逐层上返,层间接替,补孔、补压,提高单井产能,增加储量动用程度;完善开发井网,扩大储量动用范围;采取综合治水工艺措施,排水采气;适时降低气井井口压力,延长气井生产周期。通过采取相应的针对性技术措施,既保证了气田稳产,又能改善气田开发效果,提高采收率。

关键词：气田开发阶段 增产措施 压缩机助排 单井提压 采收率

1 引言

X气田属于中浅层、中产、低丰度、中型气田,气藏含气层位多,含气井段长,是一个纵向上具有多套含气组合的复合型气藏[1,2]。气层在空间上呈层状分布,气水在各自的系统中遵循重力分异原理正常的分布规律。X气田是典型的下生上储型生储盖组合,以营城组、沙河子组到火石岭组的泥岩和煤层为烃源岩层,以登娄库和泉头组辫状河、曲流河相砂体为储集岩,以青山口组中的浅湖泊暗色泥岩为封盖层,具有较好的油气成藏条件。

2 气田各开发阶段出现的问题

X气田自1997年投入开发,已经开发生产23年,由初期试采评价、分层系滚动开发上产、效益规模稳产开发到递减,目前处于低产阶段。随着气田开发的不断深入,开发中不断出现一些问题:

(1)产能建设中出现了部分无气井,一类是测井解释为无气层,二类是测井解释为气层,表现为动静不符。如何有效识别及动用储层、怎样有效治理遗留未见气井是需要解决的问题。

(2)产量递减较快,部分单井一投产产量便开始下降,没有稳产期。怎样合理控制采气速度及单井配产是需要解决的问题。

(3)地层能量不足,气井压力低,低压气井及低产出液气井不能连续生产,产液单井压力、产量下降幅度大,低压、产液、遗留井等低产低效井恢复困难。

(4)储量动用不均衡,未动用层以气水同层为主,补孔补压效果差。

3　提高采收率技术方法

针对上述问题,通过深入研究气藏富集规律,精细气藏描述,分层分段建立气水层识别标准,综合评价已投产气井的开发效果,根据井控储量及携液情况,科学确定气井合理产能,指导合理配产;通过加强储层认识,应用图版和交汇曲线法,有效识别储层,精细管理,结合单井试气作业、生产情况;通过动态、静态分析相结合的评价方法,确定挖潜方向,提高单井产能。针对中浅层气田地层能量不足、气井压力低、井筒积液等问题,开展压缩机连续助排、单井提压等措施,探索气藏提高采收率的技术[3~6]。

3.1　逐层上返,层间接替

深化气藏认识,精细气藏描述,多项技术相结合,进行储层评价,开展测井二次解释,精细选井选层原则。横向与纵向相结合选层,综合考虑电性指标、录井显示、中子密度交会、邻井井距动用情况及储层连通性,优选具备增产能力的潜力井。根据各层段储层特点,开展流体识别技术研究,分层段进行测井指标精细对比,结合已动用层的生产动态特征,校正测井解释结果,制定不同层段出气标准,再根据此标准筛选潜力层。

各层段电阻与声波时差交汇图版如图1所示。

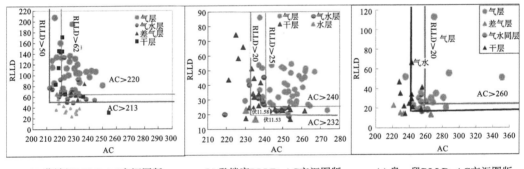

(a) 营城组RLLD-AC交汇图版　　(b) 登楼库RLLD-AC交汇图版　　(c) 泉一段RLLD-AC交汇图版

图1　各层段电阻与声波时差交汇图版

3.2　采气速度及合理配产

气井合理的工作制度,应保证在开采过程中能从气井得到最大的允许产量,并使天然气在整个采气过程(地层→井底→井口→输气管线)中的压力损失分配合理,延长气井的生产周期,保持压力、产量相对稳定,对目前的需求和长远利益等进行综合考虑,以提高气藏的最终采收率和经济效益为目的,确定出最合理的工作制度。

3.3　水淹井常规治理方法

气井积液在气田开发过程中的形成机理复杂,对气田开发危害大,直接影响气井产能的发挥和气田的最终采收率,因此应采取积极有效的排水采气技术:以泡沫排水为主,以氮气气举、速度管柱、机抽复产为辅。

压缩机助排技术通过排采积液来提高气井产量,对水淹井的产气能力恢复有很好的效果。加强基础地质研究和动态规律认识,充分挖掘中浅层气田低产低压井、水淹井和未动用层的潜力,全面提高气田综合稳产能力。

3.4 增压提产是低产低压井提高采收率的有效手段

站内增压系统:降低进站压力,延长气井生产寿命,提高生产时率。

单井提压:通过降低井口压力来提高天然气从井底到井口的流速,进一步降低气井废弃压力,实现负压开采,最大限度地提高采收率,对构造高部位、累计产气量高的气井效果较好。

4 开发效果与评价

气田经过 2007 年至 2012 年的滚动开发,2012 年底日产气能力达到 100 万方,建成了 3.3 亿年产规模。自 2013 年来,气田产量快速递减,随着新层系产能建设取得突破性进展,2015 年产量恢复到历史最高水平。随着新井贡献越来越少,气田进入递减阶段,地质储量采出程度为 22%,可采储量采出程度为 45.2%。

5 结论

气田开发有效增产技术:补孔、补压,提高单井产能,增加储量动用程度;完善开发井网,扩大储量动用范围;采取综合治水工艺措施,排水采气;降低气井井口压力,延长气井生产周期。通过采取相应的针对性技术措施,既保证了气田稳产,又能改善气田开发效果,提高采收率。

参 考 文 献

[1] 杨泽超,申洪,余娟,等.低压低产气井自生气排水采气技术的研究与应用[J].钻采工艺,2014,37(3):63-66.

[2] 左海龙,安文宏,刘志军,等.榆林南区挖潜措施井优选及效果预测[J].石油化工应用,2014,33(4):50-53.

[3] 陈庆辉.低压低产气井排水采气工艺技术的应用分析[J].科学技术应用,2016,4(9):78,125.

[4] 马国华,刘三军,王升.低产气井泡沫排水采气技术应用分析[J].石油化工应用,2009,28(2):52-55.

[5] 余淑明,田建峰.苏里格气田排水采气工艺技术研究与应用[J].钻采工艺,2012,35(5):40-43.

[6] 巩凯房.基于低压低产气井排水采气工艺技术的分析与研究[J].石化技术,2015,(3):91-92.

JZ9-3 油田聚合物驱受效油井堵塞物形成机理分析

杨芯惠[1]　唐洪明[2]

(1.西南石油大学地球科学与技术学院　四川成都　610500；
2.油气藏地质及开发工程国家重点实验室·西南石油大学　四川成都　610500)

摘　要:结合 X 射线衍射法、扫描电镜+能谱法及红外光谱法等分析方法,以 JZ9-3 油田注聚合物驱受效油井产出堵塞物为研究对象,开展了堵塞物成分分析及形成原因研究。结果表明,研究区受效油井产出堵塞物包括以铁盐、钙盐、氟硅酸盐、氟铝酸盐等无机成分为主的硬团颗粒堵塞物,以及"有机+无机"的软硬结合颗粒堵塞物,有机组分为部分水解稀酰胺形成的胶团,无机组分为石英、碳酸钙等。推测堵塞物形成的原因为:聚驱过程中聚合物分子吸附凝絮黏土矿物、固悬物等微粒,形成具有一定变形能力的团状集合体;聚合物与高价金属阳离子发生交联作用,形成有机胶团堵塞物;酸化二次沉淀等无机垢与原油重质组分、聚合物交织在一起,加剧储层堵塞程度。研究结果可为预防聚驱油田生产井发生堵塞、油井解堵设计提供理论基础。

关键词:JZ9-3 油田　聚合物驱　受益油井　堵塞物

1　引言

聚合物驱油是油田提高采收率的有效方式之一,具有明显的降水增油效果[1]。但从 2013 年开始,JZ9-3 油田注聚井组出现了 20%～30%的产液下降现象,个别受效油井产液下降近 50%[2]。海上油田聚合物驱储层堵塞问题已成为化学驱推广应用的一个瓶颈难题[3~7],因此,明确聚合物驱受效油井堵塞物形成的原因及机理具有重要意义。

2　实验部分

2.1　材料及仪器

材料:受效油井产出堵塞物样品,产出含聚污水,透析袋,配制聚合物溶液(剪切后)、金属离子溶液(Al^{3+}、Fe^{3+}、Al^{3+}+Fe^{3+}混合液)、金属筛网,微观玻璃岩心模型、pH=1.5 的残酸溶液。

仪器:X pert PRO 粉末-射线衍射仪、Quanta 450 环境扫描电子显微镜及能谱仪(EDS)、WQF520 红外光谱仪、凝胶渗透色谱仪。

2.2　静态模拟有机胶团生成

利用蠕动泵、注射泵,使聚合物溶液分别与不同的金属离子溶液在三通阀处流动混合,混合后的溶液流出经过金属筛网,收集水不溶物,利用 Quanta 450 环境扫描电子显微镜观察其微观结构[8,9]。

2.3 微观模型下动态模拟有机胶团生成

微观玻璃岩心模型以 JZ9-3 油田天然岩心的铸体照片为模板激光雕刻而成,在高分辨观测及采集系统下实时观察堵塞物的生成、分布情况。

3 研究结果

3.1 堵塞物的分类及成分分析

根据堵塞物样品的软硬程度及其流动性和可变性,研究区注聚受效油井堵塞物可分为软硬颗粒物结合堵塞物(以下简称 A 类)和硬团颗粒堵塞物(以下简称 B 类)两类。初步推断,A 类堵塞物为聚合物包裹了各类有机物、无机垢的复杂堵塞物,B 类堵塞物的主要成分为含砂含油无机垢。注聚受效油井井筒堵塞物不同组分含量的分析结果如表 1 所示。

表 1 注聚受效油井井筒堵塞物不同组分含量的分析结果

编　　号	井　　号	含水率 /(wt%)	含油率 /(wt%)	固　相			堵塞物类型
				无机物 /(wt%)	有机物 /(wt%)	水溶聚合物 /(wt%)	
1	C-5	25.26	27.25	10.99	33.93	0.78	A 类
2	E4-5	28.80	16.85	8.01	45.37	0.54	
3	W5-6	24.60	2.38	72.46	0.56	0	B 类
4	W8-3	29.14	9.14	58.66	2.96	0.02	

3.2 无机物分析

将煅烧后的堵塞物进行扫描电镜及能谱分析,结合 XRD 物相分析结果,A 类堵塞物的无机物包括氟硅酸盐、氟铝酸盐、三氧化二铁,B 类堵塞物无机物组成为石英、碳酸钙、方镁石、斜长石等。

3.3 有机物分析

堵塞物中有机物的主体结构与产出聚合物的结构一致,均为部分水解聚丙烯酰胺。堵塞物中可水溶聚合物的分子量都小于 1 万,远远小于产出聚合物分子量,推测原因是受效油井产出液中分子量较大的聚合物已经与高价金属离子形成聚合物胶团。

4 堵塞物形成机理分析

4.1 无机垢的形成

从分析结果来看,堵塞物中的无机物类型与酸化施工过程中产生的二次沉淀物类型相匹配。产出堵塞物的受效油井自注聚生产以来大都经历过多次酸化作业,以 W8-3 井为例,该井的洗井返出液酸性极强,并含有大量金属离子。酸化作业返排不及时或排酸过程中残酸遇聚合物溶液后,将不可避免地形成 $Fe(OH)_3$ 沉淀。

硅氟酸盐沉淀是土酸与地层矿物反应产生氟硅酸和氟铝酸,氟硅酸和氟铝酸又与储集层中的钾、钙、钠等离子反应产生的不溶性沉淀物。此外,酸液溶解、冲刷胶结物和堵塞物时,会使油气层岩石的颗粒或微粒松散、脱落,为堵塞物的形成提供机械杂质物源,也解释了碳酸钙、石英等的来源。

4.2　有机垢的形成

在酸性、加热的条件下,金属高价阳离子发生水解反应,生成多羟核桥络离子,该离子与部分水解聚丙烯酰胺侧基中的羧酸根发生交联反应,形成离子键型交联网状凝胶。交联网状凝胶的形成增大了聚合物分子的回旋半径,使流动阻力增大。

在地层条件下进行实验,三种金属离子溶液与聚合物混合后,均生成了触感较黏的不溶物质,其中聚合物与 Al^{3+} 溶液生成的白色胶团不溶物的生成量最大。观察三种聚合物胶团的微观结构,发现这三种聚合物胶团均具有明显的交联网状、块状结构,与堵塞物中有机物的微观结构相似。

微观驱替模型中聚合物与残酸作用,微观孔喉初始情况如图 1(a)所示,实验开始时将溶液混合,絮状不溶物产生,聚集充填于孔喉中,如图 1(b)所示,使可通过流体的孔喉直径逐渐变小,如图 1(c)所示,随之造成堵塞。

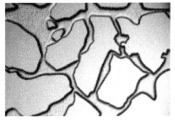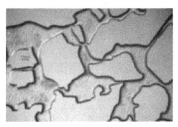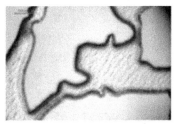

(a) 孔喉初始情况（4×）　　　　(b) 絮状物聚集（4×）　　　　(c) 絮状物堵塞喉道（10×）

图 1　微观驱替模型中聚合物与残酸作用

在地层中聚合物分子形成的絮凝会包裹缠绕地层微粒、碳酸盐沉淀等,形成难以去除的"有机＋无机"堵塞物胶团,导致储层深部形成堵塞。

5　结论

(1)JZ9-3 油田注聚受效油井产出堵塞物除酸化二次沉淀产生的硅氟酸盐、碳酸钙、铁盐等外,多为有机、无机复合物,有机组分为部分水解稀酰胺形成的凝胶,产状为交联网状。

(2)堵塞物形成机理:①酸化增产作业残酸中高价阳离子如 Al^{3+}、Fe^{3+},与油井产出聚合物结合,形成有机胶团;②酸液与储层矿物不配伍,产生二次沉淀、酸液溶蚀的地层矿物,这些无机垢成为堵塞物中的胶核,与聚合物交织在一起,加剧堵塞程度。

参 考 文 献

[1]　徐昆,赵立强,宋爱丽,等.渤海 SZ36-1 油田注聚井堵塞原因分析[J].重庆科技学院学报(自然科学版),2010,12(5):35-37.

[2]　周万富,赵敏,王鑫,等.注聚井堵塞原因[J].大庆石油学院学报,2004,28(2):40-42.

[3]　韩刚山.酸化过程中的油层伤害及保护[J].石油钻采工艺,2004,26(z1):58-61.

[4]　罗健辉,卜若颖,王平美,等.RSP 抗盐聚合物的性能研究[J].全国功能高分子 2001 年年会专刊,2001:6-9.

[5] 刘玉章.EOR 聚合物驱提高采收率技术[M].北京:石油工业出版社,2006.

[6] 关德,杨寨,张勇,等.渤海两油田油井堵塞原因分析及化学解堵试验[J].西南石油学院学报,2002,24(2):35-37,40.

[7] 宋爱莉,孙林,朱洪庆,等.SZ36-1 油田缔合聚合物驱堵塞物形成机理分析[J].石油钻采工艺,2011,33(1):83-87.

[8] 谢峰,皇海权.不可入孔隙体积与聚合物分子量选择研究[J].河南石油,1999,(2):20-22.

[9] 刘世铎.锦州 9-3 油田注聚井解堵增注技术研究[D].成都:西南石油大学,2012.

裂缝性基岩底水气藏开发特征及对策

黄建红[1]　姜义权[1]　程承吉[2]　张海丽[3]　孙　勇[1]　赵　玉[4]　杨喜彦[1]

(1.中国石油青海油田公司气田开发处　甘肃敦煌　736202;
2.中国石油青海油田公司采气三厂　甘肃敦煌　736202;
3.中国石油青海油田公司勘探开发研究院　甘肃敦煌　736202;
4.中国石油青海油田公司钻采工艺研究院　甘肃敦煌　736202)

摘　要:柴达木盆地东坪气田属于构造控制的裂缝性底水气藏,是国内首个整装基岩气藏,气藏开发初期产量高,水侵快,产量和压力递减快,稳产难度大。国内外对类型基岩气藏的系统认识较少,本文旨在给今后同类型的气藏开发提供参考。在通过对天然气组分、碳氢同位素、岩心及薄片资料分析的基础上,结合动态资料,明确了成藏条件、开发特征及开发对策。研究结果表明:东坪气田具备优质的煤系烃源岩,源岩大范围排烃聚集,断裂沟通油气,断裂垂向与不整合横向运移聚集成藏,半风化壳是良好的储层,源储紧密接触,成藏条件好;水侵是产能递减的主要原因,裂缝是水侵沟通的主要渠道;高控低排和老井侧钻是提高储量的有效手段;裂缝性底水气藏开发过程中需加强气藏管理,减缓水侵;刻画基岩内幕,认识规律;采用整体治水措施,提高储量动用程度;边认识边调整,完善治水对策。

关键词:基岩气藏　底水　裂缝　水侵　开发对策

1　引言

东坪气田位于柴达木盆地阿尔金山前东段,整体表现为"两隆三带"的构造格局[1],由西向东发育尖北斜坡、东坪鼻隆、牛北斜坡、牛东鼻隆和冷北斜坡构造,且这些构造的内部被一系列小断层切割成背斜、断背斜、断块等圈闭形态[2,3]。东坪鼻隆在近南北向构造挤压应力的作用下,整体表现为高断阶-中斜坡-低断隆-深凹陷等四个构造单元(曹正林等,2013;高先志等,2013;张审琴等,2014)。东坪地区先后发现东坪1气田和东坪3气田,本文主要以东坪1气田为例,该气田发现于2011年,生产层系为基岩,气层段100 m左右,底水发育,岩性为片麻岩,气藏非均质性强,裂缝和溶孔发育。气藏开发特征整体表现为:气藏开发初期产量高,日产量最高达380万方,受水侵影响,压力递减快,产能大幅度递减,气藏整体水淹,多口高产水井停躺,水气比上升快,采出程度低,稳产难度大,近两年气田开始实施氮气气举及增压气举等排水采气工艺,但整体效果不佳,增气量少,复产难度大[4]。

2　气藏开发特征

通过调研多个裂缝性底水气藏资料,发现几点共性:

(1)裂缝发育,裂缝是主要储渗空间;

(2)初期产量高,水侵速度快,水侵量大,压力和产量递减快,气藏整体水淹;

(3)排水采气是减缓水侵、提高采收率的重要途径之一。

2.1 气藏初期产量高,压力产量递减快

东坪气田于2013年开始规模建产,已建成10亿方产能,目前总井数为32口,开井14口,日产气14万方,日产水576方[5]。气藏2015年最高日产量达380万方,2014—2015年承担调峰任务,采气速度为5%,生产压差超过25%,2015年气藏开始出水,底水快速锥进横侵,出水后产气量大幅度降低,停躺井数由2015年的3口上升至2016年的9口,日产气量由2015年的269万方降至2019年的14万方,年产气量由9.8亿方降至0.23亿方,同期产水量由256方/日上升到626方/日,原始地层压力由2013年的43.87 MPa下降至目前的21.75 MPa,采出程度仅为5.99%。

从2013年到2019年水气比的变化情况来看,在2015年8月出水增多,水气比上了一个小台阶,并以此为起点,开始明显上升,而此前的水气比较小且稳定,到2016年2月,曲线斜率逐渐增大,气藏开始大规模出水,且产水量逐渐增加,无水采气期短。

2.2 水侵沿裂缝纵窜横侵

随着开发规模的扩大,东坪断层东南部、构造中高部多口井先后水淹停躺,该类井均属于高产气井,水侵后导致产能损失较大甚至停躺,水侵范围呈进一步扩大趋势,如图1所示。坪1H-2-4井位于构造高部位,靠近北部,油套压为5/8 MPa,2018年12月见到坪1-2-9井注入的示踪剂,水侵平面推进速度为6.85 m/d,表明气藏来水主要为构造东南和东部方向,向构造中高部位侵入。

从气井停躺先后顺序(见图2)、产气剖面来看,底水沿高角度裂缝窜入,裂缝是水侵的主要沟通渠道,且主力产气层段极易沟通底水,部分高部位生产井水淹后,邻井正常生产,体现出气藏深部以"纵窜"为主的水侵特点,底水快速占据优势通道,水体分隔气区,并向泄压区横向侵入,构造高点受水侵影响,体现出气藏顶部以"横侵"为主的水侵特征。

根据20口井的水驱指数、水驱替换系数计算,综合分析后认为东坪1井区以中强水侵为主,反映出水体较为活跃。

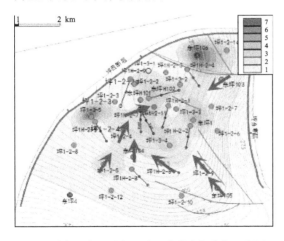

图1 东坪1气田水侵强度及单井水侵方向示意图

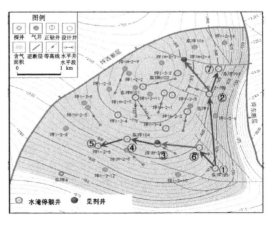

图2 东坪1气田气井停躺先后顺序示意图

3 裂缝性底水气藏开发对策的启示

3.1 加强气藏管理,减缓水侵

控压生产是减缓水侵、延长无水采气期的关键,一般将生产压差控制在 3～5 MPa;钻开程度影响着气井的产能以及最终采收率,高部位气井可以考虑全部打开,而位于构造边部、距离底水近的低部位气井,优选靠近气层顶部层段,钻开程度为 15%～20%;完井方式采用套管完井,有利于后期治水及实施酸化、压裂等增产措施;同时建立完整的监测系统,对气藏的压力、温度、地层水组分、出水情况进行连续监测,及时分析,进行开发调整。

3.2 刻画基岩内幕,认识规律

致密的基岩气藏,裂缝普遍发育,而裂缝是地层水侵入的优势通道,因此,搞清裂缝分布规律、发育程度及主控因素,加强水侵机理研究,确定水侵路径、水侵量及水驱指数等参数,为后期气藏治水提供依据。

3.3 采用整体治水,提高储量动用程度

整体治水适用于产气量快速递减阶段,水侵优势通道的井采用强排,射孔段高部位井采用控压差生产,剩余气富集区采用侧钻,以提高储量动用程度。优先确定排水井位、排水时间、排水量及剩余气分布是提高采收率的重要基础。

3.4 边认识边调整,完善治水对策

裂缝性基岩底水气藏非均质性强,气水关系复杂,压力和产能递减快,地质特征与动态特征认识需要一个过程,早期的开发方案不适用于气田水侵后中后期的开发。因此,随着对气田地质及开发动态特征认识的不断深入,不断认识不断调整,完善治水对策和开发井网,以满足气田治水及稳产的需求。

4 结论

(1)东坪气田为构造控制的裂缝性气藏,具备良好的成藏地质条件。优质的气源岩是前提,区域盖层或土壤盖层是条件,储集层段裂缝和溶孔发育易形成高产。

(2)裂缝性底水气藏普遍具有开发初期产量高、水侵速度快、水侵量大、压力和产量递减快、裂缝是水侵的主要沟通渠道等特点。

(3)裂缝性底水气藏水淹后,低部强排有助于削弱水体能量,恢复停躺井产能,老井侧钻是挖掘剩余储量的有效手段。

(4)借鉴国内外资料,提出四点裂缝性底水气藏开发对策,即加强气藏管理,减缓水侵;刻画基岩内幕,认识规律;采用整体治水,提高储量动用程度;边认识边调整,完善治水对策。

参 考 文 献

[1] 曹正林,魏志福,张小军,等.柴达木盆地东坪地区油气源对比分析[J].岩性油气藏,2013,25(3):17-20,42.

[2] 戴金星,戚厚发,郝石生.天然气地质学概论[M].北京:石油工业出版社,1989.

[3] 李江涛,李志军,贾永禄,等.柴达木盆地东坪基岩气藏的特殊地质条件及其开发模式探讨[J].天然气工业,2014,34(8):75-81.

［4］ 李婷,夏志远,刘小平,等.柴达木盆地东坪地区基岩气藏成藏条件分析[J].特种油气藏,2015,22(5)：69-73.

［5］ 马进业,司丹,赵健,等.东坪地区油气成藏特征研究及有利勘探目标优选[R].中国石油青海油田勘探开发研究院,2016.

扎哈泉地区砂岩模型微观渗流分析研究

毛建英[1] 袁海莉[1] 邓 文[1] 崔 俊[1] 毛建军[2]

(1.中国石油青海油田分公司勘探开发研究院 甘肃敦煌 736202;
2.中国石油青海油田分公司钻采工艺研究院 甘肃敦煌 736202)

摘 要:扎哈泉地区在注水开发过程中具有采出程度低、注水困难、见效差、产量预测不准、采取的工艺技术措施效果不明显等特性。本文通过对扎哈泉地区储层的岩石学、孔隙类型和孔隙结构特征等进行研究,明确储层孔隙结构特征及物性控制因素,并利用扎哈泉地区储层真实砂岩微观模型对储集层开展微观渗流规律分析,研究储层油水两相流体的渗流特征,在显微镜下观察残余油的形成和分布特征,可视化地了解微观水驱渗流特征。研究结果表明,扎哈泉地区储集层岩石粒度较细,以细砂、极细砂、粉砂为主,岩石储集空间以原生孔、次生孔和裂隙为主,方解石胶结强,储集层为低渗特征。残余油分布主要为岩石颗粒表面油膜、绕流形成片状残余油、小孔道内残余油及边缘角隅的残余油。

关键词:扎哈泉地区 储层特征 渗流机理 油水赋存状态

扎哈泉位于柴西地区中部,紧邻切克里克和扎哈泉生烃凹陷,油源条件充足,受Ⅷ及阿拉尔断层控制,向扎哈泉凹陷倾末的斜坡构造,与乌南绿草滩相连,主要储集层为低渗特征,在注水开发过程中具有采出程度低、注水困难、见效差、产量预测不准、采取的工艺措施效果不明显等特征。本文通过真实的砂岩微观模型来研究扎哈泉油田储层油水两相流体的渗流特征,并在显微镜下观察残余油的形成和分布特征,为提高该区储层的水驱油效率提供依据。

1 储集层特征

1.1 储集层岩石学特征

储集层矿物成分以长石为主,其次为石英和岩屑。岩石以粒度细、方解石胶结强为特征,颗粒结构成熟度较差,岩石颗粒大小分选以中等为主,磨圆度较差,均以次棱-棱角为主。

1.2 储集层物性特征

微观孔隙结构对储层影响最直接的宏观表现参数就是油藏的孔隙度和渗透率[1]。扎哈泉储集层类型多样,整体呈现低渗特征,平均孔隙度为 6.85%,平均渗透率为 12.95 mD。其中:扎哈泉 N_2^1 层和 N1 上层物性较好,孔渗存在较好的相关性;N1 下层和 E_3^1 层属于致密储层,物性较差。岩石润湿性具有亲水的特点。

1.3 储集层孔隙结构特征

扎哈泉地区储集层岩石以原生孔隙、次生溶孔和裂缝为主。微裂缝的发育程度直接决定油藏的开发难易程度及最终采收率[2]。

根据毛管压力曲线形态,可以评估岩石储集性能好坏[3]。通过岩石压汞技术,得出扎哈泉地区整体岩石压汞毛管压力曲线多以细歪度、高排驱压力、孔喉半径分布较为集中为特征。

填隙物类型及含量直接影响岩石物性特征[4]。扎哈泉地区储集层填隙物主要为方解石。X衍射分析显示,黏土矿物主要为伊利石、绿泥石和伊/蒙混层及绿/蒙混层矿物,而蒙脱石较少,基本不含高岭石。

2 扎哈泉地区砂岩模型微观渗流机理

2.1 微观水驱油过程

渗流是流体在多孔介质中的流动,渗流特征取决于渗流三大要素的变化,即流体、多孔介质、流动状况[5]。本实验通过将真实的岩心加工成砂岩模型来开展微观模型渗流实验,并在显微镜下观察研究饱和地层水、造束缚水、水驱油等三个过程,从而了解残余油的赋存状态。

2.2 影响微观水驱油机理的因素

微观水驱油机理主要受以下几个因素的影响:①注入压力对驱油效率有着较为显著的影响;②注入水倍数增加,能提高驱油效率;③孔隙结构对驱油效率影响显著;④储层中的黏土矿物含量是储层驱油效率的一个重要影响因素;⑤天然微裂缝的发育程度也是影响驱油效率的一个重要因素[6]。

2.3 扎哈泉地区砂岩模型微观渗流实验结果

孔隙结构是影响驱油效率和微观剩余油分布特征的关键因素[7]。对扎哈泉油田真实砂岩模型进行水驱油实验,实验结果如表1所示。

表 1 扎哈泉地区 N1 储层砂岩模型微观水驱油实验结果

井号	模型号	深度/m	岩心孔隙度/(%)	岩心气测渗透率/(10^{-3} μm^2)	模型气测渗透率/(10^{-3} μm^2)	模型水相渗透率/(10^{-3} μm^2)	模型油测渗透率/(10^{-3} μm^2)	原始含油面积/(%)	残余油面积/(%)	水驱油效率/(%)
扎 10	10-34	2927.70	6.8	0.21	13.8	6.2	0.61	84.7	18.43	78.2
扎 207	207-2	3501.54	5.6	1.4	9.5	0.33	0.18	81.0	18.69	76.9
扎 207	207-20	3504.81	10.2	2.5	0.14	0.035	0.015	74.9	18.9	74.7
扎平 1	1-141	3269.76	3.8	0.1	0.024	0.007	0.006	61.0	20.1	67.0

微观模型薄片原始含油面积(含油饱和度)较大,岩样的平均原始含油面积占样品总面积的75.4%;残余油含油面积(残余油饱和度)较小,岩样的平均残余油含油面积占样品总面积的19.03%;水驱油效率高,平均水驱油效率为74.2%。实验结果说明油水两相渗流在平面上表现出较弱的微观非均质性,油水流动呈现"渠道流态"的特点。

残余油是"死胡同"式的岔道内的原油、被水分割包围成的油滴、边缘角隅处的残余油、孔壁边缘存在的油膜。

3 结论

(1)扎哈泉地区储集层砂岩类型主要以长石为主,其次为石英和岩屑。岩石颗粒以细砂-粉砂为主,岩石以粒度细、方解石胶结强为特征。岩石颗粒磨圆度较差,均以次棱-棱角为主,分选以中等为主。填隙物主要为方解石,岩石储集空间以原生孔隙、次生孔隙及裂隙为主。

(2)扎哈泉储集层类型多样,整体呈现低渗特征,物性主要受方解石胶结物含量的控制,岩石润湿性具有亲水的特点,岩石压汞毛管压力曲线多以细歪度、高排驱压力、孔喉直径分布较为集中为特征。

(3)砂岩模型的气测渗透率与岩心柱塞的气测渗透率有较大差异,说明岩样存在一定的微观非均质性。砂岩模型微观水驱油实验结果说明油水两相渗流在平面上表现出较弱的微观非均质性。

(4)砂岩模型微观水驱油实验表明,油水在模型内的渗流具有明显的非均匀渗流现象。扎哈泉地区水驱残余油主要为绕流形成的微观死油区的残余油,其次还有分布在盲孔、大孔隙、孔隙壁上的残余油。

(5)针对目前残余油主要分布在中小孔隙的特征,建议采取表面活性剂调驱或气体驱替来提高水驱波及效率,可将残余油的开采作为一个攻关方向。

参 考 文 献

[1] 郝明强,刘先贵,胡永乐,等.微裂缝性特低渗透油藏储层特征研究[J].石油学报,2007,28(5):93-98.

[2] 张琰,崔迎春.低渗气藏主要损害机理及保护方法的研究[J].地质与勘探,2000,36(5):76-78.

[3] 宋周成.低渗透储层的微观孔隙结构分类及其储层改造技术的探讨[J].石油天然气学报,2009,31(1):334-336.

[4] 张丽娟,朱国华,魏燕萍,等.乌什凹陷神木1井白垩系储层微观特征[J].中国石油勘探,2010,15(3):22-24,29.

[5] 黄延章.低渗透油层渗流机理[M].北京:石油工业出版社,1998.

[6] 许长福,刘红现,钱根宝,等.克拉玛依砾岩储集层微观水驱油机理[J].石油勘探与开发,2011,38(6):725-732.

[7] 任晓娟.低渗砂岩储层孔隙结构与流体微观渗流特征研究[D].西安:西北大学,2006.

长井段薄互层油藏高含水期
井网优化重组技术

张　佩

（中国石油青海油田分公司勘探开发研究院　甘肃敦煌　736202）

摘　要：尕斯库勒油田 N_1-N_2^1 油藏为长井段、薄互层储层，层系众多，砂体规模小，连通关系复杂，经过 30 年开发，可采储量采出程度超过 80％，主力层系含水率超过 80％，水驱控制程度低，水驱动用程度低，现有井网不具备进一步加密调整的潜力。选取Ⅳ上层系开展井网重组试验，建立两套注采井网，开发效果明显好转，采收率提高 6％，自然递减下降 12％。该技术对油藏下一步整体井网重组及开发调整具有重要的指导意义，也为同类型油藏提供参考。

关键词：薄互层　控制程度　井网重组　非均质性　次非层　剩余油

1　油藏概况

尕斯库勒油田 N_1-N_2^1 油藏经过近 30 年的注水开发，砂体规模小、连通关系复杂、剩余油分布零散等问题严重制约油藏生产，且可采储量采出程度超过 80％，主力层系含水率超过 80％。通过近几年地质再认识，认为采出程度高及砂体叠合状况较好的层系具备井网细分重组的潜力[1,2]。因此，优选Ⅳ上层系开展井网重组试验。

2　高含水期井网重组调整方式

2.1　储层分类

以砂体评价分类为基础进行储层分类。通过单砂体分类，按照单砂体分类比例大于 50％归为当类，单砂体分类比例全部小于 50％则归为分类比例最大的次一类的原则，将储层分为四类，其中一类储层三个，二类储层四个，三类储层五个，四类储层七个。

2.2　单砂体水驱效果评价

以砂体为单元，建立形成符合长井段薄互层油藏[3,4]特点的砂体井组综合评价方法。

2.2.1　一类储层开发状况及潜力

以连片砂体为主，油层钻遇率为 60％以上，注采几乎完全对应，水驱开发程度高。调整对策为：通过老井调整改变水流方向，挖潜剩余油，逐渐改善水驱。

2.2.2　二类储层开发状况及潜力

以较连片砂体为主，油层钻遇率为 40％～60％，注采对应关系较好，水驱开发程度较高。

调整对策为:同一类或利用新井部署完善注采关系,逐渐完善水驱。

2.2.3　三类储层开发状况及潜力

砂体连片性较差,油层钻遇率为 20%～40%,难以形成有效的注采对应关系。调整对策为:通过完善注采井网、精细注水等工作,扩大水驱波及面积,建立水驱。

2.2.4　四类储层开发状况及潜力

砂体连片性差,油层钻遇率小于 20%,几乎无有效的注采对应关系。调整对策为:通过新钻井完善注采对应关系。

3　井网重组方案部署

井网重组总体思路:一、二类储层作为主力开发层系,三、四类储层小层组建一套独立井网,作为次非主力层系。

(1)采用五点法顺物源井网,两套井网发育稳定隔层,重组后两套层系平均有效厚度分别为 9.1 m、12.3 m,油砂体储量分别为 196.2 万吨、197.1 万吨,均具有一定的储量基础。

(2)如图 1 所示,主力层系尽量利用老井,部署新油井 3 口,形成 34 油 24 水的注采井网,井距为 180 m,结合老井完善井网,实施大井距强注强采措施,提高采油速度,并确保井网满足后期三次采油需求。

(3)如图 2 所示,次非主力层系缩小井距,部署新井 34 口,形成 20 油 14 水的新注采井网,井距为 150 m,提高储量动用程度。新井预测单井日产量为 3 吨/天。

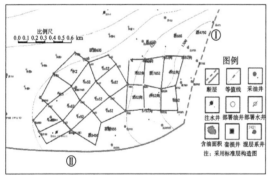 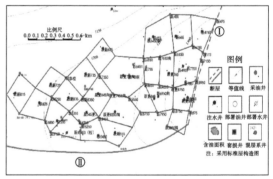

图 1　Ⅳ上层系主力层系井网图　　　　　图 2　Ⅳ上层系次非主力层系井网图

4　应用效果分析

Ⅳ上层系开展井网重组工作,主力层系 3 口新井油层钻遇率为 29.73%,水淹层钻遇率为 70.27%;次非主力层系 34 口新井油层钻遇率为 49.73%,水淹层钻遇率为 50.27%。两套井网形成互补分类开采,水驱控制程度提高 15%,水驱动用程度提高 17.5%,总体日产油量由 95 吨/天上升到 192 吨/天。新井初期单井日产油量为 4.12 吨,含水率为 22.76%,高于预测单井产量。

5　结论

(1)基于砂体的储层分类是井网重组、改善开发现状的基础。

(2)单砂体水驱效果评价是精准部署、精细挖潜的前提。

(3)两套井网发育稳定隔层,重组后两套层系储层厚度相近、储量相近,是确保长期稳产的基本原则。

(4)Ⅳ上层系井网重组效果表明目前井网重组方式适用于长井段薄互层油藏高含水期水驱挖潜。

参 考 文 献

[1] 曹学良.中渗复杂断块油藏开发中后期开发技术政策研究[D].北京:中国地质大学(北京),2009.

[2] 艾敬旭,周生友,马艳,等.高含水油藏井网重组与二元驱复合增效——以南襄盆地双河油田Ⅳ5—11层系为例[J].石油与天然气地质,2012,33(1):129-134.

[3] 武丽丽.特高含水期水驱油藏层系井网重组优化研究[D].青岛:中国石油大学(华东),2010.

[4] 姜颜波.聚合物驱后油藏井网重组与化学驱复合增效技术——以孤岛油田中一区Ng3单元为例[J].石油地质与工程,2014;28(1):91-93.

海上多层稠油热采创新技术及应用

郑　伟　谭先红　张利军　王泰超　丘惠娴

（中海油研究总院有限责任公司开发研究院　北京　100028）

摘　要： 渤海特殊稠油资源量大，热采开发投资高，经济效益差。本文以渤海 A 油田为依托，联合多专业开展热采创新增效技术研究，探索渤海稠油热采经济开发出路。针对 A 油田特殊稠油、单油层薄、产能低、热采经济开发难度大等难题，形成热采经济有效布井界限技术，保证单井热采效果；形成多井型优选评价技术，最大限度地提高单井产量；形成大斜度井产能倍数确定技术，精准地确定热采井产能；形成开发方式优选优化技术，确定经济开发方式；初步形成热采开发模式，探索稠油热采经济开发出路。通过多专业联合开展热采创新增效技术研究，成效显著，热采产能提高 30% 以上，单井投资降低 25%，临界 Brent 油价从近 100 美元降低到 60 美元。本文形成的创新增效技术能够大幅降低渤海稠油热采经济门槛，为形成渤海稠油热采经济开发之路提供指导和基础。

关键词： 海上油田　稠油热采　经济开发　创新增效　热采模式

1　引言

渤海油田以稠油为主，黏度大于 350 mPa·s 的特殊稠油探明储量大，其中未动用储量占 90% 以上。特殊稠油冷采开发产能低，采收率低，热力采油技术势在必行[1~3]。为推动渤海油田特殊稠油储量动用，虽已从 2008 年开始，在南堡 35-2 油田和旅大 27-2 油田开展多元热流体吞吐和蒸汽吞吐先导试验，增油效果显著，但目前海上热采面临开发投资大、经济效益差等问题，特殊稠油资源经济有效开发难度大。因此，需探寻渤海油田稠油低成本热采技术，推动稠油资源经济动用。本文以 A 油田为例，阐述所开展的热采创新增效技术，所形成的创新增效技术能够大幅度降低渤海油田稠油热采经济门槛，为推动渤海油田特殊稠油动用提供指导。

2　油田概况

A 油田油藏埋藏浅（−970~−780 m），纵向上具有多套油水系统，以层状构造边水重质稠油油藏为主；构造破碎，属于复杂断块油田；含油层系多且纵向跨度大，目的层为馆陶组，地层厚度为 400 m，纵向划分 11 个亚油组；沉积相为近源辫状河三角洲沉积，储层叠置连片，分选中等偏差，隔夹层发育；流体为重质稠油，地面原油密度为 0.972 t/m³。

3 创新增效技术

3.1 热采经济技术界限,优中选优,保证热采效果

利用油藏数值模拟技术,开展边水稠油油藏开发效果影响因素敏感性研究,认为热采井距边水的距离是影响开发效果的最重要因素。距离内含油边界较远,热采井受边水影响小,累计产油量较高。根据经济评价,若只考虑回收开发投资和操作费,单井累计产油量需达到4万方。结合数模及类比,建议边水稠油油藏热采井应距离内含油边界200 m以上。

3.2 采取多井型优选技术,最大限度地提高产量

为优选合适井型,提高单井产量,开展多底井、水平井、大斜度井和定向井优选评价。本油田隔夹层十分发育,从连井剖面分析,油层厚度变化较快,部署水平井风险高。多底井能较大幅度地提高单井产量和累计产量,但成本高,且在分支热采完井困难,也难以实现同注热的管理,暂不推荐。

相对于定向井,大斜度井能提高产量。对于A油田,开展平台在油藏内部和油藏外部两种情况的研究。若平台在油藏外部,那么全部为大斜度井,产量高,但进尺大,钻完井费用高,热损失严重,同时边部井距离边水更近,且高部位顶部油层动用程度差。因此,推荐平台在油藏内部,对于主力井区,能够保证42%的热采井为大斜度井。

3.3 形成大斜度井产能倍数图版,精确确定热采产能

对于海上多层稠油油藏,不同位置的油井井斜不同,需准确确定大斜度井蒸汽吞吐产能。在考虑非牛顿流体性质的蒸汽吞吐产能模型的基础上,将不同井斜角简化为井斜附加表皮进行产能校正,同时建立不用区域平均黏度计算方法,并建立蒸汽吞吐不同井斜角大斜度井热采产能倍数图版(见图1),蒸汽吞吐开发大斜度井产量是定向井的1.2~1.5倍,为不同位置的热采井准确配产提供依据。

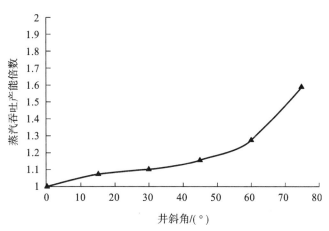

图1 蒸汽吞吐不同井斜角大斜度井产能倍数图版

3.4 研究多种热采开发技术,确定经济开发方式

本文采用动态经济评价法对不同热采开发组合模式进行经济评价,评价指标为经济年限内财务净现值。对于A油田,前期开发方式主要考虑稠油常规开发、热水吞吐、蒸汽吞吐和烟道气辅助蒸汽吞吐四种方式,吞吐后续接替方式统一考虑热水化学驱,因此形成四种组

合模式。从累计产油量和采收率来看,烟道气辅助蒸汽吞吐＋热水化学驱组合模式效果最好,主要原因是蒸汽携带热焓最大,比热大,同时烟道气中所含的 CO_2 和 N_2 具有增能保压和溶解降黏等作用,进一步提高了采收率,但 CO_2 具有腐蚀性,会对管柱及工艺流程造成影响,暂不推荐。因此,对于 A 油田,前期吞吐方式建议选择陆上应用最为广泛、技术成熟度较高的蒸汽吞吐,后期适时考虑转驱开发。

4　创新增效成效

通过多专业开展不同开发规模、开发方式、投产策略、热采注采管柱、平台形式和有无依托等降本增效专题研究,成效显著,初期产量从 30 m^3/d 提高到 35～45 m^3/d,临界油价从近 100 美元降低到约 60 美元。

5　结论

(1)为保证热采开发效果,确定海上边水稠油热采开发经济技术极限,建议边水稠油油藏热采井应距离内含油边界 200 m 以上。

(2)为最大限度地提高热采单井产量,开展不同井型优化研究,形成不同井斜角条件下大斜度井热采产能倍数图版,蒸汽吞吐开发大斜度井产量是定向井的 1.2～1.5 倍,为确定蒸汽吞吐大斜度井产能提供依据。

(3)创新增效效果显著,初期产量从 30 m^3/d 提高到 35～45 m^3/d,临界油价从近 100 美元降低到约 60 美元。

参 考 文 献

[1]　陈伟.陆上 A 稠油油藏蒸汽吞吐开发效果评价及海上稠油油田热采面临的挑战[J].中国海上油气,2011,23(6):384-386.

[2]　朱国金,余华杰,郑伟,等.海上稠油多元热流体吞吐开发效果评价初探[J].西南石油大学学报(自然科学版),2016,38(4):89-94.

[3]　郑伟,袁忠超,田冀,等.渤海稠油不同吞吐方式效果对比及优选[J].特种油气藏,2014,21(3):79-82.

高含水期扶余油田压裂技术研究

何增军　徐太双　王　瑀　沈　洛

（中石油吉林油田分公司　吉林松原　138000）

摘　要： 对于扶余油田含水率达到 95.6％的浅层低温油藏，油层以正韵律储层为主，且非均质性强，压裂后高产液。扶余油田储层平均温度为 32 ℃，受长期注水开发和低温的影响，原油黏度上升，重复压裂效果逐年变差；油藏压实性差，压裂后出砂、吐砂严重，造成大修及占井时间长，支撑剂不能有效支撑。针对上述问题，本文研究了正韵律油层调堵压一体化压裂技术、热水蓄能降黏压裂技术、防吐砂低温尾椎树脂砂压裂技术，有效解决了压裂技术面临的问题，为特高含水期油层措施挖潜技术提供了技术支撑。

关键词： 特高含水期　扶余油田　重复压裂　正韵律储层

1　扶余油田储层特征

扶余油田位于松辽盆地南部中央坳陷东部扶新隆起带扶余Ⅲ号构造上，主要发育扶余油层[1]，以正韵律沉积为主，约占 90％。从中区、西区到东区，原油黏度明显增大，原油组分中的含蜡量、沥青质含量和胶质含量也逐渐升高。

2　扶余油田重复压裂存在问题

（1）正韵律储层常规压裂技术加剧水流优势通道形成。

（2）常规压裂技术不改变储层流体黏度，压后不增油[2,3]。

（3）扶余油田油层埋藏浅，层间差异大，压后吐砂情况严重[4]。

3　高含水期重复压裂技术

3.1　正韵律储层调堵压一体化压裂技术

为了实现正韵律储层动用低渗透部位的目的，采用调剖颗粒（弹性颗粒）封堵后再压裂的技术[5]。

3.1.1　ABAQUS 有限元模拟软件模拟参数

利用 ABAQUS 软件进行重复压裂模拟，地层渗透率为变渗透率，顶部渗透率为 50×10^{-3} μm^2，底部渗透率为 300×10^{-3} μm^2，初始缝高为 15 m，初始缝长为 80 m。先对初始缝进行封堵，使裂缝处渗透率下降为目标值，然后进行二次压裂。

3.1.2 不同渗透率条件下裂缝形态模拟

研究实施变渗透率压裂时,封堵后原裂缝渗透率对重复压裂缝高、缝长的影响。

由模拟结果可知,原裂缝封堵后渗透率越低,二次压裂裂缝的缝高越大,纵向动用程度越高。

3.1.3 封堵材料研究

结合现场实验,提出弹性颗粒与细粉砂(70~140 目)匹配共同施工设想,实验优选弹性颗粒粒径中值分别为 0.5~1 mm、1~2 mm 这两种粒径规格,与细粉砂不同配比,得出渗透率曲线。

由实验结果可知:弹性颗粒占比越大,渗透率越小;相同配比下,弹性颗粒粒径越小,渗透率越小。可根据地层应力条件和调控渗透率程度优选弹性颗粒与细粉砂配比。

3.1.4 矿场实验效果

1#井于 2017 年 12 月进行压裂,采用弹性颗粒与细粉砂配比为 6 : 4 的封堵材料调整原裂缝的渗透率。压裂施工后,产液量变化小,含水率下降,说明封堵成功,压裂动用了新部位。1#井封堵压裂前后生产曲线如图 1 所示。

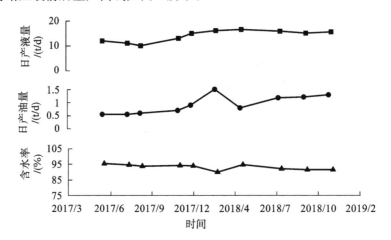

图 1　1#井封堵压裂前后生产曲线

3.2 热水蓄能降黏压裂技术

针对稠油区块,通过热水蓄能降黏压裂技术,提高地层温度,降低黏度,提高采油井油相相对渗透率。

3.2.1 参数设计

(1)前置液热水温度确定。

长春岭稠油区块黏度随温度变化拐点为 40 ℃和 60 ℃,对比 22 ℃和 60 ℃下油水相渗透率曲线,油相相对渗透率增加 2~3 倍,采收率提高 5~7 个百分点。结合现场实际情况,设计温度为 60 ℃。

(2)前置液热水量确定。

结合地层压力和井网特征,模拟不同前置液用量下裂缝长度、高度、宽度关系曲线,单井前置液用量为 100~150 m³。

（3）缝高的确定。

裂缝平均高度为砂岩厚度的 $2.0 \sim 2.5$ 倍。储层应力差值为 $2 \sim 4\,MPa$，可实现有效遮挡。根据井网条件，设计裂缝半径为 $100 \sim 125\,m$。

3.2.2 现场应用

2017—2019 年在长春岭稠油区块应用热水蓄能降黏压裂技术实验 20 口井，有效率为 100%，初期单井平均日增液量为 4 t，平均日增油量为 1.5 t。2#井热水蓄能降黏压裂效果如图 2 所示。

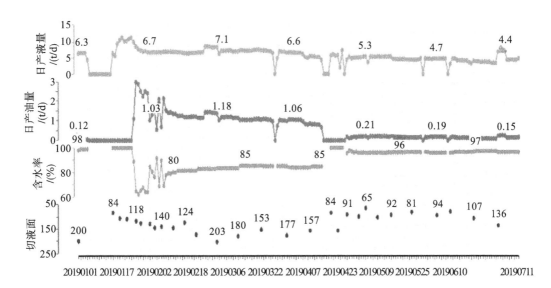

图 2 2#井热水蓄能降黏压裂效果

3.3 尾追树脂砂防砂压裂技术

3.3.1 技术原理

新型环氧树脂覆膜砂采用外催化固化体系，并测试了固化体系从室温到 70 ℃的固化时间和抗压强度。在固化时间达到 40 小时后，随着温度的升高，抗压强度随之提高。

3.3.2 现场实验

2018 年以来实验 4 口井，压裂后没有出现吐砂现象，有效避免了吐砂造成的卡井事件发生，且压裂效果较好，初期单井平均日增油量达到 0.4 t/d。

4 结论及认识

（1）原裂缝封堵后渗透率越低，二次压裂裂缝的缝高越大，纵向动用程度越高。

（2）弹性颗粒与细粉砂按配比使用，弹性颗粒占比越大，渗透率越小；相同配比下，弹性颗粒粒径越小，渗透率越小。

（3）提高油层温度，可以大幅度提高油相相对渗透率和采收率。

（4）新型环氧树脂覆膜砂能满足压裂后高采液强度下的生产要求，防止支撑剂回流反吐。

参 考 文 献

[1] 庄淑兰,张云海,董晓玲,等.利用水平井技术挖掘扶余油田潜力[J].高含水油田改善开发效果技术文集,2006:341-346.

[2] 尹洪军,刘宇,付春权.低渗透油藏压裂井产能分析[J].特种油气藏,2005,12(2):55-56.

[3] 赵子刚,潘雨兰,孙庆友.低渗透油层二次压裂评价新方法及应用[J].特种油气藏,1999,6(4):34-39.

[4] 秦积舜,李爱芬.油层物理学[M].东营:中国石油大学出版社,1993.

[5] 何增军.扶余油田东17块稠油降黏措施浅析[J].特种油气藏,2011,18(6):100-102.

一种新的 PRT 分类方法及测井评价

汤 潇[1,2] 张 冲[1,2]

(1.油气资源与勘探技术教育部重点实验室(长江大学) 湖北武汉 430100；
2.长江大学非常规油气湖北省协同创新中心 湖北武汉 430100)

摘 要：中东地区碳酸盐岩油气藏储量巨大,成为各大国际石油公司投资的主力油藏。岩石物理类型划分是储层地质建模、油藏岩石渗流规律和油藏数值模拟研究中的一项重要内容,是更加充分认识储层和合理有效开发储层的关键。以伊拉克 H 油田中白垩纪 Mishrif 组巨厚碳酸盐岩储层为例,以 980 块 MICP 为基础,通过累积渗透率贡献公式,分析了单峰、双峰及三峰等三种孔喉频率分布模式下岩石渗透率的贡献,认为在双峰和三峰形态中大孔喉占据的频率分布对岩石渗透率的贡献占 95% 以上,中孔喉和小孔喉占据的频率分布对岩石渗透率的贡献可以忽略。研究了单峰孔喉频率分布、双峰和三峰孔喉频率分布中的大孔喉的孔隙结构与渗透率的关系,发现谱峰对应的孔喉半径、分布谱的非均值性以及孔隙大小对岩石渗透率的影响较大,通过对压汞曲线进行 Thomeer 函数拟合,提取了排驱压力 P_{d1}、孔隙几何因子 G_1、孔隙大小 B_{v1} 值,用以上三个参数表征谱峰对应的孔喉半径、分布谱的非均值性以及孔隙大小,并与岩石渗透率进行拟合,获取储层分类参数 Mode。将 980 块岩心的 Mode 参数按照升序排列,并绘制在半对数坐标图上,通过插值、求导及滤波处理后,在斜率变化处划分了五类储层。通过研究区块井资料的处理,将 Mode、Winland R_{35}、flow zone indicator 的分类结果与压汞孔喉分布谱、核磁 T_2 分布谱及常规测井曲线进行对比,结果显示 Mode 的分类结果明显优于 Winland R_{35} 和 flow zone indicator。

关键词：中东碳酸盐岩 PRT 分类 注汞毛管压力曲线 Thomeer 函数 累积渗透率贡献

1 方法原理

1.1 岩石孔隙结构与储层渗透性

储层岩石的渗透率与其微观孔隙结构密切相关,用毛管压力曲线表示岩石微观孔隙结构是一种常用的手段[1]。

1.1.1 不同分布峰与渗透率的关系

碳酸盐岩储层孔隙结构复杂,孔喉分布存在多个模态[2]。研究区 980 块样品中,单峰、双峰和三峰的数目分别为 606 块、378 块和 36 块,单峰、双峰和三峰的第一分布峰对渗透率的贡献分别为 100%、99.772% 和 97.625%。统计双峰、三峰样品各分布峰对渗透率的贡献,结果表明第二或第三分布峰(次孔喉)对渗透率的贡献太低,基本在 5% 以内,对渗透率的影响几乎可以忽略不计。

1.1.2　孔隙结构特征与渗透率的关系

基于以上研究结论,重点研究大孔喉的孔隙结构与储层渗透性之间的关系[3,4]。理论上,孔喉频率分布的位置、曲线形态、包络面积可能会影响储层渗透性。选取六块岩样,绘制相应的孔喉频率分布图。在其他两种特征一致的情况下,R_p 大或者均质性好的样品(曲线窄)或者孔隙体积大的样品,其渗透率大。

1.2　孔隙结构表征

1960 年 Thomeer 提出的双曲线函数能够表示孔喉频率分布,因此考虑用 Thomeer 参数——排驱压力 P_{d1}、形态参数 G_1 和进汞体积 B_{v1} 来表征孔隙特征。包络面积、曲线形态可以直接由 G_1 和 B_{v1} 表示,峰值半径可以由 P_{d1}、G_1 联合表征。建立 R_p 与 P_{d1} 和 G_1 的多元关系,即

$$R_p = \frac{1.244}{G_1^{0.2106} P_{d1}^{1.355}} \tag{1}$$

基于以上分析,建立渗透率与 R_p、G_1、B_{v1} 的统计关系,即

$$LN(K) = 1.428LN(e^{0.037B_{v1} - 0.37G_1} \times R_p) + 0.019 \tag{2}$$

式(2)是典型的渗透率模型形式(Kolodzie,1981)。定义孔隙结构综合参数 Mode,分别建立渗透率与 Mode、渗透率与 R_{35} 的回归关系,结果表明 Mode 能够指示储层好坏,反映渗透性。

$$Mode = \frac{1.244e^{0.037B_{v1} - 0.37G_1}}{G_1^{0.2106} P_{d1}^{1.355}} \tag{3}$$

1.3　岩石物理分类(PRT)

将 Mode 按照升序排列,绘制在 Mode 的半对数坐标图上。在不改变曲线形态的条件下,对 Mode 序列进行插值、求导、滤波,再根据滤波后的曲线变化确定 PRT 界限。将 R_{35} 和 FZI 按照同样的方法进行岩心 PRT 划分。

2　方法验证

将三种方法应用到研究区 M-X 井中,测井成果图如图 1 所示。3102.75~3105 m 井段,孔喉谱呈现变大的趋势,DT、TNPH、渗透率在 3102.75 m 处增大,RHOZ 减小。Mode 分类结果为一类储层,符合测井曲线的变化规律,R_{35} 和 FZI 划分结果则没有反映出突变响应。3110.5~3111.5 m 井段,RD 和 RHOZ 增大,TNPH、渗透率和 DT 减小,孔喉谱和核磁谱指示小孔喉、差储层。FZI 在该处划分为三类储层,R_{35} 在该处划分为四类储层,Mode 在该处划分为五类最差储层,显然 Mode 分类方法更加符合实际情况。

3　结论

(1)多峰发育的 M 组白垩纪碳酸盐岩,其大孔喉能够表示其渗透性,次孔喉对渗透率的贡献可以忽略。

(2)大孔喉的谱峰半径、谱形态和谱面积能够表示岩石的孔隙结构,并且能被 Thomeer 参数——P_{d1}、G_1 和 B_{v1} 表示,在此基础上提出储层参数 Mode 能指示储层品质的观点。

(3)对分类参数序列依次进行插值、求导和滤波,得到的曲线能够用来确定 PRT 界限。

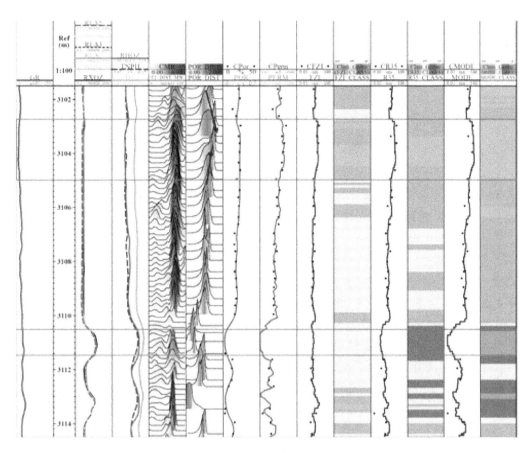

图1 测井成果图

(4)在测井 PRT 评价上,相比于 R_{35} 和 FZI 方法,PRT 分类方法的准确度有明显提升。

参 考 文 献

[1] CLERKE E,MUELLER H W,PHILLIPS E C,et al. Application of Thomeer hyperbolas to decode the pore systems,facies and reservoir properties of the Upper Jurassic Arab D limestone,Ghawar field, Saudi Arabia:a "Rosetta Stone" approach[J]. Geoarabia,2008,13(4):113-160.

[2] XU C,TORRES-VERDIN C. Pore system characterization and petrophysical rock classification using a bimodal Gaussian density function[J]. Mathematical Geosciences,2013,45(6):753-771.

[3] 王允诚.油层物理学[M].北京:石油工业出版社,1993.

[4] 李海燕,徐樟有.新立油田低渗透储层微观孔隙结构特征及分类评价[J].油气地质与采收率,2009, 16(1):17-21.

复杂裂缝网络储层流体渗流特征研究

陈志明[1] 廖新维[1] 赵晓亮[1] 于 伟[2]

(1. 中国石油大学(北京)油气资源与探测国家重点实验室 北京 102249；
2. 美国得克萨斯农工大学石油工程系 美国 77843)

摘 要：为了促进非常规气藏压裂评价、动态监测和提高采收率的研究，介绍了一种新型的复杂缝网渗流模型，基于此，研究了地层流体在复杂缝网条件下的渗流特征，结果发现复杂缝网条件下地层流体的渗流特征可划分为井筒流体储集和表皮效应阶段、裂缝双线性流阶段、裂缝窜流阶段、改造区域效应阶段和拟径向流阶段。裂缝窜流阶段是由于裂缝间流体供给而造成的，相当于裂缝间窜流，类似于双重介质模型中基质向裂缝系统的窜流。改造区域效应阶段是由于缝网与储层渗透率差造成的，该特征反映了缝网改造规模，可为压裂评价提供重要信息。此工作为新型清洁能源(页岩气藏、致密气藏等)的高效开发提供了理论基础，有利于缓解我国能源供需矛盾，保障能源安全。

关键词：人工裂缝网络 非常规气藏 渗流特征 半解析模型

1 引言

在大型压裂过程中，许多学者利用裂缝监测技术发现井筒周围极易形成复杂缝网，分析得出地层流体在复杂缝网条件下的渗流特征是非常规气藏压裂评价、动态监测和提高采收率的重要前提[1]。2015 年，Chen 等学者[2,3]将缝网离散成裂缝点和裂缝单元，假设分支裂缝上的流体流向裂缝节点，并利用压力叠加和流量累计得到每一个裂缝单元处的压力解，通过耦合裂缝压力解，对渗流模型进行求解，该方法可称为流量累积法，但是该方法仅适用于正交且对称的缝网，对于复杂缝网条件下的流体渗流特征研究还不够[4,5]。

针对这一问题，首先建立一种新型的复杂缝网渗流模型，然后在此基础上分析地层流体在复杂缝网条件下的渗流特征，以利于非常规气藏压裂评价、动态监测和提高采收率。

2 模型建立

2.1 物理模型

为模拟大型压裂后复杂缝网情况，沿着井筒建立了正交裂缝网络物理模型，实际上该模型可考虑任意形态的裂缝。因此，与前人研究的单翼裂缝不同，本文考虑了裂缝相互交错的情况，假设地层为上下封闭，水平均质无限大，微可压缩流体作等温、单相、达西渗流，并忽略流体垂向流动，油井以恒定产量进行生产。

2.2 数学模型

2.2.1 储层流体渗流模型

经过离散后,复杂缝网可由裂缝节点坐标、裂缝单元长度和裂缝单元角度表示为

$$\mathrm{FN} = F(x, y, l, \theta) \qquad \backslash * \mathrm{MERGEFORMAT(1)}$$

式中,x、y、l、θ 为裂缝节点坐标、裂缝单元长度和裂缝单元角度。

储层流体渗流过程中的连续性方程为

$$-\mathrm{div}(\rho v) = \frac{\partial(\rho \varphi)}{\partial t} \qquad \backslash * \mathrm{MERGEFORMAT(2)}$$

储层流体的运动方程为

$$v = -\frac{3.6k}{\mu} \frac{\partial p}{\partial r} \qquad \backslash * \mathrm{MERGEFORMAT(3)}$$

考虑流体的微可压缩性,将式(3)代入式(2)中,得

$$\frac{1}{r} \frac{\partial}{\partial r}\left(r \frac{\partial p}{\partial r}\right) = \frac{\varphi \mu C_t}{3.6k} \frac{\partial p}{\partial t} \qquad \backslash * \mathrm{MERGEFORMAT(4)}$$

同时,内边界条件为

$$\frac{rhk}{1.842 \times 10^{-3} \mu B} \frac{\partial p}{\partial r}\Big|_{r \to 0} = q_F \qquad \backslash * \mathrm{MERGEFORMAT(5)}$$

外边界条件为

$$p\,|_{r \to \infty} = p_i \qquad \backslash * \mathrm{MERGEFORMAT(6)}$$

初始条件为

$$p\,|_{t=0} = p_i \qquad \backslash * \mathrm{MERGEFORMAT(7)}$$

式中,k 为地层渗透率(D),μ 为地层流体黏度(mPa·s),r 为径向距离(m),p_i 为原始地层压力(MPa),p 为 t 时刻的地层压力(MPa),C_t 为地层综合压缩系数(MPa^{-1}),h 为地层厚度(m),B 为地层流体体积系数(m³/m³),q_F 为单位压裂裂缝下的流量(m³/d/m)。

2.2.2 缝网流体渗流模型

假设缝网中裂缝内部流动为一维单相,由于裂缝渗透率远高于基质,裂缝中的流体渗流可认为瞬间达到稳定,忽略不稳定流动阶段,裂缝单元的流体基本渗流方程为

$$-\mathrm{div}(\rho v_F) + \frac{\rho_{sc} q_F}{24 w_F h} = 0 \qquad \backslash * \mathrm{MERGEFORMAT(8)}$$

裂缝单元的流体运动方程为

$$v_F = -\frac{3.6k_F}{\mu} \frac{\partial p_F}{\partial y}, y \in \mathrm{FN} \qquad \backslash * \mathrm{MERGEFORMAT(9)}$$

将式(9)代入式(8)中,可得

$$\frac{k_F}{\mu} \frac{\partial^2 p_F}{\partial y^2} + \frac{B q_F}{86.4 w_F h} = 0 \qquad \backslash * \mathrm{MERGEFORMAT(10)}$$

内边界条件为

$$\frac{k_F w_F h}{86.4 \mu} \frac{\partial p}{\partial y}\Big|_{y=y_d} = B q_{Fw} \qquad \backslash * \mathrm{MERGEFORMAT(11)}$$

根据质量守恒定律,外边界条件为

$$q_u\,|_{y=y_u} = q_{Fw} + L_{Fs} q_F \qquad \backslash * \mathrm{MERGEFORMAT(12)}$$

初始条件为

$$p_F \big|_{t=0} = p_i \qquad \backslash * MERGEFORMAT(13)$$

式中,FN 为离散的裂缝网络坐标点,v_F 为裂缝中流体渗流速度(m/h),w_F 为裂缝宽度(m),p_F 为裂缝中压力(MPa),y 为裂缝方向距离(m),k_F 为裂缝渗透率(m),q_{Fw} 为裂缝端点流量(m³/d),L_{Fs} 为裂缝段长(m)。

利用半解析法[6,7]对方程组进行求解,即可得到每一个裂缝节点的压力 $\overline{p}_{FD}(r_D, s)$,包括井筒节点 $\overline{p}_{wD}$,最后进行实空间反演。

3 模型结果

为研究地层流体在复杂缝网条件下的渗流特征,基于表 1 所示的复杂缝网无因次基本参数,利用上述模型进一步分析井筒压力动态特征,结果如图 1 所示,上部曲线为无因次井筒压力,下部曲线为无因次井筒压力导数。

表 1 复杂缝网无因次基本参数

类 型	参 数	数 值	单 位
裂缝网络	纵向裂缝导流能力	50	无因次
	纵向裂缝半长	1	无因次
	纵向裂缝条数	5	无因次
	横向裂缝导流能力	50	无因次
	横向裂缝半长	5	无因次
	横向裂缝条数	6	无因次
井筒	井筒半径	0.002	无因次
	井筒长度	10	无因次
	表皮因子	1.0×10^{-3}	无因次
	井筒储集系数	1.0×10^{-5}	无因次

注:表中参考长度为纵向裂缝半长 50 m。

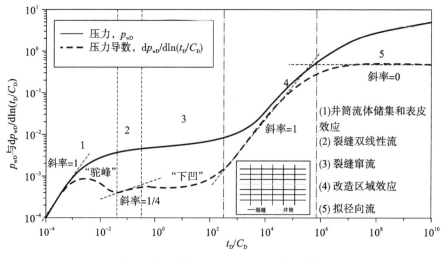

图 1 复杂缝网条件下井筒压力动态特征

4 结论

复杂缝网条件下地层流体渗流特征可划分为井筒流体储集和表皮效应阶段、裂缝双线性流阶段、裂缝窜流阶段、改造区域效应阶段和拟径向流阶段。裂缝窜流是裂缝间流体供给造成的,相当于裂缝间窜流,类似于双重介质模型中基质向裂缝系统的窜流。改造区域效应是缝网与储层渗透率差造成的,该特征反映了缝网改造规模,可为压裂评价提供重要信息。

参 考 文 献

[1] MAYERHOFER M J, LOLON E, WARPINSKI N R, et al. What is stimulated rock volume?〔J〕. Society of Petroleum Engineers, 2008.

[2] CHEN Z, LIAO X, HUANG C, et al. Productivity estimations for vertically fractured wells with asymmetrical multiple fractures〔J〕. Journal of Natural Gas Science and Engineering, 2014, 21: 1048-1060.

[3] CHEN Z, LIAO X, ZHAO X, et al. A semianalytical approach for obtaining type curves of multiple-fractured horizontal wells with secondary-fracture networks〔J〕. SPE Journal, 2015, 21(2): 538-549.

[4] 廖新维, 陈晓明, 赵晓亮, 等. 低渗油藏体积压裂井压力特征分析〔J〕. 科技导报, 2016, 34(7): 117-122.

[5] 王欢. 低渗透油藏体积压裂井动态反演技术研究及其应用〔D〕. 北京:中国石油大学(北京), 2015.

[6] MUKHERJEE H, ECONOMIDES M J. A parametric comparison of horizontal and vertical well performance〔J〕. SPE Formation Evaluation, 1991, 6(2): 209-216.

[7] TIAN L, XIAO C, LIU M, et al. Well testing model for multi-fractured horizontal well for shale gas reservoirs with consideration of dual diffusion in matrix〔J〕. Journal of Natural Gas Science and Engineering, 2014, 21: 283-295.

超低渗透油藏的 K-均值聚类研究

刘保磊[1,2,3]　雷征东[4]　陈新彬[4]　余　勤[5]　刘亚茹[1]　钟　鸣[1]

(1.长江大学石油工程学院　湖北武汉　430100;
2.油气钻采工程湖北省重点实验室　湖北武汉　430100;
3.油气资源与勘探技术教育部重点实验室　湖北武汉　430100;
4.中国石油勘探开发研究院　北京　100083;
5.中国石油长城钻探工程有限公司钻井一公司　辽宁盘锦　124000)

摘　要:为了更好地指导超低渗透油藏的生产开发,提高超低渗透油藏的采收率,综合超低渗透油藏的地质与开发特点,对油藏参数开展相关性分析,优选出七项参数作为分类指标;结合因子分析方法,对九十个超低渗透区块进行分析,提取出四个主成分,进而利用 K-均值聚类分析方法进行分类;根据判别分析方法,获得各类油藏的判别公式,最终将九十个油藏区块划分为三类,并结合油藏开发效果对这三类油藏区块开展分类评价。结果表明,该分类方法能有效区分各类超低渗透油藏区块的开发特征,分类结果与实际开发特征相吻合,能够为超低渗透油藏的合理开发提供分类依据,正确指导超低渗透油藏的生产开发。

关键词:超低渗透油藏　分类　因子分析　动态分析　开发效果

1　引言

本文结合超低渗透油藏的自身特点,应用因子分析方法以及 K-均值聚类分析方法对 90个超低渗透区块进行分类,进而建立不同类别的判别方法,并对各分类区块油藏进行开发效果评价,结果表明采用该分类方法划分超低渗透油藏的结果与实际开发效果相吻合,这对于研究不同类型的超低渗透油藏的开采技术、提高超低渗透油藏采收率具有重要意义。

2　分类原理

2.1　因子分析

因子分析的根本目的是提取出隐藏在变量中的一些更基本的,但又无法直接测量的隐性变量,提取几个综合所有变量主要信息的公因子来代替多个随机变量[1]。

根据因子分析原理,考虑超低渗透油藏的开发特征,将参与分类的 90 个超低渗透油藏区块的 14 个参数进行不断优化筛选,最终选取 7 个指标参数,提取出能够表达这 7 个指标参数 78.805% 信息的 4 个公因子。根据因子载荷矩阵中各列元素的绝对值大小可知,影响主因子 F_1 的主要因素为原始含油饱和度(S_o)、孔隙度(ϕ)、裂缝(x),影响主因子 F_2 的主要因素为体积系数(B_o),影响主因子 F_3 的主要因素为平均钻遇有效厚度(H),影响主因子 F_4 的主要因素为压力系数(C_p)、流度(m_o)。

2.2 聚类分析

聚类分析[2]根据参与分类的超低渗透油藏区块参数之间的欧几里得度量的大小,将超低渗透油藏区块划分为若干类,使同一类的油藏区块数据之间的差异较小,而不同类的油藏区块数据之间的差异较大,确定最终聚类中心以及各聚类类别个数。其中,Ⅰ类油藏区块个数为 20,Ⅱ类油藏区块个数为 32,Ⅲ类油藏区块个数为 38。

2.3 判别分析

判别分析是指对每个类别建立相应的判别函数,从而判断未知区块所属类别。结合因子分析与聚类分析的分类结果,利用贝叶斯判别分析得到各类区块判别函数。

Ⅰ类区块判别函数为

$$Y_{\text{I}} = 1.72H + 17.62\phi + 1.96S_o - 17.03m_o + 32.74x + 384.05B_o + 176.35C_p - 504.89 \quad (1)$$

Ⅱ类区块判别函数为

$$Y_{\text{II}} = 0.87H + 16.52\phi + 1.99S_o - 12.47m_o + 28.35x + 363.94B_o + 153.47C_p - 439.42 \quad (2)$$

Ⅲ类区块判别函数为

$$Y_{\text{III}} = 0.78H + 15.66\phi + 2.08S_o - 22.45m_o + 24.56x + 368.63B_o + 176.55C_p - 450.70 \quad (3)$$

将参与分类的区块各参数分别代入式(1)、式(2)、式(3)中,Y 值最大者则为对应的类别,如 $Y_{\text{I}} > Y_{\text{II}} > Y_{\text{III}}$,则说明区块所属类别为Ⅰ类。[3]

3 方法应用

统计分析 90 个超低渗油藏区块的动静态资料,发现Ⅰ类区块平均含水率为 44.97%,平均含水上升率为 5.90%,平均采出程度为 7.2%,裂缝发育情况完好,含水上升率低,童氏图版[4~9]预测采收率可达到 25%左右;Ⅱ类区块平均含水率为 45.11%,平均含水上升率为 6.08%,平均采出程度为 5.1%,裂缝发育情况一般,采收率可达到 20%左右;Ⅲ类区块平均含水率为 45.61%,平均含水上升率为 7.09%,平均采出程度为 2.4%,含水上升率高,裂缝不发育,采收率可达到 15%左右。所有区块含水上升率与含水率、采出程度与含水率之间的关系分别如图 1、图 2 所示。

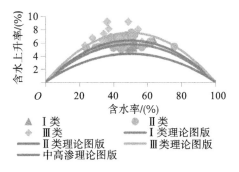
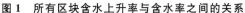
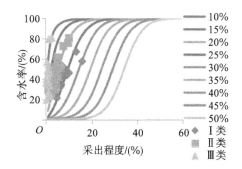

图 1　所有区块含水上升率与含水率之间的关系　　图 2　所有区块采出程度与含水率之间的关系

4 结论

研究认为,选取不同于以往的分类参数,并利用多因素分类,可以避免单一参数的不利影响;通过因子分析降低了参数指标维度,简化了指标参数,提高了运算效率,并且能够提取出隐藏在油藏中的特征因子,增强了研究者对油藏的认识;进一步借助 K-均值聚类分析和贝叶斯判别分析明确了超低渗油藏的分类,且分类结果表明该分类参数可以很好地划分超低渗油藏的类别,有利于合理评价油藏开发效果,并根据油藏类别制定开发对策。

参 考 文 献

[1] 黄渊,廖明光,李斌,等.数据挖掘技术在碳酸盐岩储层评价中的应用[J].特种油气藏,2014,21(5):37-42.

[2] NASHAWI I S,MALALLAH A. Permeability prediction from wireline well logs using fuzzy logic and discriminant analysis[J]. Society of Petroleum Engineers,2010.

[3] BAKER M. Use of cluster analysis to improve representative model selection:a case study[J]. Society of Petroleum Engineers,2015.

[4] 李传亮.油藏工程原理[M].北京:石油工业出版社,2008.

[5] 叶锋.改进的童氏图版在低渗透油藏中的应用[J].油气地质与采收率,2009,16(4):109-110.

[6] 赫恩杰,蒋明,熊铁,等.童氏图版的改进及应用[J].新疆石油地质,2003,24(3):232-233.

[7] 曹军,王萍,王思仪,等.童氏图版在长庆低渗透油田中的改进与应用[J].低渗透油气田,2013,15(1):76-79.

[8] 杨艳.低渗透油田童氏参数改进及应用分析[J].断块油气田,2018,25(3):350-353.

[9] 张金庆.水驱曲线的进一步理论探讨及童氏图版的改进[J].中国海上油气,2019,31(1):86-93.

第三章
复杂油气井工程

基于油水密度差和旋流的
自适应水平井控水工具研究

罗纳德　刘　毅　刘　阳

（西安石油大学石油工程学院　陕西西安　710065）

摘　要: 水平井是开采地下原油的一种高效井型,受水平段趾端、跟端不均匀压差的影响,井筒的见水时间会急剧缩短,会严重损害油田的经济效益。在充分调研国内外常用水平井控水方法的基础上,提出了一种基于油水密度差和旋流的自适应水平井控水工具,借助三维可视化软件 AutoCAD 设计了该控水工具模型的总体结构,运用有限元软件 ANSYS-Fluent 模拟了流体在工具内部的流动过程,通过控制变量法对其控水原理进行深入研究分析。结果显示,随着流体流速的增大,工具内压差增大,且模拟实验压差与实验紧扣压力值接近,这表明该工具具有较好的控水性能,且控水效果在进出口位置最明显。纯机械式的结构短节既经济又安全,安装在水平井分段油管,基于密度差和旋流完全自适应调节地层流体流入,对于提高水平井控水以及智能完井的理论研究具有重要意义。

关键词: 水平井控水工具　油水密度差　旋流

1　引言

油田最常用的开发井型是定向井,定向井中应用范围最广的是水平井和大位移井。水平井以其特殊的井身结构有效地增加了与油藏储层的接触面积,极大地增加了油井生产效益[1]。由于水平井受边底水、储层均质性的影响,水平段跟趾部压差不均匀,井筒过早见水,原油流压、流速不稳定,制约了原油产量和采收率的提高[2]。为了延缓见水,国内外学者提出了井下油液控制的理念,设计了一系列的控水工具[3,4]。

2　常用水平井控水方法

常用水平井控水方法有自主流入控制装置控水方法、自动识别油水智能阀控水方法、可渗透性膜控水方法等。

3　基于油水密度差和旋流的自适应水平井控水工具结构设计及工作原理

基于油水密度差和旋流的自适应水平井控水工具是纯机械结构,其作用是使流入剖面均匀,其工作原理是通过产生附加压降来限制流动,调整井筒内的压力分布,达到调整水平井流入剖面均匀分布的效果。

3.1 结构设计

基于油水密度差和旋流的自适应水平井控水工具按结构设计分为两个区域,即分流区、节流区。

基于油水密度差和旋流的自适应水平井控水工具的圆周面上有两个相互独立的入口,即入口1和入口2,分流区设有三个孔,即中间孔、圆柱截面A孔和圆柱截面B孔,油水混合物从入口1和入口2流入,途经翼板后分离油从中间孔流入节流区的不同直径圆柱体与球体串联的管道中,水从圆柱截面A孔和圆柱截面B孔进入月牙形流道,从而切向进入节流区球体,径向油流、切向水流相遇,致使球体底部水形成旋流,阻挡井底水进入。

3.2 工作原理

当水突进井筒内,油水流入控水工具分流区,油的黏度大、密度小,同时油受到离心力的影响,进入中间孔。随着油水流动阻力的变化,油通过分流区的中间孔进入节流区上部的不同直径圆柱体通道中,沿着通道低速径向流进节流区的球体中,最终从节流区的出口流入下一段油管内。水的密度大、黏度小,同时水受到离心力的作用,进入控水工具侧面的A、B两孔内,从侧面孔流向节流区下部的半圆弧环空区域,半圆弧环空区域的出口与球体连通,较高速度的轴向油流制约水的径向流动,导致水滞留在节流区的球体下部。

4 基于油水密度差和旋流的自适应水平井控水工具性能模拟分析

本文运用AutoCAD建模后导入ANSYS软件中进行模拟,最后初始化选定迭代步长进行模拟,某次增油控水模拟结果如图1所示。

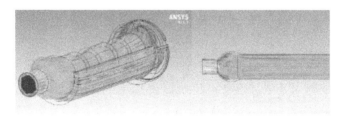

图1 基于油水密度差和旋流的自适应水平井控水工具增油控水模拟结果图

基于油水密度差和旋流的自适应水平井控水工具内的压差分布如图2所示,由该图可知,基于油水密度差和旋流的自适应水平井控水工具内的压差随着进口流速的增大而增大,越有利于平衡水平井筒内的不均匀压差,工具增油控水效果越好。

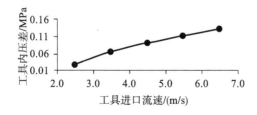

图2 基于油水密度差和旋流的自适应水平井控水工具内的压差分布

5　结论

在充分调研国内外控水工具的基础上,设计了基于油水密度差和旋流的自适应水平井控水工具,运用 AutoCAD 设计该控水工具的总体结构,采用 ANSYS 软件进行流体流态模拟和控水效果实验,模拟结果显示了该控水工具的两个重要属性:沿井筒会产生额外内置压差,从而平衡沿井筒剖面产生的不均匀压差;工具上部球体的底部水会形成旋流,可以限制油田地面采出水量。

参 考 文 献

[1] 孙昕迪,白宝君.国内外水平井控水技术研究现状[J].石油勘探与开发,2017,44(6):967-973.

[2] 张舒琴,李海涛,韩歧清,等.中心管采油设计方法及应用[J].石油钻采工艺,2010,32(2):62-64.

[3] RATTERMAN E E, AUGUSTINE J R, VOLL B A. New technology applications to increase oil recovery by creating uniform flow profiles in horizontal wells:case studies and technology overview[J]. International Petroleum Technology Conference,2005.

[4] LEAST B,GRECI S,WILEMAN A,et al. Fluidic diode autonomous inflow control device range 3B-oil, water,and gas flow performance testing[J]. Society of Petroleum Engineers,2013.

一种新的水平段井眼迂曲度计算方法

刘　毅　罗纳德　刘　阳　屈峰涛　解　聪

（西安石油大学石油工程学院　陕西西安　710065）

摘　要: 迂曲度是评价井身质量的重要指标之一,常规的计算方法存在延迟效应,不能实时计算井眼迂曲度,无法指导司钻及时调整钻头方向。受高血压患者视网膜毛细血管迂曲启发,提出了一种实时井眼迂曲度计算方法——井眼迂曲度指数法。该方法以定向测斜间距为节点,对井眼水平段进行离散划分,计算各微元曲线弧线长度与弦线长度的比值,通过累加各微元曲线计算值来评价三维井眼迂曲程度,并用涪陵焦石坝地区 L 井组某 18 口水平井钻井井史数据对该方法进行实例验证,结果表明井眼迂曲度指数可准确识别钻井故障多发井,对于及时发现并防止井眼过度迂曲、提高井身质量具有重要意义。

关键词: 井身质量　井眼迂曲度指数　计算方法

1　引言

水平井和水力压裂是开发非常规页岩资源的重要技术,水平井水平段过长,对井身质量提出了新的挑战。迂曲度是度量井身质量的一个重要指标,迂曲度过大会导致钻井过程中套管磨损、卡钻以及井下设备过早失效,也会造成固井质量差、压裂施工支撑剂难以运移以及裂缝无法生长,上述不良影响会增加钻井成本、降低油井产能,因此控制水平段井眼迂曲度尤为重要[1,2]。

2　井眼迂曲度指数法

2.1　理论基础

2008 年 Grisan 和 Foracchia 提出了血管迂曲度的概念,旨在捕捉视网膜中不同长度毛细血管的迂曲程度,该方法已经成功应用于疾病诊断,而检测视网膜毛细血管迂曲度是诊断高血压的有效手段之一[3]。该方法以曲线幅值为零的点为节点进行曲线离散划分,下一个幅值为零的点标记为该微元曲线段的终点,也是下一微元曲线段的起点,建立迂曲度指数模型,即

$$\mathrm{WTI} = \tau(s) = \frac{n-1}{n} \sum_{i=1}^{n} \left(\frac{L_{\mathrm{cs}i}}{L_{\mathrm{xs}i}} - 1 \right) \tag{1}$$

式中,WTI 为迂曲度指数,n 为连续曲线分解后的微元曲线段数,$L_{\mathrm{cs}i}$ 为微元曲线段弧线长度(m),$L_{\mathrm{xs}i}$ 为微元曲线段弦线长度(m)。

2.2 井眼迂曲度指数法

井眼水平段受地层各向异性、井底钻具组合等因素的影响,会形成井眼迂曲,本文在式(1)的基础上,在水平段以定向测斜间隔为节点进行井眼水平段离散划分,则水平迂曲井段可分解为一系列连续的曲线段。微元曲线段长度 L_{csi} 等于井眼轨迹微元曲线两端点测量深度的差值,即

$$L_{csi} = MD_{i+1} - MD_i \tag{2}$$

钻井过程中定向测斜可获得测量深度、井斜角和方位角,根据测量深度、井斜角及方位角,运用最小曲率法可得到该测点的垂直深度、东坐标以及北坐标。假设井眼上任意井段的斜面圆弧曲线长为 ΔL,A 点为斜面圆弧曲线的始端,A 点的井斜角为 α_1,方位角为 ϕ_1,B 点为斜面圆弧曲线的末端,B 点的井斜角为 α_2,方位角为 ϕ_2,北坐标为 N,东坐标为 E,垂直深度为 D,AB 段的狗腿度为 Y,则坐标增量计算公式为

$$\Delta v = \lambda_m (\cos\alpha_1 + \cos\alpha_2) \tag{3}$$

$$\Delta N = \lambda_m (\sin\alpha_1 \cos\phi_1 + \sin\alpha_2 \cos\phi_2) \tag{4}$$

$$\Delta E = \lambda_m (\sin\alpha_1 \sin\phi_1 + \sin\alpha_2 \sin\phi_2) \tag{5}$$

其中

$$\Delta\phi = \phi_2 - \phi_1$$

$$\gamma = \arccos(\cos\alpha_1 \cos\alpha_2 + \sin\alpha_1 \sin\alpha_2 \cos\Delta\phi)$$

$$\lambda_m = \frac{180}{\pi} \frac{\Delta L}{\gamma} \tan\frac{\gamma}{2}$$

式中,长度和坐标增量的单位为米(m),角度的单位为度(°)。

微元曲线段弦线长度 L_{xsi} 等于井眼轨迹微元曲线两端点的空间直线距离,即

$$L_{xsi} = \sqrt{(TVD_{i+1} + TVD_i)^2 + (N_{i+1} - N_i)^2 + (E_{i+1} - E_i)^2} \tag{6}$$

每得到一组测量深度、井斜角和方位角数据,可以计算出坐标增量,通过式(1)即可实时计算井眼迂曲度指数,进而指导钻井施工作业。

3 实例验证

表1所示是用井眼迂曲度指数法对涪陵焦石坝地区 L 井组某 18 口水平井井眼迂曲度的评价结果,结果表明井眼迂曲度指数与 MWD 工具、LWD 工具及泥浆马达过早失效存在相关性,井眼迂曲度指数越大,井下设备出现故障的可能性越大。图1所示是 3♯ 和 5♯ 井眼迂曲度指数随测量深度的变化规律,其中:3♯ 井眼迂曲度指数较小,没有发生钻井故障;5♯ 井眼迂曲度指数较大,根据钻井井史数据记录,该井在 4876 m 和 5670 m 两处出现泥浆马达故障。由此可以看出,井眼迂曲度指数可以准确识别钻井故障多发井,对于钻井安全施工具有一定的指导意义。

表1 L 井组某口水平井井眼迂曲度的评价结果

井眼迂曲度指数	井 数	泥浆马达故障井数	故 障 率
WTI≥20	5	3	60%
10≤WTI<20	3	1	33%
WTI<10	10	2	20%

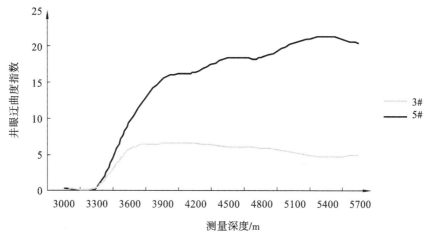

图 1 3#和5#井眼迂曲度指数随测量深度的变化曲线

4 结论

　　WTI 对于三维井眼迂曲度研究具有重要意义,本文考虑了井斜方位变化对井眼迂曲度的影响,连续监测井眼迂曲程度,为钻井施工提供实时井眼迂曲度评价,能及时指导司钻,调整钻头方向,防止井眼过度迂曲,有利于提高井眼质量。

参 考 文 献

[1] MATTHEWS C M,DUNN L J. Drilling and production practices to mitigate sucker rod/tubing wear-related failures in directional wells[J]. Society of Petroleum Engineers,1993.

[2] SJOERD B,ROSS L. Scaled tortuosity index:quantification of borehole undulations in terms of hole curvature,clearance and pipe stiffness[J]. Society of Petroleum Engineers,2012.

[3] GAYNOR T,HAMER D,CHEN D,et al. Quantifying tortuosities by friction factors in torque and drag model[J]. Society of Petroleum Engineers,2002.

Controlling Sustained Casing Pressure in Offshore Gas Wells by Unique Casing Surface Design to Elongate Casing-Cement Interface Length and Hence Suppress Gas Migration

Alex W. Mwang'ande Hualin Liao Long Zeng

(Key Laboratory of Unconventional Oil & Gas Development, China University of Petroleum (East China), Qingdao, Shandong, 266580; School of Petroleum Engineering, China University of Petroleum (East China), Qingdao, Shandong, 266580)

Abstract: Sustained casing pressures (SCP) is still a serious problem that challenges the offshore producing gas wells. Despite existence of the many methods to mitigate it, SCP is still bringing severe health, safety and environmental (HSE) concerns necessitating the need for new methods. This article brings a unique method of controlling SCP caused by micro-annulus in offshore gas wells by designing a unique casing surface that will increase the length of casing-cement interface (CCI) for the same planned cement column length and thereby suppressing fluid migration through the CCI. Two new casing-surface designs were invented and tested by inputting the field data from offshore gas well X in conjunction with an existing SCP prediction model to verify the validity of the new method. The new developed method was found to have a great potential of controlling SCP and improve the production life time of the offshore gas wells by suppressing gas migration through micro-annulus.

Keywords: annulus pressure build-up sustained casing pressure offshore gas wells wrinkled-casing-surface design casing-cement interface

1 Introduction

Two types of special casing-surface designs (wrinkled profiles) on the outer-casing-surface that alter CCI length are designed and tested in this study assuming the only type of failure on the cement sheath is creation of micro-annulus. Results from two types of the new wrinkled casing surfaces are compared with those obtained in our previous work (normal casing surface) to see how this method can solve the problem of SCP in offshore gas wells. Field data from offshore gas Well X and an existing SCP prediction model from previous published work are used for testing and comparing the new casing-surface designs with normal casings.

2 Theory of wrinkled casing surface

The wrinkled casing surface is the wave-like profile with constant pitch length p_t that in this case is expected to interlock firmly with cement sheath and lead to elongated interface, for the same planned cement column length. Two types of casing surface wrinkling styles (Type Ⅰ and Type Ⅱ) are dealt with in this work to study how they affect the effective length of CCI after their implementation. The effective length CCI is what is expected to give a positive impact on SCP control. For both cases, the p_t is defined as the distance between two consecutive crests or troughs, which also depicts the profile design of Type Ⅰ wrinkles.

If we consider one pitch as one complete circle, the length of CCI covered by one pitch is the circumference of a circle C_c given by Eq. (1).

$$C_c = \pi d \tag{1}$$

Where, C_c is the circumference of one circle (covered by unit pitch), π is pie (a constant equal to 3. 14) and d is diameter of the circle. Due to small diameters of the circles in wrinkled profile, the circumference is best calculated using the pitches. The relation between pitch and diameter is given in Eq. (2).

$$d = \frac{p_t}{2} \tag{2}$$

Where, p_t is the pitch (length between two consecutive crests or troughs).

From the theoretical point of view, it is difficult to describe the size of CCI length by diameters of the comprised circles and so it is important to establish a standard way of describing them and this is number of pitches per unit length. Substituting Eq. (2) into Eq. (1), the total CCI length L_{cci} is therefore given by Eq. (3).

$$L_{cci} = n\pi \frac{p_t}{2} L_c \tag{3}$$

Where, L_{cci} is the total CCI length, L_c is the length of cemented column and n is the number of pitches per unit length. If we assume the only failure of cement sheath is micro-annulus and no other cement sheath failures occurred, this casing profile design will result to 57% increase of the overall CCI length L_{cci}. This factor is not affected by size of pitch.

Similarly, type Ⅱ casing profile looks a bit complex in design compared to type Ⅰ, but its mathematical derivation is governed by similarity rules.

This design is based on the reality that angle ACB is equal to angle GEF (each subtending 120°). It also follows that angles BCD and GED are equal (each subtending 60°). The profile of a unit pitch is made of two arcs AB and GF together with one straight line BG. The length of CCI covered by unit pitch, L_p is therefore given as

$$L_p = \overparen{AB} + \overline{BD} + \overline{DG} + \overparen{GF} \tag{4}$$

Where, L_p is the actual CCI length covered in a unit pitch, $\overset{\frown}{AB}$ is the arc length subtended by angle ACB, $\overline{BD}$ and $\overline{DG}$ are linear lengths and $\overset{\frown}{GF}$ is the arc length subtended by angle GEF. Assuming the diameters (or radii) of bigger and smaller arcs as d (or r) and d_o (or r_o) respectively, and applying the similarity theorem, the following equations are obtained.

$$\frac{r_o}{r} = \frac{d_o}{d} = \frac{\overline{BD}}{\overline{DG}} = \frac{\overline{CD}}{\overline{DE}} = \frac{1}{3} \tag{5}$$

It follows that using Eq. (5), and by trigonometric relation we have

$$\overline{BD} = \frac{\overline{DG}}{3} \tag{6}$$

$$\overline{DG} = \frac{d}{2}\tan 60° \tag{7}$$

Substituting Eq. (5), Eq. (6) and Eq. (7) into Eq. (4), calculating the two arc lengths and collecting like terms and simplifying, the length of CCI covered by unit pitch L_p is given as

$$L_p = \frac{4}{3}d\left(\frac{\pi}{3} + \frac{\tan 60°}{2}\right) \tag{8}$$

Since it is the number of pitches per unit length that is used to describe the size of wrinkles on the casing surface, the relationship between pitch and diameter of the bigger arc in type Ⅱ casing profile design is given in Eq. (9).

$$p_t = r_o + \overline{CD} + \overline{DE} + r \tag{9}$$

Where, $\overline{CD}$ and $\overline{DE}$ are linear lengths. By applying similarity theorem described by Eq. (5) and trigonometric relations, it follows that

$$\overline{CD} = \frac{\overline{DE}}{3} \tag{10}$$

$$\overline{DE} = \frac{d}{2\cos 60°} \tag{11}$$

Substituting Eq. (5), Eq. (10) and Eq. (11) into Eq. (9), collecting the like terms, simplifying and making d the subject, we have

$$d = \frac{p_t}{2} \tag{12}$$

Substituting Eq. (12) into Eq. (8), we then have length of CCI covered by unit pitch L_p expressed in terms of p_t as seen in Eq. (13) and the total CCI length L_{cci} is given in Eq. (14).

$$L_p = \frac{2}{3}p_t\left(\frac{\pi}{3} + \frac{\tan 60°}{2}\right) \tag{13}$$

$$L_{cci} = \frac{2}{3}nL_c\,p_t\left(\frac{\pi}{3} + \frac{\tan 60°}{2}\right) \tag{14}$$

Using the same assumption as in type Ⅰ that the only cement failure is creation of micro-annulus, type Ⅱ casing profile design will result into 27.5% increase of the overall CCI length L_{cci} which is not affected by pitch size.

3   Results and discussion

The basic input parameters for calculations of SCP arc adopted from Well X and given in Table 1.

Table 1   Basic input parameters for SCP calculations

Parameter	Value
Z_i [unitless]	0.89
T /℃	95.5
T_{wh} /℃	81.3
μ_i /cP	0.3
ρ_m /(g/cm³)	1.3
c_m /MPa⁻¹	0.000 58

An existing SCP prediction model by reference[1] was adopted and used to predict SCP effected by type Ⅰ, type Ⅱ and normal casing surface designs. Well X data was inputted to this model while modifying effective length of CCI depending on the type of casing profile (adding either 57% or 27.5% to the cement column length for type Ⅰ or type Ⅱ respectively). Only calculations for annulus B pressures as influenced by the preset range of cement permeability, mud compressibility and annulus fluid density are analyzed. The SCP analysis is done only for production casing since for most hydrocarbon wells, it is the production casing annulus that penetrates the reservoir. Similarly, a research by reference[2] shows that about 50% of SCP on the outer continental shelf (OCS) in the offshore gulf of Mexico (GOM) occur in production casings annuli of hydrocarbon wells necessitating focus in annulus B. If that is not enough, the results from numerical calculation analysis for both shallow and deep formation by reference[3] illustrated that production casing cement sheath has much higher stress level than cement sheaths on the outer annuli and therefore more prone to sealing failure, a finding which is similar to reference[4], all together necessitating testing SCP in annulus B.

It is also observed that increasing cement permeability affects reservoir exploitability as for the same cement column length 0.1 mD reached a stabilized SCP after 70, 120 and 95 years, whereas 0.4 mD reached after 20, 30 and 25 years for normal, type Ⅰ and type Ⅱ casing profile designs respectively. That means if a certain SCP value should not be allowed during production, the new casing designs will give a longer production time than normal casing type. However, variation in cement permeability does not change the magnitude of stabilized pressure in all the three casing types.

It is also found that increasing mud density reduces the magnitude of stabilized SCP.

Once the sum of casinghead pressure and that exerted by the mud column equals the formation pressure, there is no pressure differential available for gas to continue seeping into the annulus, and in this sense, the maximum casinghead pressure has been attained. However, the time to reach stabilized SCP does not change significantly within the same type of casing at different mud densities.

Contrary to cement permeability, where its increase shortened the duration to reach stabilized SCP for all the three casing types, increasing mud compressibility increases the duration of reaching stabilized SCP for all the three casing designs. This is because compressible muds cushion SCP the most and vice versa. However, variation of mud compressibility does not change the magnitude of stabilized SCP in all the three casing designs which is 20.5 MPa.

The new casing designs (both type Ⅰ and type Ⅱ) are also expected to have a good and positive response to casing axial movements. Axial movements are influenced by the resultant axial loads (compression or tension forces) which may be caused by weight of the string, thermal extension or contraction, ballooning effect, and bending of pipe due to dogleg in the wellbore or buckling. Since thermal expansion or contraction is the most obvious phenomenon for producing wells, it is considered the most effective cause of axial load to casing. The new casing surface designs are expected to provide a tighter annular seal compared to normal casing design during slight axial movements due to banking resistance offered by the interlocking profiles between cement and casing.

However, the new casing designs can challenge the processes of running-in the casings, and wellbore cleaning before cement slurry is pumped. The side rubbing of the new casings on the walls of the open hole can cause cavings which may result into incorrect calculations of the required cement slurry volumes. On the other hand, the washed-out materials will lead to sever well cleaning job due to huge washed-out mass that need to be removed through mud circulation. Not only that, the washed-out materials may also stick in troughs of casing profiles and cause poor cement sealing ability and make the well prone to broaching or micro-annulus at the CCI. This challenge is especially expected for type Ⅰ casing profile due its sharp corners the mud must pass past each crest compared to type Ⅱ where mud flow hits properly to the portion expected to trap clay.

In all cases, type Ⅰ casing design shows a big improvement in SCP mitigation but can challenge the wellbore cleaning job and so type Ⅱ is more preferred for implementation. However, if the section to be cemented is vertical and its formation is well known to be strong enough to resist cavings from rubbing, type Ⅰ casing should be selected to benefit the maximum SCP control.

Since for any size of pitch, the new casing designs offer a constant factor for CCI length improvement, the size of pitch can then best be determined based on casing strength requirements. This is because bigger values of pitch affect casing wall thickness; the bigger the pitch is, the weaker the casing strengths.

4 Conclusions

Through this study, a new method to manage SCP caused by micro-annulus in offshore gas wells is found and the following concluding remarks are therefore drawn:

(1)Testing the new method through predetermined values of cement permeabilities, mud densities and mud compressibilities revealed a potential ability of the new casing designs to reduce the problem of SCP by improving well production time.

(2)Type Ⅰ casing design controls SCP the most but can be prone to well cleaning as can trap sticky clay within its profiles.

(3)Since any pitch size yields a constant factor for increasing CCI length for both type Ⅰ and type Ⅱ casings, decision on the appropriate pitch size depends on casing strength requirements by the particular well because the size of pitch affects casing wall thickness.

(4)Although this new method is targeted for offshore gas wells, it can also be used for onshore gas wells to reduce the number of SCP bleeds because pressure build-ups are delayed.

References

[1]　ANDRADE J D, SANGESLAND S, TODOROVIC J, et al. Cement sheath integrity during thermal cycling: a novel approach for experimental tests of cement systems[J]. Society of Petroleum Engineers, 2015.

[2]　BOURGOYNE A T, SCOTT S L, REGG J B. Sustained casing pressure in offshore producing wells[J]. Offshore Technology Conference, 1999.

[3]　TAOUTAOU S, BERMEA J A V, BONOMI P, et al. Avoiding sustained casing pressure in gas wells using self healing cement[J]. International Petroleum Technology Conference, 2011.

[4]　MWANGANDE A W, LIAO H, ZENG L. Mitigation of annulus pressure build-up in off-shore gas wells by determination of top of cement[J]. Journal of Energy Resources Technology, 2019, 141(10): 1-24.

PDC 钻头用三棱齿的性能研究与应用

陈　霖　宋顺平　陈伟林

（川庆钻探工程有限公司长庆钻井总公司　陕西西安　710010）

摘　要: 为了提高非均质地层中 PDC 钻头的钻进能力,降低钻头的制造成本,利用有限元分析软件对平面齿和三棱齿进行研究,模拟了平面齿和三棱齿的破岩过程,从机械钻速、复合片齿面应力分析两个方面总结了平面齿和三棱齿的切削特点;在实验室对同材质的平面齿和三棱齿进行磨耗比测试和落锤冲击功测试,得出准确的测试数据;设计了三棱齿钻头,并入井试验,与同型号的平面齿钻头进行对比。试验结果表明:三棱齿 PDC 钻头在非均质地层中的性能优于平面齿 PDC 钻头。

关键词: PDC 钻头　三棱齿　异形齿　破岩效率

1　PDC 切削齿有限元分析

PDC 钻头切削岩石的过程包括破岩和剪切岩石[1~3]。建立切削齿破岩模型,并进行软件分析,得出模拟结果。

1.1　切削模拟边界条件

复合片切削模拟,将整个钻进过程简化为一个线性切削的模型[4,5]。为了简化模拟条件,在此模拟环境下不考虑温度、摩擦系数、WOB 等条件。

1.2　有限元分析结果

对不同时间岩石受到切削时其表面应变情况进行模拟,用以研究三棱齿与平面齿在钻进时的机械钻速差异。

在切削初期,平面齿作用下的岩石表面应变程度较大,当切削一定时间后,三棱齿作用下的岩石表面应变程度高于平面齿。因此,在均质地层、同等条件下,平面齿的机械钻速高于三棱齿。

对切削过程中平面齿和三棱齿齿面应力情况进行模拟,模拟结果表明,三棱齿的抗冲击能力明显优于平面齿,在较硬地层中三棱齿更有利于吃入岩层。

2　平面齿与三棱齿性能试验

2.1　冲击功检测

取相同工艺和材质的三棱齿与平面齿各五片,冲击角度设置为 15°,冲击介质为硬质合金 YG16,冲击方式以 6 J 开始,每次递增 2 J,当破损面积超过 20% 时,即判断失效。

由冲击功检测试验可以看出,对平面齿进行后续加工,使其成为三棱齿后,其抗冲击性能得到明显增强。

2.2 耐磨性检测

取相同工艺和材质的三棱齿与平面齿各五片,进行磨耗比测试。测试使用的车床为柱式立车床,测试石材选用花岗岩,复合片切削角设置为 $20°$,进刀速度为 108 mm/min,吃刀速度为 0.5 mm/min,恒线速度为 168 m/min,切削时使用水冷却,切削次数为 30 来回。

由磨耗比测试数据可以看出,平面齿与三棱齿的耐磨性测试数据基本相同,在试验环境下,三棱齿结构不影响齿的耐磨性。

3 入井试验

3.1 钻头使用概况

苏东 18-30 井位于内蒙古自治区鄂尔多斯市乌审旗东部,设计井深 3769 m,井斜 $32°$,位移 968 m,完钻井深 3769 m,目的层位为马家沟。三棱齿钻头入井前后对比如图 1 所示。

图 1 三棱齿钻头入井前后对比

邻井苏东 18-15 井设计井深 3687 m,井斜 $35°$,位移 989 m,目的层位为马家沟,采用同型号的 CZS1642B 平面齿钻头施工。平面齿钻头入井前后对比如图 2 所示。

图 2 平面齿钻头入井前后对比

3.2 钻速进尺对比

三棱齿钻头与平面齿钻头的钻速进尺对比如表1所示。

表1 三棱齿钻头与平面齿钻头的钻速进尺对比

地　层	钻　　头	进尺	钻压 /t	机械钻速 /(m/h)	复合机械钻速 /(m/h)	滑动机械钻速 /(m/h)
石千峰	三棱齿钻头	321	6～8	17.5	21.9	11.3
	平面齿钻头	339	6～8	—	20.8	10.9
石盒子	三棱齿钻头	378	6～8	16.8	22.3	10.5
	平面齿钻头	360	6～8	15.2	21.2	10.6

3.3 试验结论

在含夹层与砂砾岩的石千峰和石盒子地层中,在进尺相同的情况下,三棱齿钻头的机械钻速高于平面齿钻头。对起出的钻头进行分析可知,三棱齿钻头上的三棱齿均为正常磨损,平面齿钻头除正常磨损外,还有三颗崩齿。因此,三棱齿钻头的抗冲击性能明显优于平面齿钻头。

4 结论

(1)从有限元模拟、室内检测、入井试验三方面来看,在相同条件下,三棱齿的抗冲击性能明显优于平面齿,耐磨性能与平面齿相当。

(2)三棱齿钻头在较硬地层中更有利于吃入地层,机械钻速高于平面齿钻头,适合在较硬地层中使用。

(3)在上部中软地层中,还需继续对三棱齿钻头进行试验,以确定其适用范围。

参 考 文 献

[1] 许利辉,毕泗义.国外 PDC 切削齿研究进展[J].石油机械,2017,45(2):35-40.
[2] 谢晗,况雨春,秦超.非平面 PDC 切削齿破岩有限元仿真及应用[J].石油钻探技术,2019,47(2):1-6.
[3] 祝小林,杨灿,张鸥,等.新型 PDC 钻头砾岩破岩技术及应用[J].石油机械,2019,47(6):28-32.
[4] 况雨春,陈玉中,屠俊文,等.基于 UG/OPEN 的 PDC 钻头切削参数仿真方法[J].石油钻探技术, 2014,42(4):111-115.
[5] 伍开松,廖飞龙.岩石切削损伤后 PDC 齿破岩规律探讨[J].石油机械,2014,42(5):29-33.

渤海油田砂岩储层强度经验公式研究

邓　晗　王　尧　刘玉飞　张春升　张纪双　孟召兰

（中海油能源发展股份有限公司工程技术分公司　天津　300452）

摘　要：对储层岩样进行力学实验是进行出砂预测的基础性工作。取得岩心力学资料最为可靠的方式是通过获得产层的钻井取得的岩心进行实验测得，但由于钻井取心费用高，成功率低，岩心样品往往难以覆盖全产层段，且实验手段具有偏差性，往往导致全产层岩心实验数据的获取十分困难。作者通过渤海四个油田的几十个岩心的单轴抗压强度实验数据，发现单轴抗压强度（UCS）与声波时差、深度、密度等因素呈现较强的敏感性。利用多元广义线性回归建立了适合渤海砂岩储层的岩石力学强度计算公式，并利用曹妃甸油田的岩石数据进行了验证，误差远小于常规经验公式，且绝对误差值在 1.5 MPa 以内，表明该公式在渤海油田具有较好的适应性和可靠性。

关键词：抗压强度　回归模型　声波时差值　深度　密度

1　引言

疏松砂岩油气藏地层岩石力学参数是储层出砂机理分析和系统出砂预测的重要基础和依据[1]。地层岩石力学参数主要通过室内实验获得，储层岩石单轴抗压强度是关键参数[2,3]。但利用钻井取心获得标准岩样的方法存在岩心资源有限、岩样不规则等问题，很难完成大量岩石力学实验，而少量岩石力学实验往往难以覆盖整个储层的岩石力学特征。岩石的尺寸、形状，设备加载速率[4]，甚至周围环境[5]等，都能影响到实验数据的准确性。因此，需要寻求新的获取储层岩石单轴抗压强度数据的有效方法。

2　渤海油田岩石单轴抗压强度相关性研究

2.1　岩石单轴抗压强度与深度相关性分析研究

岩石深度属于最直观、最易获取的数据，调研和实践表明单轴抗压强度与深度相关性较高。本文选取了渤海油田四个砂岩油田的几十个岩石单轴抗压强度，对比岩石单轴抗压强度与岩石深度数据发现，单轴抗压强度与深度半对数呈指数关系。

2.2　岩石单轴抗压强度与声波时差相关性研究

声波时差是测井曲线中常用的数据，通过声波时差可以反映出波在岩石中的传播速度，不同岩石的波速不一致，不同强度的岩石也会反映出不同的波速。对比单轴抗压强度与声波时差数据发现，单轴抗压强度与声波时差呈较好的指数关系，趋势线的拟合效果较好。

2.3　岩石单轴抗压强度与岩石密度相关性研究

岩石密度直接影响岩石的内部结构，表现出不同的岩石单轴抗压强度。根据实际数据可知，单轴抗压强度与岩石密度的平方呈多项式关系，随着岩石密度的增大，单轴抗压强度持续增大。

3　渤海油田岩石强度回归模型确定

前人经过大量研究得到了诸多岩石单轴抗压强度的计算公式，这些公式均根据实验数据回归得到，将渤海油田四个油田的岩石数据代入公式中，所得计算结果与真实数据相差较大。

本文利用岩石单轴抗压强度与深度、声波时差、岩石密度等的拟合结果，通过多元线性回归方法[6]建立数学模型，求得各项系数，得到经验公式，即

$$UCS = 1.5 \times 10^{-9} \times h^{2.5143} + 422.4 \times e^{-0.049\Delta t} + 5.9 \times \rho^4 - 49.1 \times \rho^2 + 108.5$$

式中，UCS 为岩石单轴抗压强度（MPa），h 为深度（m），Δt 为声波时差（$\mu s/ft$），ρ 为岩石密度（g/cm^3）。

进一步对上述公式进行验证，发现相关系数为 0.97，表明该公式与各因素高度相关；标准误差在 3.9 左右，表明该公式的误差较小；显著性值在 5.1×10^{-9} 左右，远小于 0.05 的判断标准值，表明该公式的回归效果显著。

4　实例应用

利用渤海油田曹妃甸区块的几口探井的岩心资料，对回归模型进行验证。渤海油田岩石单轴抗压强度预测值与实测值对比如表 1 所示。

表 1　渤海油田岩石单轴抗压强度预测值与实测值对比

井号	井深/m	声波时差/（$\mu s/ft$）	密度/（g/cm^3）	单轴抗压强度实测值/MPa	新模型预测值/MPa	误差/（%）	公式1	公式1误差/（%）	公式2	公式2误差/（%）	公式3	公式3误差/（%）
CFD1-1	1111.28	130.1	2.18	2.95	2.424	17.81	5.05	71.3	1.11	93.8	1.52	91.5
	1111.39	128.6	2.17	2.67	2.307	13.59	5.14	92.6	1.17	91.4	1.55	88.6
CFD1-2	1566.92	120.0	2.11	2.42	2.242	7.37	5.74	137.1	1.59	78.4	1.83	75.2
	1571.37	84.1	2.07	6.64	7.948	19.69	9.53	43.6	5.81	70.5	8.59	56.4

从表 1 中可以看出，利用旧公式计算得到的数值误差普遍在 40% 以上，而利用新公式计算得到的数值误差为 7%～20%，平均误差为 15% 左右，且单轴抗压强度差值在 1.5 MPa 以内。新公式的计算结果优于旧公式，说明新公式在渤海油田储层岩石单轴抗压强度预测方面具有更好的适用性。

5 结论

(1)渤海油田储层岩石单轴抗压强度与深度半对数、声波时差呈较好的指数关系,与密度的平方呈多项式关系。

(2)根据渤海油田的岩心数据回归得到的岩石单轴抗压强度预测模型,与各因素存在较好的相关性,且显著性较高;实例应用表明,岩石单轴抗压强度预测值与实测值的平均误差在15%左右,新公式的计算结果优于旧公式,说明新公式在渤海油田储层岩石单轴抗压强度预测方面具有更好的适用性。

参 考 文 献

[1] 董长银.油气井防砂理论与技术[M].东营:中国石油大学出版社,2012.

[2] 何生厚,张琪.油气井防砂理论及其应用[M].北京:中国石化出版社,2003.

[3] 张浩,康毅力,陈景山,等.变围压条件下致密砂岩力学性质实验研究[J].岩石力学与工程学报,2007,26(S2):4227-4231.

[4] 杨仕教,曾晟,王和龙.加载速率对石灰岩力学效应的试验研究[J].岩土工程学报,2005,27(7):786-788.

[5] 刘泉声,许锡昌,山口勉,等.三峡花岗岩与温度及时间相关的力学性质试验研究[J].岩石力学与工程学报,2001,20(5):715-719.

[6] 朱军.线性模型分析原理[M].北京:科学出版社,1999.

柴油发电机并机功率平衡问题的探讨

陈海涛 徐 蕾 李 光 刘 勇 崔国宾

（中国石油集团海洋工程有限公司天津分公司　天津　300451）

摘　要：柴油发电机组并联首先应满足功率均匀分配的要求[1]。功率均匀分配包含有功功率分配和无功功率分配两个方面。如果功率分配出现较大的不均衡，无论是有功功率还是无功功率，都不仅会影响机组运行的效率和经济性，甚至会引起整个电站故障[2]。因此，研究同步发电机并机后的功率平衡问题有着非常重要的意义。本文重点阐述引起发电机并机后功率不平衡的原因，并从原理以及实例上分析、解决这些不平衡的问题。

关键词：有功功率　无功功率　功率分配　平衡

1　问题的提出

在平台供电系统中，需要两台发电机组并机运行，此时会出现有功功率和无功功率分配不均的现象，特别是无功功率会分配不均，机组承受负载电流过大，严重时造成电流剧增，导致并车解列[3]。

2　发电机并机后功率平衡分析

什么原因造成功率不平衡的结果呢？下面我们来分析一台机组呈容性、一台机组呈感性、负载电流增大的原因。

某一电力系统是感性负载，额定电流 I_e 滞后额定电压 U_e θ 角。假定有功功率均匀分配，那么在并车瞬间有功电流达到平衡后不再变化，即 $I_{1有} = I_{2有} = 1/2 I_{e有}$，2 副机的无功电流 $I_{2无}$ 不断增大，那么 1 副机的无功电流 $I_{1无}$ 将相应地不断减小。从负载矢量图中可以看出，I_1 和 I_2 的功率因数将不断地以相反方向变化，当 $I_{1无}$ 开始超前 U_e θ_1 角时，I_1 和 I_2 的无功电流都将以相反方向增大，导致一台机组呈容性，一台机组呈感性，而且两台机组的负载电流将不断增大，严重时失步，造成并车不稳定或解列。

为了分析发电机功率平衡问题，引入功角特性。

对于凸极电机的功角特性，有

$$
\begin{aligned}
P_M &= m\frac{U^2\sin\delta}{X_q}\cos\delta + mU\frac{E_0 - U\cos\delta}{X_d}\sin\delta \\
&= m\frac{UE_0}{X_d}\sin\delta + m\frac{U^2}{2}\left(\frac{1}{X_q} - \frac{1}{X_d}\right)\sin2\delta \\
&= P'_M + P''_M
\end{aligned}
\tag{1}
$$

其中

$$P'_M = m \frac{UE_0}{X_d} \sin\delta$$

$$P''_M = m \frac{U^2}{2} \left(\frac{1}{X_q} - \frac{1}{X_d} \right) \sin2\delta$$

式中，P'_M 为基本电磁功率，P''_M 为附加电磁功率。

对于隐极电机的功角特性，在式（1）中，令 $X_d = X_q = X_s$，只有基本电磁功率。

功角特性 $P_M = f(\delta)$ 反映了同步发电机的电磁功率随着功角变化的情况。稳态运行时，同步发电机的转速由电网的频率决定，恒等于同步转速，即发电机的电磁转矩 T_M 和电磁功率 P_M 之间成正比关系，即

$$T_M = \frac{P_M}{\Omega} \tag{2}$$

式中，Ω 为转子的机械角速度。

电磁转矩与原动机提供的动力转矩及空载阻力转矩相平衡，即

$$T_1 = T_M + T_0 \tag{3}$$

式中，T_1 为动力转矩，T_0 为空载阻力转矩。

由此可见，要想改变有功功率 P_M，必须改变原动机提供的动力转矩，这可以通过调节发电机的油门来实现。

3 保障并机发电机有功功率和无功功率平衡的方法

3.1 有功功率平衡

中油海 82 平台根据并机需要，在每台发电机的配电板上增加有功功率分配模块 LOAD SHARER T4800。

将有功功率分配模块的频率、电压、电流等参数设置为相等，运行时检测每台发电机的有功功率，通过内部模块进行数字电路比较。如果某一台发电机的转速低于设定值，继电器动作，发出指令，使得该发电机加速，直到达到设定值；如果某一台发电机的转速高于设定值，同样的道理，也可以立即使其转速达到设定值。这样就可以使并机的发电机保持同一转速，达到有功功率平衡的目的。

3.2 无功功率平衡

为了保持无功功率平衡，在每台发电机上加装可控硅自动电压校正器（简称 AVR）的相复励自激励磁系统 VR6。发电机间无功功率的分配取决于励磁特性，为了使无功功率分配均匀，AVR 采用调差装置来保持发电机组的无功电流分配。

当无功电流增大或减小时，利用调差装置控制励磁电流，使无功电流得到有效平衡。

3.3 发电机采取措施后的数据分析

中油海 82 平台加入有功功率分配模块 LOAD SHARER T4800 和更换新的 VR6 调压板前后的实验数据如下。

3.3.1 未加入有功功率分配模块 LOAD SHARER T4800 和更换新的 VR6 调压板

（1）当 1 号发电机投入工作时，有

$U_1 = 380$ V， $f_1 = 50$ Hz， $\cos\varphi_1$（感性）$= 0.88$， $W_1 = 80$ kW， $I_1 = 118$ A

（2）当 3 号发电机投入工作时，有

$U_3 = 380\ \text{V}$，　$f_3 = 50\ \text{Hz}$，　$\cos\varphi_3$（容性）< 0.5，　$W_3 = 80\ \text{kW}$，　$I_3 = 300\ \text{A}$

（3）当负荷分配投入工作时，电压、频率不变：

对于 1 号发电机，有

$U_1 = 380\ \text{V}$，　$f_1 = 50\ \text{Hz}$，　$\cos\varphi_1$（容性）< 0.5，　$W_1 = 30\ \text{kW}$，　$I_1 = 295\ \text{A}$

对于 3 号发电机，有

$U_3 = 380\ \text{V}$，　$f_3 = 50\ \text{Hz}$，　$\cos\varphi_3$（容性）< 0.5，　$W_3 = 42\ \text{kW}$，　$I_3 = 360\ \text{A}$

3.3.2　加入有功功率分配模块 LOAD SHARER T4800 和更换新的 VR6 调压板

加入有功功率分配模块 LOAD SHARER T4800 和更换新的 VR6 调压板后部分实验数据如表 1 所示，从数据分析结果来看，所加的有功功率分配模块 LOAD SHARER T4800 和 VR6 调压板可以实现功率的平衡，且效果明显，完全能够满足并机长时间稳定运行。

表 1　加入有功功率分配模块 LOAD SHARER T4800 和更换新的 VR6 调压板后部分实验数据

时间	水电阻电流/A	1 号发电机			2 号发电机			3 号发电机		
		功率/kW	电流/A	功率因数	功率/kW	电流/A	功率因数	功率/kW	电流/A	功率因数
21:25	999	250	399	0.97	240	385	0.99	230	360	0.99
21:30	1247	300	474	0.97	310	492	0.99	300	476	0.99
21:35	1112	260	416	0.97	260	413	0.99	260	414	0.99
21:40	1117	270	418	0.97	260	415	0.99	262	414	0.99
21:45	1120	260	417	0.97	416	262	0.99	260	414	0.99
21:50	629	150	265	0.97	150	238	0.99	150	247	0.99

4　结论

增加有功功率分配模块 LOAD SHARER T4800 和更换新的 VR6 调压板后，并机运行的发电机能够实现有功功率和无功功率的平衡，这对多台发电机并机运行有着重要的指导意义。

参 考 文 献

[1]　何仰赞,温增银.电力系统分析(上、下册)[M].3 版.武汉:华中科技大学出版社,2002.

[2]　熊信银.发电厂电气部分[M].3 版.北京:中国电力出版社,2004.

[3]　中国航空工业规划设计研究院.工业与民用配电设计手册[M].3 版.北京:中国电力出版社,2005.

东坪-牛东气田低渗气藏
液氮-发泡剂伴注压裂施工研究

赵文凯[1]　贾凤娟[2]　李连玺[1]　孙晓雨[1]　冯大强[1]

马生远[1]　张红运[1]　李秋燕[1]　朱　争[1]

（1.青海油田井下作业公司　青海海西蒙古族藏族自治州　816400；
2.青海油田勘探开发研究院　甘肃敦煌　736202）

摘　要：柴达木盆地东坪基岩气藏、牛东侏罗系气田属于典型的低渗气藏，所属区域内气井产量普遍较低，新井投产后必须进行大规模压裂措施改造，才能提高单井产量和气藏储量动用程度。由于东坪-牛东气田储层物性较差，大规模压裂后通常存在返排速度较低的问题，严重制约了气田开发。虽说伴注液氮和发泡剂能大幅提升自然喷通率，提高返排效率，但一味通过提高液氮和发泡剂的伴注比例来加大自然喷通率的办法会大幅增加生产成本。为了在提高返排效率的基础上实现降本增效，从优化气田压裂液氮和发泡剂伴注量、压裂工艺技术和压裂流程等方面入手，形成东坪-牛东低渗气藏特有的储层改造快速返排技术。

关键词：东坪-牛东气田　水力压裂　液氮-发泡剂伴注　快速返排

东坪气田基岩储层的平均渗透率为 $1.8 \times 10^{-3} \mu m^2$，平均孔隙度为 2.6%；牛东气田侏罗系储层的平均渗透率为 $5.0 \times 10^{-3} \mu m^2$，平均孔隙度为 11.3%，属于典型的低孔、低渗储层。在东坪-牛东气田水力压裂开发过程中普遍存在压后措施液返排低、返排时间过长等现象，严重制约了东坪-牛东气田的有效建产。本文从优化气田压裂液氮伴注量[1]、压裂工艺技术和压裂流程等方面入手，通过优化形成了东坪-牛东气田低渗气藏特有储层改造快速返排技术，这一技术在控制成本的同时加快了返排速度，提高了建产效率。

1　东坪-牛东油田液氮-发泡剂伴注优化

在压裂过程中伴注液氮和发泡剂可以使地层增加能量，产生稳定的泡沫后，减少溶液的表面张力，在压后返排过程中，氮气能反推破胶水化泡沫液排出地层，泡沫液比重较低，能减小井筒静水柱压力，使入井液体能够顺利排出[2~4]。

液氮-发泡剂伴注量越大，返排能力越强。对于规模较大的压裂而言，以混气方式实现完全自喷返排，液氮和发泡剂用量非常可观。受经济因素的制约，不能通过片面地追求液氮和发泡剂的消耗量来提高返排效率。在压裂过程中，需对液氮的注入量和发泡剂的种类进行优化和选择，以达到最佳效果。

1.1 东坪-牛东气田液氮伴注比例优化

根据压裂液的启动压力和压裂液自喷返排所需氮气最小干度,计算出压裂液自喷返排所需的液氮最小用量,根据这一用量进一步计算不同返排率下的液氮注入量,并绘制返排率与液氮注入量的关系图版,实现液氮注入量优化。

根据东坪-牛东气田低渗气藏的地质特征参数,取孔隙度为 9.6%,储层厚度为 15 m,人工裂缝宽度为 0.45 cm,压裂液效率为 50%,计算压裂液返排率与液氮注入量的关系图版。

由此可知,当液氮注入量为 12% 时,压裂液返排率为 75%,具有较好的返排效果。根据理论计算结果和东坪-牛东气田低渗气藏压裂开发经验,确定液氮注入量为 9%~12%。

1.2 东坪-牛东气田伴注发泡剂的筛选

压裂用的发泡剂是在一定条件下能产生大量泡沫的表面活性剂,表面活性剂的起泡效率取决于表面活性剂中活性物含量,活性物含量越高,表面活性剂起泡效率越高。采用搅拌法对目前青海油田使用的两种发泡剂进行起泡能力测试,测试方法为:取 100 mL 试液,用蒸馏水作为溶剂,搅拌速度为 4500 r/min,搅拌 5 min 后测量泡沫体积。试验结果表明,BRD-6 发泡剂的性能较好,在相同浓度下形成的泡沫体积更大。因此,选择 BRD-6 作为泡沫压裂液体系的发泡剂,配制浓度为 0.50%。

1.3 东坪-牛东气田伴注液氮-发泡剂工艺流程优化

目前使用的压裂地面管汇内部是空心管体,压裂液、发泡剂、液氮混合通过时属于层流,在入井前不能进行搅拌混合,否则会严重影响液体发泡率。针对上述情况,设计了一种能在管汇内部旋转搅拌的装置——高压泡沫发生装置,该装置能够实现多种液体的充分搅拌,从而提高压裂液起泡率。

高压泡沫发生装置利用水力涡流原理(类似于洗井机涡轮原理),在压裂施工时压裂液与液氮和发泡剂混合进入由 1 米长的 4 寸(1 寸≈0.033 米)管汇、1 根在芯轴焊接绞龙叶片的内部旋转装置组成的正旋转发生腔,产生一定的泡沫后再进入与正旋转发生腔结构相同、与绞龙叶片旋转方向相反的反旋转混合发生腔,产生更多的泡沫后入井。

高压泡沫发生装置具有结构简单、成本低、不破坏且不影响管汇的正常使用、安装后即可实现管汇内部搅拌混合、提高起泡率等特点。

2 东坪-牛东气田液氮伴注效果分析

针对东坪-牛东气田措施返排速度较低的特点,在近几年的压裂施工期间,对研究推广的液氮-发泡剂伴注助排技术和常规压裂返排工艺技术进行了对比。自使用液氮-发泡剂伴注助排技术以来,东坪气田返排速度为 5.85%/d,较采用常规压裂返排工艺技术的返排速度 2.56%/d 而言,返排速度提高了 3.29%/d;牛东气田返排速度为 4.18%/d,较采用常规压裂返排工艺技术的返排速度 1.72%/d 而言,返排速度提高了 2.46%/d,效果显著。东坪-牛东气田低渗气藏压裂返排试验对比表如表 1 所示。

表1 东坪-牛东气田低渗气藏压裂返排试验对比表

技术	序号	井 号	措施层位	压裂返排工艺	分层段数	施工井段/m	返排天数	返排速度/(%)
常规技术	1	东坪308	E_{1+2}	常规	2	1814.1～1856.0	62	1.30
	2	坪1H-2-3	基岩	常规	3	3075.2～3412.0	10	5.32
	3	坪1-2-2	基岩	常规	2	3139.6～3250.0	34	1.11
	4	东坪106	基岩	常规	2	3209.5～3322.6	18	2.51
	东坪压裂返排率小计				9		31	2.56
	5	牛4井	基岩	常规	1	992.0～1005.0	28	2.31
	6	牛101井	J	常规	1	3085.3～3096.6	8	1.12
	小计/平均				2		18	1.72
快排技术	1	东坪105	基岩	液氮-发泡剂伴注	2	3435.0～3470.0	6	10.78
	1	坪1H-2-5	基岩		5	3414.9～3743.2	8	3.69
	2	坪1-2-9	基岩		3	3341.0～3477.0	6	5.69
	4	坪1-2-5	基岩		3	3310.0～3327.0	9	2.91
	5	坪1H-2-8	基岩		3	3388.0～3663.0	16	3.64
	东坪压裂返排率小计				16		9	5.34
	1	牛4井	基岩	液氮-发泡剂伴注	1	915.0～926.0	10	4.56
	2	牛101井	J		1	3474.7～3498.2	15	3.80
	小计/平均				2		12.5	4.18

3 结论

采用液氮-发泡剂＋高压泡沫发生装置产生的泡沫稳定,有助于增加地层能量,能大大提高该区压裂后的自喷返排率,是一种适合东坪-牛东气田低孔低渗气藏压裂改造的技术。

参 考 文 献

[1] 罗小军,潘春,郭建伟,等.苏里格气田液氮助排工艺技术[J].石油天然气学报,2012,34(9):291-293.

[2] 李道品.低渗透砂岩油田开发[M].北京:石油工业出版社,1997.

[3] 吴柏志.低渗透油藏高效开发理论与应用[M].北京:石油工业出版社,2009.

[4] 林彦兵,刘艳.大牛地气田液氮伴注效果分析及优化研究[J].重庆科技学院学报(自然科学版),2013,15(6):35-37.

"超分子结构"体系黏度"回复"的机理分析研究

祝 琦

（中国石油集团渤海钻探工程有限公司 天津 300450）

摘 要：含有疏水缔合聚合物的"超分子结构"体系被应用在钻、完井液中，近些年受到广泛关注。本文基于"超分子结构"理论，对压裂液的应用机理进行研究，通过变剪切流变实验、环境扫描电镜、支撑剂悬浮实验，对"超分子"压裂液体系的成网机理、剪切"回复"机理进行了分析研究，从可视化角度直观地分析并阐述了分子自组装对"超分子"压裂液体系表观黏度"回复"的作用。研究结果表明："超分子"压裂液的"空间网络状结构"是通过疏水支链与表面活性剂"共用"胶束、疏水缔合聚合物分子间缔合和分子间缠绕的方式形成的；剪切作用撤销以后，拆散了的表面活性剂自组装成新的"胶束"并与剪碎了的疏水缔合聚合物的疏水支链重新自组装形成新的"网络状结构"；分子层间的"滑移"作用使"超分子"压裂液体系新的"网络状结构"处于一种"动态平衡"状态，并以更密集的"网络状结构"悬浮支撑剂。

关键词：水基压裂液 黏度"回复" 超分子结构 分子自组装 机理研究

1 引言

基于超分子理论、能量最低原理、相似相溶原理，通过变剪切流变实验，对这类"超分子"压裂液体系中聚合物与表面活性剂的相互作用、剪切"回复"机理、成网机理进行分析研究[1~4]，提出并阐述分子自组装对"超分子"压裂液体系表观黏度"回复"的作用机理、"分子层间滑移"对"超分子"压裂液体系新"网络结构"的孔眼和孔眼密度的影响机理、"长链包裹作用"对"超分子"压裂液体系抗剪切稀释的作用机理的一些个人观点。通过对以上机理的分析研究，有助于设计"超分子"压裂液体系稠化剂的分子结构，优化成链单体、功能性单体的类型和加量，为形成更为完善的"超分子"压裂液体系提供一定的理论参考。

2 "超分子"压裂液体系黏度控制机理分析研究

当疏水缔合聚合物在水溶液中的浓度小于CAC（临界缔合浓度）时，添加一定浓度的表面活性剂[5]。由于表面活性剂加量很少，因此并没有形成"胶束"结构，此时疏水缔合聚合物在其水溶液中呈卷曲状态，说明分子内缔合作用明显。

当继续增加表面活性剂的浓度时，根据能量最低原理可知，表面活性剂会以"胶束"的形式存在于水溶液中。随着表面活性剂加量的进一步增加，在水溶液中形成的"胶束"量也会逐步增加。

表面活性剂"胶束"的亲水端受疏水侧链的疏水、静电吸引作用,亲油端受疏水侧链的吸引作用,使疏水侧链更倾向于"扦插"或"黏附"在表面活性剂"胶束"中。此时如果提高疏水缔合聚合物的浓度,由于表面活性剂"胶束"数量有限,更多的疏水侧链会和其他疏水缔合聚合物上的疏水侧链"共用"一个"胶束",在疏水缔合聚合物溶液中,疏水缔合聚合物分子间会以"共用胶束"为"结点",形成"空间网络状结构"。起初形成的"空间网络状结构"孔眼较大,孔眼密度较低。但进一步调节疏水缔合聚合物与表面活性剂加量,疏水缔合聚合物溶液中形成的"空间网络状结构"孔眼会变得均匀,孔眼密度会显著提高。

当大量的表面活性剂"胶束"扦插到疏水支链上后,由于表面活性剂"胶束"上亲水端之间的"同极相斥"作用,原有的"空间网络状结构"消失,疏水缔合聚合物溶液中只存在分子间的缠绕、分子间的缔合作用,加之带有"扦插胶束"的疏水缔合聚合物受"胶束"静电力、疏水缔合聚合物上极性基团的排斥作用,疏水缔合聚合物之间存在分子间滑移现象,导致分子间缔合效应降低,分子间缠绕概率下降,聚合物黏度降低。

3 "超分子"压裂液体系黏度"回复"机理分析研究

所谓剪切"回复",顾名思义就是当复配体系受到剪切作用后,复配体系溶液黏度又重新回到初始状态或者较高黏度水平。通过前面对"胶束"与疏水缔合聚合物相互作用机理的研究,可以得知"共用"胶束和分子间缔合、缠绕,可以形成"空间网络状结构"。

疏水缔合聚合物溶液在一定的剪切作用下,由于疏水缔合聚合物分子链被"剪碎",表面活性剂"胶束"也被拆散,疏水缔合聚合物分子间缔合、缠绕作用减弱或消失,导致疏水缔合聚合物溶液黏度降低,失去悬浮携砂能力。

4 "超分子"压裂液体系变剪切流变实验结果

从室温 30 ℃,以 1.5 ℃/min 的梯度升温至 90 ℃,并按 40 s^{-1}、1000 s^{-1}、170 s^{-1} 的剪切速率,依次对该复配体系进行变剪切流变实验。

在 40 s^{-1} 的剪切速率下 10 min 内,复配体系表观黏度振荡起伏;而当剪切速率突然增大到 1000 s^{-1} 后,复配体系表观黏度迅速下降至 50 mPa·s 左右;当剪切速率恢复到 40 s^{-1} 后,复配体系表观黏度随之"回复",在 250~300 mPa·s 的较高黏度区间摆动。

与此同时,随着温度的升高,复配体系表观黏度逐步下降。当温度升至 90 ℃,以 170 s^{-1} 的恒定剪切速率剪切 50 min,其间复配体系表观黏度呈现小幅度振荡摆动,并保持在 170~240 mPa·s 范围内。

由实验结果可以得出,疏水缔合聚合物与表面活性剂通过"共用胶束"相互作用形成"空间网络状结构",加之疏水缔合聚合物本身分子间的缔合和缠绕作用,使得疏水缔合聚合物溶液的黏度增大;当受到剪切作用后,"拆散"的表面活性剂胶束重新自组装形成"胶束",断裂的疏水缔合聚合物分子链上的疏水支链与新"胶束"重新"共用",自组装形成新的"空间网络状结构",恢复"超分子结构",压裂液表观黏度"回复"到较高黏度水平。

但是,若要"回复"到原有黏度,疏水缔合聚合物溶液中应该存在较多的长链疏水缔合聚合物。因为长链疏水缔合聚合物之间通过分子间的缔合、缠绕作用形成了一定的"包被空间",可以将更多的疏水缔合聚合物分子"包裹"起来,这样就可以在受到外界剪切应力的作用下,降低疏水缔合聚合物链的破损程度,从而保证有更多的疏水缔合聚合物分子缔合、缠绕,被"剪碎"的短链疏水缔合聚合物也会与长链疏水缔合聚合物之间发生更多的缠绕和缔合,形成"成串""成片"的缠绕和缔合体系,这会使重新构建的"空间网络状结构"更稳定,疏水缔合聚合物溶液黏度可以"回复"到原有状态或者高黏度水平。

因此,在设计疏水缔合聚合物分子结构、选择成链单体、合成和配比功能性单体、优化反应条件、选择功能性单体、控制稠化剂分子量、筛选促进缔合的表面活性剂等时,应该考虑到如何形成长链聚合物主链,以形成足够的"包被空间";配以一定数量和功能结构的疏水支链,在优化表面活性剂类型和浓度的基础上,更好地形成"共用胶束"结点,优化孔眼、孔眼密度,进而形成稳定而牢固的"空间网络状结构",以满足悬浮支撑剂的要求。

5　结论

(1)增加疏水缔合聚合物浓度后,由于疏水作用、静电吸引作用等的影响,疏水缔合聚合物由以分子内缔合为主转变为以分子间缔合为主;超过临界缔合浓度(CAC)以后,疏水缔合聚合物溶液以分子间缔合为主,伴有分子间缠绕,此时溶液中出现"空间网络状结构"。

(2)"共用"胶束形成了"空间网络状结构"的"结点",合理控制表面活性剂与疏水缔合聚合物的配比加量,可以形成稳定的具有一定弹性和黏性的凝胶体系。

(3)当剪切力作用在复配体系上后,"拆散"了原有体系"胶束","剪碎"了疏水缔合聚合物分子链,破坏了原有"空间网络状结构"所形成的动态平衡状态。

(4)当剪切作用减弱或消失后,分散的表面活性剂重新自组装形成了"胶束",被剪碎的疏水缔合聚合物分子链上的疏水支链与恢复的"胶束"重新"共用",形成新的"空间网络状结构"。

(5)不含疏水支链的疏水缔合聚合物链节与其他疏水缔合聚合物链节缠绕、缔合,形成"成串""成片"的缔合结构,并与重新构建的"空间网络状结构"一起构成新的缔合体系,此时疏水缔合聚合物溶液黏度可以"回复"到原有状态或者高黏度水平。

参 考 文 献

[1]　罗平亚,郭拥军,刘通义.一种新型压裂液[J].石油与天然气地质,2007,28(4):511-515.

[2]　祝成.清洁压裂液的配制及性能研究[D].成都:西南石油大学,2010.

[3]　林波,刘通义,赵众从,等.新型清洁压裂液的流变性实验研究[J].钻井液与完井液,2011,28(4):64-66.

[4]　崔会杰,李建平,杜爱红,等.低分子量聚合物压裂液体系的研究与应用[J].钻井液与完井液,2013,30(3):79-81.

[5]　林波,刘通义,谭浩波,等.新型缔合压裂液黏弹性控制滤失的特性研究[J].西南石油大学学报(自然科学版),2014,36(3):151-156.

小井眼射吸式液动冲击器冲击
能力的数值模拟分析

李 玮 盖京明

（东北石油大学 黑龙江大庆 163318）

摘 要： 液动冲击器钻井技术是解决深井硬地层钻速慢、钻井效率低的有效方法之一。为了研究射吸式液动冲击器的实际工作状况，对现有的射吸式液动冲击器进行有限元模拟分析，研究了不同冲锤质量、泵排量、喷嘴直径对冲击功和冲击频率的影响，优选出最优的工作参数。结果表明，在边界条件、泵排量和喷嘴直径保持不变时，随着冲锤质量的增大，冲击器的冲击功增大，冲击频率降低。当冲锤质量为 9.675 kg 时，冲击频率为 1397 次/min，冲击功和冲击频率均较大，冲锤回程消耗能量较小，此时冲锤质量为最优。当喷嘴直径不变时，随着泵排量的增大，冲击器内部压降和冲击频率均提高；当泵排量不变时，随着喷嘴直径的增大，冲击器内部压降和冲击频率均降低。该有限元模拟分析了不同工作参数下冲击器的工作效果，为现场的实际应用奠定了良好的基础。

关键词： 冲击器 钻井工具 有限元 冲击功 冲击频率

射吸式冲击器是我国首创的一种液动冲击器，它能够大幅度提升钻井速度，延长钻头寿命，防止井斜[1]。截至目前，西安石油大学根据深井钻井的需求，研制了射吸式双作用液动冲击器[2]；李玮[3]等人在塔里木地区进行实钻试验，得知应用射吸式冲击器的 A 井相对于使用常规钻具组合的 B 井提速 133%，相对于使用扭力冲击器＋PDC 钻头的 C 井提速 105%，机械钻速大幅度提高，钻头寿命延长。为了分析射吸式液动冲击器的冲击能力，采用有限元模拟的方法，分析各参数对射吸式液动冲击器冲击能力的影响。

1 射吸式液动冲击器的基本结构及工作原理

射吸式液动冲击器利用射流产生的卷吸作用以及阀套与冲锤之间的压力与位移的综合反馈关系，通过阀套与冲锤、活塞上腔与下腔压力差的正负交换，使活塞与冲锤反复运动冲击做功，并将冲击功传递至钻头[4]。

2 冲锤冲击模拟分析

2.1 模型假设

为了方便计算分析，只对冲锤进行跌落测试分析，对冲锤做出如下假设：

(1)不考虑材料的变形，将冲锤视为刚体，做线性分析；

（2）冲击时满足安全载荷要求，材料不会发生破坏，只研究冲击应力的大小。

2.2　网格划分

采用基于曲率的网格，雅可比点为 16 点，节总数为 51 122，单元总数为 47 248。对冲击面和边线进行局部加密，网格单元大小为 1.49 mm，比率为 1.5。

2.3　条件设置

设定冲锤跌落高度为 70 mm，重力加速度为 9.81 m/s²。将传感器设定在冲锤的冲击端面，冲击后的求解时间为 50 μs，图解数为 25，每个图解的图表步骤数为 20。对冲锤定义不同的材料信息，如表 1 所示。

表 1　材料信息表

材　　　料	密度 /(kg/m³)	弹性模量 /(N/m²)	泊　松　比
铸造合金钢	7300	1.90e+011	0.260
合金钢	7700	2.10e+011	0.280
AISI A2 刀具钢	7860	2.03e+011	0.285
AISI 1020 钢	7900	2.00e+011	0.290
铁基超合金	7920	2.01e+011	0.310
AISI 304	8000	1.90e+011	0.290
AISI 316L 不锈钢	9027	2.00e+011	0.265

3　模拟结果分析

为了方便计算，选择泵排量为 260 L/min，出口静压为 4 MPa，分析活塞与冲锤上、下腔的压差，用以计算动力 F_1，得到冲程终点射吸式液动冲击器内部压力截面示意图，如图 1 所示。

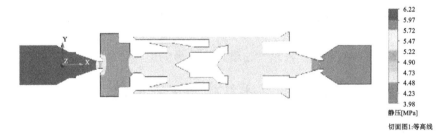

图 1　冲程终点射吸式液动冲击器内部压力截面示意图

由图 1 可知，当冲锤处于下止点时，下腔压力为 4.39 MPa，上腔压力为 4.29 MPa，压差为 0.10 MPa。

平均应力及回程动力与冲锤质量的关系如图 2 所示，平均应力及冲击频率与冲锤质量的关系如图 3 所示。由图 2 可知，冲锤质量越大，平均应力越大，但回程动力越小，即冲锤质量越大，回程阶段重力产生的阻力越大，消耗的能量越多。由图 3 可知，随着冲锤质量的增加，冲击频率逐渐减小。当冲锤质量约为 9.675 kg 时，冲击应力较大，冲击频率大，且回程时重力耗能较小,此时射吸式液动冲击器的性能最优。由计算结果可知,冲锤回程动力始终大于冲锤重力。

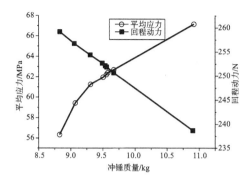
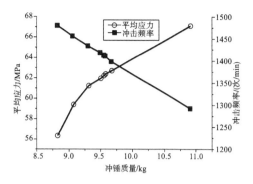

图 2 平均应力及回程动力与冲锤质量的关系　　　图 3 平均应力及冲击频率与冲锤质量的关系

4 室内实验结果与模拟结果对比

泵排量与冲击频率关系的室内实验结果与模拟结果拟合曲线如图 4 所示。

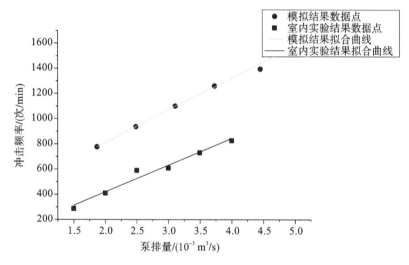

图 4 泵排量与冲击频率关系的室内实验结果与模拟结果拟合曲线

室内实验结果与模拟结果的拟合曲线的斜率几乎一致,这说明模拟结果是正确的,截距不同是因为忽略了惯性冲程时间。

5 结论

(1)当其他条件不变时,随着冲锤质量的增大,射吸式液动冲击器的冲击功增加,冲击频率减小。冲锤质量约为 9.675 kg 时,射吸式液动冲击器的效果最好。

(2)泵排量与冲击频率关系的室内实验结果与模拟结果的拟合效果良好,说明模拟结果正确合理。

参 考 文 献

[1] 黄雪琴,孟庆昆,郑晓峰.液动冲击器发展现状及在油气钻井应用探讨[J].石油矿场机械,2016,45

(9):62-66.

[2]　陈朝达,高建强,郝建华,等.射吸式双作用油井深井冲击器设计[J].石油矿场机械,1999,28(6):43-46.

[3]　李玮,高海舰.射吸式冲击器在塔里木地区的现场应用[J].辽宁石油化工大学学报,2017,37(6):36-39.

[4]　李玮,高海舰,张浩,等.射吸式冲击器工作原理及性能分析[J].中州煤炭,2016,(12):138-142.

环境友好型钻井液的研究与应用

陈春来

（中国石油冀东油田钻采工艺研究院　河北唐山　063004）

摘　要：传统聚合物钻井液普遍存在色度高、降解度低和具有生物毒性等问题,不能满足环评指标的各项要求[1],随着环保要求的日益严格,聚合物钻井液的使用逐渐受到法律法规的限制。冀东油田为了解决钻井废弃物环保问题,从常用的钻井液处理剂中优选环评指标良好的各单剂,开展了体系润滑性、抑制性和油层保护性能评价,形成了环境友好型钻井液体系,并开展现场试验。三十余口井应用结果表明:该体系荧光低于四级,流变性能良好,润滑性好,抑制性强,电阻率可调,钻井施工顺利,能够满足冀东油田中浅层地层现场施工需求;该体系滤失量低,渗透率恢复值在90%以上,油层保护效果好;钻井废弃物降解速度快,环评指标合格,具有良好的社会经济效益。

关键词：环境友好型钻井液　润滑性　抑制性　电阻率　油层保护

1　引言

本文通过调研国内外环保指标合格的钻井液处理剂及体系,筛选出冀东油田目前普遍使用的钻井液处理剂,构建了环境友好型钻井液体系,该体系具有流变性好、抑制能力强、摩阻小、滤失量小、低荧光和满足环保要求等特点,便于现场操作,具备较好的工程应用效果,环保性能达标。

2　处理剂优选评价

处理剂优选原则:成分无毒,可生物降解,具有较高的环境可接受性;颜色尽可能浅;具有一定的使用广谱性,满足复杂地区钻井的一般需要[2];优选出 EC_{50} 大于 1.0×10^5、生物降解率大于15%的较易降解的无毒类处理剂。

开展配伍性实验,形成环境友好型钻井液体系,配方为3%~5%膨润土+0.3%~0.5%天然高分子包被剂 HV-500+0.8%~1%LV-PAC+1%~2%聚合醇+1%~2%聚醚多元醇+1%~2%白沥青+1%~1.5%改性淀粉。

2.1　钻井液常规性能

经过老化16 h后,测定钻井液性能,结果表明钻井液老化前后流变性能稳定,滤失量小,能较好地满足中浅层地层钻井需求。

2.2　钻井液抑制性能

采用泥页岩线性膨胀率和泥岩回收率对钻井液进行抑制性能评价,结果表明钻井液抑制性能良好。

2.3 钻井液润滑性能

对添加有不同浓度润滑剂的钻井液进行润滑性能评价,结果表明,当聚醚多元醇的添加量增至4%时,极压润滑系数降低至0.039,黏附系数为0.11,能够满足大位移井钻井需求。

2.4 钻井液油层保护性能

分别进行80℃和90℃的渗透率恢复值实验,结果表明钻井液的渗透率恢复值均在85%以上,动滤失量小。

2.5 钻井液环保性能

钻井液重金属和石油类含量远小于标准要求,生物降解度为25.7%,属于极易降解物质。钻井液EC_{50}为40.6×10^4 mg/L,优于一级标准3×10^4 mg/L,钻井液环保指标合格。

3 现场应用

环境友好型钻井液体系能抗温120℃,适用于冀东油田中浅层地层,该钻井液体系已成功应用于30余口井,其中水平井1口,完钻层位馆陶组,井深为2533 m,最大井斜为90.20°,最大位移为1696.34 m,施工顺利。

3.1 常规性能检测

钻井液流变性能好,高温高压滤失量小于12 mL。应用井钻井液常规性能评价如表1所示。

表1 应用井钻井液常规性能评价

井 号	井深/m	ρ/(g/cm³)	AV/(MPa·s)	PV/(MPa·s)	YP/Pa	FL_{API}/mL	FL_{HTHP}/mL
NP23-2136	2200	1.15	20	11	9	6	12
	2450	1.15	29	25	4	5.5	11.4
NP32-3050	2500	1.15	22	16	6	6.6	13
	3000	1.15	23	13	10	5.4	12
G87-16	2878	1.28	41	30	11	4.2	
	3040	1.28	46	34	12	3.6	12
G59-86	2154	1.15	24	18	6	4	
	2536	1.15	25	18	7	4	11.6

3.2 环保性能检测

对应用井钻井液的环保性能进行测试,结果如表2所示,钻井液达到环保评价一级标准。

表 2 应用井钻井液环保性能评价

井 号	井深/m	$\rho/$ (g/cm³)	石油类 /(%)	pH 值	氯化物 /(mg/L)	BOD/COD /(%)	EC_{50} /(mg/L)
南堡 23-2452	1950	1.18	0.170	8.15	457	26.40	73 976
	2800	1.24	0.372	8.40	301	28.82	21 848
高 56-37	2330	1.18	0.084	8.83	123	27.60	100 985
	2559	1.18	0.028	8.63	88.8	25.90	90 235

4 结论与认识

(1)研究构建了一套环境友好型钻井液体系,该钻井液体系能抗温 120 ℃,具有良好的流变性能、抑制性能、润滑性能及油层保护性能,经检测该钻井液体系无毒。

(2)环境友好型钻井液体系能够满足中浅层地层钻井需求,现场应用表明,该钻井液体系便于维护,性能良好,荧光级别低于 4 级,渗透率恢复值均大于 85%,油层保护效果好。

(3)现场样品在 pH 值、氯化物含量、石油类、生物降解性和生物毒性等方面均符合环境评价标准,降解速度快,环保效果好,具有良好的社会经济效益。

参 考 文 献

[1] 程启华,孙俊,王小石.无害化钻井液体系的研究与应用[J].石油与天然气化工,2005,34(1):74-76.

[2] 盖国忠,李科.钻井液环境可接受性评价及环保钻井液[J].西部探矿工程,2009,21(2):57-60.

基于有限体积法的水平井岩屑床高度瞬态计算方法

孙晓峰　姚　笛

（东北石油大学高效钻井破岩技术国家工程研究室　黑龙江大庆　163318）

摘　要：为了对水平井内岩屑床高度进行准确预测，建立了基于有限体积法的岩屑床高度瞬态计算方法。首先以漂移流模型为基础，建立了井筒内的固液两相流瞬态流动模型，随后利用有限体积法中的 AUSMV 格式进行求解，得到水平井井筒内的固液两相流流动规律，最后计算出井筒内岩屑床高度。使用该方法可以计算出井筒内的压力、岩屑含量、固液两相速度与岩屑床高度随时间的变化规律。本文的研究结果可为水平井的井眼清洁提供一定的理论指导。

关键词：固液两相瞬态流动　岩屑床高度　AUSMV 算法　漂移流模型

1　引言

在水平井段钻进过程中，钻头破岩，不断产生岩屑。随着岩屑的不断产生，岩屑会随着钻井液沿流动方向运移，部分沉积，形成岩屑床，部分悬浮运移，被钻井液携带出井。为了更好地描述钻头处产生的岩屑在沿流动方向运移时的瞬态变化情况，本文对岩屑运移过程进行具体分析。

2　固液两相漂移流模型研究

在钻井过程中，岩屑以一恒定的体积浓度进入环空中，可认为岩屑与钻井液均匀混合，形成混合浆体，不断向前运移。

2.1　固液两相漂移流模型控制方程组

本文基于漂移流模型建立固液两相流动方程组，模型包含固相与液相的连续性方程与二者混合的动量守恒方程。假设固相与液相在流动过程中无质量交换，则控制方程组为

$$\frac{\partial}{\partial t}(\rho_l \alpha_l) + \frac{\partial}{\partial x}(\rho_l \alpha_l u_l) = 0 \tag{1}$$

$$\frac{\partial}{\partial t}(\rho_s \alpha_s) + \frac{\partial}{\partial x}(\rho_s \alpha_s u_s) = 0 \tag{2}$$

$$\frac{\partial}{\partial t}(\rho_l \alpha_l u_l + \rho_s \alpha_s u_s) + \frac{\partial}{\partial x}(\rho_l \alpha_l u_l^2 + \rho_s \alpha_s u_s^2 + p) = F_g + F_w \tag{3}$$

式中，α_l 为钻井液含量，α_s 为岩屑含量，ρ_l 为钻井液密度（kg/m³），ρ_s 为岩屑密度（kg/m³），u_l 为

钻井液流速（m/s），u_s 为岩屑运移速度（m/s），F_g 为重力分量（Pa/m），F_w 为阻力分量（Pa/m）。

重力分量与阻力分量的表达式分别为

$$F_g = (\alpha_1\rho_1 + \alpha_s\rho_s)g\sin\theta \tag{4}$$

$$F_w = \frac{32u_{mix}\mu}{d_i^2} \tag{5}$$

混合速度与混合黏度的表达式分别为

$$u_{mix} = u_1\alpha_1 + u_s\alpha_s \tag{6}$$

$$\rho_{mix} = \rho_1\alpha_1 + \rho_s\alpha_s \tag{7}$$

2.2 固液两相漂移流模型辅助方程

由于控制方程组含有三个方程与四个未知量，为使方程组闭合，还需引入以下五个辅助方程。其中式(8)为固液两相体积分数关系方程，式(9)、式(10)分别为固、液相密度方程[1]，式(11)为固液相间的滑移关系方程，式(12)为滑移速度的经验方程[2]。

$$\alpha_1 + \alpha_s = 1 \tag{8}$$

$$\rho_1 = \rho_{1,0} + \frac{p - p_0}{a_1^2} \tag{9}$$

式中，a_1 为液相中的声速。

根据 $c_i^2 = \dfrac{K_i}{p}$，$K_i = \dfrac{\Delta P}{\Delta\rho_i/\rho_i}$，可得 ρ_s 的表达式为

$$\rho_s = \rho_{s,0} + \frac{p - p_0}{a_s^2\rho_{s,0}p} \tag{10}$$

式中，a_s 为固相中的声速。

$$u_1 = u_s + v_{slide} \tag{11}$$

$$\overline{v}_{slide} = \begin{cases} 0.005\,16\mu_a + 3.006 & (\mu_a \leqslant 53 \text{ mPa}\cdot\text{s}) \\ 0.025\,54\mu_a + 3.28 & (\mu_a > 53 \text{ mPa}\cdot\text{s}) \end{cases} \tag{12}$$

2.3 固液混合相声速的计算

将式(1)、式(2)、式(3)转换为守恒变量的形式，即

$$\frac{\partial}{\partial t}\begin{bmatrix} \alpha_1\rho_1 \\ \alpha_s\rho_s \\ \alpha_1\rho_1u_1 + \alpha_s\rho_su_s \end{bmatrix} + \frac{\partial}{\partial x}\begin{bmatrix} \alpha_1\rho_1u_1 \\ \alpha_s\rho_su_s \\ \alpha_1\rho_1u_1^2 + \alpha_s\rho_su_s^2 + p(w_1,w_2) \end{bmatrix} = \begin{bmatrix} 0 \\ 0 \\ s_m \end{bmatrix} \tag{13}$$

假设守恒变量部分为 w，通量部分为 $F(w)$，源项部分为 $G(w)$[3]，则式(13)可改写为

$$\frac{\partial}{\partial t}U + \frac{\partial}{\partial x}F(U) = G(U) \tag{14}$$

$$w = \begin{bmatrix} \alpha_1\rho_1 \\ \alpha_s\rho_s \\ \alpha_1\rho_1u_1 + \alpha_s\rho_su_s \end{bmatrix} \tag{15}$$

$$F(w) = \begin{bmatrix} \alpha_1\rho_1u_1 \\ \alpha_s\rho_su_s \\ \alpha_1\rho_1u_1^2 + \alpha_s\rho_su_s^2 + p(w_1,w_2) \end{bmatrix} \tag{16}$$

$$G(w) = \begin{bmatrix} 0 \\ 0 \\ s_m \end{bmatrix} = \begin{bmatrix} 0 \\ 0 \\ F_w + F_{g'} \end{bmatrix} \tag{17}$$

于是有

$$\frac{\partial}{\partial t} \begin{bmatrix} w_1 \\ w_2 \\ w_3 \end{bmatrix} + \frac{\partial}{\partial x} \begin{bmatrix} w_1 u_1 \\ w_2 u_s \\ w_1 u_1^2 + w_2 u_s^2 + p(w_1, w_2) \end{bmatrix} = \begin{bmatrix} 0 \\ 0 \\ s_m \end{bmatrix} \tag{18}$$

固液两相的速度可由滑移关系求得,在无滑脱的情况下,$\overline{v}_{\text{slide}} = 0$,此时 $v_1 = v_s = v$。由于 $w_3 = \alpha_1 \rho_1 u_1 + \alpha_s \rho_s u_s$,因此可推导出 v 与守恒变量的关系[4],即

$$v = \frac{w_3}{w_1 + w_2} \tag{19}$$

根据式(18)与式(19),可计算得到控制方程组的雅可比矩阵,即

$$F'(W) = \begin{bmatrix} 0 & -v & 1 \\ 0 & +v & 0 \\ -v^2 + p_{w_1} & -v^2 + p_{w_2} & 2v \end{bmatrix} \tag{20}$$

雅可比矩阵的三个特征值为

$$\lambda_1 = v + c, \quad \lambda_2 = v, \quad \lambda_3 = v - c$$

式中,c 为固液混合相的声速[3]。

$$\rho_s = \rho_{s,0} + \frac{\rho_1 \alpha_1^2 - \rho_{1,0} \alpha_1^2}{\alpha_s^2 \rho_{s,0} (\rho_1 \alpha_1^2 - \rho_{1,0} \alpha_1^2 + p_0)} \tag{21}$$

假设井壁和管柱为刚体,忽略井壁和管柱的弹性变形,则固液混合相的声速为

$$c = \sqrt{\frac{1/\rho_m}{\frac{\alpha_s}{K_s} + \frac{\alpha_1}{K_1}}} = \sqrt{\frac{1}{-(\alpha_s \rho_s + \alpha_1 \rho_1)\left[\frac{\alpha_s}{(p - p_0)(\rho_s - \rho_{s,0})\rho_{s,0}} + \frac{\alpha_1}{(p - p_0)(\rho_1 - \rho_{1,0})\rho_{1,0}}\right]}} \tag{22}$$

3 模型数值求解

以有限体积法为基础,利用 AUSMV 格式对方程组进行求解。

3.1 AUSMV 格式构造

首先以 FVS 格式对通量 $F(w)$ 进行分裂[5],即

$$F_{j+\frac{1}{2}}(w_L, w_R) = F_l^c + F_g^c + (F^p)_{j+\frac{1}{2}} \tag{23}$$

液相部分的通量表达式为

$$F_l^c = (\alpha_1 \rho_1) \Psi_{l,L}^+ + (\alpha_1 \rho_1) \Psi_{l,R}^- \tag{24}$$

Ψ 是速度的函数,其表达式为

$$\Psi_{l,L}^+ = \Psi_l^+(v_{l,L}, c_{j+\frac{1}{2}}), \quad \Psi_{l,R}^- = \Psi_l^+(v_{l,R}, c_{j+\frac{1}{2}}) \tag{25}$$

$$\Psi_l^+ = V^+(v,c) \begin{bmatrix} 1 \\ 0 \\ v \end{bmatrix}, \quad \Psi_l^- = V^-(v,c) \begin{bmatrix} 1 \\ 0 \\ v \end{bmatrix} \tag{26}$$

速度可由马赫数求出,即

$$V^{\pm}(v,c) = \begin{cases} \pm \dfrac{1}{4c}(v \pm c)^2 \\ \dfrac{1}{2}(v \pm |v|) \end{cases} \tag{27}$$

固相部分的通量表达式为

$$F_s^c = (\alpha_s \rho_s) \Psi_{s,L}^+ + (\alpha_s \rho_s) \Psi_{s,R}^- \tag{28}$$

固相表达式与液相表达式相似,即

$$\Psi_{s,L}^+ = \Psi_s^+ (v_{s,L}, c_{j+\frac{1}{2}}), \quad \Psi_{s,R}^- = \Psi_s^+ (v_{s,R}, c_{j+\frac{1}{2}}) \tag{29}$$

$$\Psi_s^+ = V^+(v,c) \begin{bmatrix} 1 \\ 0 \\ v \end{bmatrix}, \quad \Psi_s^- = V^-(v,c) \begin{bmatrix} 1 \\ 0 \\ v \end{bmatrix} \tag{30}$$

$$V^{\pm}(v,c) = \begin{cases} \pm \dfrac{1}{4c}(v \pm c)^2 \\ \dfrac{1}{2}(v \pm |v|) \end{cases} \tag{}$$

压力相的通量部分为

$$F_s^c = P^{\pm}(v,c) \begin{bmatrix} 0 \\ 0 \\ p \end{bmatrix} \tag{31}$$

将上式进行分裂,可得

$$F_s^c = P^+(v_L, c_{j+\frac{1}{2}}) \cdot p_L + P^-(v_R, c_{j+\frac{1}{2}}) \cdot p_R \tag{32}$$

$$P^-(v,c) = V^-(v,c) \cdot \begin{cases} \dfrac{1}{c}\left(-2-\dfrac{v}{c}\right) & (|v| \leqslant c) \\ \dfrac{1}{v} & (|v| > c) \end{cases} \tag{33}$$

$$P^+(v,c) = V^+(v,c) \cdot \begin{cases} \dfrac{1}{c}\left(2-\dfrac{v}{c}\right) & (|v| \leqslant c) \\ \dfrac{1}{v} & (|v| > c) \end{cases} \tag{34}$$

至此 AUSMV 格式的构造已全部完成。根据以上公式可计算出一维井筒所有网格的通量。

3.2 边界条件

井口处的压力为

$$P_{outlet} = p(N) + 0.5[p(N) - p(N-1)] \tag{35}$$

井底处的压力为

$$P_{inlet} = p(1) + 0.5[p(1) - p(2)] \tag{36}$$

3.3 变量还原

根据通量公式计算出守恒变量 w,再根据守恒变量还原得到所求参数,包括固相速度、液相速度、固相密度、液相密度[6,7]。

3.4 岩屑床高度计算

得到固相的体积分数后,可根据该处的固相体积分数、环空体积,计算出岩屑床的高度。

4　结论

(1)根据固液两相流动建立钻井液和岩屑床的质量守恒方程,以及固液两相混合的动量守恒方程。以有限体积法为基础,对方程组进行向量处理,并通过离散得到可计算求解的线性方程组。

(2)通过建立瞬态岩屑运移模型,将产生岩屑后的岩屑运移问题与时间相关联,并通过模拟形式直观了解任意时刻环空内岩屑床的运移情况以及环空截面占比,从而计算出岩屑床的高度等关键井眼清洁参数,这对现场实际的水力参数优化有一定的指导作用。

参 考 文 献

[1] LARSEN T I,PILEHVARI A A,AZAR J H. Development of a new cuttings-transport model for high-angle wellbores including horizontal wells[J]. SPE Drilling & Completion,1997,12(2):129-136.

[2] UDEGBUNAM J E,FJELDE K K,EVJE S,et al. On the advection-upstream-splitting-method hybrid scheme:a simple transient-flow model for managed-pressure-drilling and underbalanced-drilling applications[J]. SPE Drilling & Completion,2015,30(2):98-109.

[3] 王克林. 大斜度井段偏心环空钻井液紊流携岩规律研究[D]. 大庆:东北石油大学,2015.

[4] 韩文亮,董曾南,柴宏恩,等. 伪均质固液两相流水击压力的计算方程及验证[J]. 中国科学(E辑),2000,30(5):473-480.

[5] LI J,WALKER S. Sensitivity analysis of hole cleaning parameters in directional wells[J]. Society of Petroleum Engineers,2001.

[6] MENO S W J. Experimental study of shale cuttings transport in an inclined annulus using mineral oil-base mud[D]. Tulsa:University of Tulsa,1987.

[7] DUAN M,MISKA S Z,YU M,et al. Transport of small cuttings in extended-reach drilling[J]. SPE Drilling & Completion,2008.

冀东南堡滩海油田大斜度井优快钻井技术

李云峰　朱宽亮　周　岩　徐小峰　宋　巍

（中国石油冀东油田分公司钻采工艺研究院　河北唐山　063000）

摘　要：随着冀东南堡滩海油田勘探开发的逐步深入，井越来越深，位移越来越大，造成施工难度也越来越大。井眼清洁程度不高，致使施工过程中摩阻扭矩较大；受深部复杂岩性地层压实效应的影响，地层可钻性变差，机械钻速较慢，钻井周期逐步增加，严重制约着油田深部地层的勘探开发。为此，通过开展井身结构及井眼轨迹的优化、井眼清洁工具和降磨减扭工具等相关配套工具的研发、深部复杂岩性地层高效破岩钻头的设计和提速工具的现场应用等方面的综合技术研究，实现了冀东南堡滩海油田大斜度井安全快速钻井的目标，为冀东南堡滩海油田大斜度井的提速提效提供了有力的技术支撑。

关键词：大斜度井　降磨减扭　井眼清洁　提速提效　摩阻扭矩

1　引言

冀东南堡滩海油田随着勘探开发程度的不断深入，大斜度井逐渐增多，在钻井施工过程中出现了摩阻扭矩大、机械速度慢、钻井周期长等问题，严重制约着深部地层的探勘开发进程。因此，通过开展适用于冀东南堡滩海油田大斜度井优快钻井技术攻关研究，形成了适合于冀东南堡滩海油田大斜度井钻井配套技术，为冀东南堡滩海油田大斜度井的提速提效提供了有力的技术支撑。

2　钻井技术难点分析

井深，大斜度定向井段长，施工过程中摩阻扭矩大，防卡润滑难度大，且井斜角大，岩屑不易随钻井液携带出来，易形成岩屑床[1~4]，同时受上部地层岩石压实效应的影响，可钻性级值为5~8级，地层可钻性较差，致使单个钻头进尺少，机械钻速慢，钻井周期较长。

3　技术对策

3.1　井身结构优化设计

通过对深部沙河街组的实测地层压力和破裂压力进行分析，建立了适合深部沙河街组储层的三压力梯度预测模型，结合该地区中深层注采动态分析和测井资料，对地层岩石力学特性进行研究[5,6]，并总结分析前期钻井情况、地层岩性特征、井壁稳定特性，进一步优化技术套管的下入深度，将前期的封隔东一段变为封隔馆陶组。

3.2   井眼轨迹优化设计

井眼剖面设计：位移小于 1500 m 的井，选择直-增-稳-降-直五段制剖面，位移大于 1500 m 的井，选择直-增-稳-微降四段制剖面，增斜率选择（2.1°～2.4°）/30 m，降斜率选择（0.80°～1.5°）/30 m。

3.3   摩阻扭矩控制技术

大斜度井主要从提高钻井液的润滑性、提高井眼的清洁程度和使用防磨减扭工具三个方面来实现摩阻扭矩的有效控制，保证大斜度井的钻井施工安全。

3.3.1   复合润滑技术

应用复合润滑技术，采用极压润滑剂、石墨和高效润滑剂等多种润滑处理剂进行复配，保证泥饼摩擦系数小于 0.08，以达到降摩减扭的效果。当井斜角小于 40°时，选择极压润滑剂和改性石墨作为防塌润滑剂；当井斜角大于 40°时，选择高效润滑剂。

3.3.2   井眼净化技术

施工过程中强化各项井眼清洁技术措施，即要求钻井液的动塑比在 0.6 以上，$\phi3$ 控制在 2～10，$\phi6$ 控制在 3～12；同时 $\phi311.1$ mm 井眼的排量大于 50 mL/s，$\phi215.9$ mm 井眼的排量大于 30 mL/s。试验时应用井眼清洁工具，使上返的钻井液在流道中产生扰动，流态由层流变成紊流，实现井壁冲刷作用，抑制岩屑床形成。

3.3.3   减扭工具

为了有效降低斜井段钻进过程中扭矩传递的损失，减轻钻杆接头对套管的磨损，提高钻进效率，施工过程中应用了防磨减扭工具。根据挠度计算结果[7,8]，若大斜度井的井斜全角变化率大于 2°/30 m，则两根钻杆加入一套防磨减扭工具；若大斜度井的井斜全角变化率小于 2°/30 m，则三根钻杆加入一套防磨减扭工具。

3.4   钻井提速提效配套工艺技术

3.4.1   PDC 钻头优选设计

PDC 钻头布齿设计方面，选择 16 mm 的切削齿，中等密度布齿，采用后备齿、保径齿与缓冲节和独特的倒划眼齿设计，以提高钻头的抗冲击性；切削齿方面，采用优质、高效的切削齿和 15°～18°的后倾角及 0°～5°的侧转角设计，以提高钻头在高研磨性地层与软硬交错地层的钻进能力。

3.4.2   高效破岩钻头的设计

针对大斜度井在深部地层采用 PDC 钻头或牙轮钻头进行定向钻进时存在摩阻大、托压严重、扭矩波动大和工具面不易摆放等问题，设计研制出一种基于 PDC 钻头与牙轮钻头的结构和破岩方式优点的 PDC-牙轮复合钻头，现场应用后，与邻井相同井段相比，平均机械钻速提高了 20%以上，提速效果显著。

4   现场应用效果

4.1   机械钻速大幅度提高，钻井周期显著缩短

通过优化井身结构和井眼轨迹，试验应用高效破岩钻头及提速工具，大斜度井 $\phi311.1$ mm 井眼及 $\phi215.9$ mm 井眼的机械钻速分别提高了 25.41%和 38.82%，机械钻速得到大幅度提高，钻井周期缩短了 38.05%，钻井提速效果显著。机械钻速对比情况如图 1 所示。

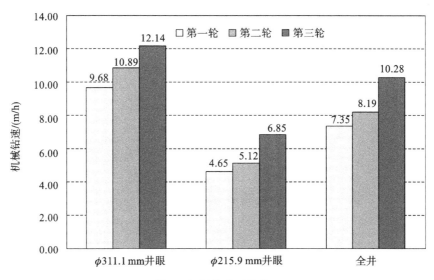

图 1 机械钻速对比情况

4.2 摩阻扭矩得到有效控制

大斜度井钻进施工过程中,通过应用复合润滑技术、井眼净化技术和减扭工具等,在完钻水平位移超过 1500 m、井深大于 4000 m 的大斜度井中,最大扭矩均控制在 45 kN·m 以下,有效实现了摩阻扭矩控制,保证了钻井施工的安全。

5 结论

(1)通过开展冀东南堡滩海油田大斜度井钻井关键技术攻关研究,有效解决了冀东南堡滩海油田大斜度井各项钻井技术难题,为冀东南堡滩海油田大斜度井的提速提效提供了有力的技术保障。

(2)通过应用降磨减扭工具及井眼清洁工具等,大斜度井的井眼清洁效果得到了显著提高,增强了对大斜度井摩阻扭矩的控制能力,为提高冀东南堡滩海油田大斜度井的延伸能力提供了有力的技术支撑。

(3)通过对深部地层开展高效破岩钻头及提速工具的推广应用,大斜度井的机械钻速得到进一步的提高,钻井周期大幅度缩短,为加快冀东南堡滩海油田深部地层的勘探开发步伐提供了强有力的技术保障。

参 考 文 献

[1] 李克向.我国滩海地区应加快发展大位移井钻井技术[J].石油钻采工艺,1998,20(3):1-9.
[2] 陈庭根,管志川.钻井工程理论与技术[M].东营:中国石油大学出版社,2006.
[3] 蒋世全.大位移井技术发展现状及启示[J].石油钻采工艺,1999,21(2):14-23.
[4] 张洪泉,任中启,董明健.大斜度大位移井岩屑床的解决方法[J].石油钻探技术,1999,27(3):6-8.
[5] 李栓,张家义,秦博,等.BH-KSM 钻井液在冀东油田南堡 3 号构造的应用[J].钻井液与完井液,2015,32(2):93-96.
[6] 唐大鹏,时江涛,吕成元,等.长裸眼大斜度多目标定向井钻井技术[J].石油钻采工艺,2001,23(5):12-14.
[7] 史建刚.大位移钻井技术的现状与发展趋势[J].钻采工艺,2008,31(3):124-126.
[8] 郑传奎,覃成锦,高德利.大位移井减阻工具合理安放位置研究[J].天然气工业,2007,27(3):66-68.

抗高温钻井液用有机土的研制与评价

崔明磊

（山东胜利职业学院　山东东营　257097）

摘　要：有机土是油基钻井液的关键组成部分，其性能直接影响油基钻井液的流变和携岩性能。作者在优化胶质评价方法的基础上，对膨润土进行钠化和有机改性，得到通用于柴油和白油的有机土 SGT-2。SGT-2 可抗 250 ℃高温，90 min 胶体率可达 100％，增黏提切能力强，其性能优于国内有机土，与国外有机土性能相当。SGT-2 配制的全油基钻井液体系性能优良，完全能够满足钻井工程的需要，推广前景好。

关键词：有机土　油基钻井液　改性　抗高温　增黏提切

有机土是油基钻井液的重要组成部分，具有较好的增黏提切、凝胶和一定的降滤失性能，其性能直接影响油基钻井液尤其是全油基钻井液的流变性和携岩性能[1,2]。目前市面上的有机土多数适用于柴油基钻井液体系，普遍存在着增黏提切性能较差和胶体率低的问题，部分还需要向体系中加入有机溶剂类有机土激活剂，由于存在不抗高温、性能不稳定和环境保护性能较差等问题，因此大大限制了油基钻井液的应用。通过前期实验，选取辽宁某地的钙基膨润土作为基础原料，通过钠化提纯和有机改性，制备出适用于柴油和白油基的通用型钻井液用有机土。

1　钠化提纯与有机改性

配制 12％～15％的钙基膨润土原浆，升温至 65～70 ℃，加入 3％～4％的碳酸钠和 0.5％左右的焦磷酸钠分散剂，恒温反应 2 h，通过静置沉降和离心分离等方法进行提纯，烘干粉碎即得钠土。

将自制钠土分散于水中，升温搅拌均匀，加入钠土质量分数为 40％～60％的季铵盐 SDJ-1，反应 2～3 h，经过离心洗涤及压滤等，去除杂质及残余 SDJ-1，经烘干粉碎过筛后得到有机土 SGT-2[3]。

2　有机土结构表征

通过自制钠土和有机土 SGT-2 的微观形貌（扫描电镜 SEM）分析、晶相结构（X 射线衍射）分析和红外光谱分析，对两者的结构进行表征和对比。

2.1　微观形貌分析

自制钠土蒙脱石间呈无序、紧密、重叠的片状分布，充分说明自制钠土亲水、易吸水，使得片层间容易团聚;而有机土 SGT-2 层片间堆砌较为疏松,片层剥离、疏松并卷曲,说明其亲油性强,不易吸水。

2.2 晶相结构分析

通过 X 射线衍射分析,自制钠土经过有机改性后,晶面衍射峰向小角度方向偏移,说明有机阳离子链进入膨润土层间。由于季铵盐改性剂分子链长,基团有一定的立体结构,插入蒙脱石晶层间,使有机土 SGT-2 晶层间距增大,由 0.98 nm 增大到 1.89 nm,晶层变大后有机长分子链向外伸展,使得膨润土疏水亲油,可以较好地分散于有机溶剂中。

2.3 红外光谱分析

自制钠土和有机土 SGT-2 在 3430 cm^{-1} 和 3620 cm^{-1} 附近有较强的吸收带,分别属于膨润土—OH 键和晶层间水的伸缩振动峰,在 1040 cm^{-1} 处出现 Si—O—Si 键强的不对称伸缩振动峰,充分说明了两者的蒙脱石骨架结构;与自制钠土相比,有机土 SGT-2 多处出现新峰,在 1460 cm^{-1} 附近出现了 C—H 弯曲振动,在 2850 cm^{-1} 附近出现了亚甲基—CH$_2$—对称伸缩振动吸收峰,在 2920 cm^{-1} 附近出现了 C—H 伸缩振动吸收峰。通过红外光谱分析可知,季铵盐有机阳离子已成功取代 Na$^+$ 和 Ca^{2+} 等离子进入蒙脱石层间,形成有机土。

3 有机土性能评价

有机土主要评价指标为胶体率和高温老化前后的流变性能[4]。

3.1 基液中的性能对比评价

以 0♯柴油和 5♯白油为基液,分别评价不同有机土的性能,老化温度设定为 200 ℃,实验结果表明,有机土 SGT-2 无论是在柴油中还是在白油中,都有较好的增黏提切和凝胶性能,胶体率高,分散性好,其性能远远强于国内一般有机土,与 Halliburton 有机土 HL-1 的性能接近,有些性能如胶体率和分散性等甚至优于 HL-1。在 200 ℃老化后,有机土 SGT-2 在柴油中的流变性能略有提高,而在白油中的流变性能显著提高,这是由于有机土 SGT-2 在白油中的分散性不如在柴油中的分散性好,老化后有机土 SGT-2 会进一步分散,形成空间网架结构,从而显著提升流变性能。

3.2 抗温性能对比评价

选取国内外有机土与 SGT-2 分散到 5♯白油中,测量并评价其抗温性能,结果表明,随着热滚老化温度的升高,三种有机土的增黏提切效果都有较大幅度的提升,GZ-31 和 HL-1 在 220 ℃时增黏提切效果最好,SGT-2 在 250 ℃时增黏提切效果最好,此后增黏提切效果显著下降。SGT-2 在高温下仍有很好的流变性能,抗温可达 250 ℃,抗温和流变性能优于 GZ-31 和 HL-1。

4 SGT-2 配制的全油基钻井液的性能

以 5♯白油作为基液,加入有机土 SGT-2。通过对大量的油基钻井液处理剂种类及加量进行优选,得出性能优良的全油基钻井液配方为 5♯白油＋2.5％有机土 SGT-2＋2％主乳化剂 SDMUL＋0.5％辅乳化剂 ABS＋2％润湿剂 SDWET-1＋1％氧化钙＋5％降滤失剂 SDFL3＋重晶石(调节体系密度至 1.3 g/cm^3)。

4.1　抑制性能评价

对优选的全油基钻井液体系与目前现场应用广泛且抑制性能强的钻井液体系进行页岩膨胀率和岩屑回收率的评价实验,考察各体系的抑制性能。

实验结果表明,与水基钻井液体系相比,岩样在油基钻井液中的页岩膨胀率最小,而全油基钻井液抑制页岩膨胀和水化分散的能力最强,有利于提高体系的抑制性能,从而提高井壁稳定性。

4.2　综合性能评价

在 200 ℃热滚温度下,将优选出的全油基钻井液体系与国内外性能较好的有机土配成的全油基钻井液体系进行对比,结果如表 1 所示。

表 1　不同钻井液体系的综合性能

指标 钻井液体系		AV/ (mPa·s)	PV/ (mPa·s)	YP /Pa	API /mL	HTHP /mL	破乳 电压 /V	抗劣 土量 /(%)	抗水 侵量 /(%)	渗透率 恢复值 /(%)
国产 FB-1	老化前	18	16	2.0	4.8	4.2	2000	20	20	93.20
	老化后	56	42	14	0		2000			
国外 HL-1	老化前	20	18	2.0	3.2	3.0	2000	18	20	94.31
	老化后	54	39	15	0		2000			
自制 SGT-2	老化前	23	20	3.0	4.0	2.8	2000	25	25	96.00
	老化后	50	37	13	0		2000			

由表 1 可知,优选出的全油基钻井液体系稳定,抗高温性能和流变性能好,中压和高温高压滤失量极低,抑制性能强,抗污染能力强,并有很好的储层保护性能。SGT-2 配制的全油基钻井液体系的综合性能明显高于国内外两种有机土配制的钻井液体系。

5　结论

(1)研发的有机土 SGT-2 在柴油和白油中都有很好的分散性,胶体率高,流变性能和凝胶性能好,抗温性能强,可达 250 ℃。SGT-2 的综合性能远远优于国内有机土,多项性能优于国外有机土。

(2)以 5♯白油为基液,由有机土 SGT-2 优选配制出抗 200 ℃高温的全油基钻井液体系,该钻井液体系具有超强的抑制性能、较高的切力,老化后中压滤失量为 0,具有极低的高温高压滤失量,抗污染能力强,储层性能保护好,完全能够满足钻井工程的需求,具有较好的推广前景。

参 考 文 献

[1] 舒福昌,向兴金,史茂勇,等.白油中高成胶率有机土 HMC-4 的研究[J].石油天然气学报,2013,35(9):93-95.

[2] 辛勇乐,范振忠,刘庆旺,等.油基钻井液用有机土的制备与评价[J].当代化工,2015,44(6):1226-1228.

[3] 曹杰,邱正松,徐加放,等.有机土研究进展[J].钻井液与完井液,2012,29(3):81-84.

[4] 崔明磊.抗高温白油基钻井液用有机土的研制及性能研究[J].广州化工,2014,42(6):70-72.

可变结构复合堵漏体系与应用

祝 琦

（中国石油集团渤海钻探工程有限公司 天津 300450）

摘 要：井漏是钻井过程中常见的一类井下复杂情况，是制约钻井提速的重要因素。近年来，华北地区钻井因地层松软、微裂缝发育、长期注采造成的地层亏空等，导致当钻进至明化镇组、馆陶组、东营组、沙河街组、奥陶系等地层时易频发漏失。这类漏失具有漏点多、位置不定、漏失量大、漏点随钻头不断下移而不断出现等特点，常规堵漏效果不佳，损失大量的时间与费用。采用可变结构复合堵漏体系进行堵漏作业，利用其受应力可变形的特性实施封堵，搭配刚性、柔性等复合填充粒子，能够实现理想的封堵效果。

1 引言

随着油气勘探开发的深入，所钻井型为复杂结构井、深井，钻遇地层破碎带、断层、裂隙发育地层，井漏问题经常发生[1,2]。由于老油区受长期注采的影响，地层原始压力系统遭到破坏，当在该区块钻井施工时，受地层压力衰竭的影响，井漏问题非常突出。目前，堵漏作业对地层孔隙度与堵漏材料的匹配认识还不到位，堵漏工艺和方案还不完善，对井漏缺乏足够的应对手段，堵漏效果不尽如人意[3]。因此，研发具有可变结构的复合堵漏体系，提高堵漏成功率[4]，对降低事故复杂时效、缩短钻井周期、提高钻井综合效益意义重大。

2 所钻区块井漏原因分析

2.1 冀中地区

（1）岔河集地区漏失层位为东营组底部和沙河街组；漏失原因是该层位油气层压力亏空，地层承压能力下降，易发生井漏水侵现象。

（2）留西-大王庄地区漏失层位为东营组下、沙河街井段；漏失原因是该处的地层密封性差，胶结疏松，承压能力差，当钻遇该类井段时易发生井漏。

（3）任丘潜山漏失层位为奥陶系层段；漏失原因是潜山地层裂缝孔洞发育，极易造成钻井液漏失。

2.2 长庆区块

长庆区块漏失主要发生在老爷庙、柳赞、高尚堡和南堡等地区。漏失地层为明化镇组、馆陶组、东营组、沙河街组、奥陶系等地层；漏失原因是地层的渗透性好，承压能力低，属于高孔、高渗类型储层，容易发生井漏。

2.3 山西大宁吉县地区

山西大宁吉县地区漏失层位为黄土层、刘家沟组、山西组、太原组。漏失原因是：黄土层具有结构疏松、压实性差、渗透性强等特点，易形成渗透性漏失；刘家沟组地层破裂压力和承压能力较低，易造成钻井液密度"高则漏，低则垮"的不利局面。

山西组、太原组煤系地层松软，胶结不好，存在大量漏失裂缝，易造成钻井液漏失。

3 可变结构复合堵漏体系

基础配方：2％～8％可变结构凝胶＋3％～5％温敏固化剂＋30％～50％复合刚性堵漏材料＋20％～30％复合柔性堵漏材料。由于堵漏施工井各不相同，因此应根据漏失速度在基础配方的基础上进行堵漏体系的调整，以满足现场施工需求。在井漏初期，根据漏失评价的实验室数据结果，尝试应用基础配方，通过对地层地质因素、排量、漏速、井型等因素的综合判断，最终确定堵漏体系各成分加量。

4 现场应用

4.1 S36 井基本情况

S36 井位属于鄂尔多斯盆地伊陕斜坡，设计垂深为 2836 m，井斜为 8.66°，方位为 309.73°，位移为 325.31 m，完钻层位为马家沟组。

该地区表层黄土层结构疏松，渗透性强，底部泥砂层与石板层交接处裂缝发育，导致裂缝性严重漏失，一旦发生漏失，常规堵漏剂堵漏效果有限，承压能力难以恢复。

4.2 S36 井井漏及处理情况

S36 井钻进至 240 m 时发生失返性漏失，在多次使用桥塞堵漏（配方为 8％膨润土＋15％复合堵漏剂＋15％果壳）而堵漏无效的情况下，决定采用可变结构堵漏体系。通过多次在 240 m 处注入可变结构堵漏浆，每次注入堵漏浆后静止 5 h，逐步提高地层承压能力，恢复钻进时漏速为 2 m³/h，此后漏速逐渐减小，最终不漏，堵漏成功。S36 井堵漏情况如表 1 所示。

表 1　S36 井堵漏情况

次数	堵 漏 配 方	堵 漏 效 果
1	5％可变结构凝胶＋3％温敏固化剂＋ 30％复合刚性堵漏材料＋20％复合柔性堵漏材料	泵入 20 m³ 井口不返
2	6％可变结构凝胶＋5％温敏固化剂＋ 50％复合刚性堵漏材料＋30％复合柔性堵漏材料	泵入 20 m³ 井口返出，堵漏浆漏失 12 m³
3	5％可变结构凝胶＋5％温敏固化剂＋ 35％复合刚性堵漏材料＋30％复合柔性堵漏材料	泵入 20 m³ 井口返出，堵漏浆漏失 6 m³
4	3％可变结构凝胶＋3％温敏固化剂＋ 30％复合刚性堵漏材料＋35％复合柔性堵漏材料	泵入 20 m³ 井口返出，堵漏浆漏失 2 m³

5 结论

(1)常规堵漏剂的局限性在于难以与漏失通道尺寸合理匹配,可变形性不佳,与地层的黏滞能力差。

(2)裂缝性地层漏失的根本原因在于裂缝的存在或诱导扩大,解决裂缝性地层漏失问题的根本途径在于迅速封堵和加固裂缝,即需要使用堵漏剂有效封堵不同宽度的裂缝。

(3)基于井漏类型的划分和漏失机理的阐述,针对裂缝和孔隙发育地层,要想有效减少漏失量,提高地层承压能力,堵漏剂必须满足"进得去"和"停得住"的要求。因此,使用可变结构堵漏体系,根据应用井的地质构造、井型、漏速和施工时间等因素,调整堵漏体系材料的配比。

(4)可变结构堵漏体系中增添适量的刚性、柔性等堵漏材料,能够提高堵漏体系的强度,增大堵漏成功率。

(5)可变结构复合堵漏技术在长庆区块、冀中地区累计使用十余井次,形成了以漏速为参考依据的堵漏配方。

参 考 文 献

[1] MANSOUR A K,TALEGHANI A D,LI G. Smart lost circulation materials for wellbore strengthening [J]. 51st U. S. Rock Mechanics/Geomechanics Symposium,2017.

[2] KULKARNI S D,JAMISON D E,TEKE K D,et al. Managing suspension characteristics of lost-circulation materials in a drilling fluid[J]. SPE Drilling & Completion,2016.

[3] 侯士立,刘光艳,黄达全,等.高滤失承压堵漏技术[J].钻井液与完井液,2018,35(1):53-56.

[4] 李志宏,陈鹏伟,高果成.适用于鄂尔多斯盆地天环塌陷西翼的体膨胀堵漏工艺[J].钻井液与完井液,2018,35(1):61-65.

水合物层状分布对沉积物
力学特性的影响研究

李彦龙　董　林

（青岛海洋地质研究所自然资源部天然气水合物
重点实验室　山东青岛　266071）

摘　要：水合物的分布模式对沉积物的力学特性具有重要影响。为了分析水合物层状分布条件下沉积物的强度和变形特性，本文通过一系列三轴剪切试验，研究了水合物层状分布条件下沉积物的力学特性，并与水合物均匀分布条件下沉积物的力学特性做了对比，结果表明：水合物层状分布条件下沉积物的破坏机制与水合物均匀分布条件下的破坏机制迥异，水合物层状分布条件下沉积物的软-硬化机制主要由低饱和度子层决定。水合物层状分布条件下，沉积物的内摩擦角随着水合物饱和度的增加由 28.2° 增大至 38.9°，沉积物的内聚力随着饱和度的增大由 0.49 MPa 增加到 0.77 MPa；相同平均饱和度下，水合物层状分布条件下沉积物的内摩擦角要高于水合物均匀分布条件下沉积物的内摩擦角。此外，水合物层状分布条件下，沉积物的强度降低，对储层稳定性产生不利影响，因此需要基于薄弱层和软弱面的分析及局部弱化控制理论进行控制。

关键词：天然气水合物　力学性质　三轴剪切试验　层状分布　破坏机制　强度参数

实际天然气水合物储层保压取芯结果表明，储层中的天然气水合物呈现出结核状、脉状、裂缝充填、层状分布以及各种复杂的非均质分布情况[1~5]。多数天然气水合物藏是通过浊积成藏的方式形成的，并且表现出典型的各向异性特征，如日本的南开海槽及中国南海的神狐海域[6,7]。由于沉积物颗粒的排列方式和联结特性不同，水合物在非均匀分布条件下的沉积物力学特性也存在差异。针对浊积成藏及各向异性的水合物储层，Zhou 通过改进临界状态模型，研究了水合物层状分布条件下储层的力学特性，指明了水合物层状分布对沉积物强度参数和变形特性存在显著影响[8~10]。因此，为了研究水合物层状分布条件下沉积物的变形特性和强度参数的差异，本文通过一系列三轴剪切实验，分析了水合物层状分布条件下沉积物的力学特性，重点研究了水合物层状分布条件下沉积物强度参数的变化规律及三轴剪切过程中沉积物的破坏机制，为天然气水合物储层强度参数的预测提供了理论参考依据。

1　实验方法

本实验采用水合物沉积物力学三轴实验装置，试样规格为 $\phi 39.1\ mm \times 120\ mm$。砂样的粒径范围为 $0.01 \sim 0.85\ mm$，主要由粗砂（$500 \sim 2000\ \mu m$）、中砂（$250 \sim 500\ \mu m$）和细砂（$63 \sim 250\ \mu m$）组成[11]，其中粗砂含量约为 3%，中砂含量约为 93%，细砂含量约为 4%，不含

泥质成分。砂样的孔隙度为 40.0%,孔隙体积为 50.4 cm^3。试样粒度中值 $D_{50} = 0.31$ mm。实验砂样的粒度分布与日本 Nankai Trough 水合物岩心的粒度分布相接近,平均粒径略高,具有一定的代表性[12,13]。

制样结束后,在有效围压设定为 1 MPa、2 MPa 及 4 MPa,剪切速率为 0.9 mm/min 的条件下进行剪切实验,保证剪切过程中水合物不分解。

2 水合物层状沉积物实验结果与分析

根据水合物均质分布条件下的三轴剪切实验结果,在高水合物饱和度条件下,沉积物表现为脆性破坏;在低水合物饱和度条件下,沉积物的塑性破坏趋势增强;随着水合物饱和度的增大,应力-应变关系由应变硬化向应变软化转换[14~16]。水合物层状分布条件下,沉积物的软-硬化机制受到水合物分布模式的影响,主要由低饱和度子层决定。只有当层状沉积物中的上、下两个子层的水合物饱和度都较高时,应力-应变关系才表现为应变软化;只要有一个子层(上子层或下子层)为低水合物饱和度子层,则整个试样的应力-应变关系呈现为应变硬化。应力-应变关系是呈现硬化特性还是软化特性,取决于沉积物中饱和度最低的部位,即沉积物中最薄弱部分的破坏特性决定整个沉积物的应力-应变曲线形态,这与沉积物破坏首先出现在薄弱部分(软弱面或薄弱面)相符合[17,18]。

水合物层状分布条件下沉积物的破坏机制与水合物均匀分布条件下沉积物的破坏机制不同,其破坏模式更加复杂。不同水合物饱和度的沉积物层在不同应变条件下对应力-应变曲线的控制部分不同。水合物平均饱和度相同、水合物分布模式不同的两条曲线在原点之后一般都存在交点,即应力交点,说明不同水合物分布状态下的沉积物在不同应变条件下的应力增加模式不同。

水合物层状分布条件下,不同水合物饱和度的沉积物层的沉积物颗粒间的胶结强度不同,承受载荷的能量各异。三轴剪切过程中,随着轴向载荷的增大,低饱和度子层的强度较低,承载能力较弱,首先发生破坏,直到其承载能力与高饱和度子层的承载能力相同,然后随着加载的继续,沉积物中的薄弱部分发生随机破坏,另一个饱和度的沉积物层发生压缩和破坏,直到加载结束,试样的裂缝充分发展,在三轴剪切条件下发生破坏。破坏过程在应力-应变关系中表现为,在小应变条件下偏应力的大小主要取决于低饱和度子层,而峰值强度则更接近高饱和度子层,而且不同分布模式下的两种应力-应变曲线存在应力交点。水合物层状分布对沉积物力学特性的影响如图 1 所示。

3 结论与建议

(1)水合物层状分布条件下沉积物的破坏机制与水合物均匀分布条件下沉积物的破坏机制不同,其破坏模式更加复杂。水合物层状分布条件下,沉积物的软-硬化机制受到水合物分布模式的影响,主要由低饱和度子层决定,即沉积物中最薄弱部分的破坏特性决定整个沉积物的应力-应变曲线形态。在小应变条件下偏应力的大小主要取决于低饱和度子层,而峰值强度则更接近高饱和度子层。

(2)水合物分布会对储层的稳定性产生不利影响,在天然气水合物开发过程中,需要进行详尽的强度参数分析及工程稳定性控制。水合物层状分布使沉积物强度降低,改变了沉积物的破坏形式和软-硬化机制,削弱了沉积物整体强度,进而对储层稳定性产生不利影响。

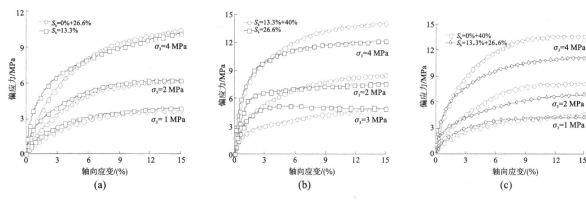

图1 水合物层状分布对沉积物力学特性的影响

因此,对于水合物呈结核状、脉状、裂缝充填、层状分布的储层,要重点分析薄弱部分及低饱和度子层的存在对储层强度及变形特性的影响,确定由于水合物非均匀分布造成的储层弱化区域,基于薄弱面和软弱面的分析及局部弱化控制理论进行控制。

参 考 文 献

[1] CHONG Z R,YANG S H B,BABU P,et al. Review of natural gas hydrates as an energy resource: prospects and challenges[J]. Applied Energy,2016,162(1):1633-1652.

[2] SLOAN E D. Fundamental principles and applications of natural gas hydrates[J]. Nature,2003,426 (6964):353-359.

[3] LI Y,HU G,WU N,et al. Undrained shear strength evaluation for hydrate-bearing sediment overlying strata in the Shenhu area,northern South China Sea [J]. Acta Oceanologica Sinica,2019,38(3): 114-123.

[4] LI Y,HU G,LIU C,et al. Gravel sizing method for sand control packing in hydrate production test wells[J]. Petroleum Exploration and Development,2017,44(6):1016-1021.

[5] SUN J,NING F,LEI H,et al. Wellbore stability analysis during drilling through marine gas hydrate-bearing sediments in Shenhu area:a case study[J]. Journal of Petroleum Science and Engineering, 2018,170:345-367.

[6] LI Y,LIU C,LIU L,et al. Experimental study on evolution behaviors of triaxial-shearing parameters for hydrate-bearing intermediate fine sediment [J]. Advances in Geo-Energy Research,2018,2(1): 43-52.

[7] 李彦龙,刘昌岭,刘乐乐.含水合物沉积物损伤统计本构模型及其参数确定方法[J].石油学报,2016, 37(10):1273-1279.

[8] ZHANG X,LU X,ZHANG L,et al. Experimental study on mechanical properties of methane-hydrate-bearing sediments[J]. Acta Mechanica Sinica,2012,28(5):1356-1366.

[9] YUN T S,SANTAMARINA J C,RUPPEL C. Mechanical properties of sand,silt,and clay containing tetrahydrofuran hydrate[J]. Journal of Geophysical Research:Solid Earth,2007,112(B4).

[10] 李彦龙,刘昌岭,刘乐乐,等.水合物沉积物三轴试验存在的关键问题分析[J].新能源进展,2016,4 (4):279-285.

[11] SU M,YANG R,WANG H,et al. Gas hydrates distribution in the Shenhu area,northern South China Sea:comparisons between the eight drilling sites with gas-hydrate petroleum system[J]. Geologica Acta,2016,14(2):79-100.

［12］ ITO T，KOMATSU Y，FUJII T，et al. Corrigendum to lithological features of hydrate-bearing sediments and their relationship with gas hydrate saturation in the eastern Nankai Trough，Japan［J］. Marine and Petroleum Geology，2015，66：368-378.

［13］ ZHOU M，SOGA K，YAMAMOTO K. Upscaled anisotropic methane hydrate critical state model for turbidite hydrate-bearing sediments at east Nankai Trough［J］. Journal of Geophysical Research：Solid Earth，2018，123：1-22.

［14］ LIU C，MENG Q，HU G，et al. Characterization of hydrate-bearing sediments recovered from the Shenhu area of the South China Sea［J］. Interpretation，2017，5(3)：1-39.

［15］ MASUI A，MIYAZAKI K，HANEDA H，et al. Mechanical properties of natural gas hydrate bearing sediments retrieved from eastern Nankai Trough［J］. Offshore Technology Conference，2008.

［16］ 李彦龙，刘昌岭，刘乐乐，等. 含甲烷水合物松散沉积物的力学特性［J］. 中国石油大学学报（自然科学版），2017，41(3)：105-113.

［17］ 杨圣奇，戴永浩，韩立军，等. 断续预制裂隙脆性大理岩变形破坏特性单轴压缩试验研究［J］. 岩石力学与工程学报，2009，28(12)：2391-2404.

［18］ YANG S，TIAN W，HUANG Y，et al. An experimental and numerical study on cracking behavior of brittle sandstone containing two non-coplanar fissures under uniaxial compression［J］. Rock Mechanics and Rock Engineering，2016，49(4)：1497-1515.

木头油田木 17 区块清洁
压裂技术研究与应用

王赫然

（吉林油田公司新木采油厂　吉林松原　138000）

摘　要：木 17 区块是低渗透断块油藏,储层动用程度低,开发效果差,油井普遍低产低效,存在污染堵塞现象。针对常规胍胶压裂存在残渣大、破胶不彻底、返排率低、储层伤害率高、价格高、效益差等问题,结合储层物性条件特点,借鉴国内外油田滑溜水压裂成功应用经验,研究滑溜水体系、滑溜水压裂改造增产机理及工艺技术,通过深化地质再认识,精心优化细化选井选层,试验及渐进式实施 52 井次,单井压后日增油 1.4 吨,效果理想,实现了区块低渗透储层深度效益动用。

关键词：低渗透油藏　储层条件　滑溜水　全程压裂　应用效果

1　引言

木头油田木 17 区块属于低渗透断块油藏,压裂投产后目前单井产量低,增液差,递减快,油井普遍低产低效,鉴于近年胍胶压裂价格不断攀升,成本增高,以及区块剩余油富集,上产空间大,亟须挖潜动用及改善开发效果等[1~4]。根据实际情况,研究滑溜水压裂技术,依靠其低伤害、大排量的特点,采用增加施工液量等措施,解堵蓄能低伤害,形成复杂的裂缝网络形态,最大限度地压裂改造开发低渗储层[5],实践证明效果很好,增加了产能,提高了开发效果,提高了油田采收率[6,7]。新木采油厂于 2017 年接收木 17 区块,分析该区块开发矛盾,明确工程适用性,应用大规模滑溜水清洁压裂改造技术挖掘老井剩余油潜力,效果十分理想。2017—2018 年上产实施 52 口井,有效率为 100%,累计增油 1.27 万吨,平均单井增油 245 吨,吨油费用为 1550 元,为低渗透和特低渗透油藏老井挖潜和新区上产提供了新技术和新思路。

2　试验区块基本概况

2.1　油藏开发概况

木 17 断块单元包括木 E 块、木 F 块、木 110 块、木 206 块四个断块群,储量丰度为 82,开发目的层是泉头组四段的扶余油层和三段的杨大城子油层,扶杨油层的岩性以细砂岩为主,砂岩类型以长石岩屑砂岩和岩屑长石砂岩为主,分选中等,磨圆度差,孔隙度集中分布在 10.0% 以上,平均渗透率为 13.00×10^{-3} μm^2,为典型的中孔特低渗储层。平面上砂体分布连片,有效厚度为 13.4 m,埋藏深度为 1000~1200 m,有效厚度受砂体展布及构造的控制,在靠近断层的局部高点及河道的主体部位有效厚度较大,累产较高,岩性-构造油藏特征明显。

目前注采开井井数比为 1:7,平均单井日产液量为 1.5 吨,单井日产油量为 0.3 吨,综合含水率为 78.61%,采出程度为 11.6%。区块开发形势差,区块地质储量为 896 万吨,可采储量为 124 万吨,采收率为 14.42%,采油速度为 0.23%,与同类型的木 118 区块 24.2% 的采收率相比还有较大的差距,有较大的上升空间。

2.2 存在开发矛盾

(1)油藏局部井网不完善,水驱控制程度低,地层能量保持水平低,开井率低,低产液,采油速度仅为 0.15%,采收率仅为 14.4%,开发形势急剧变差,挖潜上产空间大。

(2)油田多油层生产,砂体稳定连片,而措施挖潜较单一,以往的胍胶压裂改造递减快,二次污染严重,重复改造效果变差,价格较高,效益不理想,解堵措施初期有一定的效果,但有效期较短,亟须开发新型低污染深度改造技术。

3 研究治理对策

鉴于木 17 区块低渗储层动用程度低、地层压力较低、开发程度低等开发瓶颈,立足于当前实际情况,以低成本、低伤害、高效益为改造根本,广开思路,拓宽理念,深化认识,围绕储层特点,探索与研究适合于油田储层的清洁压裂改造方式,应用滑溜水压裂技术,实现区块特点储层高效动用挖潜,提高产能,提高开发效果,提高采收率。

4 滑溜水压裂技术

鉴于不同油田低渗储层成藏条件及开发程度的不同,研究适合本油田低渗储层的滑溜水压裂技术。

4.1 滑溜水的组成及特性

4.1.1 滑溜水的组成

滑溜水一般由降阻剂、杀菌剂、表面活性剂、阻垢剂、黏土防膨剂及助排剂等添加剂组成。降阻剂是滑溜水压裂液的核心添加剂,它直接决定了滑溜水压裂液体系的性能与应用,丙烯酰胺类聚合物、聚氧化乙烯(PEO)、胍胶及其衍生物、纤维素衍生物以及黏弹性表面活性剂等均可作为降阻剂使用。

滑溜水压裂液中 98.0%~99.5% 是混砂水,添加剂一般占总体积的 0.5%~2.0%,与清水压裂液相比,可将摩擦压力降低 40%~50%,黏度一般在 10 mPa·s 以下,具有低摩阻、低伤害、低黏度、低成本,以及很好的防膨性、动态悬浮性等特点,降摩阻是关键。

4.1.2 滑溜水的特性

(1)性能稳定:对地温要求不高,长时间放置不变质,抗剪切。

(2)保护油藏:低伤害,保护油藏(无残渣、防水敏、水锁)。

(3)中性环保:中性、无毒、环保,对人、自然无伤害。

(4)简单价优:来源广,配置简单,单价低,成本科学。

(5)效果俱佳:摩阻低,适用于大排量、大液量注入,兼顾蓄能与驱替,效果佳。

4.2　滑溜水压裂技术

4.2.1　增油机理

滑溜水压裂是指在储层压裂改造过程中,在清水中加入降阻剂、表面活性剂、稳定剂等添加剂或线性胶或少量交联剂作为压裂工作液,通过较大排量、较大液量注入,在储层缝内高净压力,不断启裂与延伸,沟通天然裂缝,形成水力裂缝与天然微裂缝交织的复杂缝网系统,增大油藏的渗流波及体积,支撑剂有效支撑,储层伤害减至最低,达到增产增效的目的,一般认为比较适合低渗透、致密、天然裂缝较发育的油气藏改造。

4.2.2　技术优点

(1)滑溜水压裂基本造剪切缝,能扩大裂缝波及程度,扩展裂缝,有效地增加了地层的接触面积,提高了储层采出程度,提高了单井控制储量及单井稳产能力。

(2)清洗近井地带裂缝,油水置换,起吞吐、蓄能的作用。

(3)滑溜水对地层伤害小,不用返排,清洁环保。

(4)对于具有质地坚硬的岩石的致密的脆性砂岩,有很高的抗剪成度的天然裂缝发育储层,地层压力较低、抗二次污染能力较差的低孔低渗储层,较适合滑溜水压裂技术,可实施深度改造。

4.2.3　参数优化

2017—2018 年,针对滑溜水压裂液体系排量低、造新缝性能差、携砂比低等问题,研究了滑溜水压裂液体系,精心优化设计方案,实现了技术与储层的有效匹配,保障了施工成功率,提升了储层改造效果,成效显著。

(1)优化调整了滑溜水压裂液体系,提升了体系性能。

(2)在工程设计过程中,与储层性质、地面条件紧密结合,个性化设计,提高了技术针对性。

(3)强化一体化过程的管理,降费提效,保障施工一次成功率。

总之,滑溜水压裂技术成功的关键主要取决于地层应力相应、岩石物性、裂缝系统有利的形态、储层注采关系的认识、个性化工艺设计以及系统化的管理控制等。

5　应用效果分析

2017 年 8 月以来,在木 17 区块的 52 口井实施滑溜水压裂技术,取得了较好的增油效果,提高了区块开发效果,达到了施工目的,实现了区块储层改造技术新突破,丰富了滑溜水压裂技术,扩大了滑溜水压裂技术的适应性。

5.1　方案设计得当,施工参数进一步优化,一次成功率高

针对不同储层的特点,采取个性化方案设计,深入分析油水井动静态、地层压力、剩余油,研究油水运动规律和开发主要矛盾,明确潜力方向,为"清洁压裂"方案优化提供基础依据。施工 52 口井,179 层,全程采用机器或暂堵分层滑溜水压裂技术,平均单层压裂厚度为 7.75 m,单层用液量为 443 m³,施工排量为 4～6 m³/min,破裂压力为 48 MPa,施工压力为 43 MPa,停泵压力为 9～12 MPa,施工过程中压力控制平稳,携砂稳定,达到设计要求,施工成功率为 98%,返排正常,提升了储层改造效果,保证了储层效益挖潜。

5.2　滑溜水压裂与储层特点很好结合,能满足地质需求,增油明显,达到预期目的

统计实施 52 口井,开抽 52 口井,有效率为 100%,增产效果很好,平均单井日产油量由

压前的 0.3 t 升至 1.7 t,初期日产液量增加 10.2 t,含水率下降 1.8%,经过滑溜水压裂改造,能最大限度地改造储层,达到预期目的。

5.3 针对区块储层特点,对于以往常规的胍胶压裂,滑溜水压裂具有明显优势

滑溜水压裂相比于以往常规的胍胶压裂,配置简单,用料少,低伤害,兼顾蓄能,压裂过程相当,施工较顺利,破胶彻底,返排正常。从压裂后的产量数据来看,针对木 17 区块低渗储层的特点,采用滑溜水压裂,压裂改造及增油效果上佳,多数井甚至高出采用胍胶压裂的井的产量很多。京源地区采用胍胶压裂和滑溜水压裂效果对比表如表 1 所示。

表 1 京源地区采用胍胶压裂和滑溜水压裂效果对比表

项 目	施工井数 /口	有效率 /(%)	日增液量 /吨	日增油量 /吨	含水率 /(%)
以前(胍胶压裂)	16	69	2	0.3	6
本次(滑溜水压裂)	4	100	14	1.9	—6

6 结论与认识

(1)从 2017 年 8 月以来,木 17 区块 52 口井已渐进实施全程滑溜水压裂,效果显著,实现了区块潜力集中压裂挖潜动用整体开发。滑溜水压裂的成功应用,为经济开发木 17 区块低渗透油藏提供了可靠的技术保障,为同类型油田的勘探开发提供了经验借鉴。

(2)滑溜水压裂技术具有低成本、低伤害、补能、置换、高效益等特点,适合于木 17 区块低渗透油藏压裂深度改造,油田开发压裂技术获得新突破,并且规模在逐步扩大,逐步形成了以"混合滑溜水压裂"为特色的"清洁储能水力压裂工艺技术体系",在同类型的低渗透较致密储层发挥其独特优势。

(3)滑溜水压裂在木 17 区块低渗储层改造中取得较好的效果,但是也暴露了一些问题,后续应继续深入总结认识,解决问题,提高施工成功率,降本增效,丰富其配套技术,取得规律性认识及建议,发挥该技术的最大优势,指导下步推广应用。

参 考 文 献

[1] 米卡尔 J. 埃克诺米德斯,肯尼斯 G. 诺尔特.油藏增产措施[M].3 版.张保平,蒋阗,刘立云,等,译.北京:石油工业出版社,2002.

[2] 张海龙,王宪峰,逯艳华,等.新木油田重复压裂的选井选层方法[J].油气地质与采收率,2003,10(z1):86-87.

[3] 李新景,胡素云,程克明.北美裂缝性页岩气勘探开发的启示[J].石油勘探与开发,2007,34(4):392-400.

[4] 曾凡辉,郭建春,刘恒,等.北美页岩气高效压裂经验及对中国的启示[J].西南石油大学学报(自然科学版),2013,35(6):90-98.

[5] 吴奇,胥云,王腾飞,等.增产改造理念的重大变革——体积改造技术概论[J].天然气工业,2011,31(4):7-12,16.

[6] 李亚洲.新型页岩气井压裂技术及其应用研究[J].石油化工,2011,3(5):2-3,35.

[7] 陈效领,李帅帅,刘勇.致密油层体积压裂滑溜水体系研究及在昌吉油田的应用[J].石油地质与工程,2015,29(5):119-121.

启停泵时压裂管柱的水锤效应
及振动响应分析

曹银萍　窦益华　黄宇曦　程嘉瑞

（西安石油大学机械工程学院　陕西西安　710065）

摘　要： 为了定量分析启停泵时的水锤效应及压裂管柱的振动响应，建立了压裂液-管柱的流固耦合四方程模型，分析了不同井深处管柱内的流速、动压力、轴向振动速度以及轴向附加应力的变化规律。结果表明：启泵过程中，随着排量的增大，压裂液流速、压力波动值及管柱的轴向振动附加应力均明显增加；压裂液的压力波动值及管柱的轴向振动速度随着井深的增加而减小；停泵时间越短，压裂液的动压力增速及管柱的轴向振动速度越大；相较于启泵工况，停泵工况更容易对管柱造成破坏。

关键词： 水锤　振动响应　启停泵　压裂　管柱

1　引言

压裂过程具有管内高压、高速液体流动的特点，一旦管内液体流动边界短时间内发生变化，管内液体流速及压力将会发生变化，可能造成管柱振动、密封失效甚至断裂，产生水锤效应[1]。目前，国内外学者采用解析法、数值法和实验法分析了管内流动流体作用下管柱（管道）的振动特性及影响参数[2~13]。相较于常规的管柱振动特性，由于水锤效应作用的时间更短，对结构的破坏性更强，因此，本文对压裂过程启停泵工况下管柱内的流速、压力、轴向振动速度以及轴向附加应力进行分析，为施工安全提供参考依据。

2　边界条件定义

管柱流固耦合轴向振动四方程为

$$\frac{\partial V_f}{\partial t} + \frac{1}{\rho_f}\frac{\partial P}{\partial z} = -\frac{2f}{R}(V_f - u_z)|V_f - u_z| + g \tag{1}$$

$$\frac{\partial V_f}{\partial z} + \left[\frac{1}{K_f} + \frac{2}{E}\left(\frac{R}{e} + \frac{R+e}{2R+e} - \mu\right)\right]\frac{\partial P}{\partial t} - \frac{2\mu}{E}\frac{\partial \sigma_z}{\partial t} = 0 \tag{2}$$

$$\frac{\partial \dot{u}_z}{\partial t} - \frac{1}{\rho_p}\frac{\partial \sigma}{\partial z} = \frac{\rho_f f}{\rho_p e}(V_f - u_z)|V_f - u_z| + g \tag{3}$$

$$\frac{\partial \dot{u}_z}{\partial z} - \frac{1}{E}\frac{\partial \sigma_z}{\partial t} + \frac{\mu R}{E}\frac{\partial P}{\partial t} = 0 \tag{4}$$

以压裂管柱井口端与井底射孔段之间的管柱为研究对象，则每缸瞬时流量为

$$Q_s = \pm A_s r \omega (\sin\varphi + \lambda \sin 2\varphi / 2) \tag{5}$$

多缸泵总流量 $Q_t = \sum_{m=1}^{i} Q_s$，因此启泵排量变化近似满足二次函数关系，即

$$Q = Q_0 + a t^2 \tag{6}$$

式中，Q_0 为初始管内流量（m^3/min），a 为流量增大曲线斜率，t 为启泵时间（s）。当初始管内流量为 0 时，$Q_0 = 0$。

定义管柱停泵物理边界为：阀口流速、压力与停泵前相比，有 $\dfrac{v_1^j}{v_{max}} = \tau \sqrt{\dfrac{p_1^j}{p_0}}$，其中 τ 为停泵系数（某时刻停泵的时间与总停泵时间的比值），p_0 为初始泵压，v_{max} 为停泵初始管内液体最大流速，则管柱井口端停泵压力随时间变化满足以下关系式，即

$$p_1^j = \frac{\rho_t^2 a^2}{4} \left[-\frac{v_{max}\tau}{\sqrt{p_0}} + \sqrt{\frac{v_{max}^2 \tau^2}{p_0} + \frac{4}{\rho_t a} v_N^{i-1} + \frac{4}{\rho_t^2 a^2} p_N^{i-1} - \frac{2\lambda |v_N^{i-1}| v_N^{i-1}}{\rho_t a^2 d_t} (\Delta x + v_N^{i-1} \Delta t)} \right]^2 \tag{7}$$

3 压裂管柱轴向振动附加应力分析

图 1 所示为总启泵时间 35 s 内排量由 0 增至 4 m^3/min 时管柱轴向振动附加应力的变化情况，从图中可以看出：同一启泵时间下，在同一井深处，管柱轴向振动附加应力随排量的增加而增大；启泵时间 35 s 内，井口处的管柱轴向振动附加应力一直呈现小幅波动的趋势，而管柱轴向振动附加应力的激增首先发生在井下 6000 m 处，然后依次发生在井下 4000 m 和井下 2000 m 处，井下 6000 m 处的管柱轴向振动附加应力值最大，管柱轴向振动附加应力波动曲线震荡最为激烈，即管柱轴向振动附加应力随井深的增加而增大。

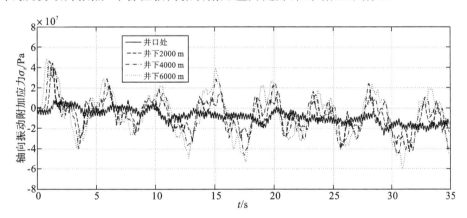

图 1 启泵过程中管柱轴向振动附加应力变化图

图 2 所示为停泵过程中管柱轴向振动附加应力变化图，从图中可以看出：同一井深下，停泵时间越长，管柱轴向振动附加应力越大；与启泵过程一样，井口管柱轴向振动附加应力大于井下管柱轴向振动附加应力，因此停泵时井口管柱轴向振动附加应力远大于启泵时管柱轴向振动附加应力，停泵时管柱更容易发生破坏。

4 结论

本文对压裂过程中启停泵工况下的管柱轴向振动附加应力进行分析，得出以下结论：
（1）启泵时管柱轴向振动附加应力随排量和井深的增加而增大。

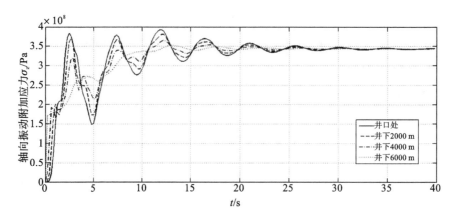

图2 停泵过程中管柱轴向振动附加应力变化图

（2）停泵时，同一井深下，停泵时间越长，管柱轴向振动附加应力越大，停泵时更容易使管柱发生破坏。

参 考 文 献

[1] 库罗奇金,田宝山.压力管道中水锤现象及其防止问题[J].煤矿设计,1956,(10):22-25.

[2] HOUSNER G W. Bending vibrations of pipeline containing flowing fluid [J]. Journal of Applied Mechanics,1952,19:205-208.

[3] FEODOS'EV V P. Vibrations and stability of a pipe when liquid flows through it [J]. Inzhenernyi Sbornik,1951,10:169-170.

[4] 张立翔,杨柯.流体结构互动理论及其应用[M].北京:科学出版社,2004.

[5] 杨春敏,张景松.水锤及水锤压力波在水系中传播的分析与试验[J].流体机械,2014,42(9):10-13.

[6] 窦益华,于凯强,杨向同,等.输流弯管流固耦合振动有限元分析[J].机械设计与制造工程,2017,46(2):18-21.

[7] 黄桢.油管柱振动机理研究与动力响应分析[D].成都:西南石油大学,2005.

[8] 窦益华,张福祥.高温高压深井试油井下管柱力学分析及其应用[J].钻采工艺,2007,30(5):17-20,26.

[9] 杜现飞,王海文,王帅,等.深井压裂井下管柱力学分析及其应用[J].石油矿场机械,2008,37(8):28-33.

[10] 朱君,翁惠芳,李东阳,等.基于流固耦合技术的压裂液管流特性研究[J].石油矿场机械,2010,39(3):1-5.

[11] 李子丰.内外压力对油井管柱等效轴向力及稳定性的影响[J].中国石油大学学报(自然科学版),2011,35(1):65-67.

[12] 曹银萍,唐庚,唐纯洁,等.振动采气管柱应力强度分析[J].石油机械,2012,40(3):80-82.

[13] 樊洪海,王宇,张丽萍,等.高压气井完井管柱的流固耦合振动模型及其应用[J].石油学报,2011,32(3):547-550.

强制阀式分抽混出泵的研制

徐士文　刘建魁　唐裔振

（中船重工中南装备有限责任公司　湖北宜昌　443005）

摘　要：针对现有分层开采抽油泵的不足，结合目前国内部分油田油井的实际工况，突破常规分层开采抽油泵上泵开采上部油层、下泵开采下部油层的理念，创新地设计了上泵开采下部油层、下泵开采上部油层的新型分抽混出泵，实现了多层系油井大泵开采高出液油层、小泵开采低出液油层的需求，有效地解决了油层之间的层间干扰，实现了单井同时开采多油层，并可根据油层的产液量匹配适用排量的泵，实现了大泵开采高出液油层、小泵开采低出液油层，有效利用效能，提高了油田的综合开采效益。

关键词：分层开采　抽油泵　强制阀式　研制

1　引言

目前，国内部分油田的油井是多层系、非均质、注水开发的油井，由于层系多，各层的生产能力不尽相同，在多层合采时，势必会产生油层与油层之间的干扰，之前使用了周向均匀分布小球阀的常规分层开采抽油泵及上泵进油阀下置的特殊结构的分层开采抽油泵[1]，效果都不理想。常规分层开采抽油泵由于进油阀球阀小、流道窄，常出现单个球阀失效，导致整个泵失效停产，使用寿命短[2,3]。特殊结构的分层开采抽油泵由于上泵进油阀下置，虽然增大了进油流道，但导致上泵腔余隙大、泵效低，经常出现出油少甚至不出油的情况。为了解决上述问题，在现有的分层开采抽油泵的基础上，反向思维，创新性地设计了上泵开采下部油层、下泵开采上部油层的新型结构，研制了新型强制阀式分抽混出泵[4,5]。

2　结构

强制阀式分抽混出泵的结构示意图如图 1 所示，从总体上看，它主要由柱塞总成和泵筒总成两大部分组成，柱塞总成插入泵筒总成中。

柱塞总成包括上出油阀 1、短柱塞 2、中心管 3、强制阀 4、长柱塞 5、下出油阀 6，其中强制阀 4 由固定在中心管 3 上的环形阀球和固定在短柱塞 2 下端的环形阀座组成，短柱塞 2 上部连接有导向套，能使短柱塞 2 在中心管 3 上作短距离来回滑动，强制阀 4 随着短柱塞 2 在中心管 3 上相对滑动而开启和关闭。

泵筒总成包括上接箍 7、扶正环 8、长泵筒 9、上过桥管 10、环形阀球 11、环形阀座 12、活动泵筒 13、支承环 14、过油接箍 15、短泵筒 16、下过桥管 17、泵筒加长筒 18、进油阀 19、密封接头 20、双通接头 21、下接箍 22。

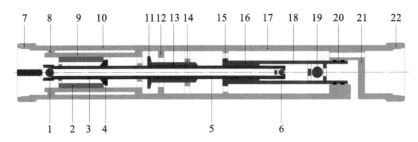

图1　强制阀式分抽混出泵的结构示意图

1—上出油阀;2—短柱塞;3—中心管;4—强制阀;5—长柱塞;6—下出油阀;7—上接箍;8—扶正环;
9—长泵筒;10—上过桥管;11—环形阀球;12—环形阀座;13—活动泵筒;14—支承环;15—过油接箍;
16—短泵筒;17—下过桥管;18—泵筒加长筒;19—进油阀;20—密封接头;21—双通接头;22—下接箍

从组成上看,强制阀式分抽混出泵主要由上部大泵和下部小泵组成,上部大泵的进油阀为环形阀,并设计在上、下泵之间,环形阀球11固定在活动泵筒13上,活动泵筒13在长柱塞5上通过作短距离上下往复运动来使环形阀开启和关闭。泵筒(包括短泵筒16和泵筒加长筒18)外设计有下过桥管17,形成环形流道,泵筒加长筒18下部连接密封接头20,密封接头20外圆上设计有一组特殊结构的软密封环,与双通接头21内孔形成支承密封,从而将泵内部的两个流道分开,上部油层的原油经双通接头21的侧面孔进入下部小泵的泵腔内,下部油层的原油经双通接头21上呈圆周分布的轴向孔通道进入环形流道,最后经环形阀进入上部大泵的泵腔中。

3　技术特点

强制阀式分抽混出泵突破常规分层开采抽油泵上泵开采上部油层、下泵开采下部油层的理念,创新性地设计了上泵开采下部油层、下泵开采上部油层的新型分抽混出泵,实现了多层系油井大泵开采高出液油层、小泵开采低出液油层的需求,同时该泵还具有以下特点:

(1)上柱塞总成采用机械强制启闭式结构,强制出油阀开启和关闭,有效解决了气锁及阀球启闭滞后的问题,具有防气防砂功能,且适用于斜井;

(2)中部进油阀采用环形阀结构,过流面积大,启闭灵活,使用寿命长,解决了之前分层开采抽油泵一直未解决的难题;

(3)双通接头设计为双流道结构,流道大,液流阻力小,分流效果好;

(4)上、下泵筒均采用过桥结构,提高了承载能力,满足尾管配重需求,有效解决了封隔器坐封导致的泵筒变形问题。

4　结论

2017年10月,首批57/38强制阀式分抽混出泵在某油田成功下井,从现场使用情况看,跟常规分层开采抽油泵相比,增油量平均提高30%以上,效果显著。

实践证明,强制阀式分抽混出泵独特的结构设计,有效解决了油层之间的层间干扰,实现了单井同时开采多油层,并可根据油层的产液量匹配适用排量的泵,实现了大泵开采高出液油层、小泵开采低出液油层,有效利用效能,增加了产量,缩短了作业周期,降低了生产成本,提高了油田的综合开采效益,具有很大的推广价值。

参 考 文 献

[1] 岳慧.分抽混出泵采油工艺技术的改进及应用[J].石油机械,2012,40(1):75-77.

[2] 佘梅卿,祝道钧,鲁献春.级差式分抽混出泵的研制和应用[J].河南石油,1994,8(2):37-41,46.

[3] 田荣恩.Φ83/56型分抽混出泵及配套管柱[J].石油机械,1993,2(2):54-57.

[4] 吴奇.井下作业工程师手册[M].北京:石油工业出版社,2002.

[5] 万仁溥.采油工程手册[M].北京:石油工业出版社,2000.

隔水管重入技术斜向工具
改进及施工工艺优化

王兴旺　徐鸿飞　王　超　刘占鏖　孙慧铭

（中海油能源发展股份有限公司工程技术分公司　天津　300452）

摘　要：本文介绍了隔水管重入技术斜向器改进，使该斜向器在面对不同偏心程度的套管端面做适应性调节，使得斜向器底部端面与原切割完成油井端面的重合率达到90％以上，满足斜向器稳定座挂，既使斜向器导向锥插入原切割井眼，又使斜向器预开窗位置与现场需求位置相符。同时针对隔水管重入项目施工工艺优化，使斜向器能够快速调节角度和与斜面的相对位置，解决现场恶劣作业条件下出现的测量误差以及计算复杂等问题，保证施工人员作业安全。

关键词：隔水管重入　斜向器　改进　工艺优化

早期开发的海上油气田逐步进入生产的中后期，为实现增产、稳产的目标，通常利用现有槽口资源进行调整井、加密井的钻探，以弥补亏欠。但海上老平台普遍存在无槽口可用、槽口不可用等问题，针对这些问题，国内已逐步开发包括套铣开窗、加挂井槽等海上平台井槽再利用技术，实现了老井槽的高效利用，但经济性尚有提升空间[1~7]。随着水射流等高效水下切割技术在海上弃井工程上的应用推广，平台老井槽多层套管可以避免套铣而采用整体切割回收的方式，这就为井槽再利用提供了一种更经济的技术手段[8,9]——隔水管重入技术。

1　隔水管重入技术斜向工具改进设计

1.1　原有斜向工具介绍

泥线预开窗斜向器由上部连接头、造斜窗口和锚定锥构成，如图1所示。

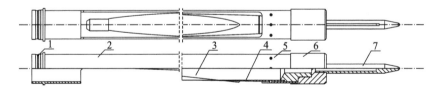

图1　泥线预开窗斜向器结构图

1—套管快速接头；2—导向管；3—导向斜板；4—空心导向基体；5—锁紧螺钉；6—连接基体；7—导向锥

由于海上钻井下套管时，技术套管不在表层套管的中心位置，可以在表层套管内部任何一处位置，此类位置组合有无限种。

针对套管偏心状态,原有斜向器有两种类型的导向锥。

根据分析可知,切割完后套管剩余端面偏心位置有无数种可能,现场作业需要根据套管偏心状态选择使用对应的斜向器导向锥,原有斜向器导向锥不满足现场需求。

1.2 斜向工具改进设计

针对原有斜向工具的缺点,设计出一种可调节角度式斜向工具,同时调节导向锥的径向安装位置以及自由调节斜向器开口方向的斜向工具,通过切割后剩余套管端面中心套管在其余套管内的偏心程度,确定导向锥在斜向工具半径方向的位置,将导向锥安装到相对应的位置上,使用对应的楔块填补剩余空间,再根据所需要的侧钻位置,使用调节工具调节基体与斜向器导管的相对位置,完成斜向工具的组装。

2 隔水管重入技术施工工艺优化

2.1 原有施工工艺

在以往的隔水管重入作业中,下斜向器之前,需要测绘切割断面最内层套管的位置,在水泥最薄端与最厚端引一条中心线,选取90°方向引一条基准线,两条线的夹角为套管偏心角,如图2所示。在现场作业过程中测量时有可能发生高空坠物风险,测量空间有限,测量时间较短,且测量结果有偏差。

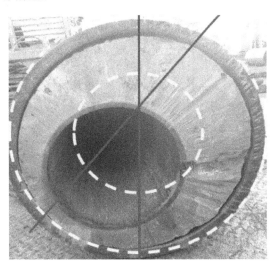

图2 原计算偏心位置方法

2.2 施工工艺改进

采用"拓印法"调节斜向器角度,预先在拓印纸上确定好造斜位置,然后在断面处涂色,将预先在拓印纸上标记好的造斜位置与套管将要造斜的位置重合,然后拓印到拓印纸上。

剪掉拓印纸上最内层套管的拓印以及最外层套管拓印的外边角,将带有颜料面与斜向器导向锥底面重合,且预先在拓印纸上确定好斜面位置并与斜向器斜面重合,转动斜向器导向锥至斜向器导向锥与拓印纸中空位置重合即可。隔水管重入作业"拓印法"现场应用如图3所示。

图3 隔水管重入作业"拓印法"现场应用

参 考 文 献

[1] 付建民,韩雪银,范白涛,等.海上平台井槽高效利用关键技术[J].中国海上油气,2016,28(2):103-108.

[2] 和鹏飞,侯冠中,朱培,等.海上Φ914.4 mm井槽弃井再利用实现单筒双井技术[J].探矿工程(岩土钻掘工程),2016,43(3):45-48.

[3] 刘洋,段梦兰,范晓,等.导管架式钻井平台新增桩腿加挂井槽改造技术[J].石油矿场机械,2014,43(2):65-70.

[4] 杨保健,付建民,马英文,等.Φ508 mm隔水导管开窗侧钻技术[J].石油钻采工艺,2014,36(4):50-53.

[5] 杨育升,周冀,朱萍,等.稠油井Φ177.8 mm套管开窗侧钻技术[J].石油钻采工艺,2011,33(2):29-31.

[6] 谭越,杨光,王建文,等.老平台新增井槽技术的应用与发展[J].海洋石油,2012,32(2):106-110.

[7] 程仲,牟小军,马英文,等.隔水导管打桩新技术研究与应用[J].中国海上油气,2011,23(4):259-262.

[8] 马认琦,李刚,王超,等.250 MPa超高压磨料射流井下内切割技术[J].石油机械,2015,43(10):50-53.

[9] 王超,刘作鹏,陈建兵,等.250 MPa磨料射流内切割套管技术在我国海上弃井中的应用[J].海洋工程装备与技术,2015,2(4):258-263.

螺杆钻具马达运行工况分析

任宪可

（中国石油集团渤海石油装备中成机械制造公司　天津　300280）

　　马达是螺杆钻具的动力部分，它由转子和定子两部分组成。定子的头数比转子多一个，在转子装入定子后，任意截取一个垂直于轴线的截面，两者均是共轭啮合的[1]。

　　定子、转子工作时的受力情况非常复杂，不但要承受扭矩、轴向挤压载荷和弯曲载荷，还要受到液体腐蚀、岩壁磨损等，损坏形式主要是疲劳断裂、橡胶掉胶，因此对定子、转子的研究显得尤为重要。

1　马达工作原理

　　钻井作业中高压流体从马达顶部注入，在两个相邻的腔压力差的作用下转子传动，转子的持续转动使共轭密封腔连续沿轴线下移，以保证钻井液循序向下推进。转子的转速与钻井液的流量有关，与马达压降无关，即

$$v_R = 60Q\eta_V/q \tag{1}$$

式中，v_R 为转子实际转速，Q 为马达排量，η_V 为容积效率，q 为每转排量。

　　在此过程中，转子将液压能转化为机械能，螺杆钻具输出扭矩与马达压降和每转排量成正比[2]，即

$$T = \Delta p\eta_V q/2\pi \tag{2}$$

式中，T 为输出扭矩，Δp 为马达压降。

2　定子、转子线型设计

　　定子、转子是 $i = N/(N+1)$ 型的转子/定子共轭副，本文以普通内摆线等距线型为例进行讨论和分析。

　　将普通内摆线等距线型分为 Ⅰ、Ⅱ 两部分，Ⅱ 部分是以尖点为圆心、以 r 为半径的圆弧，然后分别对 Ⅰ、Ⅱ 两部分曲线做进一步计算，得到转子的等距曲线方程为

$$\vec{R_r^0}(\theta, r^0) = \begin{cases} (ne^{j\theta} + e^{-jn\theta}) + r^0 e^{j[(-1)\frac{T_1}{2}\pi - \frac{n-1}{2}\theta]} & （Ⅰ部分） \\ Ne^{j\frac{2T_2}{N}\pi} + r^0 e^{j\alpha'} & （Ⅱ部分） \end{cases} \tag{3}$$

将上式进行参数方程转换，即

Ⅰ部分：
$$\begin{cases} x = n\cos\theta - \cos(n\theta) + r^0 \cdot \cos[(-1)\frac{T_1}{2}\pi - \frac{n-1}{2}\theta] \\ y = n\sin\theta + \sin(n\theta) + r^0 \cdot \sin[(-1)\frac{T_1}{2}\pi - \frac{n-1}{2}\theta] \end{cases} \tag{4}$$

式中:$n=N-1$;$T_1=0,1,2,\cdots,n$。

Ⅱ部分:
$$\begin{cases} x = N\cos(\frac{\pi T_2}{N}) + r^0 \cdot \cos\alpha' \\ y = N\sin(\frac{\pi T_2}{N}) + r^0 \cdot \sin\alpha' \end{cases} \quad (5)$$

式中,$T_2=1,3,5,\cdots,2N-1$。

由于定子为 $N+1$ 头普通内摆线,所以无须另行推导公式,只需将式(4)、式(5)中的 N 换成 $N+1$,即可求得定子的等距曲线方程[3]。

3 定子、转子运转工况分析

3.1 接触应力分析

螺杆钻具在井下工作过程中,定子、转子相互配合,转子在定子内作行星转动。在实际工况条件下,定子橡胶在温度与钻井液的综合作用下会发生膨胀,在不同的工况条件下,定子橡胶的膨胀量不同。通常做法是根据现场使用工况调整定子、转子配合,使其满足所设计的工作效率要求[4]。

定子、转子配合尺寸必须设计合理,否则会影响定子、转子的工作效率。

(1)转子和定子之间的过盈量过大时,密封性能较好,但增加了摩擦阻力,导致正常工作时马达压降较大,会加速定子、转子的磨损。

(2)转子和定子之间的过盈量较小或间隙配合时,密封性能较差,两者之间的接触应力较小,降低了定子、转子的工作效率。

3.2 溶胀分析

溶胀的产生机理是介质小分子由橡胶表面渗入其内部,并且扩散到橡胶大分子的间隙中,而后橡胶大分子纠缠网被扯开,伴随着橡胶宏观体积的增加,经过一段时间后,溶胀由边界扩展到整个区域,使得整个区域产生应变[5]。

研究溶胀对定子变形的影响。设定溶胀率分别为 4%、7%、10%,对 7/8 头定子、转子溶胀对定子变形的影响进行模拟分析,结果如图 1 至图 3 所示。由该图可知,当定子头数一定时,随着溶胀率的增加,定子变形增大;当溶胀率一定时,定子变形呈现出周期性变化,在 40°、90°、140°、180°、220°、270°、320°附近定子变形最小,在 20°、60°、100°、120°、160°、200°、240°、290°、340°附近定子变形最大。

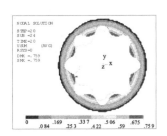
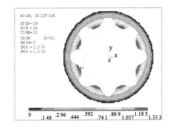
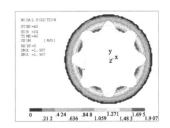

图 1　4%溶胀率的定子变形　　图 2　7%溶胀率的定子变形　　图 3　10%溶胀率的定子变形

3.3 温胀分析

定子的非均匀温升和均匀温升的产生机理不同,这里涉及定子的热变形,所以弹性体的总应变可以分解为：

(1)由于温度变化，弹性体内各个质点自由膨胀或者收缩产生的应变 $\varepsilon_{ij}^{(T)}$。

(2)弹性体内各个质点之间的相互约束产生的应变 $\varepsilon_{ij}^{(S)}$。

总应变 ε_{ij} 可表示为

$$\varepsilon_{ij} = \varepsilon_{ij}^{(T)} + \varepsilon_{ij}^{(S)} \tag{6}$$

式中，$\varepsilon_{ij}^{(T)}$ 为相似应变（应变为各向同性），即任一点在任意方向上的线应变均相等，而且剪应变为零。

在二维情况下有

$$\varepsilon_x^{(T)} = \varepsilon_y^{(T)} = \alpha\Delta T, \quad \gamma_{xy}^{(T)} = 0 \tag{7}$$

100 ℃、120 ℃、150 ℃、170 ℃温度下的定子变形如图4至图7所示，从图中可以看出，随着温度的升高，定子变形增大；定子峰顶橡胶较多，变形量较大，峰谷橡胶较少，变形量较小。100 ℃、120 ℃、150 ℃、170 ℃时定子最大变形量分别为 0.618 mm、0.759 mm、0.847 mm、1.138 mm。

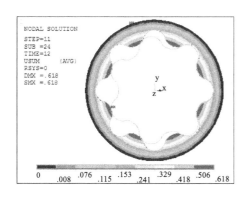

图4 100 ℃温度下的定子变形

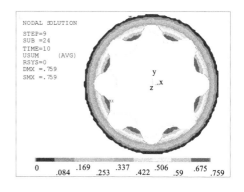

图5 120 ℃温度下的定子变形

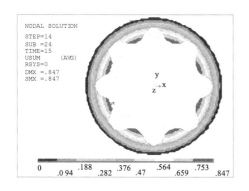

图6 150 ℃温度下的定子变形

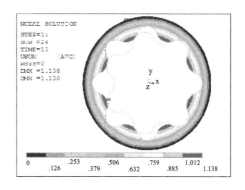

图7 170 ℃温度下的定子变形

3.4 流体压力分析

本文选择三种硬度的定子材料（70 HA、80 HA、90 HA），通过 ANSYS 多物理场模块来模拟定子在井下 20 MPa 压力下的变形量，结果如图8至图10所示，硬度为 70 HA、80 HA、90 HA 时定子最大变形量分别为 0.265 mm、0.185 mm、0.132 mm。

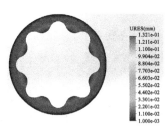 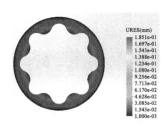 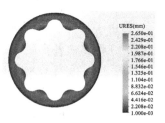

图 8　硬度为 70 HA 时　　　图 9　硬度为 80 HA 时　　　图 10　硬度为 90 HA 时
　　　　定子变形量　　　　　　　　　定子变形量　　　　　　　　　 定子变形量

4　结论

(1)根据定子、转子的等距曲线方程,建立了参数化的定子、转子材料非线性和刚柔接触非线性有限元模型,通过有限元分析得到相应数值。

(2)定子变形随着溶胀率的增加而增大,随着转子头数的增加而有所减小。定子变形随着温度的升高而增大。

(3)定子材料硬度为 70 HA、80 HA、90 HA,在井下 20 MPa 压力下定子最大变形量分别为 0.265 mm、0.185 mm、0.132 mm。

参 考 文 献

[1]　任宪可,李艳霞,杨保军.螺杆钻具定子寿命分析[J].石油矿场机械,2011,40(9):45-48.
[2]　苏义脑.螺杆钻具研究及应用[M].北京:石油工业出版社,2001.
[3]　侯宇.螺杆泵定转子合理过盈量确定方法研究[D].大庆:东北石油大学,2011.
[4]　初同龙.螺杆泵内部流场分析及三维数值模拟研究[D].大庆:东北石油大学,2014.
[5]　贺向东.螺杆泵举升性能的数值模拟研究[D].合肥:中国科学技术大学,2011.

三维应力状态下水泥环缺失段套管受力分析

邵天铭 房 军

(中国石油大学(北京)石油工程学院 北京 102249)

摘 要:页岩比较特殊的地层会引起固井质量的变化,从而使得界面出现环隙,甚至出现部分水泥环缺失的情况。为了防止水泥环缺失段套管发生损坏,本文使用有限元软件建立套管-水泥环缺失-地层三维模型,进行三维地应力状态下的水泥环缺失段套管力学行为分析,分析了缺失角、相位角及内压等因素对水泥环缺失段套管受力的影响。得出结论:随着缺失角的增大,水泥环缺失段套管的最大应力值会减小,径向上的应力集中现象会逐渐转移至轴向上,相位角对套管的影响会逐渐减弱;增加内压时,套管剪切界面上的应力集中现象更明显,更容易发生剪切破坏。

关键词:水泥环缺失 三维套管-水泥环-地层模型 三维地应力 力学行为分析 剪切破坏

1 基本模型分析

在压裂过程中,因为页岩具有比较特殊的地层性质,即吸水后产生蠕变,导致强度降低,页岩储层裂缝发育,页岩层理发育与常规储层差异较大[1~6],所以会影响固井质量,一般情况下会使第一界面或第二界面产生间隙,引起水泥环密封失效,导致水泥环对套管的保护作用减弱,严重时甚至会出现部分水泥环缺失的情况[7]。为了研究直井中水泥环缺失段套管力学行为,建立三维力学基本模型。选取某井深段套管,地层上部受上覆岩层压力,套管内壁受内压作用,最大、最小水平地应力相互垂直,套管两端水泥环无缺失现象,中间水泥环出现部分缺失。

2 有限元模型

套管-水泥环缺失-地层有限元模型如图 1 所示。

3 结果分析

3.1 缺失角影响

首先考虑水泥环缺失角的影响。设置水泥环缺失角分别为 0°、45°、60°、90°、180°、270°、360°,且角平分线始终与最大水平地应力方向平行,计算套管最大 Mises 应力的变化情况。

随着缺失角的增大,缺失段的径向剪切界面的应力集中现象会逐渐减弱,而缺失段-完

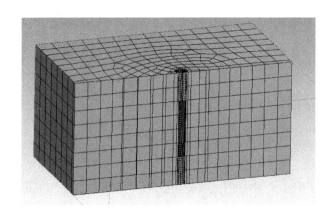

图1　套管-水泥环缺失-地层有限元模型

好段的轴向剪切界面的应力集中现象会逐渐增强,直至水泥环完全缺失,只有在缺失段-完好段的轴向剪切界面才有较明显的应力集中现象。

如图2所示,当水泥环未出现缺失时,套管无明显的应力突变现象,且应力明显小于水泥环缺失状态下的套管应力。当水泥环出现局部缺失时,在径向剪切界面处应力会急剧增大,且在随后的水泥环缺失段始终稳定在最大值。随着缺失角的增大,水泥环缺失段套管应力会减小。即使水泥环完全缺失,套管内壁应力仍然会大于完好水泥环状态下的套管内壁应力。因此,当发现套管外部水泥环出现一定角度的局部缺失时,以补注水泥为第一要求。如果水泥环补注工程有一定的难度,可以在该段进行水泥环清理工作,使该段水泥环完全缺失,以达到防止套管磨损的目的。

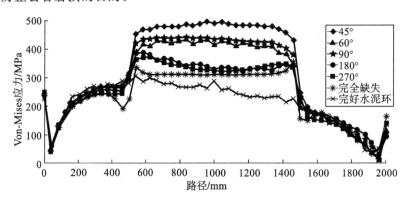

图2　不同水泥环缺失角的轴向位移-应力变化图

3.2　相位角影响

因为平面方向的非均匀地应力对水泥环的外挤力会随着地层方位角的变化而变化[8],所以水泥环缺失段相位角必然对套管的力学行为有影响。在构建模型中,设置相位角为缺失角的角平分线与最大水平地应力方向的夹角。

由于最大、最小水平地应力相互垂直,所以相位角的周期为90°。如图3所示,分别在45°、90°、180°水泥环缺失角模型中对相位角进行分析,并计算不同相位角下套管最大应力。随着缺失角的增大,套管最大应力会减小。由计算结果可知,当相位角达到45°、75°时,每种缺失角下的套管内壁应力均达到极大值。对不同水泥环缺失角模型进行波动分析,45°水泥环缺失角的极值比(极小值/极大值)为87.7%,远小于180°水泥环缺失角的96.54%。因此,随着水泥环缺失角的增大,相位角对套管应力的影响会逐渐减小。

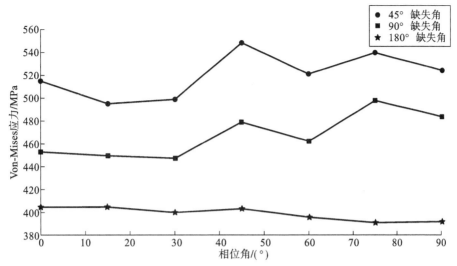

图 3 相位角-最大 Von-Mises 应力变化图

3.3 内压影响

在不同水泥环缺失角条件下研究内压对套管最大应力的影响,结果如图 4 所示。在水泥环处于完整状态的情况下,当内压从 0 增加至 50 MPa 时,套管最大应力由 309.09 MPa 增加到 397.92 MPa。水泥环出现 45°缺失时,套管最大应力由 430.55 MPa 增加至 773.06 MPa,增幅远比完整水泥环状态下的高。但是,随着缺失角的增大,内压对套管最大应力的影响会逐渐减小。页岩气完井时,由于需要高内压力进行地层压裂,因此要防止水泥环缺失,这样才能有效避免套管损坏。

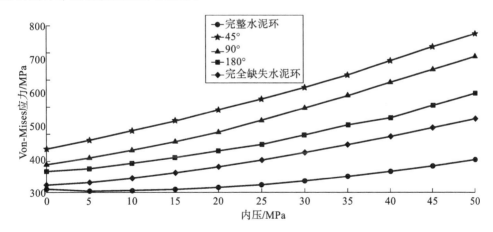

图 4 套管应力-内压关系图

4 结论

(1)水泥环缺失时,套管在水泥环完好界面与水泥环缺失界面交界处有应力集中现象。随着缺失角的增大,水泥环缺失段套管最大应力减小,但始终大于水泥环完整处套管最大应力。

（2）随着水泥环缺失角的增大,径向剪切界面的应力集中现象会转移至轴向剪切界面,为工程测井中出现套管应力集中位置转移现象提供理论依据。

（3）非均匀地应力条件下,相位角会影响水泥环缺失段套管应力,但随着水泥环缺失角的增大,相位角对套管应力的影响会逐渐减小。

（4）当水泥环出现缺失时,内压的增加会增加套管剪切破坏的风险,在高内压的工况下,必须保证水泥环的完整性,这样才能有效防止套管损坏。

参 考 文 献

[1] 田中兰,石林,乔磊.页岩气水平井井筒完整性问题及对策[J].天然气工业,2015,35(9):70-76.

[2] 于浩,练章华,林铁军.页岩气压裂过程套管失效机理有限元分析[J].石油机械,2014,42(8):84-88,93.

[3] LIAN Z, YU H, LIN T, et al. A study on casing deformation failure during multi-stage hydraulic fracturing for the stimulated reservoir volume of horizontal shale wells[J]. Journal of Natural Gas Science & Engineering,2015,23:538-546.

[4] 蒋可,李黔,陈远林,等.页岩气水平井固井质量对套管损坏的影响[J].天然气工业,2015,35(12):77-82.

[5] YIN F, GAO D. Prediction of sustained production casing pressure and casing design for shale gas horizontal wells[J]. Journal of Natural Gas Science & Engineering,2015,25:159-165.

[6] 刘奎,王宴滨,高德利,等.页岩气水平井压裂对井筒完整性的影响[J].石油学报,2016,37(3):406-414.

[7] 刘奎,高德利,王宴滨,等.局部载荷对页岩气井套管变形的影响[J].天然气工业,2016,36(11):76-82.

[8] 房军,赵怀文,岳伯谦,等.非均匀地应力作用下套管与水泥环的受力分析[J].石油大学学报(自然科学版),1995,19(6):52-57.

射流式脉冲短节设计与数值仿真试验研究

韩　虎[1]　薛　亮[1]　王　典[1]　刘献博[1]　柳　鹤[2]　于志强[2]

(1.中国石油大学(北京)　北京　102249；
2.中国石油集团渤海钻探工程技术研究院　天津　300457)

摘　要：射流式脉冲短节是射流式水力振荡器的主要部件之一，射流式脉冲短节产生的压力波特征对工具性能有重要影响。本文研究了 89 mm 射流式脉冲短节的结构与工作原理，建立了活塞杆力学分析模型，推导了射流式脉冲短节动阻比计算公式，并进行了 89 mm 射流式脉冲短节结构参数数值仿真试验。研究结果表明：活塞杆下冲程时受到射流元件驱动力和节流盘负载驱动力双重作用，可以稳定下行；活塞杆上冲程时射流元件驱动力与节流盘负载作用力的方向相反，射流元件驱动力需大于节流盘负载阻力才能稳定上行；通过数值仿真试验，得到了不同活塞杆与节流盘尺寸下的阻力压降与压力脉冲幅值数据，其与理论值误差在 8% 以内。结合研究结果，建议现场使用直径小于 28 mm 的活塞杆，这样既可以保证工具稳定工作，延长射流元件的使用寿命，还可以增大压力脉冲幅值。

关键词：减摩降扭　射流式脉冲短节　动阻比公式　压力波幅值　数值试验

1　射流式脉冲短节的结构

89 mm 射流式脉冲短节包括外部结构和内部结构[1~6]，外部结构主要由缸筒和上、下接头组成，内部结构由上压盖、射流元件、缸体、调整锥杆、活塞杆、缸盖、隔套和节流盘组成。89 mm 射流式脉冲短节各部件由环形流道连接[7,8]。

2　射流式脉冲短节的设计

活塞杆运动包括两个冲程，两个冲程的运动规律与受力完全不同，下面分别对两个冲程的受力进行分析。

2.1　下冲程力学分析

如图 1 所示，下冲程时活塞杆处于四个压力区，从左往右依次为 P_1、P_2、P_3 和 P_4，图中 A_1 为活塞杆下端面面积，A_2 为活塞杆尾端面积与活塞杆直径等效面积之差，A_3 为活塞杆直径等效面积。

下冲程时，以向下为正方向，高压区 P_1 与低压区 P_2 的压差为 ΔP_1，方向向下，为推动活塞杆向上的动力，作用面积为 A_1；次低压区 P_3 与最低压区 P_4 的压差为 ΔP_2，方向向下，为推动活塞杆向下的动力，作用面积为 $A_2 + A_3$。计算时忽略沿程摩阻压降。

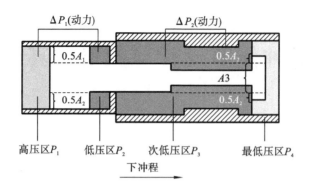

图1 压降分配图(下冲程)

所以活塞杆受力为

$$F = \Delta P_1 A_1 + \Delta P_2 (A_2 + A_3) \tag{1}$$

下冲程时活塞杆受到射流和节流盘两部分的动力,推动其向下运动,即 $F>0$,可以稳定工作。

2.2 上冲程力学分析

如图2所示,上冲程时活塞杆处于四个压力区,从左往右依次为 P_2、P_1、P_3 和 P'_4。上冲程时,以向上为正方向,高压区 P_1 与低压区 P_2 的压差为 ΔP_1,方向向上,为推动活塞杆向上的动力,作用面积为 A_1;次低压区 P_3 与最低压区 P'_4 的压差为 ΔP_2,方向向下,为活塞杆向上的阻力,作用面积为 $A_2 + A_3$。

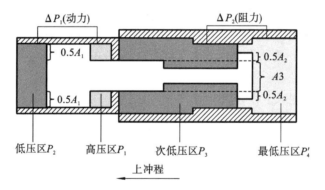

图2 压降分配图(上冲程)

所以活塞杆受力为

$$F = \Delta P_1 A_1 - \Delta P_2 (A_2 + A_3) \tag{2}$$

由上式可以看出,上冲程时活塞杆受到动力和阻力的作用,即 $F>0$ 或 $F<0$ 的情况都会发生,稳定工作取决于动力与阻力的大小。

2.3 动阻比分析

设计时,上冲程稳定工作的条件为动力不小于阻力,临界条件为动力等于阻力,所以动阻比计算公式为

$$\Delta P_1 A_1 = \alpha \Delta P_2 (A_2 + A_3) \tag{3}$$

$$\frac{\Delta P_1}{\Delta P_2} = \alpha \frac{A_2 + A_3}{A_1} = \alpha \frac{d_2^2}{d_1^2 - 400} \tag{4}$$

式中,α 为修正系数,ΔP_1 为动力压差(MPa),ΔP_2 为阻力压差(MPa),A_1 为活塞杆下端面面积(mm^2),A_2 为活塞杆末端面面积(mm^2),A_3 为活塞杆直径等效面积(mm^2),d_1 为缸体上腔直径(mm),d_2 为活塞杆末端面直径(mm)。

由式(4)可知,动力压差与阻力压差的比值等于活塞杆末端面面积与下端面面积的比值,即当动力一定时,活塞杆末端面面积越小,阻力越小。所以在保证压力脉冲幅值的情况下,应尽量设计末端面直径较小的活塞杆。

2.4 压力脉冲幅值设计

当活塞杆处于上死点时,节流盘的过流面积最小,即开度最小,此时压降最大,压力最小为 P_4;当活塞杆处于下死点时,节流盘的过流面积最大,即开度最大,此时压降最小,压力最大为 P_4'。于是有

$$P_4 = \frac{1}{2}\rho \left(\frac{Q}{\frac{\pi}{4}(d_3{}^2 - d_2{}^2)} \right)^2 = \frac{8\rho Q^2}{\pi^2} \frac{1}{(d_3{}^2 - d_2{}^2)^2} \tag{5}$$

$$P_4' = \frac{1}{2}\rho \left(\frac{Q}{\frac{\pi}{4}(d_3{}^2 - d_4{}^2)} \right)^2 = \frac{8\rho Q^2}{\pi^2} \frac{1}{(d_3{}^2 - d_4{}^2)^2} \tag{6}$$

式中,P_4 为节流盘处最小压力(MPa),P_4' 为节流盘处最大压力(MPa),ρ 为钻井液密度(kg/m^3),Q 为钻井液排量(L/s),d_2 为活塞杆末端面直径(mm),d_3 为节流盘内径(mm),d_4 为活塞杆最细处直径(mm)。

因此,活塞杆在节流盘中作周期运动时,压力脉冲幅值为 $\Delta P = P_4 - P_4'$。

3 数值仿真试验验证

3.1 物理模型

数值仿真试验选用外径为 89 mm 的射流式脉冲短节,其结构复杂,利用 SolidWorks 软件生成流场计算域。流场计算域包括上接头入口流域、上压盖分流流域、射流元件内部流域、缸体上下腔流域、两侧排空流道、隔套流域、节流盘流域以及碟簧套流域[9,10]。

3.2 数值仿真试验

选取五组不同的活塞杆和节流盘直径组合(d_2、d_3 和 d_4),通过调整数值仿真模型的分流面积,使得射流元件处的射流速度保持不变,将通过动阻比公式计算得到的阻力压降和压力脉冲幅值与数值仿真试验结果进行对比分析。

改变数值仿真模型的参数,并在节流盘处设置压力监测面,通过对截面处的压力面平均后,可以得到压力值,记录不同尺寸下的压力值,与动阻比公式计算值相互验证分析,并比较压力脉冲幅值,分析误差。

3.3 结果与分析

选用不同末端面直径 d_2 的活塞杆,计算出的阻力压差以及 CFD 数值仿真试验结果如图3所示。由该图可知,CFD 数值仿真试验结果与动阻比公式理论值的误差为 2.5% ~ 7.8%,验证了理论分析的正确性。阻力压差随着活塞杆末端面直径的增大而迅速减小,与末端面面积成反比关系。根据相关文献[11,12]可知,当活塞杆末端面直径 d_2 大于 28 mm 时,随着活塞杆末端面直径的增大,射流元件临界流速会随之迅速升高,从 40 m/s 增大至 100

m/s,这加速了射流元件的冲蚀损坏。因此,为了保证射流元件临界流速小于 70 m/s,建议设计 d_2 小于 28 mm 的小尺寸活塞杆,这样既可以延长射流元件的使用寿命,又可以有效减小阻力,保证工具的稳定工作。

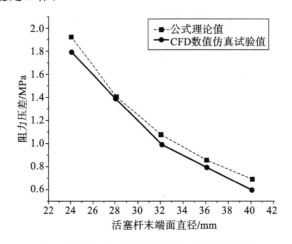

图 3　活塞杆末端面直径对阻力压差的影响

不同系列尺寸对压力脉冲幅值的影响如图 4 所示,由该图可知,CFD 数值仿真试验结果与公式理论值的误差为 3.3%～6.2%,在工程允许误差范围内,验证了理论分析的正确性。从图 4 中可以看出,压力脉冲幅值随着活塞杆末端面直径和节流盘内径的增大而迅速减小。根据上文分析可知,当活塞杆末端面直径小于 28 mm 时,射流元件临界流速小于 40 m/s,而根据图 4 可知此时压力脉冲幅值在 1.0 MPa 以上。因此,建议设计活塞杆末端面直径小于 28 mm 的小尺寸活塞杆,这样既能延长射流元件的使用寿命,又可以增大压力脉冲幅值,提高钻进效率。

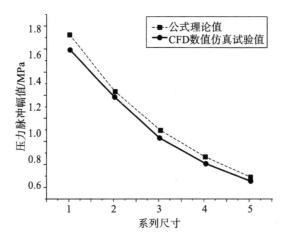

图 4　不同系列尺寸对压力脉冲幅值的影响

4　结论

(1)射流式脉冲短节下冲程时活塞杆受到射流元件驱动力和节流盘负载驱动力作用,可以稳定下行;上冲程时既受到射流元件驱动力作用,又受到节流盘负载阻力作用,稳定工作必须使动力不小于阻力。

(2)推导了动阻比和压力脉冲幅值的计算公式,发现上冲程时活塞杆受到的动力和阻力与其作用面积成正比,即活塞杆末端面面积越小,阻力越小。

(3)通过五组不同尺寸的射流式脉冲短节数值仿真试验,得到了不同尺寸下的阻力压降与压力脉冲幅值,其与理论计算值的误差在8%以内,并建议设计活塞杆末端面直径小于28 mm的活塞杆,在保证工具稳定工作的前提下,延长射流元件的使用寿命,增大压力脉冲幅值。

参 考 文 献

[1] 郭永峰,白云程.国内外钻井摩阻力研究的现状及趋势[J].国外油田工程,2001,17(8):31-33.
[2] 明瑞卿,张时中,王海涛,等.国内外水力振荡器的研究现状及展望[J].石油钻探技术,2015,43(5):116-122.
[3] 李博,王羽曦,孙则鑫,等.Φ178型水力振荡器研制与应用[J].石油矿场机械,2013,42(8):55-57.
[4] 张辉,吴仲华,蔡文军.水力振荡器的研制及现场试验[J].石油机械,2014,42(6):12-15.
[5] 柳鹤,冯强,周俊然,等.射流式水力振荡器振动频率分析与现场应用[J].石油机械,2016,44(1):20-24.
[6] 王杰,夏成宇,冯定,等.新型涡轮驱动水力振荡器设计与实验研究[J].工程设计学报,2016,23(4):391-395,400.
[7] 汪志明,薛亮.射流式井底增压器水力参数理论模型研究[J].石油学报,2008,29(2):308-312.
[8] 汪志明,薛亮.射流元件附壁与切换流动规律研究[J].水动力学研究与进展 A 辑,2007,22(3):352-357.
[9] 王福军.计算流体动力学分析——CFD软件原理与应用[M].北京:清华大学出版社,2004.
[10] 柳鹤.射流式水力振荡器理论分析与试验研究[D].长春:吉林大学,2014.
[11] HE J,YIN K,PENG J,et al. Design and feasibility analysis of a fluidic jet oscillator with application to horizontal directional well drilling[J]. Journal of Natural Gas Science and Engineering,2015,27(3):1723-1731.
[12] PENG J,YIN Q,LI G,et al. The effect of actuator parameters on the critical flow velocity of a fluidic amplifier[J]. Applied Mathematical Modelling,2013,37(14-15):7741-7751.

深水井筒环空压力控制方法研究

曾　静[1,2]　高德利[2]　房　军[2]　王宴滨[2]　邵天铭[2]

(1. 广州海洋地质调查局　广东广州　510075；

2. 中国石油大学石油工程教育部重点实验室　北京　102249)

摘　要：深水井筒温度剧烈变化易引起套管挤毁和破裂等复杂事故，影响油气安全稳产。本文从控制井筒传热量和提供卸压通道两个方面提出了应用保温油管和环空卸压工具控制环空压力的方法，基于传热学和状态方程计算分析了保温油管和环空卸压工具对环空压力的影响。计算结果表明：随着保温油管下入深度的增加，环空压力降低，当保温油管下入 B 环空以下时，B 环空和 C 环空的压力基本不变；随着生产时间的延长，环空液体经环空卸压工具进入油管，从而排出井筒，环空压力降至一定值后保持不变。保温油管和环空卸压工具可有效降低环空压力，以及减少其引起的套管挤毁、井筒密封破坏等事故，为深水油气井安全稳产提供了安全可行的方法。

1　引言

环空液体因深水油气井投产前后的井筒温差较大而受热膨胀，已使墨西哥湾 Marlin A-2 井和 Pompano A-31 井的套管毁坏，是制约深水油气田高效开发的隐患[1~3]。我国南海部分区块是典型的高温高压区块，同样面临着环空压力过高带来的安全风险。

本文分别从降低井筒传热量和提供卸压通道两个方面对环空压力控制方法展开研究，应用井筒温度场模型和状态方程分析计算了采用保温油管和环空卸压工具两种控制措施下的环空压力变化规律，并对其工程可行性进行评价。

2　保温油管的影响

2.1　井筒温度场计算模型

应用半稳态温度场模型计算井筒温度，假设油管与井壁之间为稳态传热，井壁与地层之间为非稳态传热。某一深度处从油管至井壁的传热量与井壁至地层内部的传热量相等，即

$$2\pi r_{to}U(T_f - T_w) = \frac{2\pi\lambda e}{f(t)}(T_w - T_e) \quad \backslash * \text{MERGEFORMAT}(1)$$

则井壁温度为

$$T_{wo} = \frac{T_e\lambda_e + T_f r_{to}Uf(t)}{\lambda_e + r_{to}Uf(t)} \quad \backslash * \text{MERGEFORMAT}(2)$$

根据能量守恒定律计算得到各层环空的液体温度分别为

$$
\begin{cases}
T_A = T_w + \dfrac{r_{to}U\ln(r_{wo}/r_{1o})(T_f - T_w)}{\lambda_1} \\[2mm]
T_B = T_w + \dfrac{r_{to}U\ln(r_{wo}/r_{2o})(T_f - T_w)}{\lambda_1} \\[2mm]
T_C = T_w + \dfrac{r_{to}U\ln(r_{wo}/r_{3o})(T_f - T_w)}{\lambda_1}
\end{cases}
$$

\ * MERGEFORMAT(3)

式中，T_A、T_B 和 T_C 分别是 A、B 和 C 环空的液体温度（℃）。

2.2 多层环空压力计算模型

忽略环空流体质量变化的影响，多层环空压力计算模型可简化为[4,5]

$$
\begin{cases}
p_A = \dfrac{\alpha_1}{k_T}\Delta T_A - \dfrac{1}{k_T V_{an,A}}\Delta V_{an,A} \\[2mm]
p_B = \dfrac{\alpha_1}{k_T}\Delta T_B - \dfrac{1}{k_T V_{an,B}}\Delta V_{an,B} \\[2mm]
p_C = \dfrac{\alpha_1}{k_T}\Delta T_C - \dfrac{1}{k_T V_{an,C}}\Delta V_{an,C}
\end{cases}
\qquad \text{\ * MERGEFORMAT(4)}
$$

式中，α_1 为环空流体热膨胀系数（℃$^{-1}$），k_T 为环空流体等温压缩系数（MPa），ΔT 为环空温度变化量（℃），V_{an} 为环空体积（m^3），ΔV_{an} 为环空体积变化量（m^3）。

本文通过理查森迭代法进行求解。首先给出环空压力初值，将其代入公式中进行计算，通过多次迭代得到满足精度要求的环空压力。

2.3 井身结构及热物性参数

以南海某深水探井为例，该井井深 2094 m，水深 1496 m。原油相对密度为 0.89，气体相对密度为 0.78，流压为 44.45 MPa，地层岩石比热为 837 W/(kg·℃)，密度为 2240 kg/m^3，导热系数为 2.25 W/(m·℃)，水泥环导热系数为 0.4 W/(m·℃)，套管导热系数为 45 W/(m·℃)，海床温度为 2 ℃，储层温度为 140 ℃，生产时间为 200 天。

2.4 生产套管环空压力变化

当保温油管深度由 0 增加至 800 m 时，环空压力线性降低；当保温油管深度大于 800 m 时，A 环空压力继续降低，但 B 环空压力和 C 环空压力基本不变，保温油管的深度应不超过 B 环空深度。保温油管具有施工难度低、预期效果好、井筒完整等优点，可有效降低井筒径向传热量，显著降低环空压力。

3 环空卸压工具

3.1 环空卸压工具及安装方案

为了将高压环空液体排出井筒而降低环空压力，设计了一种以单向阀为核心的环空卸压工具。在油气测试或生产过程中，当环空内外压差大于启动压力时，单向阀开启，高压液体经环空进入油管，外部环空压力降低。

3.2　环空压力

根据环空压力计算模型,得到环空液体平均温升的环空压力随生产时间的变化规律,如图 1 所示。

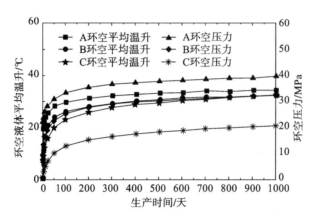

图 1　生产时间对环空液体平均温升和环空压力的影响

拟合图 1 中的数据,可得环空液体平均温升和环空压力与生产时间的关系为

$$\begin{cases} T_A = 33.353\,22 - 21.773\,15 \times e^{-\frac{t}{0.481\,64}} - 11.574\,31 \times e^{-\frac{t}{78.484\,14}} \\ T_B = 31.268\,19 - 17.161\,41 \times e^{-\frac{t}{2.014\,95}} - 13.345\,7 \times e^{-\frac{t}{118.441\,19}} \\ T_C = 31.617\,61 - 17.215\,48 \times e^{-\frac{t}{8.012\,2}} - 14.840\,3 \times e^{-\frac{t}{232.194\,35}} \\ p_A = 38.467\,59 - 25.929\,18 \times e^{-\frac{t}{1.848\,7}} - 12.581\,23 \times e^{-\frac{t}{134.351\,74}} \\ p_B = 31.425\,22 - 16.057\,17 \times e^{-\frac{t}{3.282\,38}} - 14.283\,92 \times e^{-\frac{t}{156.460\,76}} \\ p_C = 20.709\,03 - 9.513\,27 \times e^{-\frac{t}{17.420\,51}} - 11.465\,72 \times e^{-\frac{t}{330.046\,03}} \end{cases}$$

$$\backslash * \text{MERGEFORMAT}(5)$$

3.3　环空排液体积计算

根据状态方程,忽略环空压力引起的环空体积变化量,得到降低环空压力所需排出的液体体积为

$$\Delta V_1 = k_T V_1 \Delta p - \alpha_1 V_1 \Delta T \qquad \backslash * \text{MERGEFORMAT}(6)$$

式中,Δp 和 ΔT 是时间的函数,对上式求导可得

$$\frac{\mathrm{d}(\Delta V_1)}{\mathrm{d}t} = k_T V_1 \frac{\mathrm{d}(\Delta p)}{\mathrm{d}t} - \alpha_1 V_1 \frac{\mathrm{d}(\Delta T)}{\mathrm{d}t} \quad \backslash * \text{MERGEFORMAT}(7)$$

依据工艺原理,除了 A 环空的原始液体外,B、C 环空的液体也经 A 环空进入油管,则环空的累计排液体积为

$$V_{1,k} = \sum_{k=A}^{C} \Delta V_{1,k} \quad (k = A, B, C) \qquad \backslash * \text{MERGEFORMAT}(8)$$

式中,$V_{1,k}$ 为经 k 环空累计排出的液体体积(m^3),$\Delta V_{1,k}$ 为 k 环空排出液体体积(m^3)。

对式(5)求导,可得环空液体平均温升和环空压力的导数为

$$\begin{cases} dT_A = 45.206\ 274\ 40e^{-2.076\ 239\ 515t} + 0.147\ 473\ 234\ 7e^{-0.012\ 741\ 427\ 76t} \\ dT_B = 8.517\ 040\ 125e^{-0.496\ 290\ 230\ 5t} + 0.112\ 677\ 861\ 5e^{-0.008\ 443\ 008\ 720t} \\ dT_C = 2.148\ 658\ 297e^{-0.124\ 809\ 665\ 3t} + 0.063\ 913\ 269\ 20e^{-0.004\ 306\ 737\ 007t} \\ dp_A = 14.025\ 628\ 82e^{-0.540\ 920\ 646\ 9t} + 0.093\ 643\ 967\ 69e^{-0.007\ 443\ 148\ 857t} \\ dp_B = 4.891\ 929\ 027e^{-0.304\ 656\ 986\ 7t} + 0.091\ 293\ 944\ 88e^{-0.006\ 391\ 378\ 899t} \\ dp_C = 0.546\ 095\ 952\ 4e^{-0.057\ 403\ 600\ 70t} + 0.034\ 739\ 760\ 39e^{-0.003\ 029\ 880\ 408t} \end{cases}$$

\ * MERGEFORMAT(9)

3.4 降压效果分析

安装环空卸压工具前后的环空压力如图 2 所示,环空液体累计排出体积如图 3 所示。由图 2 可知:安装环空卸压工具前,环空压力由内至外减小;安装环空卸压工具后,环空压力由内至外增大。由图 3 可知,A 环空压力上升较快,A 环空累计排出液体体积在短时间内达到了 0.45 m³。A 环空的环空卸压工具打开后,环空压力保持为 17.08 MPa;B 环空的环空卸压工具打开后,环空压力为 19.08 MPa;由于 C 环空的压力小于启动压力,环空卸压工具保持关闭状态。安装环空卸压工具后,A、B 环空的压力显著降低,降低了油管、生产套管挤毁失效的风险。

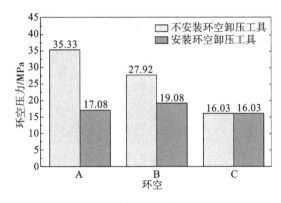
图 2 安装环空卸压工具前后的环空压力

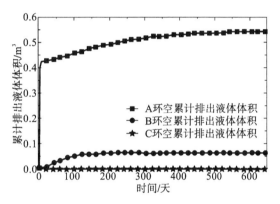
图 3 环空累计排出液体体积

4 结论

(1)从降低环空液体传热量和提供卸压通道角度提出了适用于深水环空压力控制的措施:保温油管和环空卸压工具。

(2)保温油管深度对于降低热膨胀引起的环空压力具有显著效果,但保温油管最大下深为 B 环空深度。

(3)环空卸压工具通过将管柱外部高压液体排入管柱内部来降低外部环空压力,有效降低了套管挤毁风险。

参考文献

[1] BRADFORD D W,FRITCHIE D G,GIBSON D H,et al. Marlin failure analysis and redesign:part 1-description of failure[J]. SPE Drilling & Completion,2004,19(2):104-111.

[2] VARGO R F,PAYNE M,FAUL R,et al. Practical and successful prevention of annular pressure

buildup on the marlin project[J]. SPE Drilling & Completion,2003,18(3):228-234.

[3]　PATTILLO P D,COCALES B W,MOREY S C. Analysis of an annular pressure buildup failure during drill ahead[J]. SPE Annual Technical Conference and Exhibition,2004.

[4]　杨进,唐海雄,刘正礼,等.深水油气井套管环空压力预测模型[J].石油勘探与开发,2013,40(5):616-619.

[5]　邓元洲,陈平,张慧丽.迭代法计算油气井密闭环空压力[J].海洋石油,2006,26(2):93-96.

新型旋转冲击螺杆钻具的
结构设计与运动仿真

汪　振　廖华林　董　林

(中国石油大学(华东)石油工程学院　山东青岛　266580)

摘　要：旋转冲击钻井技术是现阶段提高深井、超深井机械钻速的有效手段之一。通过螺杆马达与轴向振动发生装置的配合使用,可以将旋转动力转化为轴向的振动冲击载荷,基于此思想设计了一种新型旋转冲击钻井工具,并建立了该工具的冲击频率、单次冲击功及冲击载荷的计算模型。利用 SolidWorks 软件完成了轴向振动发生装置的三维实体造型及整体装配,并进行了运动仿真试验,结果表明轴向振动发生装置能够产生稳定的周期性冲击载荷,所设计的新型旋转冲击钻井工具的工作原理可行,提速潜力大,具有良好的工程应用前景。

关键词：螺杆钻具　振动冲击　结构设计　参数设计　运动仿真

1　引言

随着石油勘探开发的不断深入,深部地层机械钻速普遍较低[1],提高深部地层的破岩效率是提高深部地层钻井速度、降低钻井成本的重要途径之一[2]。实践证明,旋转冲击钻井技术是提高深井和超深井机械钻速的有效途径[3]。

本文设计了一种冲击特性可以调控的轴向冲击振动钻井工具,并建立了工具的冲击频率、冲击载荷及冲击功的计算模型,利用 SolidWorks 软件完成了运动仿真实验。

2　技术分析

2.1　旋转冲击钻井工具的结构

旋转冲击钻井工具主要包括上接头、钻井工具本体与下接头三个部分。

2.2　旋转冲击钻井工具的工作原理

钻井时,在螺杆的带动下,球形转子开始在凸轮轨道上运动,当滚珠沿着凸轮齿抬升轨道运动时,弹簧开始压缩,实现冲击蓄能;当滚珠运动到跌落轨道面时,实现冲击能释放。滚珠不间歇地在轨道面上运动,实现整个冲击部分能量周期性地蓄集与释放,产生周期性的冲击动载,实现轴向振动冲击破岩。

3 旋转冲击钻井工具技术参数计算

3.1 冲击频率

凸轮轨道体一周有 N 个同齿形的凸轮齿,每旋转一周,工具即沿着轴向振动 N 次,则冲击工具周期性振动频率为

$$f = \frac{NR}{60} \tag{1}$$

式中,f 为冲击频率(Hz),R 为螺杆转速(r/min)。

3.2 冲击载荷

根据岩石破碎学的冲击凿岩理论,可以得出工具的冲击载荷随时间的变化规律[4]。冲击载荷的计算公式[5]为

$$F = \frac{2v}{\varepsilon} e^{-\frac{k}{2t}} sh\left(\frac{kt}{2}\right) \tag{2}$$

其中

$$v = \sqrt{\frac{K_T}{M}\left(\frac{mg + K_T L_1}{K_T}\right)} \sqrt{1 - \left(1 - \frac{HK_T}{mg + K_T L_1}\right)^2} \tag{3}$$

$$\varepsilon = \sqrt{1 - \frac{4\delta^2}{km}} \tag{4}$$

式中,F 为冲击力(N),v 为冲击末速度(m/s),K_T 为弹簧刚度(N/m),m 为冲击螺杆质量(kg),H 为冲击工具的冲程(m),L_1 为弹簧预压缩量(m),ε 为动载响应综合指标系数,k 为冲击砧体的变形系数(kg/s²),δ 为冲击砧体的波阻(m²/s$\sqrt{kg}$)。

3.3 冲击功

在冲击工具工作过程中,整个系统处于一个弹性形变范围内,下降过程中释放的压缩蓄能即为该工具的冲击功,对冲击力和压缩量的乘积进行积分,即可得到冲击功[6],即

$$W = \int_{\xi_2}^{\xi_1} F dr = \int_{\xi_2}^{\xi_1} -K(r - l_0) dr = \sqrt{\frac{K}{2}}(\xi_1^2 - \xi_2^2) \tag{5}$$

式中,W 为冲击功(J),K 为钻柱综合弹性系数(N/m),ξ_2 为钻柱在钻压作用下的压缩量(m),ξ_1 为钻压和冲程共同导致的压缩量(m),r 为钻柱受力状态下的长度(m),l_0 为钻柱自然伸长长度(m)。

4 轴向振动发生装置运动仿真试验

利用 SolidWorks 软件进行动力学仿真分析,消除设计中可能存在的问题,进一步得到冲击工具的冲击力曲线。

4.1 轴向振动发生装置三维实体造型

轴向振动发生装置整体装配图如图 1 所示。

4.2 轴向振动发生装置运动仿真分析

设定弹簧直径为 55 mm,丝径为 8 mm,弹性系数为 20 N/mm。

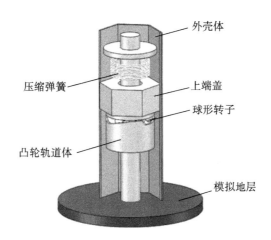

外壳体

压缩弹簧

上端盖

球形转子

凸轮轨道体

模拟地层

图1 轴向振动发生装置整体装配图

设定轴向振动发生装置为三齿凸轮轨道,马达转速为 50 r/min,冲程为 10 mm,模拟钻压为 15 kN,得到轴向振动发生装置的冲击力模拟测试数据,如表1所示。

表1 轴向振动发生装置的冲击力模拟测试数据1

弹簧预紧力 /kN	冲击力波峰 /kN	平均冲击力 /kN	冲击频率 /Hz	倍数(平均冲击力/弹簧预紧力)
1.2	25	18.3	2.5	15.25
1.5	27	19.4	2.5	12.90
1.8	30	21.7	2.4	12.10
2.0	31	22.6	2.5	11.30

设定轴向振动发生装置为三齿凸轮轨道,马达转速为 100 r/min,冲程为 10 mm,模拟钻压为 25 kN,得到轴向振动发生装置的冲击力模拟测试数据,如表2所示。

表2 轴向振动发生装置的冲击力模拟测试数据2

弹簧预紧力 /kN	冲击力波峰 /kN	平均冲击力 /kN	冲击频率 /Hz	倍数(平均冲击力/弹簧预紧力)
1.2	64	47.7	5.1	39.8
1.5	70	54.6	5.0	36.4
1.8	74	57.4	5.1	31.9
2.0	108	72.1	5.0	36.3

根据试验结果可知,轴向振动发生装置在不同马达转速下都能保持近似正、余弦曲线运动规律;在不同的转速下,设置不同的弹簧预紧力,能够得到不同的冲击力波形曲线,且都能够产生较为稳定的周期性冲击载荷。当马达转速为 50 r/min 时,冲击力约为弹簧预紧力的 12 倍;当马达转速为 100 r/min 时,冲击力约为弹簧预紧力的 36 倍。

5 结论

(1)设计了一种轴向振动发生装置与螺杆配合使用的新型旋转冲击螺杆钻具,该工具同时具有普通螺杆复合钻进和冲击工具高频冲击破岩的效果。

（2）建立了冲击频率、冲击载荷及冲击功的计算模型，完成了工具三维模型，并进行了运动仿真试验，结果表明，轴向振动发生装置的运动特性近似为正、余弦曲线运动规律，能够产生不同波形的冲击力曲线及稳定的周期性冲击力，满足冲击特性可以调控的设计要求。

参 考 文 献

[1]　昝志军,张玉霖,王茂森,等.冲击旋转钻进技术新发展[J].地质与勘探,2003,39(3):78-83.
[2]　张东海,熊立新,刘晏华.螺杆钻具的应用现状及发展方向[J].断块油气田,1999,6(4):47-50.
[3]　雷鹏,倪红坚,王瑞和,等.自激振荡式旋冲工具在深井超深井中的试验应用[J].石油钻探技术,2013,41(6):40-43.
[4]　邵世权,刘霞.凸轮轮廓曲线方程形式的探讨与研究[J].机械研究与应用,2014,27(3):1-2.
[5]　陈勇,吴仲华,聂云飞,等.应用于螺杆钻具的轴向振动冲击装置研制[J].石油钻采工艺,2017,39(2):212-217.
[6]　吴忠杰,林君,彭枧明,等.液动射流式冲击器冲击功测量方法及仪器研制[J].仪器仪表学报,2006,27(9):1037-1040.

热采井套管的服役安全评估与寿命预测研究

魏文澜[1]　韩礼红[2]　崔　璐[1]　程嘉瑞[1]　冯耀荣[2]

(1.西安石油大学机械工程学院　陕西西安　710065;
2.石油管材及装备材料服役行为与结构安全
国家重点实验室　陕西西安　710065)

摘　要:稠油的主要开采工艺是循环热采,热采套管在循环作业中产生累积损伤,造成大量失效。失效分析表明,热采套管失效的主要原因是热循环引起的低周疲劳过程造成套管材料强度下降,由于强度不足而引发套管断裂,导致失效。本文通过对热采服役条件下的套管失效进行分析,根据力学试验研究结果提出热采井套管服役的安全评估方法,建立热采服役条件下套管的寿命预测模型。研究表明,在服役过程中应变极限和低周疲劳寿命是服役寿命的两个核心问题。寿命预测要满足两大判据:其一为应变判据,应变极限应低于长时服役过程中的总应变;其二为低周疲劳判据,其要同时满足应变、预应变、温度三种条件影响下的低周疲劳寿命预期。

关键词:热采井　服役安全　失效分析　寿命预测　低周疲劳

1　引言

循环蒸汽吞吐热采井套管服役过程中,套管材料处于累积性的塑性变形和应变疲劳服役条件下[1]。作用在套管上的应力在第一轮次就已经超过了套管的屈服强度,产生塑性变形。套管材料每次热循环都需经历明显的塑性变形,如果塑性应变累积量超过材料的均匀延伸率,套管材料将失稳,趋于缩颈和断裂失效。

目前,基于应变的管柱设计准则是以初始状态的材料性能为设计依据,尚未充分考虑长时服役过程中材料的性能变化。如何定量描述长时服役套管材料性能演变规律,对管柱服役寿命预测及全寿命安全性评价具有重大意义,因此有必要建立长时服役性能预测方法,形成更为客观、准确、科学的管柱设计及管材安全评价准则。

热采井套管失效的统计数据表明,热采井套管失效的主要形式为颈缩断裂,占总失效方式的近50%[2]。从热采井套管的服役工况考虑,在注汽过程中,井筒受热膨胀,套管的热膨胀系数远高于水泥环及地层,在胶结水泥环与地层的约束下,套管实际上承受温度场变化带来的压缩载荷。当温度变化超过180 ℃时,套管材料将发生屈服。如果变形超出材料的均匀变形能力,将产生局部应变集中并导致颈缩或断裂。焖井阶段,由于持续高温作用,套管材料将表现出不同程度的蠕变。一般认为,钢铁材料在超过30%熔点,即大约450 ℃以上时才会有明显的蠕变现象,而实际上,油田现场使用多年的套管材料试验结果表明,即使在

350 ℃,普通套管材料也显示出了明显的蠕变效应[3]。在采油阶段,井筒温度持续下降,同样由于热膨胀系数的差异,套管管体将承受拉伸作用,并伴随着材料的短暂弹性变形、持久性的塑性变形。与注汽阶段不同的是,此时套管处于拉伸状态,在此状态下,材料超出其均匀变形范围时,将产生明显的缩径,进而断裂[4]。多次热循环过程中,由于套管处于不断升温和降温的过程中,材料在不断承受拉压载荷,发生显著的疲劳现象[5]。套管管体实际上处于应变疲劳状态,随着疲劳的不断进行,最终导致断裂。

热采井套管失效问题的实质是材料在塑性变形和疲劳损伤的作用下,导致强度不足,从而发生断裂失效。因此,对于热采井套管的寿命,应从疲劳和塑性变形-疲劳的交互特性方面建立预测模型。

2 热采井套管的寿命

在热采井的服役条件下,套管材料的服役寿命受到多个服役条件的影响。每个服役条件下都会得出相应的服役寿命,而多个服役条件下的服役寿命是由各个服役条件下的服役寿命来确定的,判断服役材料是否安全,应使材料的预期寿命满足每一个服役条件。

在热采井的复杂环境下,存在着多种应变的累加过程,在前期的热采井套管服役的安全研究中,提出了应变设计方法,其安全条件为

$$\begin{cases} \varepsilon_d = \varepsilon_t + \varepsilon_c + \varepsilon_b + \varepsilon_s < \varepsilon_{max} \\ \varepsilon_c = \varepsilon_c \& t \end{cases} \tag{1}$$

式中,ε_d 为设计应变,ε_t 为热应变,ε_c 为蠕变应变,ε_b 为土壤应变,ε_s 为弯曲应变,t 为蠕变时间。

套管材料服役安全要满足应变要求,即设计应变小于最大应变。随着温度的变化,套管材料的强塑性发生变化,温度升高造成材料的屈服强度和抗拉强度的变化,确定最大应变时应考虑温度的影响。设计应变的修正公式为

$$\varepsilon_d < n_t \cdot \varepsilon_{max} \tag{2}$$

式中,n_t 表示与温度相关的应变修正系数。

在低周疲劳服役条件下,安全条件应同时满足

$$A_1: \qquad \varepsilon_a = \frac{\sigma'_f}{E}(2N_{f1})^b + \varepsilon'_f(2N_{f1})^c$$

$$A_2: \qquad \begin{cases} \varepsilon_{|max,min|} = c(2N_{f2})^m \\ \varepsilon_{max} = \varepsilon_a + \varepsilon_{mean} \\ \varepsilon_{min} = \varepsilon_{mean} - \varepsilon_a \end{cases} \tag{3}$$

$$N_f = \min(N_{f1}, N_{f2})$$

式中,ε_a 的取值为式(1)中的 ε_t,ε_{mean} 的取值为式(1)中的 $\varepsilon_c + \varepsilon_b + \varepsilon_s$。两种状态下的低周疲劳最小值,即为最终热循环影响下的低周疲劳安全判据。

对于蠕变-疲劳的交互作用,蠕变对低周疲劳的影响已经在低周疲劳平均应变 ε_{mean} 中加入相应的计算,而疲劳对蠕变的影响在一定范围内是积极的,试样低周疲劳影响后的蠕变量小于原始试样直接蠕变的蠕变量,这种影响可以忽略不计;而当低周疲劳对蠕变的影响减弱时,试样低周疲劳影响后的蠕变速率与原始试样的蠕变速率无明显差异,此影响对材料安全判据的影响也可忽略不计。因此,蠕变-疲劳条件下套管材料的服役安全应遵循式(2)与式(3),这两个判据共同作用,决定套管材料的服役寿命。

3 服役安全评估

塑性变形-疲劳条件下影响材料服役安全的主要因素需要从三个方面考虑：第一部分为长时服役的强塑性安全因素，材料的均匀伸长率决定了应变设计中的许用应变的大小；第二部分为低周疲劳安全因素，在服役过程中，低周疲劳除了由升降温产生的应变幅外，还有套管在井下产生的预应变，以及高应力蠕变产生的塑性变形，这些影响因素均会影响低周疲劳寿命；第三部分为蠕变-疲劳交互安全因素。较短时间内的蠕变损伤对低周疲劳寿命产生的影响等价于平均应变对低周疲劳寿命的影响，蠕变对低周疲劳的影响可以并入低周疲劳的安全因素中来考虑。在套管材料的服役过程中，服役寿命预期的核心问题是由应变极限和低周疲劳寿命两大判据共同影响。

4 结论

在热采井套管服役条件下，服役安全要分别满足长时服役的强塑性、低周疲劳和蠕变-疲劳三个主要影响因素。应变是服役安全的核心参数，由应变极限和低周疲劳寿命构成服役寿命的两个判据。其一，应变极限应低于长时服役过程中的总应变量，其主要受蠕变应变的影响；其二，低周疲劳寿命应分别小于应变、平均应变和温度三种条件影响下的低周疲劳寿命。同时满足以上两个判据的最大服役时间为预测服役寿命。此外，蠕变和疲劳的相关性试验研究表明，短期的蠕变对低周疲劳的影响主要在于蠕变量的大小，计算低周疲劳寿命时，短期蠕变量对低周疲劳的影响等价于平均应变对低周疲劳的影响。

参 考 文 献

[1] 余雄风,郑华林,刘少胡.耦合非均匀地应力的热采井套管塑性损伤分析[J].塑性工程学报,2016,23(3):183-188.

[2] 韩礼红,谢斌,王航,等.稠油蒸汽吞吐热采井套管柱应变设计方法[J].钢管,2016,45(3):11-18.

[3] KASSNER M E,SMITH K. Low temperature creep plasticity[J]. Journal of Materials Research & Technology,2014,3(3):280-288.

[4] KAISER T M V. Post-yield material characterization for strain-based design[J]. SPE,2009,14(1):128-134.

[5] NOWINKA J,KAISER T M V,LEPPER B. Strain-based design of tubulars for extreme-service wells[J]. SPE Drilling & Completion,2008,23(4):353-360.

超临界二氧化碳多次循环喷射压裂增强技术

蔡　灿[1,2,4]　康　勇[3,4]　杨迎新[1,2]　王晓川[3,4]　李　扬[1,2]

(1.西南石油大学机电工程学院　四川成都　610500；
2.油气藏地质与开发国家重点实验室钻头研究室　四川成都　610500；
3.武汉大学动力与机械学院　湖北武汉　430072；
4.水射流理论与新技术湖北省重点实验室　湖北武汉　430072)

摘　要:超临界二氧化碳($SC\text{-}CO_2$)压裂可以增加页岩气的产量并实现二氧化碳(CO_2)的地质封存。为了加强页岩气压裂效果,本文提出了一种 $SC\text{-}CO_2$ 多次循环喷射压裂新方法,并进行了实验研究。研究结果表明,由于 $SC\text{-}CO_2$ 射流在射孔内脉动增压,射孔内裂纹起裂位置和缝网扩展更加复杂,从试样中观察到三种类型的主裂纹和四种类型的分支裂纹。主裂纹均从射孔开始起裂,并以不规则的路径传播到试样边缘。随后进一步讨论了循环喷射次数、喷射压力和喷射距离对压裂缝网和 CO_2 吸收量的影响。本文提供了一种新的喷射压裂增强技术,对于解决 CO_2 利用和与页岩储层压裂有关的脉冲喷射压裂问题具有指导意义。

关键词:超临界二氧化碳　循环压裂　压裂增强　裂缝网络

页岩气作为一种非常规天然气,已成为我国后续接替天然气资源中的重要组成部分。当二氧化碳(CO_2)的温度和压力分别超过 31.26 ℃ 和 7.38 MPa 时,CO_2 进入超临界态,具有近似气态的流动性和低黏度,具有与液态相似的较大密度。超临界二氧化碳($SC\text{-}CO_2$)压裂可以显著增加页岩气的产量,并实现二氧化碳(CO_2)的地质封存,是未来提高页岩气产量的优选技术之一。为了加强页岩气压裂效果,本文基于 CO_2 射流的脉动增压特性和多次压裂的优点,提出了一种 $SC\text{-}CO_2$ 多次循环喷射压裂新方法,并进行了实验研究。结果表明,由于 $SC\text{-}CO_2$ 射流在射孔内的脉动增压和冲击作用,试样射孔内裂纹有三种,分别为射孔根部起裂裂纹、射孔壁面纵向裂纹和射孔顶部起裂裂纹。通过 CT 扫描发现大多数裂纹易从射孔根部、射孔壁面、射孔顶部这三个部位起裂,并且存在许多裂缝分支从主裂纹开始起裂的现象,其裂纹断裂面呈三维弯曲面,并与主裂纹成一定夹角沿不规则路径向外表面扩展。在多次喷射压裂过程中,同时监测试样表面的应变变化,结果发现当喷射次数 N_t 从第一次变化到第五次时,初始应变和应变极值分别增加 127% 和 52% 以上。试样内部的应变极值在多次喷射压裂中随喷射次数不断增大,残余应变不断累积,直至裂纹起裂,释放累积的残余应变。通过对比多次喷射压裂中不同喷射次数的主裂纹可以发现,试样存在三种类型的主裂纹和四种类型的分支裂纹,主裂纹和分支裂纹的形状及数量与喷射次数之间存在密切关系。随后进一步讨论了 $SC\text{-}CO_2$ 多次循环喷射压裂工艺参数对压裂缝网扩展、射孔扩张和

CO_2吸收量的影响,主要工艺参数包括循环喷射次数、喷射压力和喷射距离。研究结果表明:主裂纹的数量随着喷射次数的增加而增加,同时主裂纹的类型从Ⅰ型变为Ⅲ型,较多的喷射次数(N)有利于CO_2吸收量的增加和裂缝体积的增大,不利于水泥环的完整;随着喷射压力的增加,试样中主裂纹的形态变得更加复杂,即从无裂纹到弯曲双翼主裂纹,再到多主裂纹形态,同时主裂纹、分支裂纹的数量和CO_2吸收量也相应增加;存在最优喷距,当喷射距离小于或等于10 mm(喷嘴直径的5倍)时,可在试样内产生主裂纹,并且减少水泥侵蚀,当喷射距离小于喷嘴直径的5倍时,可以获得较大的CO_2吸收量和裂缝体积。本文提供了一种喷射压裂增强技术,对于解决CO_2利用和页岩储层压裂有关的脉冲喷射压裂问题具有指导意义。

致谢

感谢西南石油大学"启航计划"项目超临界CO_2射流辅助切削干热岩高效破岩机理研究(2019QHZ009)、国家基础重点研发计划(973 计划)(No.2014CB239203)、国家自然科学基金项目(No.51474158、No.51804318)的资助。

超高压磨料射流链条式切割
执行机构结构设计

高明星 王兴旺 徐鸿飞 刘占鏖 孙慧铭 邓 贺

（中海油能源发展工程技术公司 天津 300452）

摘 要:中海油已具备大型超高压磨料射流切割系统技术服务能力,然而现场作业过程中,技术人员发现国内现有的外切割执行机构存在夹持力小、安全性能较差、无适配我公司设备的专用开孔和直线切割机构等问题。为了满足海上弃置业务扩展的需求,需配备满足不同油套管复杂工况的切割执行机构进行现场作业,执行机构需具有占用空间小、性能可靠、耐冲击、动作控制准确等特点。超高压磨料射流链条式切割执行机构是目前配合国内250 MPa前混式超高压磨料射流切割的新型执行机构之一,整个机构结构紧凑、外形美观、操作简单,在不同工况条件下运行平稳、性能可靠,适用于切割直径大于1.5 m的管柱结构物,基于上述研究成果自主研制的执行机构现场切割管柱试验取得成功。

关键词:250 MPa超高压磨料射流 执行机构 结构设计 试验测试

1 结构组成及工作原理

超高压磨料射流链条式切割执行机构主要由爬行机构、喷头、夹持装置和驱动装置组成。爬行机构由主框架及行走轮组成,可对链条夹持的松紧度进行小范围的调节,同时考虑重心问题,使其能够始终在链条内部,行走时不发生侧倾;喷头包括喷嘴护套、喷嘴承托头、高压硬管和高压接头;夹持装置可承受330 N的反作用力,满足切割尺寸可调节的要求;驱动装置的液压马达通过减速器组带动主轴转动,主轴上的链轮带动链条传动,链条带动其他轴上的链轮转动,最终带动行走轮转动,实现超高压磨料射流链条式切割执行机构的行走。

2 运动系统设计

2.1 动力系统设计选型

在动力系统设计选型方面,较常用的有电动机和液压马达。电动机使用灵活,受限条件比较少,但是输出扭矩比较小;液压马达需要一套与之配套的系统,但是其具有调速灵活、可输出较大扭矩的优点[1~3]。

此次设计综合考虑到安全系数及调速等方面,故选择液压马达作为动力单元。根据被切割罐体或者管体直径确定链条长度,按照顺序将链条穿过链轮组并连接好,用链条张紧器将链条张紧,张紧力需保证液压马达能够带动主动轮转动,从而使得超高压磨料射流链条式切割执行机构整体沿着罐体或者管体作圆周运动。

液压马达选择丹佛斯马达OMM20,最小转速为30 r/min,最大转速为1250 r/min,最大输出功率为2.4 kW,输出扭矩为25 N·m,减速器选用德国纽卡特PLE60型减速器。

液压马达转速范围为30~1250 r/min,主动轴链轮节圆直径为ϕ61.08 mm,主动轴链轮节圆线速度即为执行机构爬行速度。

液压马达旋转一周所需液量是20 mL,稳定工作时的最低转速为30 r/min,因此最低排量为0.6 L/min。现有液压工作站工作时的最大排量为2 L/min,此时液压马达转速为100 r/min,则执行机构的最小爬行速度=30/减速比×π×61.08(mm/min),执行机构的最大爬行速度=100/减速比×π×61.08(mm/min)。设计规定爬行速度在25~500 mm/min范围内可调的要求,则减速比范围为38~230。根据PLE参数确定减速器的减速比为1:320、1:100、1:32。通过安装不同的减速器,可实现爬行速度在25~500 mm/min范围内可调的要求。

2.2 传动系统设计选型

2.2.1 优选尺寸

主轴齿轮外径为ϕ60 mm,中间轴和行走轮轴分度圆直径为ϕ50 mm,行走轮直径为ϕ80 mm,两行走轮之间的距离为290 mm。三轴齿轮的齿数为15、13、13,齿轮分度圆直径为61 mm、53 mm和53 mm。

2.2.2 链条选型设计

链条的主要失效形式是过载拉断,安全系数为2.5~3,取安全系数为3,载荷系数为1.1,根据直径为50 m时的最大链条张紧力初选链条型号为08B标准链条,链节距为12.7 mm,每米重0.71 kg。08B标准链条的破断负荷为1780 kg,满足要求。

3 喷头与夹持装置

链条式切割执行机构的喷头及夹持装置与轨道式切割执行机构的基本相同,高度锁销可以使喷头在0°~90°范围内旋转并固定,夹持装置可调节喷嘴行程。

依靠长键槽和滑动柱实现喷嘴高度调节,滑动柱上设计有定位孔,可以在高度方向上对喷射机构进行固定。所采用的承压管最高可承压250 MPa,承压管采用螺栓夹紧固定,夹紧块经过磨砂处理。

链条式切割执行机构设计有夹紧力微调机构,该机构采用推行螺杆和推块设计。

4 执行机构切割试验

试制样机并进行管柱切割试验,切割对象为直径70寸、壁厚2寸的管柱,测试过程中高压泵压力设为200 MPa,流量为26.8 L/min。切割过程和割缝效果分别如图1、图2所示。试验结果显示,超高压磨料射流链条式切割执行机构稳定爬行8 min,切割管柱长度为420 mm,经测量管柱壁厚完全切透,切割效果满足设计要求。

图 1　切割过程

图 2　割缝效果

参 考 文 献

[1]　濮良贵,纪名刚.机械设计[M].8 版.北京:高等教育出版社,2006.

[2]　周开勤.机械零件手册[M].5 版.北京:高等教育出版社,2001.

[3]　机械工程师手册编委会.机械工程师手册[M].3 版.北京:机械工业出版社,2007.

闲置 FPSO 改作海上废弃物集中
处置中心研究与设计

刘小年 徐鸿飞 黄 亮 张 杰 王 超 李振卫 张 亮

（中海油能源发展股份有限公司工程技术公司 天津 300452）

摘 要：渤海钻井废弃物以往通常采用海上回收＋陆地处理的方式进行处置，即不含油钻井岩屑和泥浆直接排入海中，油层段钻井岩屑和泥浆通过海上平台回收至陆地处。近年来，随着国家法律法规的日趋严格，越来越多的钻井作业区块都开始实行钻井废弃物海上"零排放"，这给钻井废弃物的回收、运输、处置带来极大的挑战。为解决这个难题，拟在钻井作业较为集中的区域，将闲置 FPSO 大型船舶改造为钻井废弃物处置中心，对钻井废弃物进行缓存和减量处理，保障钻井作业的连续性。

关键词：处置中心 FPSO 水基钻屑 泥浆 废弃物

1 引言

随着国家环保要求的日益严格，如何在海洋油气田勘探开发过程中最大限度地实现清洁生产，是当前面临的突出问题。在渤海湾作业较为集中区域，以大型船舶为载体，装配钻井废弃物缓存处理装置，将附近区域的钻井废弃物集中运输到大型船舶进行缓存和减量处理，打造海上废弃物处置中心。目前，渤海油田有一艘 5 万吨级[1] 浮式生产储油装置（FPSO）处于闲置状态，拟作为海上废弃物集中处置中心进行改造。

2 目标船舶参数

渤海某油田浮式生产储油装置（FPSO）是一艘无动力的平底驳船，生产甲板、主甲板、下甲板、机舱底和泵舱布置有各种工艺及船用设备，其主要参数如下：

- 总长：215 m。
- 型宽：32.8 m。
- 型深：18.2 m。
- 货油舱体积：50 000 m³。
- 有效甲板面积：3500 m³。

FPSO 以其甲板面积大、舱容量大、承载重量大等独有的特点，具备成为海上废弃物集中处置中心的条件。

3 运营管理模式

3.1 运营管理流程

(1)废弃物收集:拖轮将各钻井平台产生的岩屑通过岩屑箱吊装至处置中心。

(2)废弃物处理:处置中心对岩屑和泥浆进行减量处理,处理后形成的固相泥饼装吨袋堆放至摆放区,液相进入清水舱缓存。

(3)废弃物卸载:固相泥饼吨袋由拖轮运输回陆地,液相先暂存至处置中心的清水舱,待后续进行再利用或回注。

3.2 废弃物处理工艺流程

(1)含油污泥经过热分解,处理后的固相返陆。

(2)水基岩屑转移至岩屑缓存罐内,岩屑在罐内分层后,将上层废液泵送至泥浆罐,底层固体岩屑输送至岩屑脱水机进行脱水,脱水后固体装吨袋暂存甲板上,待拖轮运输至陆地进行最终处理[2]。

(3)废弃钻完井液和岩屑分离出的废液,先注入泥浆罐进行储存,然后经破胶、絮凝和压滤处理后,形成固体泥饼和滤液,固体泥饼装吨袋,滤液进入水处理系统。

(4)滤液、污油水、措施液通过气浮氧化、多级水处理设备后,满足标准,进入清水舱储存。

4 环保设备选型与布置

主要处理设备如下:

(1)固液分离设备:配备岩屑脱水机,用于分离岩屑和废泥浆。

(2)泥浆处理设备:配备絮凝、压滤、气浮等设备,用于处理泥浆。

(3)泥浆罐:用于接收、暂存泥浆。

(4)水处理设备:配备多级水处理系统。

废弃物处理设备平面布置图如图1所示。

图1 废弃物处理设备平面布置图

甲板分为泥浆储存区、泥浆处置区、水处理区、吨袋/药剂临时摆放区、固相处置区、吨袋/岩屑箱摆放区。全船处置甲板面积 3500 m²,处置相关设备占地面积 2000 m²,剩余 1500 m² 甲板面积用于存放岩屑箱和吨袋。

各区域设备配置和功能说明:

(1)摆放区:根据吊机位置和作业流程,分为吨袋/药剂临时摆放区、吨袋/岩屑箱摆放区两个区域。

(2)固相处置区:配备岩屑缓存罐、岩屑脱水机、岩屑输送装置,用于缓存、输送、处置水基钻屑;配备一套热解析装置,用于处置含油污泥。

(3)泥浆处置区:配备压滤设备、加药混凝罐、气浮设备、多介质过滤设备,用于处理泥浆。

(4)水处置区:配备超滤装置、反渗透装置、水罐,用于处理滤液。

(5)泥浆储存区:配备泥浆罐、泥浆转移泵,用于储存泥浆。

5 船体改造需求

(1)甲板改造:设备摆放需要 2000 m² 甲板面积,其他需要 1500 m² 物资摆放甲板面积,共计需要 3500 m² 甲板面积。

(2)吊机需求:计划将吊机 2 和吊机 3 全部升级为 35 t,并将原有的一台吊机移动至吊机 1 位置,以满足岩屑箱吊装、处理作业要求。

(3)舱储容量需求:需要大容量水舱,用于暂存处理后的水,计划使用原 1-7♯货油舱(全部共计 40 000 方)。

(4)电力需求:满足新增废弃物处理设备和船舶日常运转的电力供应。

6 船舶改造方案

6.1 船体

6.1.1 结构

目前船体结构整体状况良好,有轻微腐蚀减薄,可以通过局部改造加强及部分甲板更换来达到满足渤海海域服役疲劳寿命要求。

6.1.2 涂装

船体涂装按 10 年防腐寿命设计,1-7♯货油舱需进行特殊涂装,用于储存处置后的液相。

6.2 甲板设备拆除与改造

通过拆除、增加甲板设备以及改造部分甲板设备摆放方式来满足处理要求。

6.3 单点系泊系统改造

充分利用原单点系泊系统,对系泊架、立腿、A 字架进行检测评估,并适当维修、局部加强和改造,将 FPSO 系泊至单点[3]。

7 结论

经初步分析研究,FPSO 改造后,作为海上废弃物集中处置中心,可解决渤海主产区废弃物的处理问题。该处置中心相比于陆地终端上马快,可减少废弃物总量,提高海上周转效率,降低废弃物处置费用。FPSO 投入使用后,可盘活大型闲置资产,确保渤海勘探开发的顺利进行,保障国家能源安全,还渤海碧水蓝天,履行国企的社会责任。

参考文献

[1] 韦晓强."明珠号"FPSO 跨海域作业单点系泊改造分析[J].船舶设计通讯,2018,(2):54-59.

[2] 吕令锋.深远海钻井平台钻屑处理方法探析[J].石化技术,2018,25(4):163.

[3] 梁稷,韦卓,余国核,等.FPSO 单点系泊系统安装及回接技术[J].船舶与海洋工程,2017,33(2):18-23.

悬挂状态下撤离隔水管动力特性分析

毛良杰[1,2]　曾　松[1,2]　刘清友[1]　周守为[1]　王国荣[3]

(1.西南石油大学油气藏地质及开发工程国家重点实验室　四川成都　610500；
2.西南石油大学石油与天然气工程学院　四川成都　610500；
3.西南石油大学机电工程学院　四川成都　610500)

摘　要：本文建立了软悬挂与硬悬挂状态下撤离隔水管的动力分析模型,采用有限单元法结合 Newmark-β 法进行求解,对悬挂状态下撤离隔水管的动力特性进行分析。研究结果表明：软悬挂状态下撤离隔水管底端横向位移最大,靠近水面处弯矩最大；硬悬挂状态下撤离隔水管底端横向位移最大,顶部连接处弯矩最大。悬挂状态下撤离隔水管横向位移与弯矩随着平台运动速度以及海流速度的增大而增大,随着平台与海流方向夹角的增大而增大,随着海底隔水管总成重量的增加而减小。

关键词：隔水管　软悬挂　硬悬挂　动力特性

1　引言

隔水管系统在面临恶劣天气时,下部隔水管总成(LMRP)必须与海底防喷器(BOP)分离,进行悬挂撤离。软悬挂隔水管顶部仍保留常规设备,而硬悬挂隔水管张紧器处于锁紧固定状态。本文建立了悬挂状态下隔水管动力模型,运用有限单元法进行离散,并采用 Newmark-β 法编制计算机程序来求解动力学方程组,分析讨论了软悬挂与硬悬挂状态下平台撤离速度、海流流速、平台撤离航向、LMRP 重量对隔水管动力特性的影响规律。

2　悬挂状态下隔水管动力模型

软悬挂状态下隔水管在张紧器处进行悬挂,而硬悬挂状态下隔水管顶部与平台刚性连接。隔水管可以看作一端铰接,另一端自由的细长梁,悬挂方式以边界条件进行划分,忽略结构阻尼[1]。平台撤离航向与海流载荷方向有一夹角 α[2,3]。

采用 Euler-Bernoulli 梁单元的隔水管控制方程[4~6]为

$$EI \frac{\partial^4 x(z,t)}{\partial z^4} - T(z) \frac{\partial^2 x(z,t)}{\partial z^2} + (m+m_a) \frac{\partial^2 x(z,t)}{\partial t^2} = f(z,t) \tag{1}$$

式中,E 为杨氏弹性模量(Pa),I 为惯性矩(N·m),x 为位移(m),m 为单位长度质量(kg/m),m_a 为附加质量(kg/m),$f(z,t)$ 为载荷(N)。

截面轴向力 $T(z)$ 可以通过如下公式进行计算,即

$$T(z) = gm_{LMRP} + g[m - \rho_w(A_o - A_i)](L-z) \tag{2}$$

式中，m_{LMRP} 为 LMRP 质量（kg），ρ_w 为海水密度（kg/m³），A_o 为外截面面积（m²），A_i 为内截面面积（m²），L 为总长度（m）。

悬挂状态下隔水管底端为无约束自由端，则有

$$\begin{cases} u(L,t_0) = 0 \\ EI\ \dfrac{\partial^2 x(L,t)}{\partial z^2} = 0 \end{cases} \tag{3}$$

软悬挂状态下隔水管上部挠性接头的旋转刚度为 K_u[5]，则有

$$\begin{cases} u(0,t) = u_{boat}(t) \\ EI\ \dfrac{\partial^2 x(0,t)}{\partial z^2} = K_u\ \dfrac{\partial x(0,t)}{\partial z} \end{cases} \tag{4}$$

式中，$u_{boat}(t)$ 为平台运动速度（m/s）。

硬悬挂状态下隔水管顶端与平台采用刚性连接，于是有

$$\begin{cases} u(0,t) = u_{boat}(t) \\ \dfrac{\partial x(0,t)}{\partial z} = 0 \end{cases} \tag{5}$$

悬挂状态下隔水管的海洋环境载荷主要采用 Morison 方程[7]计算，即

$$f_w = \frac{1}{2}C_D\rho_w D\left(u_w - \frac{dx}{dt}\right)\left|\left(u_w - \frac{dx}{dt}\right)\right| + C_M\rho_w\frac{\pi D^2}{4}\frac{du_w}{dt} - C_m\rho_w\frac{\pi D^2}{4}\frac{du_w}{dt}\frac{d^2x}{dt^2} \tag{6}$$

式中：C_D 为阻力系数；ρ_w 为海水密度（kg/m³）；u_w 为海水速度（m/s）；x 为隔水管位移（m）；C_m 为附加质量系数；C_M 为惯性力系数，$C_M = C_m + 1$。

模型求解时，主要采用有限单元法对隔水管进行离散，采用 Newmark-β 法对隔水管的微分控制方程式(1)进行迭代求解[8,9]，具体求解步骤参见作者先前文章。

3 悬挂状态下隔水管动力特性分析

选取南海一深水井进行悬挂状态下隔水管动力特性分析。

3.1 平台撤离速度对悬挂状态下隔水管动力特性的影响分析

图 1 所示为不同平台撤离速度下水管的动力特性，其中海流流速为 1.2 m/s，平台速度为 1.23 m/s。由图 1(a)可以看出，软悬挂状态下隔水管在接近底部 LMRP 处达到最大横向位移，上部挠性接头处的弯矩最大，这主要是由于海流载荷在水面附近较大[10,11]，接头连接处的弯矩较小。由图 1(b)可以看出，硬悬挂状态下隔水管上部挠性接头处的弯矩最大，这是因为隔水管上端固定于平台上，挠性接头处会产生应力集中现象。对比软悬挂状态与硬悬挂状态，硬悬挂状态下隔水管的横向位移更小，弯矩显著增大。另外，隔水管横向位移和弯矩都随着平台撤离速度的增加而增大[12~14]。

3.2 海流流速对悬挂状态下隔水管动力特性的影响分析

图 2 所示为不同海流流速下隔水管的动力特性，从图中可以看出，隔水管横向位移与弯矩随着海流流速的增大而增大，这是由于隔水管所受载荷与海流流速成正比，海流流速增大，导致整体载荷增大，从而使隔水管整体变形增大。海流流速增大，会显著增加隔水管的变形，威胁隔水管安全。

3.3 平台撤离航向对悬挂状态下隔水管动力特性的影响分析

不同平台撤离航向下隔水管的动力特性如图 3 所示，从图中可以看出，隔水管横向位移

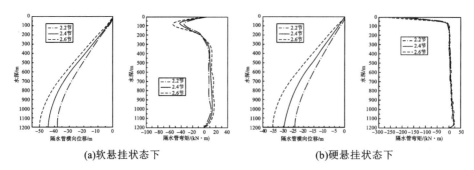

(a)软悬挂状态下   (b)硬悬挂状态下

图 1   不同平台撤离速度下隔水管的动力特性

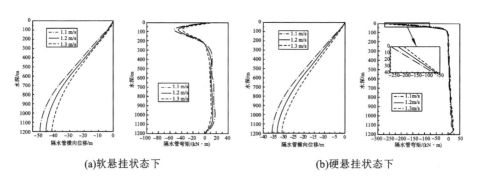

(a)软悬挂状态下   (b)硬悬挂状态下

图 2   不同海流流速下隔水管的动力特性

和弯矩随着海流流向与平台撤离航向夹角的增大而增大。当夹角从 0°变化到 10°时,隔水管横向位移和弯矩的增加较小;当夹角从 10°变化到 20°时,隔水管横向位移和弯矩的增加明显。从图中还可以看出,海流流向与平台撤离航向的夹角越大,沿 x 轴方向平台运动速度与海流流速之差越大,等同于增大海流与平台之间的相对速度。

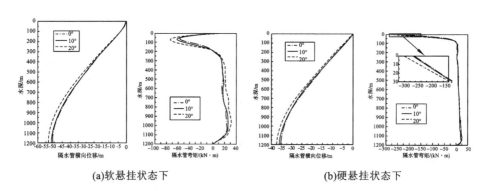

(a)软悬挂状态下   (b)硬悬挂状态下

图 3   不同平台撤离航向下隔水管的动力特性

3.4   LMRP 重量对悬挂状态下隔水管动力特性的影响分析

图 4 所示为不同 LMRP 重量下隔水管的动力特性,从图中可以看出,隔水管横向位移和弯矩随着 LMRP 重量的增加而减小,这是由于悬挂在底端的 LMRP 重量越大,则惯性越大,越不容易变形。因此,LMRP 重量越大,隔水管撤离时具有更大的安全撤离速度。

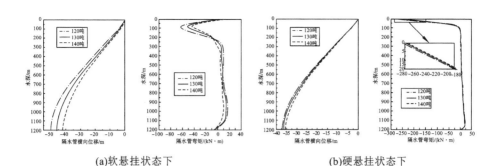

(a)软悬挂状态下　　　　　　　　　　　(b)硬悬挂状态下

图4　不同 LMRP 重量下隔水管的动力特性

4　结论

(1)相比于硬悬挂,软悬挂状态下的隔水管可以减小弯矩,更好地保护隔水管。

(2)平台撤离速度和平台撤离航向共同决定了海流与平台之间的相对速度,保持平台撤离航向与平台撤离速度尽量接近于海流流向与海流流速,有利于保障悬挂状态下隔水管的安全。

(3)LMRP 重量越大,悬挂状态下隔水管撤离时具有更大的安全撤离速度。

参 考 文 献

[1]　刘晶波,杜修力.结构动力学[M].北京:机械工业出版社,2005.

[2]　WU W,WANG J,TIAN Z,et al. Dynamical analysis on drilling riser evacuated in hard hang-off mode[J]. International Society of Offshore and Polar Engineers,2014.

[3]　WANG Y,CAO J,SHA Y,et al. SCR hang-off system selection considerations and criteria[J]. International Society of Offshore and Polar Engineers,2011.

[4]　吴学敏.考虑大变形的深水立管涡激振动非线性分析方法研究[D].青岛:中国海洋大学,2013.

[5]　MAO L,LIU Q,ZHOU S,et al. Deep water drilling riser mechanical behavior analysis considering actual riser string configuration[J]. Journal of Natural Gas Science & Engineering,2016,33:240-254.

[6]　李子丰,王鹏,赵民,等.深水隔水管横向振动力学分析[J].振动.测试与诊断,2013,33(6):1003-1007.

[7]　MORISON J R,OBRIEN M P,JOHNSON J W,et al. The force exerted by surface waves on piles[J]. Petroleum Transactions,1950,189(5):149-154.

[8]　王勖成,邵敏.有限单元法基本原理和数值方法[M].2 版.北京:清华大学出版社,1997.

[9]　李子丰.油气井杆管柱力学研究进展与争论[J].石油学报,2016,37(4):531-556.

[10]　PATEL M H,SEYED F B. Review of flexible riser modelling and analysis techniques[J]. Engineering Structures,1995,17(4):293-304.

[11]　FAN H,LI C,WANG Z,et al. Dynamic analysis of a hang-off drilling riser considering internal solitary wave and vessel motion[J]. Journal of Natural Gas Science & Engineering,2017,37:512-522.

[12]　WANG Y,GAO D,FANG J. Static analysis of deep-water marine riser subjected to both axial and lateral forces in its installation[J]. Journal of Natural Gas Science & Engineering,2014,19(7):84-90.

[13]　WANG Y ,GAO D ,FANG J . Study on lateral vibration analysis of marine riser in installation-via variational approach[J]. Journal of Natural Gas Science & Engineering,2015,22:523-529.

[14]　宋宇,杨进,何潇,等.基于隔水管受力分析的深水钻井平台防台风措施优选[J].石油钻采工艺,2015,37(1):147-150.

一趟管柱分层试油工艺
在渤海湾首次应用成功

刘保连　季　鹏　陈　星　顾　冰　张奉喜

（中国石油集团海洋工程有限公司天津分公司　　天津　300451）

摘　要：常规试油工艺中，两层试油需要下联作管柱两次，打封层桥塞一次，作业时间长，井控风险高；采用一趟管柱分层联作试油工艺，则大大缩短作业时间，降低井控风险。本文介绍了该工艺在渤海湾成功应用的案例，为以后该工艺在海上推广提供宝贵经验。

关键词：分层试油　加压射孔　射孔关闭阀　投棒射孔

1　引言

试油两层，采用原始工艺，需要封层一次，增加起下钻两次，拆装防喷器一次，洗压井一次，不仅损坏油气层，而且延长试油工期，增加海上作业平台日费[1,2]。采用一体化分层试油管柱，一趟管柱完成两层试油，缩短试油周期，减低井控风险[3,4]。一趟管柱分层试油工艺继在陆地应用成功后，又在海上成功应用，本文着重介绍该工艺的设计原理和应用。

2　工艺介绍

2.1　设计思路

在两射孔枪之间连接射孔关闭阀和封隔器，封隔器座封后，通过井口加压射孔第一层进行试油。第一层求产结束后，投棒射孔第二层，枪响同时射孔激动压力关闭射孔关闭阀，阻断第一层向上流动通道，进行第二层试油，第一层进行压力恢复。

2.2　管柱介绍

管柱结构自下而上为笔尖＋内置压力计托筒＋射孔枪＋安全枪＋延时起爆器＋点火头（加压）＋轴向减震器 2 个＋割缝筛管＋加厚油管短节组＋割缝筛管＋RTTS 封隔器＋RTTS 安全接头＋加厚油管 1 根＋托砂皮碗（反向）＋加厚油管 2 根＋液压循环阀＋RD 循环阀＋加厚油管 1 根＋射孔关闭阀＋射孔枪＋安全枪＋点火头（投棒）＋加厚油管 1 根＋防沉砂接头＋加厚油管 3 根＋ϕ73 mm 定位短节＋托砂皮碗＋断销阀（去销钉）＋加厚油管＋伸缩接头＋加厚油管＋油管挂＋采油树。

2.3　主要测试工具介绍

2.3.1　射孔关闭阀

一次性射孔压力关闭，第二层投棒射孔后，枪响同时关闭通道，第一层进行压力恢复。

2.3.2　RD 循环阀

地面打压 30 MPa,打开循环通道,用来解封、合试。

2.3.3　托砂皮碗

托砂皮碗主要用于存放油套环空沉淀下来的泥砂,防止封隔器卡死。

2.3.4　RTTS 封隔器

RTTS 封隔器主要起到隔离试油层之间环空的液流通道,实现分层试油的作用。RTTS 封隔器自带水力锚,可防止底部压力大于上部压力时封隔器上窜,自身无旁通结构,靠另加旁通阀和筛管过液。

2.3.5　RTTS 安全接头

RTTS 安全接头接在 RTTS 封隔器之上。当 RTTS 封隔器被卡住时,对管柱施加拉力 [40 000 磅到 25 000 磅(1 磅≈0.454 千克)],拉断张力套,然后进行如下操作:上提管柱、正转管柱(右旋)、下放管柱、正转管柱(右旋)。如此反复动作,就把反扣螺母与外筒之间倒开。

2.3.6　液压旁通阀

下放管柱时,循环阀处于循环位置,管柱到位坐封封隔器时,循环孔关闭,上提解封隔器时,循环孔打开。

2.4　施工工序

(1)清水充满井筒;

(2)下射孔枪,定位,坐封封隔器,射孔关闭阀设定为打开状态;

(3)环空加压,引爆第一层射孔枪;

(4)求产,排液,洗井试油第一层;

(5)井口投棒射第二层,关闭射孔关闭阀,测液面,排液求产试油第二层;

(6)洗压井,起出井内管柱,结束试油。

3　试油成果

本次试油采用一趟管柱分层试油工艺,氮气反气举替喷排液求产,封隔器密封可靠,从施工过程看,落实了地层产能,满足了工艺要求,获得了产能、液性等数据,应用成功。以下是试油成果展示:

(1)第一层关井数据如图 1 所示。

(2)第一层 6 小时液面数据如图 2 所示。

4　结论

(1)一趟管柱分层试油工艺用于一趟管柱进行两层分层试油,成功率高;

(2)一趟管柱分层试油工艺减少了起下管柱、填砂封层、洗压井等工序,总共缩短试油周期 15 天,节省费用约 300 万元,减少废液排放约 200 方;

(3)因为流体过环空,所以一趟管柱分层试油工艺不适用于大量出砂井;

(4)一趟管柱分层试油工艺无法取得第二层压力恢复数据,还需进一步改进。

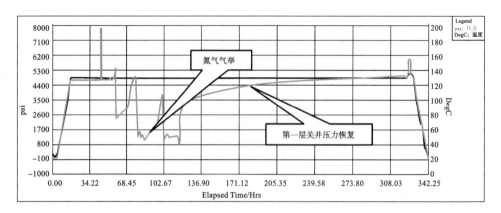

图 1   第一层关井数据

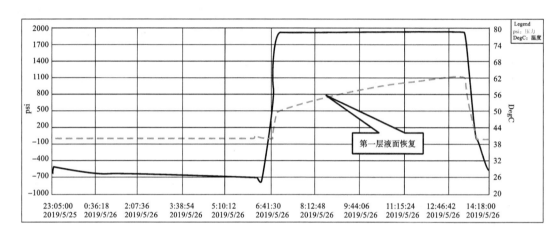

图 2   第一层 6 小时液面数据

参 考 文 献

[1] 陈中一,杜克智.APR 测试工具在含硫气井完井试油中的应用[J].油气井测试,1997,6(2):50-53.

[2] 中国油气井测试资料解释范例编写组.中国油气井测试资料解释范例[M].北京:石油工业出版社,1994.

[3] 朱恩灵.试油工艺技术[M].北京:石油工业部勘探培训中心,1982.

[4] 郭秀庭,史成民,彭群力.试油四联作技术研究与推广[J].油气井测试,2004,13(5):75-77.

应用连续油管作业技术恢复页岩气井产能

苏　禹[1]　庄　岩[2]　苏荣斌[2]

（1.东北石油大学石油工程学院　黑龙江大庆　163318；
2.中国石油集团长城钻探工程有限公司井下作业分公司　天津　300457）

摘　要： 页岩气是蕴藏在页岩中的天然气,预计在未来几十年里将改变世界第一大能源消耗国——中国的能源供给格局。但由于页岩气藏的储层一般呈低孔、低渗透率的物性特征,气流的阻力比常规天然气的大,所有的井都需要实施储层压裂改造才能开采出来。同时,页岩气采收率比常规天然气采收率低,常规天然气采收率在60%以上,而页岩气采收率仅为5%～60%。为了提高页岩气采收率,往往采用较长的水平井段,在压裂或生产过程中,容易出现压裂砂堵管柱、砂埋水平井段的问题。采用连续油管作业技术,可以在带压状态下快速清理砂堵,恢复压裂或气井产能。

关键词： 页岩气　连续油管作业　技术控制　安全生产

1　页岩气产能建设

1.1　我国页岩气开采特点

(1)采收率低。页岩气藏的储层一般呈低孔、低渗透率的物性特征,气流的阻力比常规天然气的阻力大,所有的井都需要实施储层压裂改造才能开采出来,目前采收率仅为5%～60%。

(2)开采难度大。气藏的储层埋深为2000～3500 m,为提高页岩气采收率,一般采用水平井完井方式,水平井产气量是垂直井的3～5倍,产气速率可提高10倍。

(3)工程技术复杂[1]。由于水平井段的特殊构造,钻井、压裂、修井作业时经常出现砂堵、落物以及工具失效等情况,在处理工程事故时技术措施复杂。

1.2　页岩气井压裂

页岩气井主要采用水平井技术和多层压裂技术,但是在实施压裂过程中,往往因为地层压力的变化、压裂车组设备故障等,会在压裂管、井筒桥塞等处形成砂堵。

1.3　连续油管作业

连续油管作业是目前保持和恢复页岩气产能非常重要、不可或缺的一项特色技术,它具有生产效率高、施工速度快、安全性能好的特点。

2 施工中的难点

2.1 遇卡风险

连续油管在通过工作筒等内径较小位置处时有遇卡的风险,在冲砂过程中因泵车故障或供液不足且不能在短时间内恢复,造成循环中断而发生砂卡的风险。

2.2 泄漏风险

在冲砂解堵成功后,井内高压页岩气随冲砂液返至井口,由于页岩气在井口体积迅速膨胀,会造成井口压力剧增,容易导致井口或设备泄漏、失控。

2.3 挤毁、断裂风险

当井内压力远大于连续油管内压时,容易造成连续油管挤毁,同时连续油管在井底轴向压力的作用下,沿径向和圆周方向易发生正弦屈曲、螺旋屈曲。

3 技术控制措施

3.1 遇卡控制措施

(1)活动解卡。以 5～10 m/min 的速度上下活动连续油管尝试解卡,活动过程中密切关注悬重变化,上提悬重控制在 80% 屈服极限以内,下压悬重控制在 40 kN 以内。

(2)循环解卡。开泵正循环,控制出口排量略大于或等于泵注排量,循环 1.5 周井筒体积后停泵关返排,上下活动解卡。

(3)金属减摩阻剂。保持下压力为 20 kN,泵注金属减摩阻剂 6～10 m³(配比为 0.1%～0.3%),待金属减摩阻剂全部进入井筒后停泵,关注悬重变化。

3.2 泄漏控制措施

(1)防喷盒和防喷器之间泄漏控制措施。确保连续油管处于静止状态,关闭防喷器半封和悬挂闸板并手动锁紧,从防喷器压井口泄压,对漏点进行整改,恢复井口。

(2)地面管线泄漏控制措施。关闭连续油管的入口旋塞,确保连续油管内部压力稳定,泄除地面管线内的压力,并整改漏点,重新试压合格后继续施工。

(3)连续油管泄漏控制措施。将泄漏点置于防喷盒与防喷器的半封闸板之间,并关闭半封闸板,泵车起泵,向连续油管内泵注清水,将连续油管内的天然气顶至井内,收回连续油管。

3.3 断裂、挤毁控制措施

(1)断裂控制措施。关闭卡瓦闸板及半封闸板后,关闭节流管汇处的闸门及连续油管滚筒入口处的旋塞阀,将断裂的连续油管收回进滚筒,使用两个管卡卡住断裂的连续油管。

(2)挤毁控制措施。关闭防喷器剪切闸板,待连续油管落入井内后,关闭井口主阀。井口防喷装置泄压后,释放防喷盒自封压力,摘除防喷盒密封胶芯和铜套,回收剩下的连续油管。

4 现场应用

4.1 威 202H33 井井况

威 202H33 井垂深 2791.69 m,斜深 4790.00 m,井斜 84.73°,2018 年 8 月 11 日完钻,压裂以后出砂严重,日产气 900 m³,2018 年 10 月关井,目前为空井筒,井口压力为 6.3 MPa。

4.2 施工过程

(1)施工准备。准备 4790.0 m 的 ϕ50.8 mm 的连续油管,ϕ73 mm 的喷嘴,压裂泵车、75 T 吊车各 1 台,清水 80 m³。

(2)入井管串准备[2]。连续油管铆钉接头安装后,在不同位置分别进行拉力测试,每次总滑移量应不超过 2 mm,试拉合格后试压。

(3)下探砂面。下喷嘴前核实各个位置下入速度和悬重。

(4)冲砂[3]。在砂面保持排量、泵压,冲砂至设计深度后反复冲洗,无进尺,循环洗井后起出。

(5)钻砂。连接钻磨工具串,下至遇阻深度,使用滑溜水、金属减摩阻剂,钻磨冲砂至设计深度。

(6)射孔。连接射孔枪,下至设计深度,油管正打压完成射孔,交井恢复生产。

4.3 目前生产情况

威 202H33 井恢复生产以后,井口压力为 14.5 MPa,日产气 17 000 m³。

5 结论

使用连续油管作业技术恢复页岩气井产能,该技术具有施工效率高、成本低、带压作业、施工参数可操作性强等优点,能够满足页岩气井的修井需求。

参 考 文 献

[1] 国家能源局.SY/T 6463—2012 采气工程方案设计编写规范[S].北京:石油工业出版社,2012.

[2] 国家能源局.SY/T 5587.5—2018 常规修井作业规程 第 5 部分:井下作业井筒准备[S].北京:石油工业出版社,2018.

[3] 国家能源局.SY/T 5587.3—2013 常规修井作业规程 第 3 部分:油气井压井、替喷、诱喷[S].北京:石油工业出版社,2014.

应用带压作业技术解决吉林
油田气井换井口难题

苏　禹[1]　肖雪冰[2]　苏荣斌[2]

（1.东北石油大学石油工程学院　黑龙江大庆　163318；
2.中国石油集团长城钻探工程有限公司井下作业分公司　天津　300457）

摘　要：2018 年 1 月，吉林白城地区出现了—36.3 ℃的极端低温天气，远远低于历史同期最低的—24.2 ℃。针对极端天气情况，吉林油田立即对该区域开展隐患排查，发现英深 309-3 井等 7 口天然气井使用的井口装置温度级别为 P-U 级（—29～121 ℃），压力等级为 35 MPa，而同区块龙深 206 井的最高关井压力为 37.8 MPa。为消除安全隐患，通过对多个方案进行论证，决定采用带压作业技术更换温度级别为 L-U 级（—46～121 ℃）、压力等级为 70 MPa 的井口装置。天然气井带压作业相比于常规修井作业，具有不需要使用压井液从而保护气层的优点，同时在更换井口装置的过程中解决了设备、封堵、冰堵、胶芯等难点问题，为后续气井更换井口装置和今后气井带压作业提供了宝贵的技术经验。

关键词：气井换井口　带压作业　安全生产

1　待修气井现状

1.1　区域地质情况

该采气区块于 2016 年 3 月开钻，2017 年 10 月完钻开井 6 口。根据龙深 3 井营城组实测的静压资料，井深 3370 m，实测地层压力为 35.71 MPa，压力系数为 1.06，地层温度为 114.7 ℃，地温梯度为 2.8 ℃/100 m。

1.2　试油及组分情况

（1）试油情况。2017 年 10 月 29 日试气，最高日产气 20 000 m³，产液 192 m³，油管压力为 3.8 MPa，套管压力为 14.5 MPa。

（2）组分情况。甲烷含量为 73.92%～93.3%，乙烷含量为 2.23%～13.69%，天然气相对密度为 0.61%～0.73%。

1.3　目前井口及井内管柱情况

生产采气树，大四通为 DD 级，压力级别为 35 MPa，温度级别为 P-U（—29～121 ℃）。管柱结构为油管挂＋ϕ73 mm P110 级 EUE 油管（长度为 3922.77 m）＋破裂盘＋ϕ73 mm 喇叭口＋油补距，总长度为 3930.68 m。

2 施工难点

2.1 设备要求高

该井油管压力为 3.5 MPa,套管压力为 14.2 MPa,常规油水井带压设备和国内生产的气井带压设备无法达到要求[1]。

2.2 封堵技术要求高

施工时必须先投堵生产管柱,并分段起出,再在井内实施套管封堵,更换井口,任何一个封堵环节出现问题都会造成作业失败。

2.3 对密封胶件要求严

(1)磨损。油管接箍在工作防喷器、半封防喷器、环形防喷器上时,要求胶芯具有较好的抗磨性能。

(2)腐蚀。胶件在高温高压和酸性介质的共同作用下,其机械性能会下降,影响油管、套管的密封效果。

(3)温度。井内高温会减弱胶芯的性能,停工时外部环境低温对胶芯的密封性能也会产生影响。

3 施工准备

3.1 主要施工设备

(1)带压作业设备。按照施工设计中关于设备能力的要求,采用加拿大设备制造有限公司生产的 S-9 型(170 K)带压作业机。

(2)井控装置[2,3]。防喷器组采用 2FZ18-70 双闸板防喷器、FZJ18-70 剪切闸板防喷器、2FZ18-35 双闸板防喷器,配套 FKQ320-5 远程控制台和 70 MPa 全通径油管旋塞阀。

3.2 封堵工具

(1)油管可捞式堵塞器。规格为 ϕ60.2 mm、耐压等级为 40 MPa、耐温 177 ℃的油管桥堵塞器。

(2)套管封隔器。规格为 ϕ114 mm、耐压等级为 70 MPa、耐温 177 ℃的液压可取式套管封隔器。

3.3 胶芯

在作业前对胶芯的性能进行试验,将胶筒放入试验工装中加热至 204 ℃,用橡胶硫化机模拟试验工装的初始坐封力,检验其承压能力。

3.4 附属设备、物资

现场准备 YLL5120TGL 锅炉车 1 台,储备 1000 kg 的解堵甲醇,氮气增压车、F600 型泥浆泵各 1 台,级别为 PSL-3,DD 级锻件,温度级别为 L-U 的井口装置。考虑带压作业应急需要,现场储备密度为 1150 kg/m³ 的压井液 100 m³。

4 施工步骤

4.1 测定压力

通过现有流程开井生产,记录压力、流量以及关井压力恢复情况,测试压力恢复。

4.2 封堵油管

查阅完井数据资料,确定生产管柱接箍位置。钢丝下入通径规通油管至 1200 m 后起出,下入 ϕ47 mm 可捞式油管桥塞(1#、2#),分别在管柱 1000 m、980 m 位置处坐封。

4.3 设备安装及调试

拆卸井口采气树,在油管悬挂器处安装旋塞阀并关闭,安装带压设备并调试至工作状态。

4.4 试压

使用氮气车及试压工具,分别对防喷器、压井管汇和节流管汇逐级试压,密封部位无泄漏、压降不超过 0.7 MPa 为合格。

4.5 起生产管柱

下入 ϕ73 mm 油管与油管旋塞阀对接,平衡悬挂器上、下压力,带压装置下压不超过 50 kN,松开顶丝,起出 1000 m 管柱后,再次分段重复投堵,至起出全部生产管柱。

4.6 封堵套管

连接并带压下入可回收式液压封隔器(1#)至 700 m,氮气车油管逐级打压坐封封隔器,氮气车配合套管封隔器试压 30 MPa,试压合格后起出油管;连接并下入可回收式液压封隔器(2#)至 610 m,氮气车油管逐级打压坐封封隔器,氮气车配合套管封隔器试压 30 MPa,试压合格后起出油管。

4.7 更换井口装置

拆除原井口装置,安装温度级别为 L-U 级新井口装置并试压至合格。

4.8 打捞套管封隔器

下入丢手打捞工具、定压阀,打捞成功后,根据前期测试压力恢复情况,套管打压 10～15 MPa,上提解封可回收式液压封隔器(1#、2#)并起出。

4.9 下入生产管柱

按设计要求带压下入生产管柱。

4.10 完善井口及收尾

安装采气树,连接好相关部件及管线,对采气树进行试压至合格,恢复井场,交井。

5 结论

使用带压作业设备、配套部件及工艺技术,可有效解决北方寒冷条件下的气井更换井口过程中出现的工艺难题,也为同区块其他气井更换井口积累了丰富的工程技术经验。

参 考 文 献

[1] 国家质量监督检验检疫总局,国家标准化管理委员会.GB/T 22513—2013 石油天然气工业 钻井和

采油设备 井口装置和采油树[S].北京:中国标准出版社,2014.

[2] 国家能源局.SY/T 5587.3—2013 常规修井作业规程 第 3 部分:油气井压井、替喷、诱喷[S].北京:石油工业出版社,2014.

[3] 吉林油田公司.吉林油田公司石油与天然气井下作业井控管理规定,2014.

CDJY2500 型五缸压裂泵曲轴强度计算及力学性能分析

易　军[1]　胡佩艳[2]　殷光品[3]　陈　辉[4]　杨文川　王首璋[5]

(1. 长江大学机械工程学院　湖北荆州　434023；

2. 中国石油集团渤海钻探工程有限公司工程技术研究院　天津　300457；

3. 湖北佳业石油机械股份有限公司　湖北荆州　434000；

4. 中国石油化工股份有限公司胜利油田分公司孤岛采油厂　山东东营　257200；

5. 中国石油集团川庆钻探工程有限公司长庆钻井总公司　陕西西安　710021)

摘　要：五缸压裂泵曲轴在工作中的受力情况极为复杂，曲轴作为五缸压裂泵最重要的核心零件之一，一旦失效，将会导致整个压裂泵的损坏。鉴于此，本文以 CDJY2500 型石油钻井五缸压裂泵曲轴为研究对象进行三维建模，通过有限元分析方法，对十种理论危险工况下的曲轴应力应变分布规律进行了详细的数值分析。分析结果表明，曲轴的最大应力位于曲轴二侧键槽位置，总变形量在曲轴两端较大，在曲轴中间较小，而且在曲柄的主轴颈与曲柄销过渡圆角处均出现了应力集中，最大圆角处的应力相对于最大应力的变化率最小为3.9％，此处也是曲轴的薄弱点之一。因此，曲柄的设计厚度、宽度以及连接处过渡圆弧半径是曲轴设计工作的重点。该研究结果对压裂泵曲轴等关键部件的优化及动态性能研究具有重要意义。

关键词：五缸压裂泵　曲轴强度　有限元　多工况分析

1　引言

压裂泵主要用于钻井泥浆循环、压裂、注聚合物等石油天然气生产过程，是油气资源开采的重要设备。CDJY2500 型五缸压裂泵是一种卧式五缸单作用往复柱塞泵，由于压裂泵工作时受到液缸内的压力和交变的质量惯性载荷的综合作用，同时受弯曲应力及扭转应力的共同作用，因此曲轴受力极其复杂[1~5]。

本文对 CDJY2500 型五缸压裂泵曲轴在正常工作载荷下的受力进行综合分析，建立了压裂泵曲轴的有限元模型，通过有限元仿真计算，结合 ANSYS Workbench 得出曲轴在十种理论危险工况下的应变、应力分布情况，同时分析了圆角处的应力集中情况、最大应力和总变形量随转角的变化规律，这对压裂泵曲轴等关键部件的优化及动态性能研究具有重要意义。

2 曲轴轴系的受力分析

CDJY2500 型五缸压裂泵由传动系统驱动曲柄滑块机构运动,并将曲轴的旋转运动转化为十字头——柱塞组件的直线往复运动[6~8]。

由于 CDJY2500 型五缸压裂泵由五个曲柄滑块机构组成,且五个曲柄及各缸的运动规律相同,现对任意缸内的柱塞及曲柄的运动进行分析。以曲柄旋转中心为原点,曲柄滑块机构的运动及受力[9~11]简化图如图 1 所示。

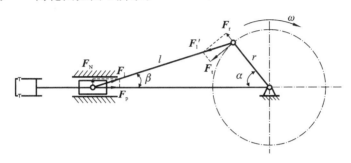

图 1 曲柄滑块机构的运动及受力简化图

图中:F_p 为柱塞力(N);F_N 为侧向力(N);F_l 为连杆力(N);F_t 为连杆轴颈所受切向力(N);F_r 为连杆轴颈所受轴向力(N);r 为曲轴旋转半径(m);l 为连杆长度(m);ω 为曲轴旋转角速度(rad/s);α 为曲轴转角(rad);λ 为曲轴旋转半径与连杆长度之比,$\lambda = r/l$。

3 曲轴强度有限元分析

3.1 曲轴结构

本文研究对象是 CDJY2500 型五缸压裂泵曲轴,其主要参数为:曲柄销直径为 190.5 mm,曲柄销长度为 177.8 mm,曲柄销圆角半径为 12.7 mm,曲柄臂厚度为 76.2 mm,$\lambda = 0.25$,连杆最大载荷为 855 kN。

曲轴五个曲柄销采用等偏心距、等相位角布置,五个曲柄销相位角均为 72°,但相邻两个曲柄销之间的相位角是 144°。

利用 ANSYS 软件建立结构力学分析项目,并完成曲轴材料属性设置。

3.2 网格划分

实体模型建立完成后,需要对其进行网格划分。以原曲轴网格划分为例,网格划分为自动划分。对曲轴整体进行网格划分,选择尺寸为 20 mm,对圆角部位进行二次网格划分,网格划分尺寸为 5 mm,最终节点数为 112 906 个,单元数为 72 648 个。

3.3 加载与约束

结合曲轴的安装和压裂泵工作过程中的实际工况,对曲轴有限元模型进行以下操作:①在曲轴二端对应轴承的位置施加径向位移约束以及在电机转子外圆处施加固定约束;②施加曲轴在工作过程中所受的连杆力的载荷和扭矩;③定义曲轴的转速;④考虑曲轴的自重。另外,实际建模计算中,对曲轴电机端施加扭矩。

以 1♯曲柄销对应转过的角度为标准,由于相邻两个曲柄销之间的相位角是 144°,可以依次得出其他曲柄销转过的角度,分别以曲柄销处所受最大拉力和扭矩为判断条件,十种理论危险工况下各曲柄销对应液缸的状态如表1所示,此时各曲柄销的受力情况如表2所示。

表 1　十种理论危险工况下各曲柄销对应液缸的状态

项目	工况 1	工况 2	工况 3	工况 4	工况 5	工况 6	工况 7	工况 8	工况 9	工况 10
转过角度	180°	270°	36°	126°	252°	342°	108°	198°	324°	54°
排出过程	2#,4#	3#,4#	3#,5#	4#,5#	1#,4#	1#,5#	2#,5#	1#,2#	1#,3#	2#,3#
吸入过程	3#,5#	2#,5#	1#,4#	1#,3#	2#,5#	2#,4#	1#,3#	3#,5#	2#,4#	1#,4#

表 2　十种理论危险工况下各曲柄销的受力情况

项目		作用力/kN				
		1#	2#	3#	4#	5#
所受拉力最大	1#	1000	809	309	309	809
	2#	809	1000	809	309	309
	3#	309	809	1000	809	309
	4#	309	309	809	1000	809
	5#	809	309	309	809	1000
所受扭矩最大	1#	0	587.8	951.1	951.1	587.8
	2#	587.8	0	587.8	951.1	951.1
	3#	951.1	587.8	0	587.8	951.1
	4#	951.1	951.1	587.8	0	587.8
	5#	587.8	951.1	951.1	587.8	0

4　模拟结果与分析

在上述十种理论危险工况下分别建模和计算曲轴的最大应力与总变形量,结果表明曲轴最大应力位于曲轴二侧键槽位置,这主要是由于曲轴的二端受到较大的反扭矩作用,最大应力为 174.76 MPa,远远小于材料的屈服极限 σ_s($\sigma_s=700$ MPa)。整个曲轴所受应力极不均匀,从整体上看,少数部位的应力较大,特别是轴颈与曲柄连接的圆角附近的应力集中较为严重,即工况 7 时 4# 轴颈与曲柄连接处的应力最大为 167.12 MPa,极为接近最大应力,是整个曲轴的薄弱点之一。曲轴的总变形量在二端较大,在曲轴中间较小。

曲轴的安全与否取决于其最大应力是否超过材料的许用应力,曲轴属于塑性材料,采用下列公式计算,即

$$[\sigma]=\frac{\sigma_s}{n_s}$$

式中,σ_s 为曲轴材料的屈服强度(MPa),n_s 为曲轴材料所对应的安全系数。

塑性材料的安全系数 $n=1.5\sim2$,取塑性材料的安全系数 $n=2$,CDJY2500 型五缸压裂泵曲轴材料采用牌号为 40CrMo 的合金调质钢,其抗拉强度 σ_b 为 910 MPa,屈服强度 σ_s 为 700 MPa,代入上式,可得曲轴材料许用应力 $[\sigma]=350$ MPa,由此可知曲轴不会出现静强度

破坏,在安全范围内。

按照不同工况,以 1# 曲柄销对应转过角度的先后顺序(即工况 3、工况 10、工况 7、工况 4、工况 1、工况 8、工况 5、工况 2、工况 9、工况 6),绘制不同转角下曲轴的最大应力和总变形量变化图,如图 2 所示。

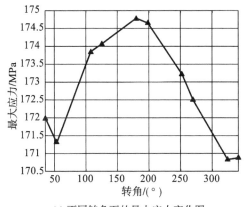

<table>
<tr><td>(a) 不同转角下的最大应力变化图</td><td>(b) 不同转角下的总变形量变化图</td></tr>
</table>

图 2 不同转角下曲轴的最大应力和总变形量变化图

由图 2 可知,不同转角下曲轴的最大应力和总变形量变化较为明显:最大应力基本上随着转角的增大先增大再减小,在工况 1 即 1# 曲柄销处受到最大拉力时取得最大值;在转角从 252° 到 270°,即工况 5 到工况 2 的过程中,总变形量的变化最显著,在工况 2 时有最大值 0.035 901 mm,在小变形范围内。

5 结论

(1)运用 ANSYS Workbench 对曲轴进行了多种工况组合的有限元分析,找到曲轴上的危险点及危险截面,计算结果表明,最大应力位于曲轴二侧键槽位置,为 174.76 MPa,远远小于材料的许用应力 350 MPa,曲轴不会出现静强度破坏,在安全范围内。

(2)经过各种工况分析可知,曲轴的最大应力基本上随着转角的增大先增大再减小,总变形量在二端较大,在中间较小,属于小变形。

(3)在曲柄的主轴颈与曲柄销过渡圆角处均出现了应力集中,说明轴肩处的过渡圆角也是 CDJY2500 型五缸压裂泵曲轴的薄弱点之一,但最大应力均小于材料的许用应力,曲轴不会出现静强度破坏。因此,在曲轴的设计过程中,要充分考虑曲柄的设计厚度、宽度及连接处过渡圆弧半径。

参 考 文 献

[1] 朱俊华,战长松.往复泵[M].北京:机械工业出版社,1992.

[2] 谢永金,秦斌,胡泽辉.用于 2000 型压裂车的三缸泵和五缸泵试验研究[J].石油矿场机械,2007,36(9):70-22.

[3] 万邦烈,李继志.石油工程流体机械[M].2 版.北京:石油工业出版社,1999.

[4] 张玉斌.石油钻井泵概率动力学分析[J].石油机械,1995,23(7):1-7.

[5] 李黎明.ANSYS 有限元分析实用教程[M].北京:清华大学出版社,2005.

[6] 《往复泵设计》编写组.往复泵设计[M].北京:机械工业出版社,1987.

［7］ 蒋发光,梁政,钟功祥,等.多缸单作用往复泵动力端动力学研究[J].石油机械,2007,35(3):19-22.

［8］ 吕兰.石油钻井用新型五缸泥浆泵的研发及应用[D].成都:西南交通大学,2014.

［9］ 刘涛,梅江峰,池道.往复泵连杆的力学计算及有限元分析[J].机电工程技术,2016,45(7):139-141.

［10］ 张洪生,迟明,李向荣,等.钻井泵曲柄连杆机构的受力分析研究[J].石油钻探技术,2009,37(6):70-73.

［11］ 李继霞,朱晏萱.钻井用五缸泵曲轴有限元分析[J].机电产品开发与创新,2012,25(5):102-103,115.

YLC70 酸化压裂车车架模态及典型工况分析

张　佐[1]　周元华[1]　乔冰彬[1]　殷光品[2]　杨文川　王首璋[3]

(1. 长江大学机械工程学院　湖北荆州　434023;

2. 湖北佳业石油机械股份有限公司　湖北荆州　434000;

3. 中国石油集团川庆钻探工程有限公司长庆钻井总公司　陕西西安　710021)

摘　要: 酸化压裂设备行驶以及作业时主要承受着车架上设备的振动,以及弯曲、扭转、转弯和制动等各种不同类型的工况,考虑设备整体的安全性,有必要分析此型号设备车架在转运过程中的车架安全性和强度。建立该车架 SolidWorks 三维模型,导入 ANSYS Workbench 中,建立有限元模型;对其进行自由和载荷状态下的模态分析,以及四种典型工况(满载弯曲、满载扭转、紧急转弯和紧急制动)下的强度分析。研究结果表明,自由模态下车架前 12 阶固有频率在 51 Hz 以内,在约束模态下频率有所增加,但未超过 66 Hz,约束状态下的车架频率没有重叠部分,不会与车架产生共振;在四种典型工况中,车架在紧急转弯工况下的应力最大,为 280 MPa,低于车架屈服极限,满足车架结构设计要求。该研究结果为该型号酸化压裂设备车架响应分析提供了模态参数,为其结构强度设计提供了重要参考。

关键词: 酸化压裂车　车架结构　强度模态分析　有限元

1　引言

酸化压裂车是老油田增产改造和非常规油气田开发的重要设备。YLC70 酸化压裂车由发动机组、减速箱、柱塞泵、水箱等组成,车架不仅承载设备静载荷,也受到转运以及现场工作时车载发动机组、压裂泵组等的动载激励[1,2]。因此,研究车架的动态特性是分析整机强度、振动等的根本途径[3]。通过对车架结构的强度计算和模态分析,不仅可以验证车架的设计强度,也可以分析其动态特性,避开其共振频率。

本文采用有限元分析方法对 YLC70 酸化压裂车车架进行研究,对车架的有限元模型进行约束状态下的模态分析,借鉴国内学者所研究的四种典型工况,对车架进行结构强度分析,研究结果为该型号酸压设备车架响应分析提供了模态参数,也为其结构强度设计提供了重要参考。

2　车架的模态分析

通过模态分析可以了解车架的振动特性,如固有频率以及振型等,对其结构设计及布置设备时避开其共振区有很好的指导作用[4]。本文对 YLC70 酸化压裂车车架进行了约束模态分析。约束模态反映了车架在实际使用情况下的振动特性,为后续车架的减振等提供依据。

约束模态下车架主要载荷分布如图 1 所示,利用面载荷进行加载。

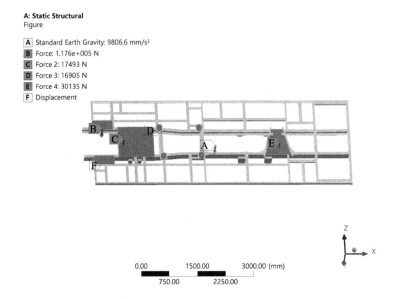

A: Static Structural
Figure

A Standard Earth Gravity: 9806.6 mm/s²
B Force: 1.176e+005 N
C Force 2: 17493 N
D Force 3: 16905 N
E Force 4: 30135 N
F Displacement

图 1　约束模态下车架主要载荷分布

3　典型工况下车架变形及应力分析

针对压裂车在转运过程中的一系列情况,车架整体受力情况比较复杂,主要考虑下列四种典型工况:弯曲工况、扭转工况、制动工况和转弯工况。所有工况下的自重动载荷均取为静止工况下载荷的 1.5 倍。

3.1　弯曲工况

弯曲工况模拟压裂车在路况较好的情况下匀速直线行驶时的工况,此时压裂车各处的车轮都位于同一平面,忽略垂直位移和横向位移。

边界条件:约束前后轮 x、y、z 方向的位移。弯曲工况下的变形及应力云图如图 2 所示。

3.2　扭转工况

扭转工况模拟满载扭转时压裂车在行驶过程中由于路面凹凸不平而出现一个车轮被抬高、一个车轮被悬空,使车架处于非对称支撑的工况。该工况可以很好地说明车架的扭转强度,此时车架处于左前轮被抬起、右前轮被悬空的状态。

边界条件:约束左右后轮 x、y、z 方向的位移,约束左右前轮 x、z 方向的位移,给予左前轮 $-y$ 方向上一定量的位移及右前轮 $+y$ 方向上一定量的位移。扭转工况下的变形及应力云图如图 3 所示。

3.3　制动工况

制动工况模拟压裂车在平直路面紧急制动时车架的工况,此时需要对车架施加一个沿 x 轴方向的制动力。

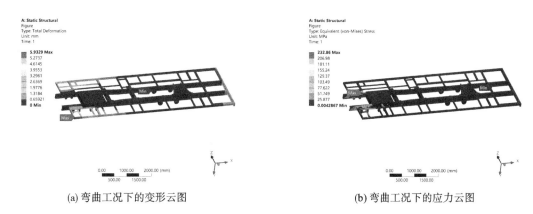

(a) 弯曲工况下的变形云图　　　　　　(b) 弯曲工况下的应力云图

图2　弯曲工况下的变形及应力云图

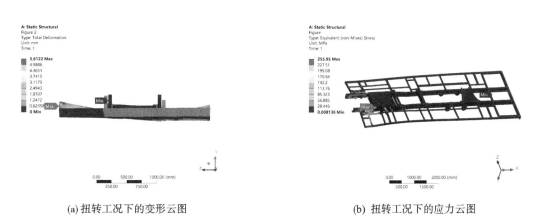

(a) 扭转工况下的变形云图　　　　　　(b) 扭转工况下的应力云图

图3　扭转工况下的变形及应力云图

　　边界条件：在制动过程中考虑车轮未离地，因此约束车轮三个方向的自由度，约束前轮 x、y、z 方向的位移，约束后轮 y、z 方向的位移，对整个车架施加与行驶方向相反的制动减速度。制动工况下的变形及应力云图如图4所示。

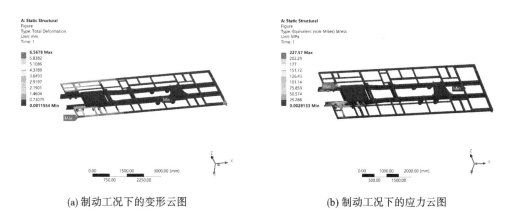

(a) 制动工况下的变形云图　　　　　　(b) 制动工况下的应力云图

图4　制动工况下的变形及应力云图

3.4　转弯工况

转弯工况模拟汽车在转弯时车架的工况,此时选取的是右转弯,需要对车架上的设备各处施加一个转弯的离心力,即一个与行驶速度方向垂直的加速度,所计算的加速度大小为 $1.25 \mathrm{~m/s^2}$,方向沿 z 轴正方向。

边界条件:约束左前后轮 x、y、z 方向的位移,约束右前后轮 x、y 方向的位移。转弯工况下的变形及应力云图如图 5 所示。

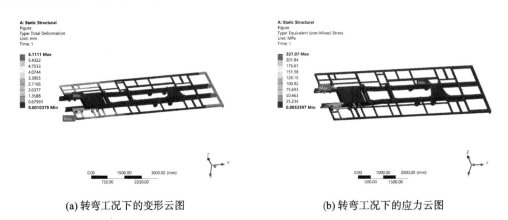

(a) 转弯工况下的变形云图　　　　　　　　　　(b) 转弯工况下的应力云图

图 5　转弯工况下的变形及应力云图

3.5　分析结果总结

根据以上分析结果,将各项数据总结绘制成表格,如表 1 所示。

表 1　车架强度分析各项数据

分析工况	弯曲工况	扭转工况	制动工况	转弯工况
总变形量/mm	5.9	5.6	6.5	6.1
最大应力值/MPa	232	256	227	227
对应安全因数	1.48	1.34	1.51	1.51

4　结论

对 YLC70 酸化压裂车车架进行约束模态分析以及车架在四种典型工况下的变形及应力分析,结果表明:

(1)在约束模态下,由于各桥的钢板弹簧与车架上的支座等相连,在一定程度上限制了车架的一些运动,并且在车架上加载了各个设备的载荷,故频率相比于自由模态有所增加,但仍旧不超过 35 Hz。在工作现场,车架上安装的车台发动机和压裂泵是最大振动源,其中车台发动机是六缸四冲程柴油发动机,其正常激励频率为 80～115 Hz,而柱塞泵的振动频率在 10 Hz 以内,和约束模态下的车架频率没有重叠部分,不会与车架产生共振。

(2)通过对车架在四种典型工况下的变形及应力进行分析可知,在扭转工况下车架所受应力最大,为 256 MPa,但仍低于车架材料的屈服极限 325 MPa,并且四种典型工况下的车架变形情况均在车架正常变形范围内,均小于 10 mm。总体上来说,四种典型工况下车架的总变形量以及等效应力都在材料的许用范围内,满足使用要求,为该型号设备车架强度分析提供了重要的参考依据。

参 考 文 献

[1] 唐少波,王柏和,马金程.SGJ400-30 固井车的研制[J].石油机械,2013,41(10):40-42,50.

[2] 肖文生,刘忠砚,刘健.基于 ANSYS WORKBENCH 的压裂车主副车架有限元静态分析[J].专用汽车,2012,(4):81-83.

[3] 王锐,苏小平.汽车副车架强度模态分析及结构优化[J].机械设计与制造,2015,(4):152-154.

[4] 任可美,戴作强,郑莉莉,等.纯电动城市客车底盘车架的模态分析与优化[J].制造业自动化,2018,40(1):45-50,64.

[5] 侯作富,胡述龙,张新红.材料力学[M].2 版.武汉:武汉理工大学出版社,2012.

Analysis of the Flow Pattern in the Foam Drilling Wellbore under Typical Eccentricity

Fucheng Deng[1]   Xianzhong Yi[1]   Lihua Wang[1]

Xuefeng Shen [2]   Qimin Liang[3]   Ning Gong[4]

(1. Yangtze University, Jingzhou, Hubei, 434023;

2. China Petroleum Technology & Development Corporation, Beijing, 100009;

3. Research Institute of Petroleum Exploration & Development, Beijing, 100083;

4. Tianjin Branch of China National Offshore Oil Corporation Limited,

Tianjin, 300450)

Abstract: Borehole eccentricity often happens in drilling process with the extensive application of foam drilling. For foam drilling, wellbore annulus complex flow pattern caused by the borehole eccentricity and the complexity of the flow rules of the non-Newtonian fluid. According to the statistics of the typical well structures in northeastern Sichuan fields, the flow model of the drilling fluid in a third section 8-1/2″ annulus with typical borehole eccentricity was established. The flow pattern under various models was studied by using fluid numerical analysis method. The analysis reveals that in the foam drilling process, the erosion degree of the drill string is greater than that of the wellbore wall and that the presence of annulus eccentricity increases the peripheral velocity of the annulus fluid and reduces the axial velocity thus reduces the carrying capacity of the annulus fluid. The analysis also indicates that the impact of the drill string rotational speed on the eccentric annulus flow field is much larger than that on the concentric annulus. As the rotational speed increases, annular velocity increases, but the speed has little effect on the annulus and wellbore stability.

Keywords: foam drilling   power-law fluid   annulus velocity   eccentricity ratio numerical simulation

1   Introduction

This paper simulates the flow law of the multiphase, power-law drilling fluid based on the CFD technology. The analysis focuses on the influence of the eccentricity and the rotation of the drill string on the annulus pressure and has studied the rules of flow law under different eccentricity.

2　Model establishment

According to the typical wellbore structure in northeast Sichuan, the borehole annulus model of 8-1/2″ section with a certain eccentricity of the string is established. r is the wellbore radius, and d is the distance between the borehole axis and the drill pipe axis. The eccentricity ratio is defined as $\lambda = d/r$. Three types of eccentricity ratio is analyzed in our model, that is 0, 0.3, 0.5, 0.7 respectively. In the analysis process, the length of the wellbore interval is 20 m, and the diameter of the drill string is 88.9 mm. The surface roughness of wellbore wall is assumed to be $e_{oh} = 3.048$ mm, and $e_p = 0.045\ 72$ mm for the drill collar.

3　The establishment of the theoretical model

3.1　The power law model of the bubble fluid

According to the result of extensive experiments, Sanghani and Ikoku[1,2] provided the relationship between the foam consistency coefficient K and flow index n with the quality of foam G. The relationship expressions are

$$K = -0.156\ 29 + 56.147G - 312.77G^2 + 576.56G^3 + 63.96G^4$$
$$- 960.46G^5 - 154.68G^6 + 1670.2G^7 - 937.88G^8 \tag{1}$$

$$n = 0.095\ 932 + 2.365\ 4G - 10.467G^2 + 12.955G^3$$
$$+ 14.467G^4 - 39.673G^5 + 20.652G^6 \tag{2}$$

Where G is the foam quality (the coefficient of gas bubble), dimensionless.

$$G = \cfrac{1}{\cfrac{1 - G_{SC}}{p_{SC}G_{SC}}p + 1} = \cfrac{QG_{SC}/p_{SC}}{\cfrac{QG_{SC}}{p_{SC}} + Q_L + Q_R} \tag{3}$$

It should be noticed that, in the process of foam drilling, due to the difference of components and the chemical treatment of bubble fluid, relationship of K-G and n-G are slightly different. In this paper, these differences are ignored in the calculation process.

3.2　The mathematical model

A hybrid model is applied for the numerical simulation of the flow field in an annulus. The Hybrid model is a simplified model of the multiphase flow. It is used to simulate the multiphase flow in which each phase a different speed, the isotropic multiphase flow which is strongly coupled and the multiphase flow in which each phase has the same speed. By solving the continuity, momentum and energy equations of mixed phase, the volume fraction equation of second phase and the relative velocity equation, hybrid model can simulate n-phase model. The mathematical models of the hybrid model are as following[3,4]:

(1) The continuity equation of the hybrid model is

$$\frac{\partial}{\partial t}(\rho m) + \nabla \cdot (\rho_m \overrightarrow{v_m}) = m\dot{m} \tag{4}$$

Where $\overrightarrow{v_m}$ is the average speed of the mass, that is $\overrightarrow{v_m} = \dfrac{\sum\limits_{k=1}^{n} \alpha_k \rho_k \overrightarrow{v_k}}{\rho_m}$, m/s; ρ_m is the mixed

density, defined as $\rho_m = \sum\limits_{k=1}^{n} \alpha_k \rho_k$, α_k is the volume fraction of the phase k; $\dot{m}$ describes the air pockets or define the mass transfer of the mass source, kg/(m³ · s).

(2) The momentum equation of the hybrid model can be obtained by summing all the momentum equations of each phase in the model, which is given as following:

$$
\frac{\partial}{\partial t}(\rho_m \overrightarrow{v_m}) + \nabla \cdot (\rho_m \overrightarrow{v_m} \overrightarrow{v_m}) = \nabla P + \nabla \cdot [\mu_m (\nabla \overrightarrow{v_m} + \nabla \overrightarrow{v_m})]
$$
$$
+ \rho_m \overrightarrow{g} + \overrightarrow{F} + \nabla \cdot [\sum\limits_{k=1}^{n} \alpha_k \rho_k \overrightarrow{vdr},k \overrightarrow{vdr},k] \tag{5}
$$

Where m is the phase number; $\overrightarrow{F}$ is the body force, N; μ_m is the viscosity of the mixture,

defined as $\mu_m = \sum\limits_{k=1}^{n} \alpha_k \mu_k$, mPa · s; $\overrightarrow{vdr},k$ is the drift speed of the second phase k; $\overrightarrow{vdr},k = \overrightarrow{v_k} - \overrightarrow{v_m}$, m/s.

(3) Relative velocity (or slip flow velocity) is defined as the speed of the second phase (p) relative to the speed of the main phase (q).

$$
\overrightarrow{v_{qp}} = \overrightarrow{v_p} - \overrightarrow{v_q} \tag{6}
$$

(4) The relationship between the drift velocity and relative velocity is given as the following expression:

$$
\overrightarrow{vdr},p = \overrightarrow{v_{qp}} - \sum\limits_{k=1}^{n} \frac{\alpha_k \mu_k}{\rho_k} \overrightarrow{v_{qk}} \tag{7}
$$

The algebraic slip formula is applied in the calculation of the hybrid model. The basic hypothesis of the algebraic slip mixture model includes regulation of the algebraic relationship of the relative velocity and assumption that the local balance can be achieved on the length scale in a short space. The formula of the relative velocity is

$$
\overrightarrow{v_{qp}} = \tau_{qp} \overrightarrow{a} \tag{8}
$$

Where $\overrightarrow{a}$ is the acceleration of the second phase particles, m/s²; τ_{qp} is the relaxation time of particles, s.

The calculation formula of the τ_{qp} is

$$
\tau_{qp} = \frac{(\rho_m - \rho_p) d_p^2}{18 \mu_q f_{drag}} \tag{9}
$$

Where d_p is the diameter of the second phase particles (droplets or bubbles), m; f_{drag} is the drag force, which can be formulated as

$$
f_{drag} = 1 + 0.15 Re^{0.687}, \quad Re \leqslant 1000
$$
$$
f_{drag} = 0.018\ 3Re, \quad Re > 1000
$$

The formula of the acceleration $\overrightarrow{a}$ is

$$
\overrightarrow{a} = \overrightarrow{g} - (\overrightarrow{v_m} \cdot \nabla) \overrightarrow{v_m} - \frac{\partial \overrightarrow{v_m}}{\partial t}
$$

The most simple algebraic slip formula is the drift flow model, in which the particle acceleration is given by gravity or centrifugal force and the relaxation time has been corrected with the consideration of the existence of other particles.

4 Simulation and analysis

4.1 Analysis of the influence of borehole eccentricity on the flow pattern

Assume that the third section $8\frac{1}{2}''$ annulus is located at the well of 3300 m depth. According to the Deng's paper[5], we can get the outlet boundary condition near the bit for simulating. In this paper, this condition is defined as the inlet boundary condition of the annulus and the speed of the inlet boundary is assumed to be 2.115 m/s.

For the outside annulus of the third section $8\frac{1}{2}''$, the vector field of the entire interval of the annulus and the first joint shows that the annulus pressure drop decreases with the increase of eccentricity. This result is consistent with what Wang's paper[6] indicates. The annulus velocity peak value increases with the increase of the eccentricity. From the circumferential velocity vector diagram, it is found that the circumferential velocity of gas-liquid-solid particles in the annulus increases with the increase of the eccentricity. However, the axial velocity at the midpoint between the first and the second joint decreases with the increase of the annulus eccentricity, which indicates that eccentricity of the annulus will reduce the average velocity of the fluid in the annulus and affect the ability of cutting-carrying and lifting.

In the process of drilling, the shear stress of the borehole wall and the midpoint between the first and the second joint decreases linearly with the increase of the eccentricity, the slope of the regression curve is -0.3332. The relationship of the shear stress of the drill string and the eccentricity of the annulus is a downward parabola when the eccentricity ratio increases, the shear stress of the drill string is greater than that of the wall. At the same time, the larger eccentricity ratio will lead to a larger turbulence intensity, which will cause the wellbore collapsing of the naturally fractured formation.

4.2 Analysis of the influence of the rotation of the drilling string on the flow law of the annulus area under concentric condition

Assume the eccentricity ratio is 0, that is, the drill string and borehole are concentric, and the annulus flow field of the $8\frac{1}{2}''$ section interval annulus was analyzed. With the boundary conditions of the borehole annulus, the annulus pressure drop and the average flow velocity of the fluid in the annulus increase with the increasing of the rotational speed, which can slightly improve the ability of cutting-carrying and lifting.

When the rotational speed increases, the shear stress of the fluid in the annulus, drilling string and the wellbore wall decrease. However, the turbulent kinetic energy in the annulus flow field will increase in the same condition. This shows that the change of turbulence intensity in the concentric hole is very small. For vertical wellbore, if the drilling string and the wellbore is concentric, the interval eccentric rotation of the drill string, the drill string rotation speed have little effect impact on the flow state of the annulus flow field.

4.3 Analysis of the influence of the rotation of the drilling string on the flow law of the annulus area under the eccentric condition

According to the statistic of the wells in northeastern Sichuan fields, the most common eccentricity ratio is 0.3. So the influence of the rotation of the drilling string on the flow law of the annulus is analyzed with the condition that value of the eccentricity ratio is 0.3.

For eccentric annulus in different rotation speed conditions, annulus pressure drop is different. The pressure drop of annulus decreases with increasing of the rotation speed. The rotation of the drilling string increases the average flow velocity of annulus and thus improves the ability of cutting-carrying and lifting. The value of the annulus flow velocity and pressure drop has a huge difference between the drilling string is rotating or not. However, when the drill string is rotating, the rotation speed has little impact on the annulus flow velocity and pressure drop.

For foam underbalanced drilling, the rotating drill string reduces shear stress which the annulus fluid and annulus cuttings acting on the drill string, but increases the turbulence intensity. The shear stress changes a little when the rotation speed increases from 10 r/min to 40 r/min, which indicates that the rotation speed of the drilling string has little impact on the turbulent kinetic energy. Compared with concentric annulus, the rotation of the drill string has a greater impact on eccentric annulus flow field. In the process of drilling, it is impossible that the drill string is always concentric with the wellbore hole. The rotation speed of the drill string improves the drill efficiency obviously, but it has no obvious influence on the ability of cutting-carrying and the wellbore stability.

5 Conclusions

In the foam drilling, the erosion which annulus fluid acts on the drill string is stronger than that on the wall, and the turbulence intensity around the wall is greater than that around the drill string. The presence of the annular eccentricity leads to the increase of the circumferential speed of the annulus fluid and the decrease of the axial velocity. The rotation speed of the drilling string has a greater impact on the non-coaxial drilling annulus than on the concentric annulus flow field. The increase of the rotation speed leads to a bigger annular flow velocity. Compared with the presence of the eccentricity ratio, the rotation speed of the drilling string has little effect on the cutting-carrying ability and the wellbore stability in the foam drilling.

References

[1] ROMMETVEIT R, LAGE A C V M. Designing underbalanced and lightweight drilling operations: recent technology developments and field applications [J]. SPE Latin American and Caribbean Petroleum Engineering Conference, 2001.

[2] TARMY B L, COULALOGLOU C A. Alpha-omega and beyond industrial view of gas/liquid/solid

reactor development[J]. Chemical Engineering Science,1992,47(13-14):3231-3246.

[3]　SHAH Y,KELKAR B. GODBOLE S,et al. Design parameters estimations for bubble column reactors[J]. AIChE Journal,1982,28(3):353-379.

[4]　WANG H,LI G,ZHENG X,et al. Study on rheological properties and establishment of rheological model of aphron drilling fluid[J]. Sino-Global Energy,2007,12(3):29-34.

[5]　DENG F,ZHU X,DENG J,et al. Research on the flaw lows of bottom-hole flowing of foam underbalanced drilling[J]. SOCAR Proceedings,2012,(3):13-20.

[6]　WANG H,SU Y. A practical method of determination of pressure loss in eccentric annulus[J]. Oil Drilling & Production Technology,1997,16(6):5-9.

转子叶栅结构变化对涡轮工作性能的影响

成　芳[1]　易先中[1]　彭　灼[1]　杨文川[2]　王首璋[2]　宋顺平[2]

(1.长江大学机械工程学院　湖北荆州　434023;
2.中国石油集团川庆钻探工程有限公司长庆钻井总公司　陕西西安　710021)

摘　要: 为研究涡轮转子叶栅结构变化对涡轮工作性能及转化效率的影响,设计了转子有外圈叶冠(Ⅰ型)、转子无外圈叶冠(Ⅱ型)、转子无外圈叶冠但叶栅径向长度增大(Ⅲ型)的三种涡轮结构,对液体流经定、转子时的工作状态建立速度三角形进行理论分析,并对径向间隙引起的能量损失和外圈叶冠引起的圆盘摩擦损失进行定性探讨,应用数值模拟方法进行定量计算。研究结果表明:转子叶栅结构变化会对涡轮的输出性能和转化效率产生显著的影响,转子有外圈叶冠时所导致的圆盘摩擦损失比转子无外圈叶冠时所引起的径向间隙损失更大,叶栅径向长度增大会使转化效率增大,所得理论与结论对涡轮性能分析与转化效率理论有一定的指导作用。

关键词: 涡轮　工作性能　叶栅结构　速度三角形　径向间隙　外圈叶冠　圆盘摩擦转化效率

1　引言

早在20世纪80年代,井下动力钻具就被誉为石油钻井工程领域重要的三大技术之一[1,2],近年来新型钻井技术,如小井眼钻井技术有着钻井成本低和污染小的优势[3],相较于螺杆钻具,涡轮钻具更有着无可比拟的优势[4,5],故发展涡轮钻具是未来的研究重点与发展方向。

近年来,国内研究人员胡泽明[6]、符达良[7]、易先忠[8,9]等人就涡轮性能参数优化及已有技术成就等进行了详尽的研究,但是关于涡轮叶栅结构变化对涡轮输出性能的影响及理论探索尚不够完善。因此,本文将从理论分析及数值模拟着手,探究叶栅的径向长度变化以及叶栅是否有叶冠对涡轮工作性能的影响,该研究结果将完善涡轮叶栅的设计理论。

2　叶栅结构变化对涡轮工作性能的影响

2.1　基本结构

选取Ⅰ型涡轮、Ⅱ型涡轮和Ⅲ型涡轮作为研究对象,Ⅱ型涡轮和Ⅲ型涡轮与Ⅰ型涡轮的不同之处在于涡轮转子是否有外圈叶冠和叶栅结构长度的变化。具有不同叶栅的涡轮结构示意图如图1所示。

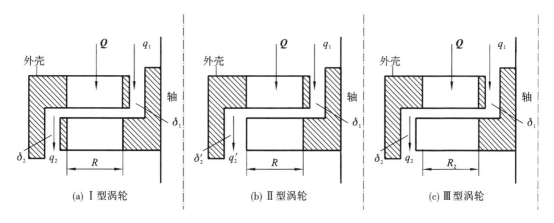

图1　具有不同叶栅的涡轮结构示意图

具体结构差异为：Ⅱ型涡轮无外圈叶冠，径向间隙变大，但转子叶片径向长度与Ⅰ型涡轮的相等；Ⅲ型涡轮除了无外圈叶冠外，叶片径向长度为原转子叶片径向长度与转子外圈叶冠壁厚（1 mm）之和。

2.2　理论分析

Ⅰ型涡轮与Ⅱ型涡轮的不同之处主要在于有无外圈结构，因此近似从间隙引起的容积损失角度分析，Ⅰ型涡轮将比Ⅱ型涡轮、Ⅲ型涡轮的转化效率高，而Ⅲ型涡轮的叶片做功面积大于Ⅱ型涡轮，即

$$\eta_{\mathrm{I}} > \eta_{\mathrm{III}} > \eta_{\mathrm{II}} \tag{1}$$

Ⅰ型涡轮的转子在作旋转运动时存在较大的圆盘摩擦损失，而相对于Ⅱ型涡轮、Ⅲ型涡轮独特的叶栅结构，Ⅰ型涡轮产生的圆盘摩擦损失不容忽视，从此角度考虑，Ⅰ型涡轮的转化效率存在一定程度的下降，即

$$\eta_{\mathrm{I}} < \eta_{\mathrm{II}}, \quad \eta_{\mathrm{I}} < \eta_{\mathrm{III}} \tag{2}$$

综上所述，式(1)与式(2)表达的3种叶栅结构的涡轮的转化效率呈现相反的结果，这是从叶栅结构变化、容积损失、圆盘摩擦损失等方面分析的结果，使得3种叶栅结构的涡轮的转化效率更为复杂，下面定量分析各种叶栅结构的涡轮的性能指标。

3　数值模拟结果分析

不同叶栅结构的单级涡轮的转化效率随转子转速变化曲线如图2所示。通过分析可知，3种叶栅结构的涡轮的转化效率大小为 $\eta_{\mathrm{III}} > \eta_{\mathrm{II}} > \eta_{\mathrm{I}}$，Ⅰ型涡轮转化效率低的原因在于有外圈叶冠存在，产生了较大的圆盘摩擦损失，因此可以认为圆盘摩擦损失是影响涡轮转化效率的重要因素。

4　结论

(1)通过分析3种叶栅结构的涡轮可知，Ⅲ型涡轮的转化效率最大，Ⅱ型涡轮次之，Ⅰ型涡轮的转化效率最小，即 $\eta_{\mathrm{III}} > \eta_{\mathrm{II}} > \eta_{\mathrm{I}}$；

(2)涡轮定转子间的径向间隙、外圈叶冠是影响涡轮性能的因素，并认为由外圈叶冠引起的圆盘摩擦损失是导致涡轮输出性能变化及能量损失的重要因素，所得到的仿真结果与

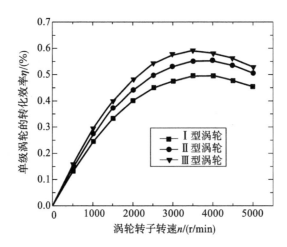

图2 不同叶栅结构的单级涡轮的转化效率随转子转速变化曲线

理论分析结果具有一致性。

参 考 文 献

[1] 易先忠.现代井下动力钻具发展的四大特征[J].石油机械,1994,22(11):48-52.

[2] 冯定.国产涡轮钻具结构及性能分析[J].石油机械,2007,35(1):59-61.

[3] 徐军军,张德龙,赵志涛,等.新型高温高速涡轮钻具测试系统研制[J].钻采工艺,2018,41(5):81-84.

[4] 李文魁,陈建军,王云,等.国内外小井眼井钻采技术的发展现状[J].天然气工业,2009,29(9):54-56,63.

[5] 赵宁.小井眼水平井储层适应性与动力钻具选用[J].石油钻探技术,2005,33(2):20-22.

[6] 胡泽明,刘志洲.涡轮钻具涡轮叶栅的CAD优化设计[J].石油学报,1993,14(1):109-116.

[7] 符达良,许福东.近十年国内外涡轮钻井技术的发展水平[J].石油机械,1996,24(3):55-59.

[8] 易先忠,钟守炎,水运震.井下动力钻具的现状与发展[J].石油机械,1995,23(11):53-57.

[9] 易先忠.井下动力钻具近十年的研究与发展[J].钻采工艺,1994,17(1):83-89.

页岩裂缝网络的二维表征及连通性分析

赵　欢　李　玮　陈冰邓　孙文峰　李思琪

（东北石油大学石油工程学院　黑龙江大庆　163318）

摘　要：为了准确描述页岩地层天然裂缝网络几何特征二维表征及连通性，本文以分形几何和拓扑几何为理论依据，建立了裂缝组裂缝尺寸、裂缝数量的分形描述模型，进而开展了裂缝网络连通性的二维模拟，分析了分形维数、裂缝组数、裂缝组夹角对裂缝网络连通性的影响。结果表明：天然裂缝分布的数量、发育程度、连通性受分形维数、裂缝组数和裂缝初始数量的控制，随分形维数的增大而增大；在其他参数不变的情况下，裂缝平均连通性和分支平均连通性对分形维数、裂缝组数、裂缝组夹角等参数敏感，随着分形维数的增大而呈现减小趋势，随裂缝组数的增加而增大，随裂缝组夹角的增大而增大；裂缝连通性的阈值受分形维数、裂缝初始数量和裂缝初始长度的控制。

关键词：页岩地层　天然裂缝　裂缝网络　网络连通性　分形几何

1　引言

现场实践表明，裂缝网络系统中只有小部分裂缝有助于整体流动，流动裂缝总数占总裂缝数的 20%[1]。目前，裂缝连通性已被用于解释非均匀现象[2]，但连通的多个裂缝网络的渗透各向异性问题并没有得到深入研究。本文针对裂缝网络连通性的问题，应用分形方法及拓扑方法，对裂缝性地层多组天然裂缝网络的连接类型及连通性进行模拟分析，并研究复杂裂缝网络连通性的影响因素，为分析裂缝性地层裂缝网络对油气勘探开发的影响奠定基础。

2　页岩裂缝网络的节点模型

2.1　裂缝组的基本拓扑结构

在二维裂缝网络中，裂缝由一系列的线段组成。平面中的每一条裂缝都有各自的迹线和两个节点，如果某裂缝与其他裂缝交叉，在裂缝迹线上就会形成连通的节点[3]。

两条裂缝的连通方式包括：非连通和连通两种。连通的节点类型包括 O 形节点、V 形节点、Y 形节点、X 形节点等四种。

2.2　页岩裂缝网络的连通参数

大量 MSC 模拟算法生成的裂缝网络，仅存在 O、V、Y、X 等四类节点，不存在 OV、OX、LW 形节点。由此可知，裂缝的总节点数为

$$N_s = N_O + N_V + N_Y + N_X \tag{1}$$

连通型节点数为

$$N_c = N_V + N_Y + N_X \tag{2}$$

相交的裂缝至少会有两个节点,现将两个节点之间的裂缝定义为裂缝分支,则裂缝网络的总裂缝分支为

$$N_b = \frac{1}{2}(N_O + 2N_V + 3N_Y + 4N_X) \tag{3}$$

3 页岩裂缝网络的表征

为了分析页岩裂缝网络的系统特征,应用 MATLAB(MathWorks,2015b)编译脚本文件,产生随机断裂几何形状和性质的 MCS 程序,其中位置由泊松方程确定,长度及数量由分形函数确定,网络的连通性由节点模型来确定。

单组裂缝时,裂缝尺寸越小,裂缝数量越多,裂缝组走向单一,连通性差,各向异性强;多组裂缝时,裂缝网络连通性变好,独立裂缝少,裂缝网络的各向异性弱,随着裂缝组数的增多,裂缝网络分布越来越复杂。

4 页岩裂缝网络的连通性

4.1 分形维数的影响

图 1 所示为裂缝网络节点与分形维数之间的关系,由该图可知:在两组裂缝构成的裂缝网络中,连通型节点中 V、Y 形节点相对比较少,X 形节点比较多;节点个数随着分形维数的增大而呈幂律函数规律变化,整个裂缝网络的连通性随分形维数呈幂律变化。

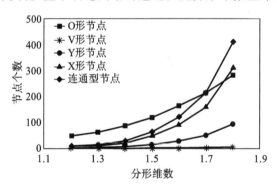

图 1 裂缝网络节点与分形维数之间的关系

4.2 裂缝组夹角的影响

图 2 所示为裂缝组夹角变化示意图,由该图可知,在由两组裂缝构成的裂缝网络中,第一组裂缝与水平方向的夹角为 0°,第二组裂缝从与水平方向的夹角为 0° 逆时针旋转 180°,分析裂缝组夹角对节点数的影响。

图 3、图 4 所示分别为裂缝和分支平均节点数、平均连通型节点数与裂缝组之间的关系,由该图可知:裂缝和分支平均节点数、平均连通型节点数受裂缝组夹角和分形维数影响明显,当两组裂缝正交时,裂缝总节点数平均值达到极大值,分支的总节点数平均值达到极小值,且分形维数越大,极大值越大,极小值越小。

由图 3 可知:当两组裂缝夹角为 0° 时,裂缝网络没有连通型节点;当两组裂缝夹角为 90°

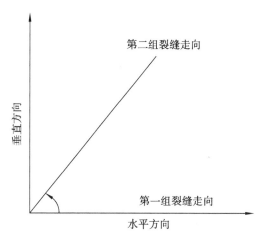

图 2 裂缝组夹角变化示意图

时,裂缝组的连通型节点最多,裂缝的连通型节点数平均值极值点是 4,分支的连通型节点数平均值极值点是 0.5。这说明在裂缝尺寸分布、初始裂缝个数一定的情况下,裂缝组的连通性对裂缝组的夹角十分敏感。

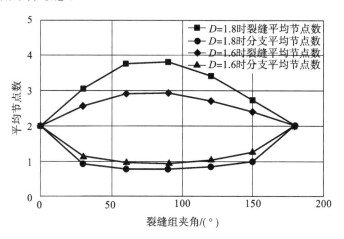

图 3 裂缝和分支平均节点数与裂缝组夹角之间的关系

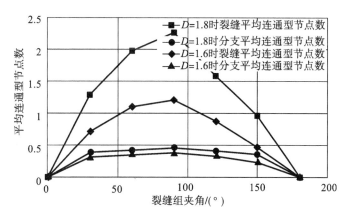

图 4 裂缝和分支平均连通型节点数与裂缝组夹角之间的关系

5 结论

(1)建立了页岩裂缝网络的分形表征模型和裂缝网络的拓扑节点模型,对页岩裂缝网络及其连通性进行了 MCS 模拟。

(2)裂缝的组数对裂缝连通性影响明显。单组裂缝时,裂缝组走向单一,连通性差;多组裂缝时,裂缝网络连通性变好,独立裂缝少;随着裂缝组数的增多,裂缝网络分布越来越复杂。

(3)当两组裂缝夹角为 90°时,裂缝组的连通型节点数平均值最大,裂缝的连通型节点数平均值极值点是 4,分支的连通型节点数平均值极值点是 0.5。

参 考 文 献

[1] Jacob Bear, Chin-Fu Tsang, Ghislain de Marsily. Flow and Contaminant Transport in Fractured Rock[M]. Pittsburgh: Academic Press, 1993.

[2] MARSILY G D. Flow and transport in fractured rocks: connectivity and scale effect[J]. International Association of Hydrogeologists, 1985: 267-277.

[3] SANDERSON D J, NIXON C W. The use of topology in fracture network characterization [J]. Journal of Structural Geology, 2015, 72: 55-66.

自动化电站管理 PPU 的调试及应用

刘军平　张文海

（中国石油集团海洋工程有限公司天津分公司　天津　300451）

摘　要：PLC＋PPU 可实现电站运行的手动、半自动化、自动化控制。电站是向全船用电设备提供电能的发电和配电的组合装置，是船舶电力系统的核心组成部分，其运行的可靠性对保障生产的顺利进行有着极其重要的意义。PPU 的工作状态是电站管理的核心部分，直接对发电机的运行状态进行控制，关系到电网供电质量、可靠性、安全性等方面。本文阐述了基于 PLC 的海上石油平台及船舶自动化电站管理 PPU 的调试及应用，对现场电气技术人员具有指导意义。

关键词：船舶电站　自动化　可编程控制器 PLC　发电机控制和保护器 PPU

1　引言

现代化船舶电气控制自动化程度越来越高，要保障在复杂、恶劣、多变的海况下，在负荷变化大的情况下，不中断地对船舶重要保障设备供电。目前，PPU 已广泛应用于海上石油平台及船舶，合理配置 PPU 的相关参数和硬件接线，使平台供电系统的稳定性和可靠性得到大大提高。本文以 DEIF 公司的 PPU 为例进行分析。

2　PPU 功能介绍

2.1　PPU 控制和保护功能

PPU 主要功能是测量和显示发电机组三相交流电参数以及发电机控制和保护功能。控制功能包括同步控制、负荷转移、调速器和 AVR 控制模拟量输出，保护功能包括逆功和过流保护。另有可选控制功能，包括过载控制，电压/无功/功率因数控制，根据负荷状态自动起/停发电机、电子调速器控制模拟量输出；还有可选保护功能，包括过压保护、欠压保护、过频保护、欠频保护、过载保护、电流不平衡保护、电压不平衡和励磁故障保护、主网保护等。

2.2　PPU 工作模式

PPU 有以下几种标准工作模式，即固定频率控制、固定功率控制、有功负荷分配控制，电压/无功/功率因素控制模式下，可选择固定电压控制、固定无功控制、固定功率因素控制、无功负荷分配控制。

为了满足不同工况下负荷波动大的要求，PPU 可实时调整并网发电机组的电压、频率，确保其在额定值范围内，实现电压、频率双闭环控制。如并网发电机组工作在有功负荷分配模式下,可自动实现有功功率的平均分配,有功功率和无功功率的分配由 PPU 逻辑运算后输出控制信号。

3　PPU 调试

3.1　软件安装

在 DEIF 官网上下载软件,对 PPU 进行配置,也可对发电机组的实时工作数据进行监测并记录。

(1)安装软件和驱动。

(2)将 24 V 电源连接至端子 1 号和 2 号。

(3)用 RS232 数据线连接电脑和 PPU 数据接口。

(4)打开软件,单击"配置",设置软件 com 端口序号与电脑设备管理器一致。

(5)单击"连接",连接设备,弹出对话框,单击"否"。

(6)单击左列菜单"Parameters",单击顶部"导出"图标,开始读取 PPU 内部配置参数,或打开已存储在本地的配置文件,对配置文件进行编辑,编辑完成后,单击"导入"图标,写入 PPU,即完成 PPU 配置。

(7)单击"Inputs/Outputs""Inhibits",对输入、输出等参数进行编辑、读写、保存操作。

当原 PPU 故障换新时,现场电气技术人员可将原 PPU 或其他在用 PPU 内的程序参数文件读取保存到电脑本地,再连接需要维护的 PPU,修改对应参数,即完成调试工作。

3.2　PPU 保护功能

通过软件配置 PPU 模块中的 1060、1100、1110、1120、1130、1140、1150、1160、1170、1180、1190、1200、1210、1220、1230、1240、1250 等参数,能实现发电机侧和母线的过压、欠压、过频、欠频保护值的整定以及保护时限的设定,参数 1010 可设置发电机的逆功保护。

发电机过压保护跳闸分为两级:①电压为额定值的 105% 且持续 10 秒;②电压为额定值的 110% 且持续 5 秒。

发电机欠压保护跳闸分为两级:①电压为额定值的 95% 且持续 10 秒;②电压为额定值的 67% 且持续 0.1 秒。

发电机过频保护跳闸分为两级:①频率为额定值的 104% 且持续 10 秒;②频率为额定值的 106% 且持续 5 秒。

发电机欠频保护跳闸分为两级:①频率为额定值的 95% 且持续 10 秒;②频率为额定值的 93% 且持续 5 秒。

发电机的逆功为额定功率的 8% 且持续 5 秒时,输出跳闸信号。Output A 和 Output B 用于配置跳闸保护信号的输出,即 PPU 模块 SLOT1 的 5 号和 6 号端子以及 8 号和 9 号端子。

3.3　PPU 控制功能

通过软件配置 Inputs 文件,将 44 号、45 号、46 号、47 号端子分别配置为 Manual Raise Speed、Manual Lower Speed、Manual Raise Voltage、Manual Lower Voltage。经 PPU 内部逻辑运算后,分别由 66 号、67 号以及 70 号、71 号端子输出 0~20 mA 的模拟信号给 2301 电子调速器和 AVR 自动电压调节器。

4　逆功率功能试验

当发电机组需要做并车逆功率功能试验时,按如下方法操作。

(1)将两台发电机并网运行。

(2)将需要做逆功率功能试验的发电机的控制方式打到"手动"模式。

(3)将对应的 PPU 25 号端子线拆下。

(4)将发电机控制屏的"转速调整"按钮向左降速调整,即可改变此发电机的逆功率,记录发电机主闸跳闸的时间和逆功率,根据 PPU 配置的程序文件中的设置判断是否合格。

(5)恢复 PPU 25 号端子接线。

(6)恢复发电机控制方式。

(7)重复上述步骤进行其他发电机逆功率功能试验。

5　总结

对船舶电站的 PPU 进行调试,使之与发电机组的工作性能匹配,达到最优化的自动管理效果,提高经济性,这对于一线电气技术管理人员具有较强的指导意义,能节约设备维修成本。

固定式平台重建井口方案研究及地面试验

张 帅 苗典远 王福学 蒋 凯 李 巩 李允智

（中海油能源发展股份有限公司工程技术分公司 天津 300452）

摘 要：目前,在海上发生井喷/着火而现场无法处理时,通常会打救援井来进行处理,但救援井作业工期长,动员资源多,耗资巨大,且会破坏井身结构[1~4]。针对这些问题,本文提出了一种通过扣装防喷器组完成井口重建工作的海上井喷应急抢险方法,并对该方法进行了地面试验。结果表明,采用扣装防喷器组的方法能够快速实现对井口的控制,极大地缩短了抢险周期,降低了作业成本,对海上固定式平台井喷抢险作业具有重要的借鉴意义。

关键词：固定式平台 井喷 重建井口 救援井

1 引言

近年来,随着海洋油气开采的不断深入,海洋钻井井喷事故时有发生,一旦发生井喷,极易引起火灾和爆炸,严重威胁人员、环境及平台安全。在平台无法处置失控井口时,通常采用打救援井的方式,其原理是将救援井的井眼轨迹与事故井的井眼轨迹在地层的某个层位汇合,将高密度的钻井液或水泥通过救援井输入事故井中,以达到油（气）井灭火或制服井喷的目的[5]。因此,救援井被看作控制井喷失控的"终极手段"。但在海上打救援井需要动用的资源多,工期长,费用高昂,且施工条件受天气和海况的制约。为解决上述问题,本文探讨了扣装防喷器组重建井口技术在井喷抢险过程中的应用。

2 扣装防喷器组重建井口技术的原理

扣装防喷器组重建井口技术是在拆除旧防喷器组,充分暴露井口后,利用浮吊或防喷器吊,配合吊机、绞车、工程船舶等,将新的防喷器组扣装在井口上,完成新井口的建立,然后连接压井放喷管线,进而实现下一步的关井及压井作业,使事故井重新恢复到一级井控的状态。

新的防喷器组自上而下为导流管、闸板防喷器、四通。现场进行井喷应急抢险作业时,先将新的防喷器组吊至事故井口套管头正上方,确保对正且井喷流体正好穿过新的防喷器组,然后配合气绞车与钢丝绳的加压扶正功能,缓慢下放新的防喷器组,完成与事故井套管头的对接,然后连接压井放喷管线及防喷器控制管线,完成新井口的建立。

3 扣装防喷器组重建井口技术工具组成

扣装防喷器组重建井口技术工具组成就是将导流管、闸板防喷器、四通等设备组合起来,形成新的防喷器组,进而完成井口重建。此外,还要配备钢丝绳、导向滑轮、导向螺栓、固定钢圈等工具,目的就是确保扣装防喷器组重建井口技术的成功率。

重建井口防喷器组的组合应遵循"结构简单,便于吊装"的原则。因此,井控抢险应综合考虑现场情况,例如平台类型、喷势大小、井口损坏情况、事故原因及设备提升能力等,选择合适的防喷器组合和导流管。现场应用时,抢险防喷器组遵循下部四通、中部闸板防喷器、上部导流管(导流管的长度根据喷势及作业空间综合确定)的连接顺序。四通的作用是连接井口套管头与引流放喷,闸板防喷器进行关井作业,导流管将井内喷出的流体(油、气等)引至上方,保障井口作业人员的安全。整体扣装完成后,即可连接阻流压井管汇及防喷器液控管线,完成新井口的重建。

4 地面试验

随着海上油气开采作业量的逐年增加,出现了多次溢流及井控应急事件,海上井控形势愈加严峻。但海上井喷抢险受作业空间、作业环境及交通工具的制约,常规的救援井抢险方法作业时间长且费用高昂,同时实施救援井连通作业时需要钻穿事故井井眼或磨穿套管,会破坏井筒完整性。鉴于此,本文尝试进行井口直接控制,对扣装防喷器组重建井口技术进行地面试验,最终取得了成功。

4.1 井喷模拟情况

地面试验所用钻机为 ZJ50DB 钻机,为模拟真实套管环空井喷场景,配套相关设备,并设计建造了一套特制井口,可实现持续井喷且喷高达 40 米。

4.2 重建井口方案的制定

由于井口喷势较大,现场尝试了两种防喷器组的捆绑方式——吊臂捆绑法和十字捆绑法。通过对比发现,采用十字捆绑法的防喷器组吊装平稳,遇到流体产生的晃动小,在抢险过程中更具优势。另外,为减轻新的防喷器组受井内喷出流体的影响,保证平稳顺利地扣装,需采用"穿针引线"法,利用钢丝绳进行牵引,同时配合气动绞车加压扶正。所以现场重建井口方案为:采用十字捆绑法固定新的防喷器组,起吊后安装固定钢圈,然后利用"穿针引线"法完成扣装作业,最后连接压井放喷管线。新的防喷器组为盲板闸板防喷器+四通+固定钢圈。

4.3 重建井口作业工艺过程

(1)利用防喷器吊起吊采用十字捆绑法的新的防喷器组,安装固定钢圈及导向螺栓,平移至井口附近区域,然后穿钢丝绳;

(2)在安全区域将新的防喷器组与防喷器吊连接,且新的防喷器组下端连接好特殊钢圈;

(3)在距离底法兰下端面约 300 mm 处安装一组固定导向滑轮,滑轮滑槽与底法兰螺栓孔对正;

(4)防喷器吊携新的防喷器组在上风方向井口 5 m 附近,两台牵引设备在喷口左右两侧;

(5)将牵引钢丝绳两端分别从牵引设备的定滑轮处穿入,再从井口定滑轮对应的底法兰螺孔下端穿入,最后从新的防喷器组下端法兰以从下至上的方式穿入对应的螺孔,将牵引钢丝绳的两端连接在一起;

(6)将其中一台牵引设备缓慢牵引,另外一台牵引设备固定不动;

(7)吊装设备携新的防喷器组距喷口约 1.5 m 附近,调整新的防喷器组下端面至适当高度;

(8)吊装设备缓慢前行切入气流,吊装设备下放速度与牵引设备的牵引速度保持一致;

(9)安装新的防喷器组与底法兰螺栓,完成抢装作业。

5　结论

(1)经过现场地面试验,采用扣装防喷器组重建井口技术成功完成了井口扣装,并实现了新井口的建立及关井,说明利用该技术控制井喷是有效的。

(2)利用防喷器吊配合气动绞车完成新井口的扣装,分析其操作原理可知,在海上抢险时可用浮吊配合工程船舶进行扣装防喷器组重建井口技术的现场作业。因此,扣装防喷器组重建井口技术为水上井口的恢复提供了新思路,同时对海上井喷抢险也具有重要的借鉴和参考意义。

(3)目前海上常用的井喷抢险方法为打救援井连通事故井控制井喷,在磁测距技术、连通技术上需要依赖国外的技术和工具,且作业周期长,对地层和井筒破坏性大。扣装防喷器组重建井口技术所需资源少,作业时间短,最大限度地保证了人员和平台的安全。

参　考　文　献

[1]　[美]罗伯特·D.格雷斯.井喷与井控手册[M].高振果,王胜启,高志强,译.北京:石油工业出版社,2006.

[2]　李翠,高德利.救援井与事故井连通探测方法初步研究[J].石油钻探技术,2013,41(3):56-61.

[3]　董星亮.深水钻井重大事故防控技术研究进展与展望[J].中国海上油气,2018,30(2):112-119.

[4]　赵维青,庞东豪,张玉山,等.南中国海深水救援井井位优选方法[J].石油勘探与开发,2016,43(2):287-291.

[5]　郭永峰,纪少君,唐长全.救援井——墨西哥湾泄油事件的终结者[J].国外油田工程,2010,26(9):64-65.

第四章
油气储运与储备

油气管网运行数据挖掘技术探讨

苏　怀　张劲军

(中国石油大学(北京)/油气管道输送安全国家工程实验室/
城市油气输配技术北京市重点实验室　北京　102249)

摘　要: 油气管道系统基本实现全面自动化,其数字化程度在不断提升,这些力量正在推动管道行业向下一个技术变革的"奇点"靠近。在日益复杂的新形势下,诸多"新挑战"已初现端倪,这也迫使油气管道行业在技术上推陈出新,融合当下的先进技术,为解决当前形势下的迫切问题提供新的思路。本文基于天然气管网运行和管理面临的机遇和挑战,调研了数据挖掘技术在其他能源系统的应用情况,展望了未来数据挖掘技术给油气管道行业带来的深刻变革,并给出了相应的建议。同时,本文结合本课题组之前的研究成果,展示了数据挖掘在解决具体问题时的强大功能。

关键词: 油气管网　数据挖掘　应用　管理　展望

当前油气管道行业面临着诸多新的挑战,其中系统复杂性的不断提升是亟待解决的难题之一。此外,随着管销分离、第三方准入、油气期货交易深化,我国油气管网的市场化进程不断加速,未来将形成多经济体博弈的管网运营新局面,系统的运营环境与供需环境的复杂性呈指数上升,数据挖掘技术为应对这一挑战提供了新的机遇。

1　油气管网数据挖掘的内涵

数据挖掘的核心是从纷繁复杂的海量数据中提取信息、提炼知识,并将这些信息和知识精细加工后用于指导生产实践。尽管在理论上存在缺陷,但是大量实践验证了这种直接从数据中提炼的因果关系在解决问题时非常有效[1]。

基于此,油气管网运行数据挖掘的内涵在于融合数据科学、系统科学以及油气储运专业知识,从 SCADA 系统、销售系统、仿真平台等积累的海量结构化运营数据、文本材料、图像资料中提取信息、发现知识、形成"智慧",与经典运行与管理理论互相补充,共同构成符合智能化、市场化发展需求的复杂油气管网运行与管理新理论、新模式。

2　数据驱动的油气管网智能决策机制研究

油气管网运行方案的制定可抽象为高度复杂的非线性优化问题,同时受管网拓扑结构、水力工况、下游需求、设备状况、油(气)源情况等多方面因素的制约,若涉及动态过程,则更加棘手[2~4]。

针对上述难题,本课题组结合复杂天然气管网需求侧管理的工程需要,建立了自主、动态的智能决策框架,实现了通过动态调整天然气价格对管网下游需求进行"削峰填谷"的目标。

智能决策流程示意图如图 1 所示。

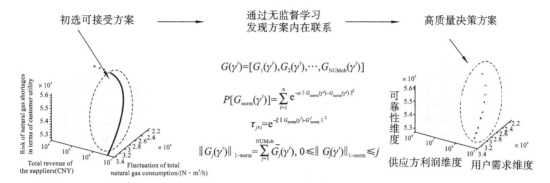

图 1 智能决策流程示意图

下面基于图 2 所示的天然气管网进行验证。

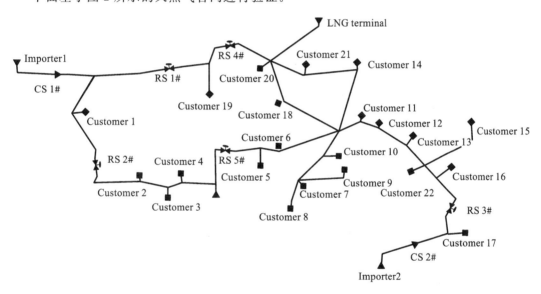

图 2 算例天然气管网示意图

该天然气管网由 37 条管道组成,管道总长度约 1100 km,气源包括两处管道气源、一个地下储气库以及一座 LNG 站。

以调价周期为 1 h、2 h 的需求侧管理方法为例进行验证,结果如图 3、图 4 所示,从图中可以直观地观察到,该智能决策机制可以削减用气高峰负荷,缓和负荷波动。

3 结论

本文结合数据挖掘技术的本质及其在各个领域的应用情况,探讨了数据挖掘技术对油气管道行业的潜在贡献;分别从系统运行效率提升、决策能力提升以及认知深入三个方面,具体阐述了数据挖掘技术可能给油气管道行业带来的技术革新以及革新形式。

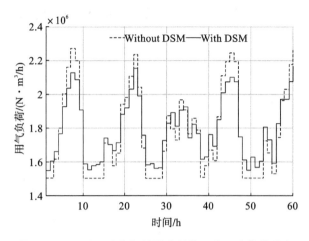

图3　以1 h为调价周期的需求侧管理的用户载荷结果

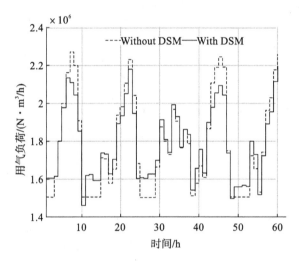

图4　以2 h为调价周期的需求侧管理的用户载荷结果

参 考 文 献

[1] CASTELLANI F, ASTOLFI D, SDRINGOLA P, et al. Analyzing wind turbine directional behavior: SCADA data mining techniques for efficiency and power assessment[J]. Applied Energy, 2017, 185 (2):1076-1086.

[2] FAN C, XIAO F, LI Z, et al. Unsupervised data analytics in mining big building operational data for energy efficiency enhancement: a review[J]. Energy and Buildings, 2017, 159:296-308.

[3] BHATTACHARYA S, CARR T R, PAL M. Comparison of supervised and unsupervised approaches for mudstone lithofacies classification: case studies from the Bakken and Mahantango-Marcellus Shale, USA[J]. Journal of Natural Gas Science and Engineering, 2016, 33:1119-1133.

[4] PANAPAKIDIS I P, DAGOUMAS A S. Day-ahead natural gas demand forecasting based on the combination of wavelet transform and ANFIS/genetic algorithm/neural network model[J]. Energy, 2017, 118(1):231-245.

基于系统动力学的输气站
计量系统风险演化研究

符　雄[1]　姚安林[1,2]　蒋宏业[1]　徐涛龙[1]　李又绿[1]

(1.西南石油大学石油与天然气工程学院　四川成都　610500;
2.油气消防四川重点实验室　四川成都　610500)

摘　要: 为深入研究输气站计量系统风险的演化过程,通过分析计量系统风险与其影响因素之间的因果关系,构建了输气站计量系统风险的系统动力学(SD)模型,并在SD流图的基础上建立方程和设置参数,最终运用Vensim软件模拟了管道因素、计量仪表因素、人为因素等影响下的计量系统风险演变过程。仿真结果表明:输气站计量系统中,人为因素对管道失效和计量仪表失效有反馈调节作用;人为因素对计量系统风险的影响最大;加大安全管理力度,可以有效减小计量系统失效的风险。

关键词: 输气站　计量系统风险　演化规律　系统动力学(SD)　Vensim软件

1　引言

输气站在天然气输送过程中承担着调压、净化、分输、计量、清管等作用,其稳定性是保证输气系统安全运行的重要部分。掌握输气站场的风险演化规律、及时排除轻微事故或事故隐患都是预防严重事故的最有效办法[1,2]。

国内外许多机构和学者重视油气站场的风险研究[3~6],但大多忽视了系统中各因素间的影响,而系统动力学(system dynamics,SD)是研究高度非线性、高阶次、多变量、多重反馈的复杂系统的一种定量方法。因此,作者运用SD理论建立输气站计量系统风险演化模型,借助Vensim软件模拟其动态演化过程,以揭示计量系统风险的演化规律,降低输气站计量失效的风险。

2　输气站计量系统风险影响因素分析

输气站计量系统风险是指输气站场计量系统在运行期间的一种潜在的不安全状态,在此状态下发生事故后会造成人员伤亡、财产损失和环境破坏等不良影响。依据系统工程学理论[7],输气站计量系统风险可分为工艺管道风险、计量仪表风险和人为风险三类。

根据输气站计量系统内部风险影响因素分析,结合SD反馈原理,绘制输气站计量系统失效因果关系图。

3   输气站计量系统风险演化 SD 模型

输气站计量系统失效因果关系图表达了系统各要素间的相互关系和反馈过程,但是无法区分不同因素对系统风险的影响程度。因此,在输气站计量系统失效因果关系图的基础上进行量化处理,构建输气站计量系统失效 SD 流图。

考虑到管道失效、计量仪表失效和人为失效这三个风险因素对输气站计量系统风险的影响强度有所差异,采用 G1 法确定三者的权重,三因素权重系数为

$$\vec{W} = (w_1, w_2, w_3) = (0.48, 0.30, 0.22)$$

管道失效、计量仪表失效和人为失效三者共同作用,导致输气站计量系统失效,故输气站计量系统风险值为三者风险值加权之和。

4   输气站计量系统风险 SD 模型算例分析

GB 32167—2015 要求输气管道完整性评价的最大时间间隔不超过 8 年,故算例的模拟时长设置为 8 年,模拟步长设置为 1 年。

4.1   模型的有效性检验

输气站计量系统风险 SD 模型建立后,运用极端条件检验法检验模型的有效性。经过检验,该模型有效。

4.2   模型参数设置

管道运行风险值参数可设置为时间 t 的关系式,由专家打分得到或者参考操作员失效概率取值。

由于变量间是非线性关系且难以量化,故采用 Vensim 软件中的表函数功能。

4.3   输气站计量系统风险演化模拟

将数据输入检验后的输气站计量系统风险 SD 模型中,进行输气站计量系统风险的演化仿真。计量区系统失效的因素风险值变化情况如图 1 所示。

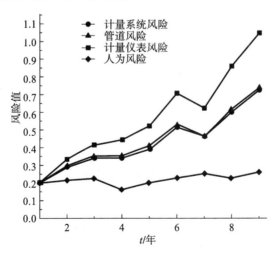

图 1   计量区系统失效的因素风险值变化情况

由图 1 可知,第 6 年时,输气站计量系统风险值有一个大幅度减小的过程,其原因是这

一年公司对站场员工进行了培训,而且进行了安全检查和设备维护,这表明安全管理工作的开展使输气站计量系统风险得到了有效削减。

4.4 输气站计量系统失效影响因素敏感性分析

为了找出管道风险、计量仪表风险和人为风险对输气站计量系统失效的影响程度,采用单因素变动模拟,结果如图2所示。

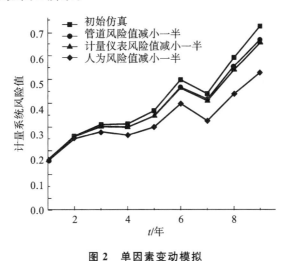

图2 单因素变动模拟

由图2可知,人为风险对输气站计量系统失效的影响程度最大,同时也间接证明了人为因素对其他两因素的影响。

假设站场运行无完整性管理措施,输气站计量系统各风险因子无控制削减作用,模拟得到图3所示的曲线。仿真结果显示,未采取安全管理措施时输气站计量系统风险值远高于采取安全管理措施时输气站计量系统风险值。为进一步分析安全管理措施对输气站计量系统风险的影响,在无安全管理措施情况下分别开展"企业培训""完善制度""定期安检"等工作来减小人为风险的影响,仿真结果如图3所示。

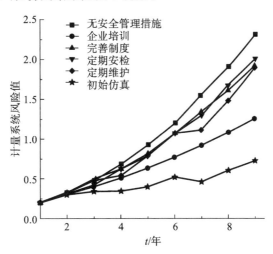

图3 安全管理措施对输气站计量系统风险的影响

由图3可知,采取不同的安全管理措施后,相对于无安全管理措施,输气站计量系统风险值均有所减小,这表明完善的安全管理措施可以有效降低输气站计量系统的失效风险。

5　结论

本文建立了输气站计量系统失效因果关系图和输气站计量系统风险 SD 模型,通过 Vensim 软件,对输气站计量系统风险进行了动态演化研究,结果表明,人为风险对输气站计量系统失效的影响最大,安全管理措施对于减小输气站计量系统风险有着显著效果。

参考文献

[1] 王喜梅,李旭,于志红.海因里希法则对浙江特种设备事故之扩展研究[J].中国公共安全(学术版),2014,(3):16-20.

[2] 张健,陈磊,梁学栋.基于系统科学的特种设备事故隐患分类分级管理[J].中国特种设备安全,2015,31(3):38-44.

[3] American Petroleum Institute. Risk based resource document API 581[S]. 2000.

[4] 赵新好.输气站场设施风险评价技术研究[D].成都:西南石油大学,2012.

[5] 蒋宏业,姚安林,毛建,等.输气管道压气站事故人为因素研究[J].石油矿场机械,2011,40(3):17-19.

[6] 黄亮亮,姚安林,魏沁汝,等.基于 RBI 与多米诺效应的输气站场设备定量风险评价[J].中国安全生产科学技术,2014(5):90-94.

[7] 陈信,龙升照.人-机-环境系统工程学概论[J].自然杂志,1985,8(1):36-38.

基于动态模拟的 CO_2 驱地面工艺 HAZOP 定量分析研究

王嘉羽　蒋宏业　徐涛龙　陶　冶

（西南石油大学石油与天然气工程学院　四川成都　610500）

摘　要:随着国内逐渐提高对 CO_2 驱安全性的重视程度,本文将 HYSYS 动态模拟与 HAZOP 方法相结合,对 CO_2 驱地面变压吸附工艺进行定量分析研究,偏差选取气液分离器液位偏高,并利用 HYSYS 建立动态模型,人为干预阀门开度,将偏差定量,根据到达分离器极限液位的时间和危险评价指标,得到偏差量化的 HAZOP 分析结果。结果表明:分离器在排污阀堵塞 5190 s 时达到极限液位,危险程度最高;HYSYS 动态模拟与 HAZOP 方法结合在化工装置中,在实际运行过程中可以偏差量化分析,逐渐完善 HAZOP 定量分析。

关键词:HAZOP　定量　HYSYS　变压吸附工艺　CO_2 驱

HAZOP 分析(危险与可操作性分析)通过划分节点确定分析对象,将工艺参数与偏差相结合来描述危险场景,将可能导致此危险的原因列出,找到可能出现的后果,提出可靠的建议和措施[1]。

不少学者对 HAZOP 分析进行量化研究:石艳娟[2]等人以气提塔抽提工艺进行 HAZOP 分析,采用 HYSYS 对偏差进行动态模拟,量化后果;郭丽杰[3]采用 Unisim 软件对 HAZOP 偏差——"脱丙烷塔顶压力过高"危险场景进行模拟,实现偏差定量化。

本文在建立 CO_2 驱地面变压吸附工艺动态模型的基础上,通过阀门的开度大小表示 HAZOP 分析中的偏差,得到可以量化的结果。将动态 HYSYS 与传统 HAZOP 分析相结合,证明此方法的可行性及有效性。

1　基于动态模拟的 HAZOP 分析

基于动态模拟的 HAZOP 分析是指在传统 HAZOP 分析的基础上,结合 HYSYS 动态模拟,得到 HAZOP 定量分析结果[4]。动态模拟是指将时间引入 HAZOP 分析系统中,利用参数随时间的变化规律,求出参数变化的临界值。

2　工艺动态建模

2.1　工艺流程

CO_2 驱地面变压吸附工艺来气经计量后,进入旋流分离器,然后从一台预处理罐底部进入,除去油雾,从预处理罐中出来的气体进入吸附塔,在吸附作用下,除去甲烷以外的所有杂质,直接获得 CO_2 浓度小于 3% 的天然气产品。

2.2　工艺参数

CO_2 驱地面变压吸附工艺脱除 CO_2 工艺 HYSYS 模拟设定进料温度为 20 ℃、压力为 450 kPa、摩尔流速为 139.7 kmol/h 的伴生气体,选择 Peng-Robinson 物性方法求解。该流程的单元模块为旋流分离器、气液分离器、预处理罐以及吸附罐。

2.3　HYSYS 动态转换

2.3.1　添加阀门和定义设备尺寸

为了能够真实地反映人为制造的故障,在动态建模中必须添加阀门和定义设备尺寸。

2.3.2　增加控制器

动态模拟过程中,设备及物流上的参数都随时间而变,所以为了使流程能够稳定运行,需要添加必要的控制器。

为了保证模拟的真实性以及准确性,需要在稳态模型上添加 PID 控制器。

3　HAZOP 偏差定量化分析

本文以 CO_2 驱地面变压吸附工艺中的气液分离器为节点,以工艺参数为液位,对气液分离器液位偏高这一偏差进行分析研究。

根据气液分离器液位偏高的传统 HAZOP 分析结果,研究 Valve-100、Valve-102 两个阀门开度对气液分离器液位的影响,确认偏差大小对工艺参数的不同影响。当气液分离器液位超过 90% 时,认定该液位为气液分离器的危险极限液位,超过危险极限液位会有冒罐、泄漏等后果。根据到达危险极限液位的时间,确定对气液分离器液位影响最大的阀门,对此管路提出高等级的建议和措施。

3.1　Valve-100 对气液分离器液位的影响

当 Valve-100 开度为正常开度即 50% 时,Valve-101 的液位维持在 4.94%,为 Valve-101 的正常运行液位;随着 Valve-100 开度的增大,到达 Valve-101 危险极限液位的时间逐渐缩短。

由上述分析可知,阀门开度偏离正常运行时开度的程度不同,气液分离器到达极限液位的时间也不同。时间越短,则危险越大;反之,则危险越小。

3.2　Valve-102 对气液分离器液位的影响

随着阀门开度偏离正常开度的程度越大,到达气液分离器危险极限液位的时间越短。当 Valve-102 的开度为 0 时,气液分离器在运行 5190 s 后液位迅速到达危险极限液位。

由上述分析可知,液相出口阀门 Valve-102 出现偏差后,对气液分离器液位的影响最大。

3.3　液位控制器对气液分离器液位的影响

安装了液位控制器后,针对不同偏差的阀门开度,气液分离器在运行 230 s 后液位保持在 4.94%,说明液位控制器可以有效控制气液分离器的液位。

4　动态模拟与 HAZOP 结合分析

根据模拟结果并结合传统 HAZOP 分析表格,得到具有偏差量化的 HAZOP 分析报告,如表1所示。动态模拟与 HAZOP 分析危险程度评价指标如表2所示。

表1 基于过程模拟的 HAZOP 分析表格

偏差	原　因	模拟结果分析	安　全措　施	保护措施后模拟	危险程度
液位偏高	Valve -100 开度偏大	当 Valve -100 阀门开大时,气液分离器液位最短在 6030 s 到达危险极限液位,有冒罐、泄漏等风险	安装液位控制器、液位报警器、放空阀等泄压装置,并定期巡查管线及阀门的正常运行情况	效果显著,能明显控制住危险情况	中
	Valve -102 开度偏小	Valve -102 在偏离正常度运行后,在 5190 s 后液位迅速到达危险极限液位,需要及时处理			高

表2 动态模拟与 HAZOP 分析危险程度评价指标

到达危险极限液位的时间	5400 s	7200 s	10 800 s
危险程度	高	中	低

5 结论

(1)将 HYSYS 动态模拟与 HAZOP 分析相结合,对 CO_2 驱地面变压吸附工艺中气液分离器液位偏高这一危险场景的三个原因进行动态模拟;

(2)根据模拟结果可知,气液分离器在液相出口阀门堵塞 5190 s 后液位迅速到达危险极限液位,危险程度为最高等级;

(3)HAZOP 分析与动态模拟相结合是可靠的,是对传统 HAZOP 分析量化的补充。

参 考 文 献

[1] 李平,蒋宏业,姚安林,等.LNG 加气站事故 HAZOP 量化分析方法研究[J].石油工业技术监督,2014,30(9):49-53.

[2] 石艳娟,付建民,郑晓云,等.基于 HYSYS 和 HAZOP 的工艺参数偏差模拟与后果量化[J].中国安全科学学报,2015,25(12):75-80.

[3] 郭丽杰,康建新.基于动态过程模拟的定量化 HAZOP 分析方法[J].计算机与应用化学,2015,(4):392-396.

[4] 刘旭红,周乐平,赵东风,等.HAZOP 分析的量化研究——HAZOP 分析与过程模拟相结合[J].石油化工安全环保技术,2009,25(2):19-22,30.

含蜡原油管道多流体类型和多流态类型共存的再启动数值模拟研究

袁 庆 宇 波

（北京石油化工学院机械工程学院/
深水油气管线关键技术与装备北京市重点实验室 北京 102617）

摘 要： 针对含蜡原油管道的再启动过程，本文建立了伪二维再启动模型，该模型中的三大守恒方程采用一维模型所对应的表达式，而守恒方程中涉及的部分变量通过二维求解区域下的其他方程而得到。该再启动模型具有适应性广的特点，可适用于复杂的多流体类型和多流态共存的非等温管道再启动过程。为了求解该再启动模型，本文提出了一整套数值模拟方法，包括网格的生成、控制方程的离散、代数方程的求解以及不同控制方程离散式的耦合求解。最后，基于伪二维再启动模型和相应的数值模拟方法，对再启动模型结果进行详细的分析，揭示了含蜡原油管道的再启动特性。

关键词： 含蜡原油管道 再启动 多流体类型 多流态 数值模拟

1 引言

我国所产原油大多为含蜡原油[1]，世界范围内的含蜡原油产量正在快速增长[2]，含蜡原油在我国乃至世界能源结构中均扮演着重要角色。含蜡原油在常温下的流动性较差，常通过加热的方式改善其流动性后才进行管道输送。由于计划检修或事故抢修等原因，含蜡原油管道不可避免地存在着停输问题[3]。停输后，管内原油温度逐渐降低，原油流动性不断变差。如果停输时间过长，蜡晶的大量析出将导致管内原油胶凝，给管道再启动带来困难，严重威胁管道的安全运行。为了避免再启动失败造成的巨大经济损失，往往采用数值模拟的方法提前评估含蜡原油管道停输再启动的安全性。

2 含蜡原油管道再启动数学模型

含蜡原油管道再启动是一个复杂的三维水力热力变化过程，多个系统相互耦合。若对含蜡原油管道停输再启动这个三维流动传热过程直接进行数值模拟，其计算量非常大。为了减少计算量，使含蜡原油管道再启动数值模拟能够应用于工程实际，本文将采用伪二维模型来描述含蜡原油管道停输再启动过程，其控制方程为式(1)至式(13)。这里所说的伪二维模型是指流体力学三大方程采用一维模型所对应的表达式，而方程中涉及的部分变量采用二维求解区域的其他方程建立关系而得到。

(1)连续性方程：

$$\chi\left(\frac{\partial p}{\partial t} + \overline{w}\frac{\partial p}{\partial z}\right) + \frac{\partial \overline{w}}{\partial z} = 0 \tag{1}$$

（2）动量方程：

$$\rho\frac{\partial \overline{w}}{\partial t} + \frac{\partial p}{\partial z} = \frac{2\tau_w}{R} \tag{2}$$

（3）能量方程：

$$\rho c_p\left(\frac{\partial \Theta}{\partial t} + \overline{w}\frac{\partial \Theta}{\partial z}\right) - \beta_0(\Theta + 273.15)\left(\frac{\partial p}{\partial t} + \overline{w}\frac{\partial p}{\partial z}\right) = -\frac{2}{R}q_r\big|_{r=R} + \overline{\varphi} \tag{3}$$

（4）其他方程：

$$\overline{w} = \frac{2}{R^2}\int_0^R rw\,\mathrm{d}r \tag{4}$$

$$\tau_{rz} = \frac{r}{R}\tau_w \tag{5}$$

$$\tau_{rz} = \begin{cases} (\tau_{rz})_\nu & (z \leqslant 808) \\ (\tau_{rz})_\nu + (\tau_{rz})_{Re} & (z > 808) \end{cases} \tag{6}$$

$$(\tau_{rz})_\nu = \begin{cases} -\tau_{y0} - K\dot{\gamma}^n & (\Theta > \Theta_g \text{ 或流体为新注入的原油}) \\ -(\tau_{y0} + \tau_{y1}\lambda_1 + \tau_{y2}\lambda_2) - (K + \Delta K_1\lambda_1 + \Delta K_2\lambda_2)\dot{\gamma}^n & (\Theta \leqslant \Theta_g \text{ 且流体为管内存油}) \end{cases} \tag{7}$$

$$\dot{\gamma} = \left|\frac{\partial w}{\partial r}\right| \tag{8}$$

$$\begin{cases} \dfrac{\mathrm{d}\lambda_1}{\mathrm{d}t} = a_1(1 - \lambda_1) - b_1\dot{\gamma}^{m_1}\lambda_1 \\ \dfrac{\mathrm{d}\lambda_2}{\mathrm{d}t} = -b_2\dot{\gamma}^{m_2}\lambda_2 \end{cases} \tag{9}$$

$$(\tau_{rz})_{Re} = -\rho(-\overline{u'w'}) = -\rho l^2\dot{\gamma}^2 = -\rho c^2(R-r)^2\dot{\gamma}^2 \tag{10}$$

$$q_r\big|_{r=R} = \alpha_0(\Theta - T\big|_{r=R}) \tag{11}$$

$$\frac{\partial(\rho_I c_I T)}{\partial t} = \frac{\partial}{\partial x}\left(\lambda_I\frac{\partial T}{\partial x}\right) + \frac{\partial}{\partial y}\left(\lambda_I\frac{\partial T}{\partial y}\right) \tag{12}$$

$$\overline{\varphi} = -\frac{2}{R^2}\int_0^R (\tau_{rz}\dot{\gamma}r)\,\mathrm{d}r \tag{13}$$

3 数值模拟方法

再启动求解可认为是一个水力和热力耦合求解的过程，不仅需要分别解决水力的耦合求解和热力的耦合求解，还需要解决水力求解和热力求解之间的耦合。由于本文采用的数值模拟方法较多，在此仅对所采用的数值模拟方法进行大致说明，不做进一步详细介绍。本文首先采用预估-矫正方法[4]分别实现水力模型和水力模型不同控制方程的耦合求解，再采用单向耦合的方法实现水力求解和热力求解的耦合。

4 数值模拟条件

以长度为 100 km 的原油管道为例开展研究工作。已知该管道的管径为 660 mm，埋深为 1.5 m，钢管层和防腐层的厚度分别为 9 mm 和 7 mm，钢管层、防腐层和土壤的物性参数如表 1 所示。管道所在地区的年平均气温为 13.5 ℃，在管道停输再启动过程中平均气温为 5.7 ℃，地表风速为 1 m/s。该管道所输油品为大庆原油，其物性参数可参考相关文献[5,6]。

表 1　钢管层、防腐层和土壤的物性参数

介　　质	密度/(kg/m³)	比热容/[J/(kg·℃)]	导热系数/[W/(m·℃)]
钢管层	7850	480	48
防腐层	1100	1670	0.15
土壤	1700	1010	1.5

由于再启动数值模拟属于非稳态模拟，需要设置初场，因此以停输数值模拟结果作为初场。停输后管道将以出站压力为 7 MPa、出站温度为 55 ℃ 的条件再启动。

5　数值模拟结果分析

图 1 展现了再启动某一时刻管道沿线的流速、压力和温度分布。由该图可知，流速分布云图前后存在着较大差距，压力和温度分布曲线均出现了拐点，其中压力分布曲线出现了一个拐点，而温度分布曲线出现了一个较为明显的拐点（拐点 1）和一个较不明显的拐点（拐点 2）。在图 1(a) 中，流速分布云图前后之所以存在着较大差距，是因为在管道上下游的原油处于不同的流态：在管道上游，原油为湍流流动；而在管道下游，原油为层流流动。对于湍流流动而言，层流底层较薄，因此在管道近壁处，湍流流动所对应的速度分布云图与层流流动所对应的速度分布云图存在着较大差别。此外，在管道中心附近，原油在层流状态下所受到的剪切应力较小，较小的剪切应力不能使具有屈服应力的含蜡原油产生相对运动，此时管道中心附近的含蜡原油以柱塞的方式向前流动。图 1(b) 中的拐点为湍流与层流的交界位置，压力曲线在交界位置前的斜率大于在交界位置后的斜率，这说明与处于层流状态下的流动相比，处于湍流状态下的流动需要消耗更多的压能。图 1(c) 中的拐点 1 为顶挤原油与管内存油的交界位置，拐点 2 为湍流流动与层流流动的交界位置，这里需要单独解释温度分布曲线在拐点 2 前后斜率的变化：由于原油在湍流状态下的摩擦热大于在层流状态下的摩擦热，因此温度分布曲线在拐点 2 前的斜率小于拐点 2 后的斜率。对比图 1(b) 和图 1(c) 可知，在图 1(c) 中的拐点 1 位置，图 1(b) 中的压力分布曲线并未出现明显的拐点，这说明在湍流状态下压能的消耗对原油物性的变化并不敏感。

6　结论

本文建立了一种适用于描述多流体类型和多流态共存再启动过程的伪二维模型，并针对该模型提出了相应的数值模拟方法。此外，结合具体的算例，对数值模拟结果进行了详细分析，分析结果表明：

（1）湍流状态下原油的流速分布与层流状态下原油的流速分布具有明显的差异，在层流状态下，具有屈服应力的含蜡原油在管道中心附近会以柱塞的方式向前流动；

（2）当含蜡原油流动状态发生转变，处于湍流状态下的流动比处于层流状态下的流动需要消耗更多的压能并且会产生更多的摩擦热；

（3）在湍流状态下压能的消耗对原油物性的变化并不敏感。

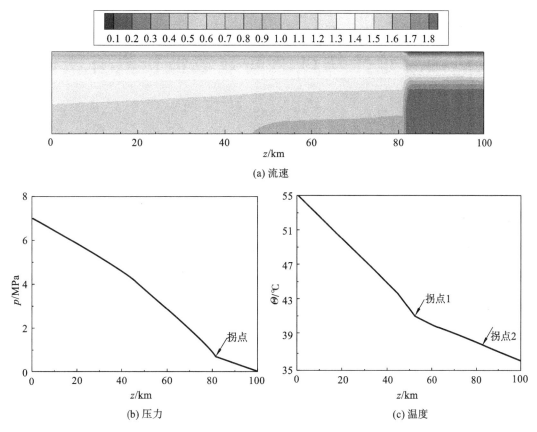

0.1 0.2 0.3 0.4 0.5 0.6 0.7 0.8 0.9 1.0 1.1 1.2 1.3 1.4 1.5 1.6 1.7 1.8

(a) 流速

(b) 压力

(c) 温度

图 1　在 $t=0.5$ d 时管道沿线的流速、压力和温度分布

参 考 文 献

[1] 张劲军,国丽萍.基于滞回环的含蜡原油触变模型评价[J].石油学报,2010,31(3):494-500.

[2] VINAY G,WACHS A,FRIGAARD I. Start-up transients and efficient computation of isothermal waxy crude oil flows[J].Journal of Non-Newtonian Fluid Mechanics,2007,143(2-3):141-156.

[3] 杨筱蘅.输油管道设计与管理[M].东营:中国石油大学出版社,2006.

[4] YUAN Q,WU C,YU B,et al. Study on the thermal characteristics of crude oil batch pipelining with differential outlet temperature and inconstant flow rate [J]. Journal of Petroleum Science and Engineering,2017,160:519-530.

[5] YUAN Q,LIU H,LI J,et al. Study on the parametric regression of a multi-parameter thixotropic model for waxy crude oil[J].Energy & Fuels,2018,32(4):5020-5032.

[6] LIU G,CHEN L,ZHANG G,et al. Experimental study on the compressibility of gelled crude oil[J]. SPE Journal,2014,20(2):248-254.

埋地热油管道土壤区域高效数值仿真方法研究

袁　庆　张　衡　宇　波

（北京石油化工学院机械工程学院/
深水油气管线关键技术与装备北京市重点实验室　北京　102617）

摘　要：对于易凝高黏原油，管道预热投产、冷热油交替输送以及停输再启动过程的热力非稳定性较强。针对这类输送过程，热力仿真一般会涉及埋地热油管道周围土壤区域的数值仿真。为了解决管道周围土壤区域数值仿真计算量大的问题，本文开展了高效数值仿真方法研究。基于四个不同角度的考虑，本文针对管道周围土壤区域的数值仿真，提出了一体化网格生成技术、代数方程组高效求解技术、土壤截面自适应技术以及 GPU 并行计算技术，并通过定性分析说明了一体化网格生成技术在仿真效率上的优势，通过定量计算证实了代数方程组高效求解技术、土壤截面自适应技术以及 GPU 并行计算技术具有较好的加速效果。对于热力非稳定性较强的埋地管道输送工艺，本文的研究对缩短输送方案制定周期具有重要意义。

关键词：易凝高黏原油　埋地热油管道　土壤区域　高效数值仿真方法

1　引言

　　管道周围土壤区域的数值仿真存在着计算量大的特点，往往占据了埋地热油管道仿真的大部分计算时间。通常需要通过多次试算比较，才能确定最终的输送方案，而单次数值仿真计算效率低，往往会使方案制定效率低，大大延长输送方案制定的周期。因此，提高数值仿真效率对于缩短方案制定周期具有重要意义，而减少管道周围土壤区域的数值仿真时间是提高埋地热油管道仿真效率的关键。

2　埋地热油管道输送热力模型

　　对于埋地热油管道输送过程，管内原油、管道、土壤和大气相互耦合，它们整体上可看作一个耦合系统。对于这个耦合系统，可以先采用不同的控制方程对其每一部分进行数学描述，然后再根据衔接条件来耦合每一部分的数学描述。管内原油、管道、土壤以及大气的热力变化可分别采用式（1）、式（2）、式（3）和式（4）进行描述[1,2]，管内原油与管道、管道与土壤以及土壤和大气之间的耦合可分别采用式（5）、式（6）和式（7）进行描述[3]。

$$\rho c_{\mathrm{p}}\left(\frac{\partial \Theta}{\partial t}+v\frac{\partial \Theta}{\partial z}\right)-\beta_{\mathrm{o}}(\Theta+273.15)\left(\frac{\partial p}{\partial t}+v\frac{\partial p}{\partial z}\right)=-\frac{2}{R}q_{r}\,|_{r=R}-\frac{2}{R^{2}}\int_{0}^{R}(\tau_{rz}\dot{\gamma}r)\mathrm{d}r \quad (1)$$

$$\frac{\partial(\rho_{I}c_{I}T)}{\partial t}=\frac{\partial}{\partial x}\left(\lambda_{I}\frac{\partial T}{\partial x}\right)+\frac{\partial}{\partial y}\left(\lambda_{I}\frac{\partial T}{\partial y}\right) \tag{2}$$

$$\frac{\partial(\rho_{s}c_{s}T)}{\partial t}=\frac{\partial}{\partial x}\left(\lambda_{s}\frac{\partial T}{\partial x}\right)+\frac{\partial}{\partial y}\left(\lambda_{s}\frac{\partial T}{\partial y}\right) \tag{3}$$

$$T_{a}(t)=\overline{T}_{d} \tag{4}$$

$$q_{r}\big|_{r=R}=\alpha_{o}(\Theta-T) \tag{5}$$

$$\lambda_{I}\big|_{I=3}\frac{\partial T}{\partial r}\bigg|_{r=R_{w}^{-}}=\lambda_{s}\frac{\partial T}{\partial r}\bigg|_{r=R_{w}^{+}} \tag{6}$$

$$-\lambda_{s}\frac{\partial T}{\partial y}\bigg|_{y=0}=\alpha_{a}(T-T_{a}) \tag{7}$$

3 土壤区域高效数值仿真方法

3.1 代数方程组高效求解技术

土壤导热方程的离散式是一个五对角代数方程组,对于这类方程组的求解,往往可选用多种求解方法,例如 Jacobi 迭代法、Gauss-Seidel 迭代法、ADI 方法和预条件共轭梯度法,不同求解方法的计算效率往往存在较大差异。对于系数矩阵是稀疏矩阵的这类代数方程组的求解,相较于其他求解方法而言,预条件共轭梯度法往往更具有优势。BICGSTAB 是一种常用的预条件共轭梯度法,其中预条件矩阵 $\boldsymbol{M}$ 采用 SSOR 方法得到,其计算式为

$$\boldsymbol{M}=\boldsymbol{M}_{1}\boldsymbol{M}_{2} \tag{8}$$

$$\boldsymbol{M}_{1}=\frac{1}{2-\omega}(\boldsymbol{I}+\omega\boldsymbol{L}_{A}\boldsymbol{D}_{A}^{-1}) \tag{9}$$

$$\boldsymbol{M}_{2}=\frac{1}{\omega}(\boldsymbol{I}+\omega\boldsymbol{U}_{A}\boldsymbol{D}_{A}^{-1})\boldsymbol{D}_{A} \tag{10}$$

3.2 土壤截面自适应生成技术

沿线油温和沿线土壤温度场变化的剧烈程度往往是不同的,采用统一的土壤截面密度与管内原油进行耦合,这种实施方法在仿真计算上并不经济。对此,这里寻求了一种自适应方法,使土壤截面随着沿线油温和沿线土壤温度场的变化发生动态调整,进而起到提高数值仿真效率的目的。小波配点法能够很好地捕捉沿线油温以及沿线土壤温度场的局部化特性[4,5],可很好地达到自适应的目的。先将沿线油温和沿线土壤温度场进行小波变换,如式(11)所示,然后根据小波系数与所设阈值的关系,确定沿线需求解的土壤截面。当土壤截面密度发生变化时,数值仿真的时间步长也会相应地发生变化,此时时间步长可按式(12)进行计算。

$$\begin{cases}\Theta^{R}(z)=\sum_{K\in\Omega^{R_{c}}}\xi_{K}^{R_{c}}\varphi_{K}^{R_{c}}(z)+\sum_{r=R_{c}}^{R-1}\sum_{L\in I^{r}}\zeta_{L}^{r}\psi_{L}^{r}(z)\\[2mm](T_{i,j})^{R}(z)=\sum_{K\in\Omega^{R_{c}}}(\xi'_{i,j})_{K}^{R_{c}}(\varphi'_{i,j})_{K}^{R_{c}}(z)+\sum_{r=R_{c}}^{R-1}\sum_{L\in I^{r}}(\zeta'_{i,j})_{L}^{r}(\psi'_{i,j})_{L}^{r}(z)\end{cases} \tag{11}$$

$$\Delta t=\frac{\min\left[(\Delta z)_{k},\Lambda_{set}\Delta z\right]}{\max(v_{k})} \tag{12}$$

3.3 GPU 并行计算技术

随着计算机硬件设备的快速发展,数值仿真领域的研究者越来越热衷于并行计算。相

较于 CPU 而言，GPU 具有更强大的浮点计算能力和更好的并行特性，越来越受到广大研究学者的青睐，被认为是以后并行计算的发展趋势。为了大幅度减少 GPU 与 CPU 之间的数据传输时间，本文将所有土壤截面的温度场求解看作一个整体，然后将其与 GPU 三维网格相对应。当土壤截面采用自适应生成技术时，由于土壤截面的总数存在着动态变化，此时 GPU 三维网格应随着自适应截面的变化而发生动态变化。

4 高效数值仿真方法的加速效果

以一条管长为 100 km、管径为 660 mm、埋深为 1.5 m 的管道的再启动过程为研究对象。

图 1 所示为采用不同代数方程组求解方法时数值仿真的计算耗时和加速比，由该图可知，Jacobi 迭代法、Gauss-Seidel 迭代法、ADI 方法和 BICGSTAB 方法的求解效率依次递增，验证了预条件共轭梯度法具有最高的求解效率。

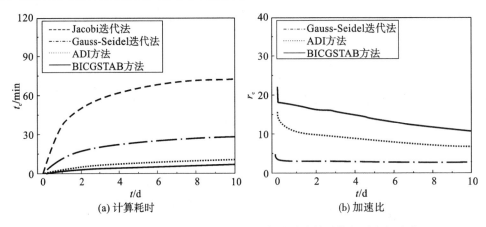

图 1 采用不同代数方程组求解方法时数值仿真的计算耗时和加速比

图 2 所示为采用土壤截面自适应生成技术时数值仿真的计算耗时和加速比，由该图可知，"均分土壤截面"、"自适应土壤截面"和"自适应土壤截面＋时间自适应"的求解效率依次递增，说明土壤截面自适应生成技术能够达到较好的加速效果，并且采用"时间自适应"的方

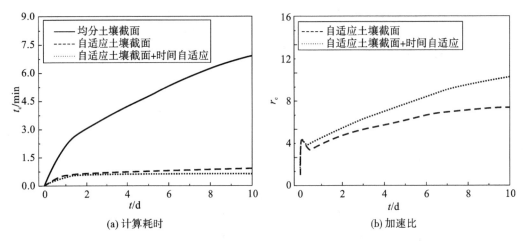

图 2 采用土壤截面自适应生成技术时数值仿真的计算耗时和加速比

法可以实现进一步加速。

图 3 所示为采用 GPU 并行计算技术时数值仿真的计算耗时和加速比,由该图可知,"CPU 串行计算"、"GPU 并行计算"和"GPU 并行计算+自适应土壤截面"的求解效率依次递增,说明 GPU 并行计算技术能够达到较好的加速效果,并且与土壤截面自适应生成技术的结合使用可以实现进一步加速。

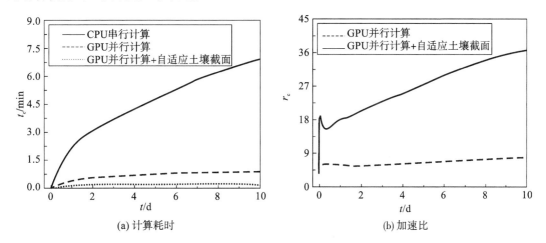

(a) 计算耗时   (b) 加速比

图 3 采用 GPU 并行计算技术时数值仿真的计算耗时和加速比

5 结论

为了解决埋地热油管道周围土壤区域数值仿真计算量大的问题,本文采用了一些新的仿真技术,并对这些仿真技术采用具体算例进行定量计算,计算结果表明:

（1）相较于 Jacobi 迭代法、Gauss-Seidel 迭代法和 ADI 方法而言,预条件共轭梯度法具有更高的求解效率;

（2）相较于土壤截面均分的方法而言,土壤截面自适应生成技术能够达到较好的加速效果,若采用"时间自适应"的方法,可实现进一步加速;

（3）相较于 CPU 串行计算而言,GPU 并行计算技术能够达到较好的加速效果,若 GPU 并行计算技术与土壤截面自适应生成技术结合使用,可实现进一步加速。

参 考 文 献

[1] VINAY G, WACHS A, AGASSANT J F. Numerical simulation of non-isothermal viscoplastic waxy crude oil flows[J]. Journal of Non-Newtonian Fluid Mechanics, 2005, 128(2-3):144-162.

[2] WANG K, ZHANG J, YU B, et al. Numerical simulation on the thermal and hydraulic behaviors of batch pipelining crude oils with different inlet temperatures[J]. Oil & Gas Science and Technology, 2009, 64(4):503-520.

[3] YUAN Q, WU Z, LI W, et al. Comparative study on atmospheric temperature models for the buried hot oil pipeline[C]. The 12th International Pipeline Conference, 2018.

[4] VASILYEV O V, PAOLUCCI S. A fast adaptive wavelet collocation algorithm for multidimensional PDEs[J]. Journal of Computational Physics, 1997, 138(1):16-56.

[5] VASILYEV O V, BOWMAN C. Second-generation wavelet collocation method for the solution of partial differential equations[J]. Journal of Computational Physics, 2000, 165(2,10):660-693.

隔热涂料对大型轻质原油储罐小呼吸损耗的数值模拟研究

张敬东[1]　文　硕[1]　张　春[2]　吴小华[1]

(1.北京石油化工学院机械工程学院
/深水油气管线关键技术与装备北京市重点实验室　北京　102617；
2.中石化管道储运有限公司科技研发中心　江苏徐州　221008)

摘　要：对于常年储存轻质原油的储罐,在罐壁及罐顶涂刷隔热涂料,可减少储罐吸收的太阳辐射量,从而降低储罐的小呼吸损耗。本文基于湍流模型,考虑了原油流变特性及含蜡原油在温降过程中析蜡潜热等众多因素对储罐温度场的影响,建立了大型浮顶储罐传热数理模型,并发展了一体化耦合求解方法。基于该模型及求解方法,本文进行了隔热涂料对大型原油储罐小呼吸损耗影响的定量评估。

关键词：隔热涂料　大型原油储罐　小呼吸损耗　温度场　模拟研究

本文基于湍流模型,在考虑了原油流变特性及含蜡原油在温降过程中析蜡潜热等众多因素对储罐温度场的影响,建立了大型浮顶储罐传热数理模型,基于该模型开展了隔热涂料对储罐温度场影响的研究,并结合相关小呼吸损耗计算方法,对隔热涂料进行应用性能的评价。

1　数理模型

本文在考虑原油形态和流变性变化的基础上,采用标准的 k-ε 模型建立了浮顶储罐内含蜡原油温降物理数学模型,并采用一体化求解方法进行求解,通过实测油温数据,验证模型的正确性。

1.1　浮顶储罐物理模型

采用二维轴对称方法对储罐进行物理模型的构建,该模型包括两部分,即油罐部分和罐底土壤部分,其中油罐部分又由四个部分组成,即钢板层、罐底钢板层、罐壁钢板层和保温层以及罐内含蜡原油。

浮顶储罐传热过程主要包括罐内(气)液固的耦合传热、罐底钢板层与土壤层之间的导热、储罐和外界大气之间的强制对流以及太阳辐射。

1.2　浮顶储罐数学模型

1.2.1　控制方程

结合非牛顿流体模型以及析蜡相变模型,本文最终给出的二维圆柱坐标系浮顶储罐内

含蜡原油温降控制方程为

$$\frac{\partial(\rho\langle u_x\rangle)}{\partial x}+\frac{1}{r}\frac{\partial(r\rho\langle u_r\rangle)}{\partial r}=0 \tag{1}$$

$$\frac{\partial(\rho\langle u_x\rangle)}{\partial t}+\frac{\partial(\rho\langle u_x\rangle\langle u_x\rangle)}{\partial x}+\frac{1}{r}\frac{\partial(\rho r\langle u_x\rangle\langle u_r\rangle)}{\partial r}$$
$$=\frac{\partial}{\partial x}\Big[(\mu+\mu_t)\frac{\partial\langle u_x\rangle}{\partial x}\Big]+\frac{1}{r}\frac{\partial}{\partial r}\Big[r(\mu+\mu_t)\frac{\partial\langle u_x\rangle}{\partial r}\Big]+s_{ux} \tag{2}$$

$$\frac{\partial(\rho\langle u_r\rangle)}{\partial t}+\frac{\partial(\rho\langle u_r\rangle\langle u_x\rangle)}{\partial x}+\frac{1}{r}\frac{\partial(\rho r\langle u_r\rangle\langle u_r\rangle)}{\partial r}$$
$$=\frac{\partial}{\partial x}\Big[(\mu+\mu_t)\frac{\partial\langle u_r\rangle}{\partial x}\Big]+\frac{1}{r}\frac{\partial}{\partial r}\Big[r(\mu+\mu_t)\frac{\partial\langle u_r\rangle}{\partial r}\Big]+s_{ur} \tag{3}$$

$$\frac{\partial(\rho c_{\mathrm{p}}\langle T\rangle)}{\partial t}+\frac{\partial(\rho c_{\mathrm{p}}\langle u_x\rangle\langle T\rangle)}{\partial x}+\frac{1}{r}\frac{\partial(r\rho c_{\mathrm{p}}\langle u_r\rangle\langle T\rangle)}{\partial r}$$
$$=\frac{\partial}{\partial x}\Big[\Big(\lambda+\frac{\mu_t c_{\mathrm{p}}}{\mathrm{Pr}_t}\Big)\frac{\partial\langle T\rangle}{\partial x}\Big]+\frac{1}{r}\frac{\partial}{\partial r}\Big[r\Big(\lambda+\frac{\mu_t c_{\mathrm{p}}}{\mathrm{Pr}_t}\Big)\frac{\partial\langle T\rangle}{\partial r}\Big]-\frac{\partial(\rho\Delta H)}{\partial t} \tag{4}$$

$$\frac{\partial(\rho k)}{\partial t}+\frac{\partial(\rho\langle u_x\rangle k)}{\partial x}+\frac{1}{r}\frac{\partial(r\rho\langle u_r\rangle k)}{\partial r}$$
$$=\frac{\partial}{\partial x}\Big[\Big(\mu+\frac{\mu_t}{\sigma_k}\Big)\frac{\partial k}{\partial x}\Big]+\frac{1}{r}\frac{\partial}{\partial r}\Big[r\Big(\mu+\frac{\mu_t}{\sigma_k}\Big)\frac{\partial k}{\partial r}\Big]+P_k-\rho\varepsilon \tag{5}$$

$$\frac{\partial(\rho\varepsilon)}{\partial t}+\frac{\partial(\rho\langle u_x\rangle\varepsilon)}{\partial x}+\frac{1}{r}\frac{\partial(r\rho\langle u_r\rangle\varepsilon)}{\partial r}$$
$$=\frac{\partial}{\partial x}\Big[\Big(\mu+\frac{\mu_t}{\sigma_\varepsilon}\Big)\frac{\partial\varepsilon}{\partial x}\Big]+\frac{1}{r}\frac{\partial}{\partial r}\Big[r\Big(\mu+\frac{\mu_t}{\sigma_\varepsilon}\Big)\frac{\partial\varepsilon}{\partial r}\Big]+(C_1 P_k-C_2\rho\varepsilon)\frac{\varepsilon}{k} \tag{6}$$

$$\mu_t=\rho C_\mu\frac{k^2}{\varepsilon} \tag{7}$$

1.2.2 太阳辐射

油罐单位面积接收的太阳辐射量包括两部分:太阳直接辐射量 E_{d} 和太阳散射辐射量 E_{s} [1,2]。对于太阳直接辐射量 E_{d},可由下式计算得到,即

$$E_{\mathrm{d}}=(1-a_{\mathrm{r}})E_{\mathrm{sc}}\frac{\sinh}{\sinh+(1-P)/P}\frac{\cos\theta}{R^2} \tag{8}$$

1.3 模型求解及正确性验证

1.3.1 求解方法

计算时将固体当作黏度为无穷大的流体,这样就将流固耦合问题转变成变物性问题,从而实现浮顶储罐的一体化求解,并最终提高了计算速度和精度。

1.3.2 模型正确性验证

利用 A 油库 26 号 10×10^4 m^3 储罐对所建立的模型进行验证,该储罐长时间模拟 1306 个小时(54.42 天),模拟温降为 12.58 ℃,实际温降为 12.67 ℃,实测数据与模拟结果拟合良好;在该储罐前 302 个小时(12.58 天)的油温数据中,模拟温降为 1.24 ℃,实际温降为 1.37 ℃,两者的相对误差为 4.83%。

2 模拟结果与分析

本文选取了某公司旗下 B 油库 8♯ 单盘浮顶储罐作为研究对象,在不同液位高度条件

下开展隔热涂料对储罐温度场影响的模拟研究。

2.1　隔热涂料对储罐温度场的影响规律

当液位较低时,储罐内原油较少,油温对太阳辐射的影响更加敏感,涂刷隔热涂料前罐内油温在初始油温为 35 ℃的条件下依然出现了温升,而涂刷隔热涂料后罐内油温则出现了明显的温降。随着液位高度的上升,涂刷隔热涂料前后罐内油温之间的差异不断减小。

夏季涂刷隔热涂料后储罐的平均油温比涂刷隔热涂料前储罐的平均油温低 2 ℃以上,并且两者的差异随着液位高度的下降而不断增大,液位为 6 m 时两者相差了 4.1 ℃。

2.2　隔热涂料对储罐温度场分布规律的影响机制

在 B 油库甲油有无隔热涂料条件下模拟 60 h(第三天中午 12 点)的温度场和速度矢量场,结果表明,有无隔热涂料条件下的速度矢量均较小,此时大气环境温度和太阳辐射较高,储罐上层油品的温度较高,密度相对较小,不易形成对流。但从局部放大图中可以明显看出,有隔热涂料的储罐内油品的速度矢量更大,流动性更强。因此,凯撒杰油储罐在罐壁和罐顶涂刷隔热涂料后,罐壁吸收的太阳辐射大大降低,油温保持在一个相对较低的水平。

2.3　隔热涂料对小呼吸损耗的定量评估

本文采用中石化(CPCC)系统编制的经验公式对储罐小呼吸损耗量进行计算,对比涂刷隔热涂料前后储罐的小呼吸损耗量,可得不同液位高度下涂刷隔热涂料后储罐小呼吸损耗量减少量,具体结果如表 1 所示。

表 1　夏季 B 油库 8# 单盘浮顶储罐小呼吸损耗量

液高/m		油温/℃	小呼吸损耗量/kg	小呼吸损耗量减少量/kg
6	无隔热涂料	35.086	5295.265	596.283
	有隔热涂料	30.984	4698.982	
12	无隔热涂料	34.589	5216.817	475.831
	有隔热涂料	31.299	4740.986	
18	无隔热涂料	33.648	5073.310	305.764
	有隔热涂料	31.496	4767.546	

3　结论

(1)隔热涂料可反射大部分太阳光,大大减弱了太阳辐射对储罐温度场的影响。不同条件下,夏季涂刷隔热涂料后储罐的平均油温比涂刷隔热涂料前储罐的平均油温低 2 ℃以上,并且两者的差异随着液位高度的下降而不断增大,液位为 6 m 时两者相差了 4.1 ℃。

(2)对轻质油储罐涂刷隔热涂料,可有效降低储罐小呼吸损耗量和 VOCs 排放量。其中 B 油库 8# 单盘浮顶储罐涂刷隔热涂料后,夏季 6 m 液位的工况下小呼吸损耗量可降低 596.283 kg/季,比未涂刷隔热涂料要减少 10%以上。

参 考 文 献

[1]　郭光臣,董文兰,张志廉.油库设计与管理[M].东营:中国石油大学出版社,2006.

[2]　李旺.大型浮顶油罐温度场数值模拟方法及规律研究[D].北京:中国石油大学(北京),2013.

裂缝型储层稳态流动高效数值计算方法研究

高艳青[1] 李庭宇[2] 韩东旭[3] 汪道兵[3] 孙东亮[3] 宇　波[3]

(1.北京工业大学环境与能源学院　北京　100124；
2.西安交通大学化工学院　陕西西安　710049；
3.北京石油化工学院机械工程学院　北京　102600)

摘　要： 数值模拟裂缝型储层的流动过程对于大多数工程问题均具有重要意义，如原油开采、地热能提取等。常规的手段主要以高保真的数值模拟为主，但当区域裂缝较多时，计算量往往较大。为此，本文提出了一种基于嵌入式离散裂缝模型的POD低阶模型快速计算方法，用以研究裂缝型储层的稳态流动。首先构建了裂缝型储层的稳态流动方程；其次基于离散矩阵方程投影技术，构建了相应的POD低阶模型；最后对该模型的精度进行验证。计算结果表明：该方法具有较高的精度和较快的计算速度，验证和预测精度分别可达 $2.98 \times 10^{-8}\%$ 和 $8.46 \times 10^{-8}\%$，计算效率可以提升 10 倍。

关键词： 离散裂缝　储层　数值计算　POD

POD低阶模型作为一种功能强大、效果显著的快速数值模拟方法，已成功应用于流体流动、传热等物理和工程问题中[1,2]。本文将POD低阶模型应用于裂缝型储层流动问题的研究中。

在裂缝模型方面，EDFM具有良好的应用前景；在数值计算方面，POD低阶模型精度高，计算速度快。因此，本文基于EDFM建立了裂缝型储层稳态流动的POD低阶模型。

1　流动方程

1.1　嵌入式离散裂缝模型

EDFM将基岩和裂缝看成是两种独立的介质，采用正交网格划分，裂缝被认为嵌入在基岩网格中。

1.2　流动方程

基于EDFM思想，裂缝型储层中稳定流动的质量平衡方程为

基岩部分：

$$\nabla \cdot (v^m) + \Psi^{mf} + q^m = 0 \tag{1}$$

裂缝部分：

$$\nabla \cdot (v^f) + \Psi^{fm} + \Psi^{ff} + q^f = 0 \tag{2}$$

式中，上标 m 和 f 分别表示基岩和裂缝，Ψ^{ff} 为裂缝与裂缝之间的窜流函数，Ψ^{mf} 和 Ψ^{fm} 表示

基岩与裂缝之间的窜流函数，v 为达西速度，q 为源项。

基岩与裂缝之间的窜流函数为

$$\Psi^{fm} = \text{CI} \cdot \Xi \cdot (p^f - p^m) \tag{3}$$

式中：p^f 和 p^m 分别是裂缝和基岩网格的压力；Ξ 为流体的平均流动能力；CI 是基岩与裂缝之间的连通系数，其表达式为

$$\text{CI}_{ij,k} = \frac{A_{ij,k}}{\langle d \rangle_{ij,k}} \tag{4}$$

式中，$A_{ij,k}$ 为基岩单元 ij 内的裂缝段 k 的长度分数，$\langle d \rangle_{ij,k}$ 为基岩单元 ij 和裂缝段 k 之间的平均距离。

基岩和裂缝之间的交换流量必须是守恒的，即

$$\int \Psi^{mf} \, dV = -\int \Psi^{fm} \, dA \tag{5}$$

裂缝与裂缝之间的窜流函数为

$$\Psi^{ff} = T_{i,j}(p^{fi} - p^{fj}) \tag{6}$$

式中，$T_{i,j}$ 为裂缝与裂缝之间的导水系数，其表达式为

$$T_{i,j} = \frac{\alpha_i \cdot \alpha_j}{\alpha_i + \alpha_j} \tag{7}$$

$$\alpha_i = \frac{b_i \Xi_i}{0.5 \Delta x^f} \tag{8}$$

式中，b_i 为裂缝 i 的孔径，Δx^f 为裂缝网格的空间步长。

2　POD 低阶模型

POD 低阶模型的建立及求解原理图如图 1 所示。

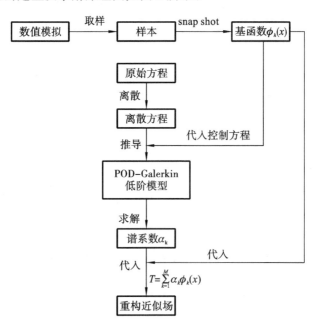

图 1　POD 低阶模型的建立及求解原理图

3 模型验证及分析

为了对稳态流动 POD 低阶模型进行验证以及应用,设计了以下算例。基岩计算区域为 100 m×100 m,离散裂缝 15 条,基岩网格数为 10 000,裂缝网格数为 758。

为了获得大量的样本数据,设计了非线性边界条件。

左边界:

$$p_1 = a_1 + a_2 \sin y \tag{9}$$

右边界:

$$p_r = a_3 + a_4 \sin y \tag{10}$$

上边界:

$$p_t = a_5 + a_6 \sin x \tag{11}$$

下边界:

$$p_b = a_7 + a_8 \sin x \tag{12}$$

为了得到一系列的压力样本,选取压力边界变量 $a_1 \sim a_8$ 分别为 $0 \sim 10^6$。因此,压力样本总数为 $2^8 = 256$。

我们定义了如下两个公式来帮助选择基函数的个数。

基函数的能量贡献率:

$$\xi_i = \lambda_i / \sum_{k=1}^{n} \lambda_k \tag{13}$$

基函数的累积能量贡献率:

$$\zeta = \sum_{k=1}^{m} \lambda_k / \sum_{k=1}^{n} \lambda_k, \quad m \leqslant n \tag{14}$$

由于前 8 组基函数的累积能量贡献率已经达到 100%,所以取前 8 组基函数对基岩压力场进行重构。结果表明,前两组基函数反映了非线性边界条件及大裂缝导流的作用,后两组基函数主要体现了边界上和内部小尺度的变化信息。

为了验证 POD 低阶模型的精度和适用范围,设计了表 1 所示的边界条件。验证 1 和验证 2 为原始样本数据采用的边界条件,验证 POD 低阶模型再现原始样本的能力;预测 1 和预测 2 的边界条件处于样本之外,验证 POD 低阶模型的预测能力。

表 1　POD 低阶模型的验证和预测精度

项　　目	p_1/MPa	p_r/MPa	p_t/MPa	p_b/MPa	偏　　差
验证 1	$1+\sin y$	$1+\sin y$	$1+\sin x$	$1+\sin x$	2.98×10^{-8}%
验证 2	$\sin y$	1	$\sin x$	1	1.16×10^{-6}%
预测 1	$3+2\sin y$	$2+3\sin y$	$2.5+3.5\sin x$	$3.7+2.6\sin x$	8.46×10^{-8}%
预测 2	20	$60\sin y$	100	$-800\sin x$	1.70×10^{-6}%

与有限容积法(FVM)的最大偏差定义为

$$\varepsilon = \max[\mathrm{abs}(p^{\mathrm{FVM}} - p^{\mathrm{POD}})] \tag{15}$$

式中,p^{FVM} 为 FVM 计算结果,p^{POD} 为 POD 低阶模型计算结果。

从表 1 中可以看出,最低验证精度为 2.98×10^{-8}%,最低预测精度为 8.46×10^{-8}%。另外,POD 低阶模型的计算效率约为有限容积法的 10 倍。

4　结论

(1)基于 EDFM 构建流动方程,并构建了相应的 POD 低阶模型。

(2)通过所设计的裂缝算例,验证了 POD 低阶模型的准确性。无论测试数据是在原始样本范围内还是远离原始样本范围,都可以达到较高的精度和较快的计算速度。最低验证精度为 $2.98×10^{-8}\%$,最低预测精度为 $8.46×10^{-8}\%$。POD 低阶模型的计算速度可以加速10 倍以上。

参 考 文 献

[1] 刘阁,邓阳琴,金兴,等.对称槽道涡波流场流动特征的 POD 分析[J].强激光与粒子束,2018,30(6):173-182.

[2] 叶坤,武洁,叶正寅,等.动力学模态分解和本征正交分解对圆柱绕流稳定性的分析[J].西北工业大学学报,2017,35(4):599-607.

抚锦成品油管道停输后压力变化分析

刁　逢　闻峰　郝　勇　吴海辰　马　帅　张梦娴　郝昱程

（中国石油北京油气调控中心　北京　100007）

摘　要：抚锦成品油管道在投产结束计划停输期间多次出现管内压力下降的现象。由于密闭输送管道的油品体积受温度和压力的影响而存在膨胀性和压缩性，因此温度是影响管道运行参数的主要因素之一。本文基于抚锦成品油管道停输后的运行参数，分析了管道在投产后停输期间温度下降对油品体积、压力的影响，计算出油品温度每下降 1 ℃ 管内压力变化值，通过对投产后充压体积总量与温度下降引起的体积变化量进行对比，得出温度下降是引起油品体积变化、压力下降的主要原因。

关键词：管道停输　膨胀性　压缩性　温度下降　压力变化

抚锦成品油管道投产后停输期间，辽阳至辽河段压力出现持续下降现象。为了使管道处于合适的压力范围，对管道进行多次充压，经判断发现压力下降并非由管道泄漏引起。由于流体存在体积膨胀性和压缩性[1]，管道内的油品体积受温度影响会发生变化，从而使管道压力变化[2~18]。管道投产后进入冬季，温度下降，使得管内油品体积缩小，管道压力下降。因此，有必要对管道停输后压力随温度变化情况进行分析，为今后管道投产停输阶段的压力控制提供参考。

1　计算方法

密闭管内压力的存在使得油品处于受压状态，管道径向存在膨胀变形。温度降低时，油品受冷收缩，管内压力下降，使油品受压程度降低，管道径向发生收缩。在此过程中，油品受冷收缩的体积 ΔV 等于受压程度降低引起的体积变化 ΔV_1 和管道收缩体积 ΔV_2 之和，根据 ΔV、ΔV_1、ΔV_2 三者之间的关系，可得出管内压力变化与温度变化之间的关系。

1.1　温度对油品体积的影响

流体的膨胀性是指在压力不变的条件下体积随温度变化而变化的性质，其大小用体积膨胀系数 β_t 表示，引起的体积变化量为

$$\Delta V = \beta_t V \Delta T \tag{1}$$

式中：V 为管内原有油品体积（m^3）；ΔV 为油品体积变化量（m^3）；ΔT 为温度变化量（℃）；β_t 为体积膨胀系数（$℃^{-1}$），柴油体积膨胀系数一般取 0.000 8 $℃^{-1}$。

1.2　温度对管道压力的影响

液体的压缩性是指在温度不变的条件下体积随压力变化而变化的性质，压缩性的大小

用压缩系数 β_p 表示,引起的体积变化量 ΔV_1 为

$$\Delta V_1 = \beta_p V \Delta P \tag{2}$$

式中:V 为管内原有油品体积(m^3);ΔV_1 为油品体积变化量(m^3);ΔP 为压力变化量(Pa);β_p 为体积压缩系数(Pa^{-1}),柴油体积压缩系数一般取 $5.5 \times 10^{-10}\ Pa^{-1}$。

对于固定的埋地管道,轴向位移为 0,由材料力学知识可推导出受压后径向体积变化量 ΔV_2 为

$$\Delta V_2 = \frac{\Delta P D V}{E \delta (1 - \mu^2)} \tag{3}$$

式中:V 为管内原有油品体积(m^3);ΔV_2 为受压后径向体积变化量(m^3);ΔP 为压力变化量(Pa);E 为管道所用钢材的弹性模量,取为 $200 \times 10^9\ Pa$;D 为管道内径(m);δ 为管道壁厚(m);μ 为泊松系数,取为 0.3。

由于 $\Delta V = \Delta V_1 + \Delta V_2$,根据式(1)、式(2)、式(3)可得

$$\beta_t V \Delta T = \beta_p V \Delta P + \frac{\Delta P D V}{E \delta (1 - \mu^2)} \tag{4}$$

将相关数据代入式(4)中,可得温度-压力关系式为 $\Delta P / \Delta T = 0.896\ MPa/℃$,即温度下降 1 ℃,压力下降 0.896 MPa。

2　数据分析

2.1　管道简介

抚锦成品油管道干线全长约 240 km,管道设置干线站场 3 座、阀室 16 座。

管道投产后进入停输阶段,随着冬季的来临,管道出现了压力降低的趋势。记录投产后前 10 次充压,通过计算可得前 10 次的充油量为 124.004 m^3,首站充压量为 8.71 MPa。

通过查看辽阳出站、1♯阀室、4♯阀室、6♯阀室及辽河进站油温变化趋势发现,在每日 8:00 左右油温最低,16:00 左右油温最高。因此,取充压时段每日 8:00 和 16:00 的油温作为分析数据(每隔一周取一次数据点)。由于管道内油品体积变化的主要影响因素为地温变化,但管道沿线并未设置单独的地温表,所以用阀室的油温替代地温进行近似计算分析。

分析结果表明,3 个阀室的油温在所取时间段内基本呈下降趋势,而辽阳出站油温及辽河进站油温从 2018 年 10 月到 11 月中旬呈下降趋势,之后由于加上了电伴热,油温逐渐上升并趋于平缓。

2.2　油品体积变化量

抚锦成品油管道辽阳—辽河段共有 3 个 RTU 阀室,由于充压结束后 RTU 阀室关闭,因此管段可分为 4 段,由温度变化引起的各管段体积变化量如表 1 所示。

表 1　由温度变化引起的各管段体积变化量

管　　段	$\sum dV(8:00)/m^3$	$\sum dV(16:00)/m^3$
辽阳—1♯阀室	16.28	16.54
1♯阀室—4♯阀室	40.51	40.30
4♯阀室—6♯阀室	18.07	17.98
6♯阀室—辽河	45.04	44.82

管　段	$\sum dV(8:00)/m^3$	$\sum dV(16:00)/m^3$
辽阳—辽河	119.90	119.64

由表 1 可知,以 8:00 的油温数据得出的辽阳—辽河段由温度变化所引起的体积变化量 $\sum dV = 119.90 \ m^3$,以 16:00 的油温数据得出的辽阳—辽河段由温度变化所引起的体积变化量 $\sum dV = 119.64 \ m^3$,体积变化量平均值为 $\overline{(\sum dV)} = 119.77 \ m^3$。研究阶段总充油量为 124.004 m^3,而由油温变化引起的体积变化量为 119.77 m^3,油温变化引起的体积变化量占总充油量的 96.6%,因此可认为温度下降是影响管道内油品减少的主要因素。

2.3　管道压力变化量

由管内温度-压力关系可知,油温下降 1 ℃,压力下降 0.896 MPa,由此可计算两次充压期间由温度引起的压力变化量,计算结果如表 2 所示。

表 2　实际充压量与计算压力变化量

序　号	实际充压量/MPa	计算压力变化量/MPa
1	1.80	1.692
2	1.13	1.085
3	0.30	0.280
4	0.78	0.800
5	0.90	0.772
6	0.76	0.744
7	0.70	0.673
8	0.82	0.796
9	0.67	0.651
10	0.85	0.835

由表 2 可知,首站实际充压量为 8.71 MPa,而计算压力变化量为 8.328 MPa,计算压力变化量为实际充压量的 95.6%。

3　结论

基于抚锦成品油管道停输后的参数,利用流体膨胀性和压缩性分析了管道停输后温度下降对油品体积、压力的影响,得出油品温度下降 1 ℃,压力下降 0.896 MPa;通过对总充油量与温度下降引起的体积变化量进行对比,得出油温变化引起的体积变化量占总充油量的 96.6%,由温度-压力关系计算出的压力变化量约为实际充压量的 95.6%。因此,可认为管道压力、体积的变化是由于管道沿线地温变化所致。

参 考 文 献

[1] 杨筱蘅,张国忠.输油管道设计与管理[M].东营:石油大学出版社,1996.
[2] 曾多礼,邓松圣,刘玲莉.成品油管道输送技术[M].北京:石油工业出版社,2002.

［3］ 王功礼,王莉.油气管道技术现状与发展趋势［J］.石油规划设计,2004,15(4):1-7.

［4］ 宋艾玲,梁光川,王文耀.世界油气管道现状与发展趋势［J］.油气储运,2006,25(10):1-6.

［5］ 张增强.兰成渝成品油管道投产技术［J］.油气储运,2004,23(6):32-35.

［6］ 高发连,刘双双,付强.西部成品油管道空管投油的技术分析［J］.油气储运,2006,25(11):58-60.

［7］ 郭祎,许玉磊,刘佳,等.港枣成品油管道停输后管内压力下降原因［J］.油气储运,2010,29(9):687-688.

［8］ 邱东.九江—樟树成品油管道停输后压力下降分析［J］.石油库与加油站,2015,24(5):8-10.

［9］ 陈春.江阴-无锡成品油管道停输后压力变化分析［J］.辽宁化工,2017,46(9):886-888.

［10］ 张强,宫敬,闵希华,等.成品油管道停输时段压力变化分析［J］.油气储运,2009,28(12):14-18.

［11］ 张楠,宫敬,闵希华,等.大落差对西部成品油管道投产的影响［J］.油气储运,2008,27(1):5-8.

［12］ GONG J,ZHANG Q. Analyses of the process control and technical scheme of Urumchi—Lanzhou multi-products pipeline ［J］. International Pipeline Conference,2008:569-574.

［13］ 崔艳雨,吴明,朱云,等.压力和温度影响下的油品输送批次界面跟踪［J］.油气田地面工程,2008,27(10):16-17.

［14］ 丁秉军,于涛.输油管道投产工况分析研究［J］.中国石油和化工标准与质量,2011,31(9):82,71.

［15］ 邵国泰,梁静华.新大输油管道投产试运及应注意的问题［J］.油气储运,2005,24(12):61-64.

［16］ 丁俊刚,王中良,刘佳,等.兰成原油管道投产实践［J］.油气储运,2015,34(11):1198-1201.

［17］ 于涛,顾建栋,刘丽君,等.石兰原油管道投产异常工况与解决措施［J］.油气储运,2011,30(10):758-760.

［18］ 吴国忠.埋地输油管道停启传热问题研究［D］.大庆:大庆石油学院,2007.

海三联气浮对采出水处理工艺影响因素研究

杨兆辉　王　伟　肖　宁

（中石化胜利油田分公司海洋采油厂　山东东营　257237）

摘　要：结合胜利油田海洋采油厂海三联合站气浮运行情况、影响气浮装置效果的因素、实现气浮分离的三个必要条件，并通过对气浮运行进行研究，根据有关运行结果，对气浮处理含油采出水的影响因素进行分析，总结气浮处理含油采出水的原理、方式，并指出气浮工艺操作参数的适用范围，为气浮在联合站运行提供参考。

关键词：气浮　含油采出水　出水水质

1　引言

胜利油田海洋采油厂海三联采用"重力除油＋气浮＋过滤"的采出水处理工艺，处理后采出水水质达到C级标准[1,2]。站内工艺管线采用玻璃钢材质，采出水处理量设计能力为 2.2×10^4 m³/d，实际采出水处理量为 2.1×10^4 m³/d。海三联站内有两座气浮装置，设计采出水处理量为 900 m³/d，并联运行。

气浮又称空气浮选，是一种固液分离或液液分离技术，它作为一种高效、快速的分离技术，始于选矿，是利用高度分散的微小气泡作为载体，吸附在欲去除的颗粒（油粒）上，使其浮力大于重力和阻力，利用浮力将其带出水面，然后用刮渣设备自水面刮除，达到分离目的的技术。因为微小气泡能与疏水性颗粒（油粒）结合在一起，带其一起上升，上浮速度可提高近千倍，所以分离效率很高，对于去除胶态油与乳化油具有较好的效果[3]。

2　影响气浮装置的外部因素

2.1　海三联采出水处理工艺流程

来水→5000 m³一次除油罐→气浮装置→2000 m³截矮罐→提升泵→全自动双滤料过滤器→2000 m³外输缓冲罐→外输回注。

2.2　气浮装置在海三联内的效果

在进口水质含油 60 mg/L、含悬浮物 100 mg/L 的情况下，出口水质能达到双 30 左右。

2.3　油站来水水质

油站来水主要有油站分水器来水和油罐放水来水两种。若上述两种来水因放水量过大等而导致水质变差，将会污染一次除油罐内的水质，被污染的水质随之进入气浮装置，使气浮装置的运行效率降低。

2.4 油站来水水量

当采出水流量过大时,装置内的流速加快,导致分离区水流紊动过大,造成泡絮结合体破碎,此时应及时开大出口阀门,以防止污水进入浮渣系统,并及时关小进口阀门,调节来水水量。

2.5 溶气水量、回流比及溶气罐压力

溶气水水源浑浊度要低,浑浊度越低,空气越易溶解。溶气水量及回流比(溶气水量/原水量)根据水质情况来定。溶气罐压力可通过气浮溶气水出水阀来调整,关紧时压力上升,松开时压力下降。若是原水絮体增多,可适当增大回流比,但要兼顾溶气水的压力,同时保证回流泵处于正常工作状态。

3 实现气浮分离的条件

气浮过程中,微小气泡首先与水中的悬浮颗粒(油粒)相黏附,形成整体密度小于水的"气泡-颗粒"复合体,使其随气泡一起浮升到水面。因此,实现气浮分离必须具备三个基本条件:一是必须在水中产生足够的微小气泡,二是必须使待分离的颗粒形成不溶性固态或液态悬浮体,三是必须使气泡能够与颗粒相黏附[4]。

4 气浮运行的影响因素

海三联气浮包括两套系统,即气浮系统和溶气系统,因此影响气浮出水水质的因素较多,主要包括停留时间、溶气压力、气泡尺寸等,同时外部条件(温度、pH 值、浊度等)也在不同程度上影响着出水水质。

4.1 停留时间的影响

气浮工艺的一个明显特点就是停留时间比较短,海三联合站气浮停留时间为 1.5~4.0 min。另外还发现,在保持相同的接触时间时,分离时间对浊度并没有太大的影响,但在分离室里的各个分离区域内,随着分离时间的增加,浊度越来越低,当水流经过此区域后,浊度并无太大变化,因此一般分离区的设计时间和设计高度只要大于此区域就可以了。

4.2 溶气压力的影响

由于溶气压力影响出水水质,而气浮成本大部分取决于溶气系统产生的电耗,所以合理地选择溶气压力不仅对于提高水质起着非常重要的作用,而且可以降低电耗,减少运行成本。压力的大小决定了产生气泡的大小,一般情况下压力越大,产生的气泡尺寸越小。但即使压力超过 0.44 MPa,气泡的直径和产气量并无太大变化,而且压力控制在 0.44 MPa 以内时完全可以达到气浮所需要的气泡尺寸。因此,海三联气浮工艺中,一般认为压力范围为 0.3~0.44 MPa 比较合理。

4.3 气泡尺寸的影响

气泡的尺寸直接影响气浮效果。当水中的悬浮物性质一定时,气泡越小,则水中颗粒上浮所需要黏结的气泡数量越多,相应地就增加了气泡与絮体黏结的难度;同时,气泡越小,则需要系统提供的压力越大,造成了能耗的浪费。此外,浮渣的处理一直是气浮工艺中比较难解决的问题,浮渣处理成本很高,当浮渣中含有过多的微气泡时,浮渣的处理难度进一步加大。研究表明,海三联气泡直径为 10~100 μm 时气泡可稳定存在,因此一般把气泡直径控

制在 $10 \sim 100~\mu\mathrm{m}$ 范围内就比较合适了,而运行良好的气浮池中气泡的平均直径一般为 $40~\mu\mathrm{m}$。在气浮装置中,影响气泡直径分布的主要因素是释放器的几何构造、溶气压力、水温以及水体中的化学成分。

5 总结

根据采出水处理国家标准及制定的标准化生产运行制度,在现有的流程及工艺处理能力下,发挥设备的最大处理能力,在不增加投入的情况下,依靠科学的管理、流程的优化以及人员的标准化操作,达到采出水处理指标。通过对以上部分问题的改进,目前海三联采出水达标率为 100%。海三联 2019 年 6 月水质报告如表 1 所示。

表 1　海三联 2019 年 6 月水质报告(检测单位:局检测中心)

站名	水量/(m³/d)	含油量			悬浮固体含量			悬浮物颗粒直径中值			达标率	
		标准/(mg/L)	实测/(mg/L)	达标率/(%)	标准/(mg/L)	实测/(mg/L)	达标率/(%)	标准/μm	实测/μm	达标率/(%)	考核/(%)	实测/(%)
海三联	23 000	10	9.9	100.0	10	2.7	100.0	4.0	3.2	100.0	95.0	100.0

参 考 文 献

[1] 王承智,石荣.含油废水处理方法综述[J].辽宁师专学报(自然科学版),2002,4(1):104-108.
[2] 王颐军,李福勤,王宏伟,等.ADAF 处理油田采出水的应用研究[J].中国给水排水,2008,24(17):53-55.
[3] 周金苟.气浮法中浮选剂的研究[J].山西建筑,2009,35(7):186-188.
[4] 张声,刘洋,谢曙光,等.溶气气浮工艺在给水处理中的应用[J].中国给水排水,2003,19(8):26-29.

海上油田采出水处理现状及其质量控制

杜红红　　张小龙　　陈立峰

（中石化胜利油田分公司海洋采油厂 山东东营　257237）

摘　要：本文介绍了海三联合站采出水的处理现状、主要特征及水质影响因素，阐述了采出水的水质标准，提出了该站采出水回注过程中质量控制方法和建议。

关键词：油田采出水　处理　质量控制

1　引言

采出水水质合格率是反映联合站处理效果、管理水平、注水水质等情况的综合指标。随着环保要求越来越严格，必须加大对含油采出水的处理力度，同时确保采出水水质合格是油田可持续发展的重要保障[1~3]。

2　油田采出水特点

(1)含油。来水含油量为 50～150 mg/L。

(2)悬浮固体颗粒。处理采出水的悬浮固体颗粒含量约为 150 mg/L。

(3)含盐。主要是 Na^+、K^+、Mg^{2+}、Ca^{2+}、Cl^-、HCO_3^-、SO_4^{2-} 等离子。

(4)微生物。常见的有硫酸盐还原菌(SRB)、腐生菌(TGB)、铁细菌(FB)等。

3　处理现状

3.1　海上油田采出水处理工艺现状

水处理工艺流程：

(1)水处理工艺流程。油站来水进入一次除油罐，初步油水分离靠自然沉降，然后进入气浮装置中，再进入截矮缓冲罐，经过提升泵后进入十个双滤料过滤器过滤，过滤后的合格污水进入两个外输罐，最后经过外输泵增压输至海上平台回注[4,5]。

(2)反洗流程。用处理合格的回注水对双滤料过滤器进行反洗，反洗水经反洗回收泵回收至反冲洗水回收罐，经过沉降后，再回收至采出水处理系统前端进行再次处理。

(3)收油、排泥流程。在重力沉降罐除油过程中，随着时间的推移，会在罐顶积聚很多原油，形成对后续污水处理以及原油生产非常不利的"老化油"。

(4)加药流程。该站污水处理药剂主要包含阻垢剂、缓蚀剂、反向破乳剂、杀菌剂四种。

3.2 影响污水处理水质的因素分析

3.2.1 来液影响

(1)来水超标。滤前水质严重超出污水站设备设计值,会使过滤器载污负荷增大,滤料污染严重,增大污水站处理难度,造成滤后水超标。

(2)水量波动的影响。来水瞬时过大时,水量波动会造成水质变差,同时造成沉降罐液面及过滤器滤速发生波动。

3.2.2 加药影响

如果施加的药品效果差,或者加药过量,导致没有形成絮体,沉降或者上浮效果变差,反而会影响污水处理效果。

3.2.3 设施因素

随着设施使用时间的增加,污水处理设施老化严重,沉降罐、过滤器内部腐蚀、穿孔,使污水处理功能变弱。

3.3 污水处理评价标准

污水处理遵循生产标准《碎屑岩油藏注水水质指标及分析方法》(SY/T 5329—2012)。该联合站污水回注指标为含油量≤10 mg/m³、固体悬浮物含量≤10 mg/m³、细菌总含量≤25 个、粒径中值≤4 μm、腐蚀速率≤0.076 mm/a。

4 采出水处理的质量控制

4.1 质量控制之设备控制

采出水处理设备主要包括除油罐、提升泵、气浮装置、过滤器、加药泵等。

(1)对所有设备均建立联合站设备管理办法,所有设备的操作人员必须认真学习和掌握操作设备的要领,切实做到"四懂三会"。

(2)优化收油流程。对除油罐收油流程进行改造。将除油罐收油流程与原油系统事故油罐抽空后进行连接,越过污油池流程。这样当除油罐内的油厚增加到一定程度,就可以通过抬高除油罐液位,直接将污油通过新改造流程溢流至事故油罐,从而减少污液池事故隐患,并减小由于污油回收而导致的外输水升高的概率。

4.2 质量控制之加药

(1)在筛选药剂时,通过实验选择最佳药剂型号及其配伍型号。

(2)确定药剂到货后,检测单位应对药剂做严格质检,以确定其使用可靠性,最大限度地保障所选药剂在污水处理中发挥重要作用。

4.3 质量控制之节点控制

每隔四个小时对各节点取样抽检,进行目测,如果发现某节点水质不合格,应对该节点之前的生产流程的每个节点、每台设备进行检查,发现问题后立即采取对应措施,同时对各节点加密取样检测。

4.4 质量控制之操作规范

(1)进水控制。严格控制上游脱水系统分离器、一次沉降罐的液位,以各设备出水管线见不到明显污油为准。

(2)反冲洗。对滤料过滤器进行反冲洗工作,每台过滤器反冲洗时间为10～15分钟。

5　效果分析

通过对整个采出水系统的工艺和参数进行优化和调整,取得明显的效果。针对不同油藏,要根据实际情况研究油井产出污水回注对地层的损害机理,制定适合不同油藏的合理、科学的注水水质标准和注水工艺。

6　结论

(1)采出水处理过程中,该联合站的碳酸盐岩油藏注水污水水质达标率为95%以上,极大地满足了海上采油开采的注水需求。

(2)随着海上油藏的不断开发,原有的采出水处理工艺不久或许不再适用于新的注水要求,需对新型采出水处理设备及工艺做进一步的研究,以实现采出水处理就地达标、回注,保护环境,提高设备利用率。

参 考 文 献

[1]　陆柱,郑士忠,钱滇子,等.油田水处理技术[M].北京:石油工业出版社,1990.

[2]　车鑫,张亚娟.油田污水处理技术浅谈[J].科技创新导报,2009,(1):119.

[3]　罗彩龙,朱琴.国内油田含油污水处理现状与展望[J].石油和化工设备,2010,13(11):55-57.

[4]　邹显育.浅谈油田污水处理过程中的质量控制[J].石油工业技术监督,2009,25(10):70-72.

[5]　许延军.油田污水处理质量控制技术[J].石油工业技术监督,2010,26(7):27-30.

浅谈延长采出水泵使用寿命的措施

乔志刚 张小龙 郝 丽 杜红红 陈立峰

（中石化胜利油田分公司海洋采油厂 山东东营 257237）

摘 要: 2018 年对胜利油田海洋采油厂海三联合站采出水岗设备维修进行统计调查,发现采出水岗提升泵维修频繁,平均在三个月左右因故障修理一次,特别是采出水泵的轴套、机械密封、叶轮等配件,因腐蚀严重而造成损坏,输油泵故障周期在一年以上。在现状调查的基础上,找出了影响采出水泵检修周期的原因,并采取了三种防腐蚀措施,采出水泵防腐蚀效果显著,采出水泵的修理频次明显降低,减少了员工的工作量,提升了海三联合站的管理水平。

关键词: 设备维修 腐蚀 延长寿命

1 背景

通过对胜利油田海洋采油厂海三联合站 10 余台采出水泵进行调查分析,统计了影响采出水泵使用寿命的轴套、机械密封、叶轮等配件损坏次数。

对于造成采出水泵轴套、机械密封、叶轮等故障的因素,从腐蚀、磨损、操作、运行状况等方面进行分析调查,绘制采出水泵故障因素统计表、采出水泵故障因素频次统计表。

调查结果表明,金属腐蚀是造成采出水泵故障的主要因素。

2 原因分析

2.1 采出水泵内部配件材质不同

对可能造成采出水泵金属腐蚀而导致故障的因素进行分析。采用对比分析法,对各采出水泵内部配件材质进行对比。

由调查结果可以看出,采出水泵内部配件材质不同,是造成金属腐蚀的主要原因。

2.2 细菌繁殖

采用调查实验法,找出采出水泵腐蚀的主要原因。

(1)细菌腐蚀:细菌的阴极去极化作用,加速了系统腐蚀,形成的腐蚀产物是 FeS、$Fe(OH)_3$。

(2)采出水中含有大量的有机物。适宜的温度为细菌提供了良好的滋生环境。由相关资料可知,细菌生长繁殖速率较快,特别是在环境适宜的情况下,细菌总量呈几何级数增加,可溶性硫化物含量增加,注入水变成黑水,表现在任何停滞或水流不急的区域,金属设施和部件迅速损坏。

2.3 采出水水质不合格

采出水指标的控制是油田管理中的重点工作,由采油厂、油田专业部门定期取样检测,并且制定了严格的考核管理规定。按照《碎屑岩油藏注水水质指标及分析方法》(SY/T 5329—2012),对 2018 年采出水水质检验情况进行统计,结果发现能够达到油田要求的指标,不会对采出水泵造成严重的腐蚀。

通过对比调查,采出水经处理合格后,对金属的腐蚀控制在指标范围内,不会使采出水泵造成严重的损坏。但是一旦备用采出水泵停运后,其腐蚀率增加,这是因为备用采出水泵停运后,泵内采出水中的大量腐蚀介质与金属发生腐蚀,铁元素电极位与腐蚀介质存在高低差距,从而构成腐蚀电池,产生电化学腐蚀,又由于采出水电阻率低,导电性强,腐蚀电池回路电阻小,故加速了电化学腐蚀,腐蚀循环加速。

3 延长采出水泵使用寿命的措施

3.1 控制细菌的繁殖

控制采出水中细菌的繁殖。备用采出水泵停运后,用清水置换出泵内的采出水。分别用 2 Q、3 Q、4 Q 的清水用量对备用采出水泵内的采出水进行置换,并进行细菌含量检测,最终确定清水用量。

经过反复论证,得出 150ss31 备用采出水泵清水冲洗用时 6 分钟,200ss/05 备用采出水泵清水冲洗用时 5 分钟,250SS48B 备用采出水泵清水冲洗用时 7 分钟。分别对冲洗后的泵内液体进行细菌检测,发现细菌含量得到了有效控制。

3.2 添加杀菌剂、缓蚀剂

采出水泵用清水清洗后,其内部细菌依然繁殖较快,存在一定的腐蚀性,故进一步制定了药剂防腐蚀法:一是添加杀菌剂,控制细菌的再生;二是添加缓蚀剂,减少金属的腐蚀。进一步采用实验的方法确定各泵型、站库的药剂用量。

通过实验优化了清水置换量和缓蚀剂、杀菌剂的添加量,进一步验证了置换法和加药法有效地控制了细菌的繁殖。

3.3 采用牺牲阳极防腐蚀技术,消除电化学腐蚀

采用牺牲阳极防腐蚀技术,加工制作一块牺牲阳极铝合金(外径小于泵放气管线内径),一侧顶端与 1/2″闸门连接,插入泵中,闸门安装在泵放气阀上,使牺牲阳极铝合金与泵本体、泵轴等零部件以及泵内的腐蚀液充分接触反应,达到防腐的目的。

采用废旧电缆中的铝线作为牺牲阳极铝合金,起到了预期的保护效果。

4 取得的效果

4.1 经济效益

(1)假设采出水泵检修周期为 2160 小时,采用本方案后,泵故障周期达 3000 小时以上,对比减少故障率(3000−2160)/3000×100%＝28.0%,如采出水泵修理费用为 10 万元,则减少费用 10×28%万元＝2.8 万元。

（2）投资费用。

假设每次用水 180 千克，每年用水 12 次，水费为 5.7 元/立方米，则所需费用为 $180 \times 12 \times 5.7 \times 7/1000$ 元 $=86$ 元。

假设缓蚀剂、杀菌剂每次总用量为 1 克，每年使用 12 次，按每吨 1 万元计算，则所需费用为 $1 \times 12 \times 7 \times 10\,000/(1000 \times 1000)$ 元 $=0.84$ 元

总费用为 $(28\,000-86-0.84)$ 元 $=27\,913.16$ 元

4.2 社会效益

采出水泵防腐蚀效果显著，修理频次明显降低，减少了员工的工作量，提升了海三联合站的管理水平。

油田管道内腐蚀防护技术研究与应用

马相阳　黎　成　毕台飞　邓智东　吕　旭

（中国石油长庆油田分公司第一采油厂　陕西延安　716000）

摘　要：安塞油田位于鄂尔多斯盆地，开发区域土壤呈湿陷性，含水率低，管道外腐蚀较弱。因含水率、矿化度含量、CO_2 和 H_2S 等腐蚀因子的影响，管道内腐蚀情况较为严重，安全环保责任重大，因此，建立油田管道腐蚀防护体系对管道的安全生产具有重要意义。近年来，通过研究管道腐蚀机理，开展内腐蚀评价，以及针对不同属性的管道开展外补强、内衬、在线挤涂等技术试验，初步建立了具有安塞油田特点的管道腐蚀防护体系，有效降低了油田管道失效率，提高了安全管控能力，助力油田持续高效发展。

关键词：安塞油田　内腐蚀　腐蚀防护　在线挤涂　失效率

1　引言

据调查，目前油田内部管道总腐蚀穿孔量的 90% 都来自管道的内腐蚀，而小口径管道内腐蚀检测技术对于复杂支线管道并不适用。因此，优选适用于油田内部管道的检测技术及方法，攻关内检测腐蚀评价技术，成为腐蚀评价的重要手段。另一方面，随着科学技术的进步与发展，新型材料如耐热、耐压、耐腐蚀、耐老化塑料等投入使用，防腐技术进入一个崭新的阶段[1]。油田需选择适应性较强的内防腐技术，以满足生产需要。

2　油田集输管道的内腐蚀机理

从腐蚀失效宏观形态上来看，油气管道的内部腐蚀主要包括均匀腐蚀和局部腐蚀两类。安塞油田集输管道常见的腐蚀形态为局部不均匀腐蚀，由于表面缺陷、浓度差异、应力集中等原因导致电化学不均匀性，形成局部电池，致使局部腐蚀速率较快。研究表明，含水油的管道中 O_2、CO_2 和 H_2S 造成管道局部腐蚀，腐蚀部位主要受硫酸盐还原菌（SRB）、砂沉积部位和结垢位置的影响，Cl^- 会极大地加速局部腐蚀速率。

3　管道内腐蚀评价技术研究与应用

3.1　管道腐蚀检测评价技术推广应用

通过现场实践和后期评价，确定外防腐层检测采用 PCM＋多频管中电流衰减法和交流电位梯度法（ACVG）检测技术，在非开挖条件下对埋地管道防腐层进行现场绝缘性能评估和绝缘故障点定位，根据经验模型，采用超声波测厚的方法直接评价管体内腐蚀情况，同时在跨河、穿越等敏感地段采用超声导波检测方法间接评价管体内腐蚀情况[2]。腐蚀检测评价技术的应用,使管道隐患由被动治理向主动防控发生转变,保证了油气管道安全运行。

3.2 建立内腐蚀速率模型

安塞油田依托试点工程,研究建立了腐蚀速率预测模型,在考虑 CO_2 腐蚀的基础上,考虑了 H_2S、高程、里程、离子含量等因素[3]。采用两种模型最终加权叠加的方式求取管道总的腐蚀速率。内腐蚀模型的建立为腐蚀预测提供了预判。

3.3 攻关小口径管道内腐蚀检测技术

目前国内小口径管道内腐蚀检测技术尚不成熟,近两年,油田攻关应用不同的检测方法评价管道腐蚀情况,所应用的技术包括多相流模拟技术[4]、智能球检测技术、应力集中扫描技术和电磁涡流内检测技术[5]。通过实践验证了以上技术对油田集输油管的适应性不强,油田小口径含水油集输管道内腐蚀检测评价技术仍有待继续攻关。

4 管道防腐技术研究与应用

4.1 管道纤维增强复合防腐内衬技术

油田开展了管道内防腐研究实验,最终选择推广管道纤维增强复合防腐内衬技术。该技术采用致密的、抗气体渗透性好的防腐材料,具有较好的防腐性能、耐化学稳定性以及较大的延伸率和附着力,满足油田内部集输管道不同管径(DN50～DN150)的要求。根据地形条件,该技术一次性施工距离可达 3 km,现场施工温度要求不低于 -5 ℃,管道运行温度不超过 80 ℃,常温下施工结束 7 d 后完成。目前油田管道防腐中应用该技术的占 90% 以上,有效延长了管道的使用寿命,降低了管道的安全风险。

4.2 高密度聚乙烯内衬技术

根据相关标准及其他油田集输管道防腐工艺的应用现状,针对整体更换难度大的缺陷管道,开展了高密度聚乙烯内衬技术防腐工艺,其材料具有耐 Cl^-、CO_2、H_2S 腐蚀,耐细砂磨损,流阻小,不影响原管道通流能力等优点。主要技术原理是将一根外径比管道内径略大的非金属内衬管,通过模口缩径设备将其临时缩径,使其直径减小,通过牵引机将内衬管穿入待修复管道,形成"管中管"结构。现场施工采用分段穿插、热熔连接、压环密封、不锈钢接头补口工艺,施工费用相比于管道直接、管道更换具有价格优势,达到了管道防腐和修复的目的,完成后主管可延长使用 30 年。

4.3 效果评价

安塞油田大力推广应用管道内防腐工艺,管道失效率下降 70%,内防腐成效显著,有效降低了安全环保风险;同时,管道平均使用寿命延长 7.8 年/条,平均年节约成本达 1000 余万元。内腐蚀防护体系的建立及应用,为老油田开源节流、降本增效提供了有力的技术支撑。

5 结论

(1)纤维增强复合防腐内衬技术内衬层延伸率为 0.5%,当对管道进行疏堵时,压力过高会导致内衬层的延伸率超过其极限,致使内衬层断裂脱落。因此,运行过程中要保证管道正常投收球,减少或杜绝管道解堵现象,无法避免时解堵压力严禁超过 10 MPa。

(2)纤维增强复合防腐内衬技术主要从修复材料性能以适应温度变化范围方面进行改进,同时从工艺简化方面着手,优化补口连接工艺。

(3)高密度聚乙烯内衬技术,施工工序较为烦琐,主要从改进管道清洗技术、统筹施工工序方面入手,最大限度地缩短施工周期。

参 考 文 献

[1] 赵芳璧,赵大飙,张宏伟.钢管道衬塑内防腐技术[J].油气田地面工程,1996,15(2):41-42.

[2] 张炜强,郭晓男,陈圣乾,等.埋地管道外防腐蚀层检测技术[J].石油化工腐蚀与防护,2010,27(3):52-55.

[3] 韩颖.油气两相流管线内腐蚀速率预测模型的求解[J].石油天然气学报,2009,31(1):364-366.

[4] 崔钺,兰惠清,康正凌,等.基于流场计算的天然气集输管线 CO_2 腐蚀预测模型[J].石油学报,2013,34(2):386-392.

[5] 宋扬,牛守忠.管道内腐蚀及其控制方法[C].2002 中国国际腐蚀控制大会论文集,2002.

现代产量递减 Transient 图版
参数自动拟合方法研究

刘 云 唐 慧 侯昨臣 郑 琳 贺 旺

(长江大学石油工程学院/湖北省油气钻采重点实验室　湖北武汉　430100)

摘　要: 随着非常规油气藏的开发,基于不稳定渗流理论的现代产量递减方法在非常规油气藏工程中发挥着越来越重要的作用。现代产量递减 Transient 图版只需要日常的油气井生产数据,油气井生产方式可以是变产量、变流压,考虑气体物性随压力的变化。本文以封闭圆形区域垂直气井为例,建立了气井的产量递减模型,利用拉普拉斯变换求得产量递减模型的解,绘制了 Transient 复合图版,基于直接搜索算法进行图版自动拟合和参数估计。应用实例结果表明,Transient 图版参数自动拟合方法是可行的,计算精度高。

关键词: 现代产量递减　Transient 图版　自动拟合

1　引言

非常规油气藏一般属于低渗、特低渗或致密油气藏,非稳态流动可能持续几年时间,因此基于稳态产量递减的方法进行油气藏工程计算会产生很大的误差,而基于不稳定渗流理论的现代产量递减方法则提供了一种很好的方法。

传统递减方法[1,2]是一种经验方法,只需要产量数据,适用于分析定井底流压(定压)生产情况,只能用来分析边界控制流阶段数据。Fetkovich 等人[3]在传统递减曲线的基础上进行了扩充,把数据范围扩展到不稳定流动阶段,但是该方法只适用于定压生产。Transient 方法考虑了变产量和变流压,对处于不稳定流动阶段的数据进行拟合分析,以降低拟合分析的多解性。

目前,还没有学者研究现代产量递减方法的自动拟合,本文以垂直气井作为研究实例,建立了封闭圆形区域垂直气井的 Transient 复合图版,研究了参数自动拟合算法,对一口气井进行了实例验证。

2　Transient 复合图版

外边界封闭的圆形地层,地层中心的一口井以定产量生产,对无因次定解问题求得拉氏空间解,进行 Stehfest 数值计算,求得模型在实空间下的解,即无因次产量解、压力积分的倒数解和压力积分导数的倒数解。

将无因次产量解、压力积分的倒数解和压力积分导数的倒数解迭加在一起,则得到 Transient 复合图版,如图 1 所示。

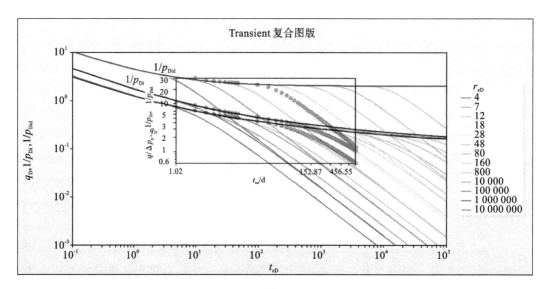

图 1 Transient 复合图版

3 图版参数自动拟合算法

3.1 图版自动拟合算法

为了能自动拟合图版参数,需要将实测数据绘制的曲线和理论图版进行自动拟合。目前还没有学者研究现代产量递减图版的自动拟合,本文采用搜索算法以图版值和计算值的最小误差来自动拟合图版。

3.2 参数估计

根据自动拟合结果确定 r_{eD},在自动拟合图版上选择起始点作为拟合点,确定理论拟合点和实际拟合点,从而确定渗透率、井控半径、有效井径和表皮系数。

4 计算实例

封闭圆形气藏中有一口气井,该气井以变产量、变井底流压的方式进行生产。气井参数如表 1 所示。

表 1 气井参数

参 数	数 值	单 位
地层有效厚度	10	m
孔隙度	10	%
原始地层压力	30	MPa
原始地层温度	80	℃
天然气相对密度	0.6	—
岩石压缩系数	$4.351\,13\times10^{-4}$	MPa^{-1}

通过自动拟合算法得到拟合结果,如表 2 所示。由拟合结果可以看出,参数误差都很小,总体精度较高,取得了很好的自动拟合效果。

表 2　拟合结果

估 计 参 数	拟 合 值	实 际 值	相对误差/（%）
井控储量/（10^8 m^3）	20 378.00	20 000	1.89
渗透率/mD	2.01	2	0.5
井控半径/m	506.16	500	1.232
表皮系数	−5.81	−5.52	5.254

5　结论

现代产量递减 Transient 图版只需要日常的油气井生产数据（油气井生产方式可以是变产量、变流压），就可以对油气井进行定量参数估计，Transient 复合图版参数自动拟合是以后的发展趋势。本文基于搜索算法对 Transient 复合图版参数进行自动拟合，经实例验证了其精度较高。本文所介绍的方法可以推广到无限导流垂直裂缝井、有限导流垂直裂缝井等其他类型井。

参 考 文 献

[1]　刘晓华，邹春梅，姜艳东，等.现代产量递减分析基本原理与应用[J].天然气工业，2010，30(5):50-54.

[2]　ARPS J J. Analysis of decline curves[J]. Transactions of the AIME，1945，60(1):228-247.

[3]　FETKOVICH M J. Decline curve analysis using type curves[J]. Journal of Petroleum Technology，1980，32(6):1065-1077.

[4]　AGARWAL R G，GARDNER D C，KLEINSTEIBER S W，et al. Analyzing well production data using combined-type-curve and decline-curve analysis concepts[J]. SPE Reservoir Evaluation & Engineering，1999，2(5):478-486.

[5]　孙贺东.油气井现代产量递减分析方法及应用[M].北京:石油工业出版社，2013.

基于线性化水-热力去耦求解法的
复杂天然气管网稳态仿真研究

童睿康[1]　王　鹏[2]

(1.长江大学石油工程学院　湖北武汉　430100；
2.北京石油化工学院机械工程学院/深水油气管线
关键技术与装备北京市重点实验室　北京　102617)

摘　要:我国天然气快速发展之际,全国性管网正在形成,天然气管网趋向于复杂化,这对我国管网设计、运行管理提出诸多挑战,开展复杂天然气管网仿真研究对我国天然气管网安全、平稳运行具有重大指导意义。目前,天然气管网稳态仿真通常采用联立水-热力方程,通过牛顿-拉夫森迭代法求解。然而,由于水-热力方程的非线性,收敛速率较慢。针对上述问题,本文提出线性化水-热力去耦求解法。该方法将非线性水-热力方程进行线性化处理,再将稳态方程组分成水力和热力两个小方程组,通过水力和热力方程交替求解,加快稳态方程求解。最后通过一个复杂管网算例计算,对比水-热力去耦求解法和线性化水-热力去耦求解法的计算速率。结果表明,线性化水-热力去耦求解法在保证计算精度的同时,能加快仿真求解速率,能在复杂管网仿真中应用。

关键词:天然气管网　线性化　水-热力去耦求解　稳态仿真

1　引言

天然气管网仿真涉及水力和热力参数的相互耦合,目前对管网水力和热力参数的求解,通常是将水力方程和热力方程一起联立求解[1~3],然而管网的水力方程和热力方程都是非线性方程,直接求解速度较慢,甚至会导致发散[4]。为解决以上问题,本文提出了一种线性化水-热力去耦求解法,通过采用线性化方法将水力方程和热力方程两个非线性方程线性化,加快稳态仿真的求解速度。

2　天然气管网水力、热力模型的建立

2.1　管网的水力模型

针对管网节点、管道、压缩机、阀门,以节点流量、节点压力、元件流量为未知数,通过建立节点流量方程和元件压降方程,组成管网水力模型方程组[5]。

2.1.1　节点流量方程

找出管网每个节点对应的元件,根据基尔霍夫定律,流进、流出各节点的流量必须相等。

管网节点流量方程为

$$\sum_{T(i)}^{T(i+1)-1} m_i = q_i \tag{1}$$

式中，q_i 表示第 i 个节点的流量（kg/s），m_i 表示第 i 个节点对应的管道流量（kg/s）。

2.1.2 元件压降方程

（1）管道压降方程为

$$m_i = \frac{\pi}{4} \sqrt{\frac{(p_{in}^2 - p_{out}^2)D^5}{\lambda ZRTL}} \tag{2}$$

式中，m_i 表示第 i 根管道的质量流量（kg/s），p_{in} 表示该管道的起点压力（Pa），p_{out} 表示该管道的终点压力（Pa），D 表示管道内径（m），Z 表示气体的压缩因子，T 为管道温度（K），L 为管道长度（m），R 为气体常数 [J/(mol·K)]。

（2）压缩机压降方程为

$$p_{out} - (a + bQ_{in} + cQ_{in}^2)p_{in} = 0 \tag{3}$$

式中，p_{out} 表示该管道的终点压力（Pa），p_{in} 表示该管道的起点压力（Pa），Q_{in} 表示压缩机内气体体积流量（m³/s）。

（3）阀门压降方程为

$$m_{in} - Cg\rho_{in} \sqrt{\frac{(p_{in}^2 - p_{out}^2)}{Z\Delta T}} = 0 \tag{4}$$

式中，m_{in} 表示管道起点处的质量流量（kg/s），C_g 表示阀门流量系数，Z 表示气体的压缩因子，Δ 表示燃气相对空气比重，T 表示天然气温度（K）。

2.2 管网的热力模型

2.2.1 节点能量方程

节点能量方程为

$$T_{out,i} = \sum_{i=1}^{n} \frac{c_p(mT)_{in}}{(c_p m_{out})} \tag{5}$$

式中，$T_{out,i}$ 表示与管道连接的节点的出口温度（K），$(mT)_{in}$ 表示进入该节点的质量流量（kg/s）和温度（K），m_{out} 表示流出该节点的质量流量（kg/s）。

2.2.2 元件温降方程

（1）根据舒霍夫温降公式列出每根管道的温降公式，即

$$T_{Z,i} = T_0 + (T_{Q,i} - T_0)e^{-ax} \tag{6}$$

式中：$T_{Z,i}$ 表示第 i 根管道的终点温度（K）；$T_{Q,i}$ 表示第 i 根管道的起点温度（K）；T_0 表示管道周围介质的温度（K）；x 表示管道的长度（m）；$a = \frac{K\pi D}{mc_p}$，其中 K 表示总传热系数 [W/(m²·K)]，D 表示管径（m），m 表示管道内气体的质量流量（kg/s），c_p 表示气体的定压比热容 [J/(kg·K)]。

（2）压缩机温降方程[6]为

$$T_{out} - T_{in}\varepsilon^k = 0 \tag{7}$$

式中，ε 表示压缩比，k 表示气体的多变指数，T_{in} 和 T_{out} 分别表示气体流入和流出压缩机的温度（K）。

（3）阀门温降方程[6]为

$$T_{\text{out}} - T_{\text{in}} + (p_{\text{out}} - p_{\text{in}}) \left\{ \frac{1}{cp} \left[\frac{T}{\rho^2} \frac{(\partial p / \partial T)_\rho}{(\partial p / \partial \rho)_T} - \frac{1}{\rho} \right] \right\}_{\text{out}} = 0 \tag{8}$$

3　算例

3.1　算例说明

有一多气源复杂管网,该管网含有 44 根管道、4 个压缩机、5 个阀门、40 个节点、21 个气源(其中 5 个进气源,16 个出气源),压缩机放在进气源处增压,管网的详细参数见相关文献[6]。所用个人计算机的配置为 Intel Xeon W-2125 CPU,4.0 GHz 主频。采用线性化水-热力去耦求解法求解该复杂管网。

3.2　结果分析

3.2.1　计算结果精度分析

采用线性化水-热力去耦求解法对管网进行模拟,然后再对管网节点压力、管道流量和温度进行精度分析,最后对计算速率进行比较。

图 1 和图 2 所示分别为管网元件流量计算结果和相对偏差,从图中可以看出,流量拟合程度较好,偏差较小,精度在 3% 以内。

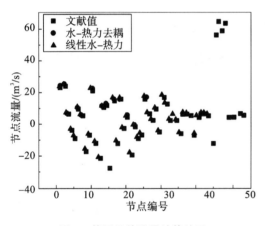

图 1　管网元件流量计算结果

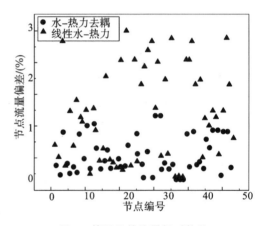

图 2　管网元件流量相对偏差

图 3 和图 4 所示分别为管网节点压力计算结果和相对偏差,从图中可以看出,两种方法的拟合程度较好,相对偏差都较小,在 1.5% 以内,精度较高。

图 5 和图 6 所示分别为管道起点温度计算结果和绝对偏差,从图中可以看出,两种方法所得的管道起点温度与文献值基本符合,且偏差较小,都在 0.6 K 以内,精度较高,符合工程需求。

3.2.2　计算速率比较

经计算机计算,两种方法的 CPU 计算时间和迭代次数如表 1 所示。

表 1　两种方法的 CPU 计算时间和迭代次数

方　　法	CPU 计算时间/s	迭 代 次 数
水-热力去耦求解	0.468	78
线性化水-热力去耦求解	0.25	38

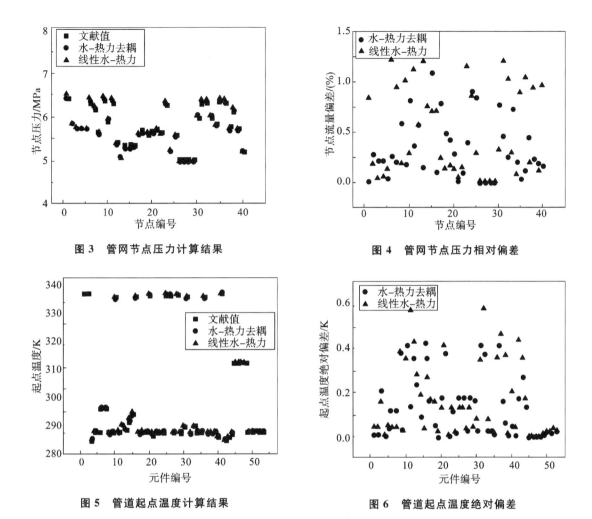

图 3　管网节点压力计算结果　　　　　图 4　管网节点压力相对偏差

图 5　管道起点温度计算结果　　　　　图 6　管道起点温度绝对偏差

由表 1 可知,线性化水-热力去耦求解在保证精度的同时,能大幅度地提高管网稳态方程的求解速率,就算是相同的天然气管网,CPU 计算时间能将近缩短一倍,大幅度缩短了方程求解时间。

4　结论

本文针对大型复杂管网的稳态仿真求解,提出线性化水-热力去耦求解法,该方法将水力方程和热力方程进行线性化处理,再将一个方程组分成两个小方程组求解,先求解水力方程,再求解热力方程,加快了稳态仿真的求解速度,提高了稳态仿真的效率,通过一个复杂管网算例,得到如下结论:通过线性化水-热力去耦求解管网稳态方程,数据拟合程度较高,误差较小,说明线性化水-热力去耦求解法求解速度快,精度符合要求,能适用于工程应用。

参 考 文 献

[1]　丁国玉.环状燃气管网非等温稳态流动计算分析[J].天然气技术与经济,2016,10(4):50-52.

[2]　李华明,王兴晟.燃气管网静态非等温模拟方法[J].科技视界,2012,(30):83-84,86.

[3]　丁国玉,李悦敏,李进.高压燃气管网非等温稳态模型"Newton-Rapshan"迭代法计算分析[J].安徽建

筑大学学报,2016,24(2):92-95.

[4] 郑建国,陈国群,艾慕阳,等.大型天然气管网动态仿真研究与实现[J].计算机仿真,2012,29(7):354-357.

[5] 张勇.燃气管网的稳态分析与模拟[D].昆明:昆明理工大学,2009.

[6] 王鹏.复杂天然气管网快速准确稳健仿真方法研究及应用[D].北京:中国石油大学(北京),2016.

委内瑞拉稠油在不同加热
方式下的降黏实验研究

王云龙[1]　王来文[2]　高　航[2]　李汉勇[2]

(1.长江大学石油工程学院　湖北武汉　430100;
2.北京石油化工学院　北京　102617)

摘　要: 为了研究委内瑞拉稠油在微波辐射和水浴加热处理条件下的降黏效果,使用1♯纳米催化剂,设计了水浴-纳米催化剂协同和微波-纳米催化剂协同两种降黏实验,测量不同温度、催化剂浓度、加热时长、微波功率的黏温曲线,并计算降黏率,分析降黏特性。通过四组分(SARA)分离,对油样胶质及沥青质、饱和烃、芳香烃组分含量进行分析,由全二维气相色谱检测并识别烃类分子结构,最后根据元素分析探究 C、H、S、N、O 含量和杂原子化合物分布状态,以研究微波微观降黏机理。结果表明:微波-纳米催化剂协同方式存在最优的温度、催化剂浓度、加热时长和功率范围,除热效应外,还存在"非热效应",能降低反应活化能;破坏多环芳核大分子,分裂侧链烷烃和杂原子化合物,使 C_{34}—C_{40} 大分子裂解为小分子烃类,可断裂部分 C—O、C—H、C—C 键,减少胶质及沥青质组分,增加轻组分比重,降低稠油黏度。研究成果为微波稠油降黏输送提供了理论支持。

关键词: 稠油　微波-纳米催化剂　水浴-纳米催化剂　降黏机理　方法对比

本文采用微波-纳米协同和水浴-纳米协同方式,研究温度、催化剂浓度、微波功率对黏度的影响,采用四组分(SARA)分离、全二维气相色谱检测、元素分析揭示降黏机理,为稠油降黏管输提供理论支持。

1　实验研究方案

1.1　油样及试剂参数

实验油样的基础参数如表1所示。

表1　实验油样的基础参数

稠油名称	50 ℃黏度/(mPa·s)	20 ℃密度/(g/cm³)	w(胶质)/(%)	w(沥青质)/(%)
委内瑞拉稠油	521.03	0.957 1	36.97	6.93

实验采用的 1♯纳米催化剂由磺酸、氢氧化钠、正丁醇、氯化镍等制备,平均粒径为4.4 nm。

1.2　实验仪器

主要仪器为 XH-200A 型电脑微波、DHR-1 流变仪、Agilent Technologies 7090B GC-

MS 联用仪等。

1.3　实验方案

（1）Design-Expert 优化实验[1,2]：热处理温度设置为 70 ℃、85 ℃、97 ℃，微波增设 120 ℃，催化剂浓度为 0.3％、0.9％、1.5％，微波功率设置为 500 W、750 W、1000 W，加热 5 min 后测定黏温曲线。

（2）对最佳两组油样进行四组分（SARA）分离、全二维气相色谱检测和元素分析，根据分子结构信息探究降黏机制。

2　实验结果与分析

2.1　黏温曲线测定实验

为描述处理前后黏度变化，引入降黏率，即

$$\delta = \frac{\mu_0 - \mu}{\mu_0} \times 100\%$$

式中，δ 为降黏率，μ_0 为无处理黏度（Pa·s），μ 为处理黏度（Pa·s）。

2.1.1　热处理温度的影响

水浴-纳米协同方式降黏率与热处理温度成正比，热处理温度为 97 ℃时，降黏率最大，为37.21％。因热处理温度升高，催化剂反应速率加快，部分重组分热解，故黏度降低。

微波-纳米协同方式降黏率随热处理温度的升高先增大后减小，热处理温度为 97 ℃时，降黏率为49.07％，随着热处理温度的升高，降黏率逐渐减小。这是因为高温时催化剂易失活，分子易团聚，轻组分挥发，黏度增大[3]。

2.1.2　纳米催化剂浓度的影响

水浴-纳米协同方式降黏率随催化剂浓度的增大先增大后减小，热处理温度为 97 ℃、催化剂浓度为 0.9％时，降黏效果最好，降黏率达到 37.21％，这是因为催化剂浓度过高降低了分散性。

微波-纳米协同方式降黏率与催化剂浓度成反比，催化剂浓度为 0.3％时，降黏率达49.07％，这是因为微波既增强了催化剂的分散性，又提高了催化剂的活性。

水浴-纳米协同和微波-纳米协同这两种方式的最佳催化剂浓度范围不同。

2.1.3　微波功率的影响

微波-纳米协同方式降黏率与功率不成正比。微波功率为 500 W 时，电场强度小，体系升温慢；微波功率为 1000 W 时，体系迅速升温，轻组分挥发，黏度增大。但温度过高会导致 S、N、O 等杂原子化合物聚集，分子侧链团聚。因此，只增大微波功率不一定能提高降黏率，反而会增加成本[4,5]。

综上所述，微波-纳米协同方式的最佳条件为微波功率 750 W、温度 97 ℃、催化剂浓度 0.3％，水浴-纳米协同方式的最佳条件为热处理温度 97 ℃、催化剂浓度 0.9％。

2.2　降黏机理分析

对最佳降黏率油样进行微观实验，揭示降黏机理。

2.2.1　四组分（SARA）分离

四组分含量如表 2 所示。

表2 四组分含量

含量\类型	w(沥青质)/(%)	w(胶质)/(%)	w(饱和分)/(%)	w(芳香分)/(%)	w(胶质+沥青质)/(%)
空白样	6.93	36.97	47.03	9.07	43.90
水浴-纳米协同方式	4.88	34.80	54.48	7.9	39.68
微波-纳米协同方式	5.35	32.01	55.44	7.20	37.36

微波-纳米协同方式重组分最少,轻组分最多,打断长链大分子的 C—H、C—C 等化学键,沥青质层状结构分解松散,使多环芳核结构中共轭大 π 键开裂,从而验证了微波辐射"非热效应"的存在。

2.2.2 全二维气相色谱检测

剔除石油焦、沥青质和硬胶质后,各油样的检测结果如表3所示。

表3 族组分含量

含量\组分	空白样/(%)	水浴-纳米协同方式/(%)	微波-纳米协同方式/(%)
paraffins	76.87	74.93	76.15
1-ring aromatics	15.31	16.23	17.78
2-ring aromatics	1.64	2.13	0.79
3-ring aromatics	0.72	0.99	0.30
hopans-steranes	0.14	0.32	0.09
others	5.32	5.40	4.89

微波-纳米协同方式多环芳烃含量减少,水浴-纳米协同方式仅烷烃含量减少,其余含量增加。

微波-纳米协同方式使 $C_{27} \sim C_{40}$ 大分子发生裂解,变为小分子组分,主要转化为 $C_{13} \sim C_{23}$,这是因为微波-纳米协同方式沥青质组分中较弱键的裂化量和脂肪族键的缩合量比水浴-纳米协同方式的高[6]。

2.2.3 元素分析

各元素含量如表4所示。

表4 各元素含量

含量\类型	w(氧)/(%)	w(氮)/(%)	w(碳)/(%)	w(氢)/(%)	H/C 原子比	w(总量)/(%)
空白样	0.824	1.120	81.805	13.631	2.000	97.380
水浴-纳米协同方式	1.361	0	82.415	13.485	1.963	97.261
微波-纳米协同方式	0.819	1.439	79.600	14.009	2.112	95.867

水浴-纳米协同方式氮含量为0,完全打断了 C—N 而热解含氮化合物;而微波-纳米协同方式氮含量最高,说明微波-纳米协同方式对 C—N 键的作用弱。

水浴-纳米协同方式氧含量最高,对 C—O 作用弱;微波-纳米协同方式氧含量最低,对

C—O 作用强。氧元素集中在重组分,微波辐射极性分子使其热解,—CHO、—R、C＝O 等基团脱链。

微波-纳米协同方式 H/C 原子比最大,提高了油品质量。

3　结论

(1)微波-纳米协同方式的最佳降黏条件为热处理温度 97 ℃、催化剂浓度 0.3％、微波功率 750 W,降黏率为 49.07％;水浴-纳米协同方式的最佳降黏条件为热处理温度 97 ℃、催化剂浓度 0.9％,降黏率为 37.21％。

(2)微波-纳米协同方式的降黏原因:"非热效应"降低了反应活化能,"选择特性"影响了极性分子,缩减了催化剂含量。

(3)微波-纳米协同方式降低了稠油重组分含量,裂解了 $C_{27} \sim C_{40}$ 等大分子,脱氮作用弱,脱氧作用强,增大了 H/C 原子比,提升了稠油质量。

参 考 文 献

[1]　MOZAFARI M,NASRI Z. Operational conditions effects on Iranian heavy oil upgrading using microwave irradiation[J]. Journal of Petroleum Science and Engineering,2017,151:40-48.

[2]　PATEL H,SHAH S,AHMED R,et al. Effects of nanoparticles and temperature on heavy oil viscosity[J]. Journal of Petroleum Science and Engineering,2018,167:819-828.

[3]　ISKANDAR F,DWINANTO E,ABDULLAH M,et al. Viscosity reduction of heavy oil using nanocatalyst in aquathermolysis reaction[J]. Powder and Particle,2016,(33):3-16.

[4]　TAHERI-SHAKIB J,SHEKARIFARD A,NADERI H. Analysis of the asphaltene properties of heavy crude oil under ultrasonic and microwave irradiation[J]. Journal of Analytical and Applied Pyrolysis,2018,129:171-180.

[5]　熊攀.微波频率对稠油降粘效果影响的实验研究[D].西安:西安石油大学,2014.

[6]　WANG Y,LIU Z,HAO P. Investigation on mechanical and microwave heating characteristics of asphalt mastic using activated carbon powder as electro-magnetic absorbing materials [J]. Construction and Building Materials,2019,(202):692-703.

板式换热器梯形波纹换热通道的数值模拟研究

吕国政　张引弟　路　达

（长江大学石油工程学院　湖北武汉　430100）

摘　要：本文利用 Fluent 仿真模拟软件对板式换热器的板间波纹换热通道进行数值模拟，选用五种面积增长比的梯形波纹通道，模拟入口流速为 0.1 m/s 至 0.6 m/s。计算得到五种梯形波纹通道的 Nu 和 f，对结果进行分析发现，波形会对流场产生影响，进而影响换热通道的阻力特征和换热性能。最后用性能系数法对几种梯形波纹通道进行性能评价，发现面积增长比为 1.443 5 和 1.363 1 的梯形波纹通道在各种工况下表现优异。

关键词：板式换热器　人字形波纹板　数值模拟　波纹通道　换热性能

1　引言

波纹板的波纹形状是板式换热器的重要参数，尤其是梯形波纹板，相同波高、波距和波纹倾角的梯形波纹板可以有多种面积增长比[1~3]。在实际应用中，不同面积增长比的梯形波纹对换热器的性能影响可能并不明显，但从节能和节约成本的角度出发，尽可能地提高效率显得尤为重要。本文模拟了相同波高、波距和波纹倾角下的五种不同面积增长比的梯形波纹通道的换热情况，并进行了换热性能、阻力特征的分析，这对于板式换热器的优化设计具有重要意义。

2　物理模型与网格划分

2.1　模型建立

选取具有代表性的人字形波纹板主流区建立板间通道模型，设置波高 4 mm、波距 10 mm 和波纹倾角 60°下五种不同面积增长比的梯形波纹通道。

2.2　网格划分

选用 ANSYS Workbench 自带的 Mesh 插件进行网格划分，壁面有较大的速度和温度梯度，所以在壁面划分边界层网格并做加密处理。为防止触点处由于尺寸较小而生成扭曲度和长宽比过高的网格，对触点处网格也进行加密。

3 数学模型及求解

3.1 控制方程

连续性方程:

$$\frac{\partial u_x}{\partial x} + \frac{\partial u_y}{\partial y} + \frac{\partial u_z}{\partial z} = 0 \tag{1}$$

动量方程:

$$\frac{\partial u_i}{\partial x}u_x + \frac{\partial u_i}{\partial y}u_y + \frac{\partial u_i}{\partial z}u_z = -\frac{1}{\rho}\frac{\partial p}{\partial x_i} + \nu\left(\frac{\partial^2 u_i}{\partial x^2} + \frac{\partial^2 u_i}{\partial y^2} + \frac{\partial^2 u_i}{\partial z^2}\right) \tag{2}$$

能量方程:

$$\frac{\partial t}{\partial x}u_x + \frac{\partial t}{\partial y}u_y + \frac{\partial t}{\partial z}u_z = \alpha\left(\frac{\partial^2 t}{\partial x^2} + \frac{\partial^2 t}{\partial y^2} + \frac{\partial^2 t}{\partial z^2}\right) \tag{3}$$

式中,u_x、u_y、u_z 为 x、y、z 方向的速度分量,u_i 为 i 方向的流体速度分量,ρ 为流体密度,p 为流体微元上的压力,ν 为流体运动黏度,T 为温度,α 为流体热扩散率。

3.2 边界条件及求解设置

设置入口为速度入口,入口流体温度为 360 K;设置出口为压力出口,设定压力为 101 325 Pa。换热壁面温度服从恒热流分布,$q=-25$ kW,采用无滑移速度边界条件,$u=0$。除进、出口外,周围环境与通道周边和壁面均无热量和质量交换。

4 模拟结果与讨论

4.1 阻力特征

图 1 所示为摩擦因子随入口流速的变化情况,从图中可以看出,摩擦因子随入口流速的增大而减小。相同入口流速的条件下面积增长比为 1.443 5 的梯形波纹通道总是有最小的摩擦因子。

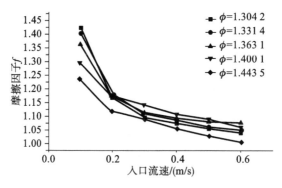

图 1 摩擦因子随入口流速的变化情况

4.2 换热性能

图 2 所示为入口流速为 0.1~0.6 m/s 的条件下五种不同面积增长比的梯形波纹通道的 Nu 值随入口流速的变化情况,Nu 值主要随入口流速的增大而增大。另外,通过分析比较不同面积增长比的梯形波纹通道的 Nu 值随入口流速发展趋势可以发现,几种梯形波纹

通道的 Nu 值变化趋势差别不大,几乎落在同一曲线上,相同入口流速下面积增长比为
1.400 1的梯形波纹通道的 Nu 值最大。

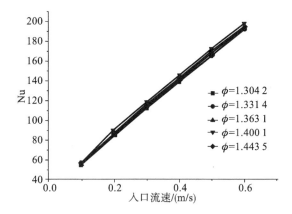

图 2 五种不同面积增长比的梯形波纹通道的 Nu 值随入口流速的变化情况

4.3 波纹通道总体性能评价

换热器的优化设计目标为尽可能地降低阻力并提高换热性能。本文采用 $G=(Nu/Nu_0)/(f/f_0)^{1/3}$ 性能系数[4]作为换热性能的评价指标,式中下标"0"代表平直通道。G 值越大,表示换热性能越好。图 3 所示为五种梯形波纹通道的 G 值随入口流速的变化情况,从图中可以看出,入口流速为 0.1～0.2 m/s 时面积增长比为 1.443 5 的梯形波纹通道的性能最好,入口流速为 0.3～0.5 m/s 时面积增长比为 1.363 1 的梯形波纹通道的性能最好,入口流速为 0.6 m/s 时面积增长比为 1.443 5 和 1.363 1 的梯形波纹通道的性能均为最优,最终结果显示各梯形波纹通道在入口流速为 0.1～0.2 m/s 时性能最好。

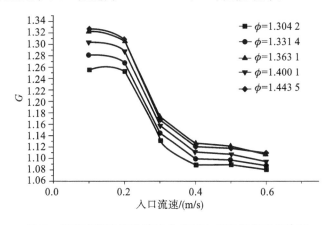

图 3 五种梯形波纹通道的 G 值随入口流速的变化情况

5 结论

(1)不同面积增长比的梯形波纹通道的摩擦因子随入口流速的变化趋势不同。在各种工况下,面积增长比为 1.443 5 的梯形波纹通道的摩擦因子最小。

(2)五种不同面积增长比的梯形波纹通道的 Nu 值随入口流速的变化趋势基本相同,相同入口流速下面积增长比为 1.400 1 的梯形波纹通道的 Nu 值最大。

(3)通过性能系数评价发现,面积增长比为 1.363 1 和 1.443 5 的梯形波纹通道在各种工况下的性能最优。

参 考 文 献

[1] 栾志坚,张冠敏,张俊龙,等.波纹几何参数对人字形板式换热器内流动形态的影响机理[J].山东大学学报(工学版),2007,37(2):34-37.

[2] FOCKE W W,ZACHARIADES J,OLIVIER I. The effect of the corrugation inclination angle on the thermohydraulic performance of plate heat exchangers[J]. International Journal of Heat and Mass Transfer,1985,28(8):1469-1479.

[3] 谭蔚,姜淞元,贾占斌,等.梯形波纹板式换热器换热性能试验研究[J].压力容器,2019,36(8):1-6.

[4] 阴继翔,李国君,丰镇平.波纹通道板间距对通道内流动与换热影响的数值研究[J].热科学与技术,2005,4(2):123-129.

基于水力空化高级氧化法的压裂
返排液处理空化发生器特性

邓育轩 杨 斌 刘广桥

(兰州城市学院培黎石油学院 甘肃兰州 730000)

摘 要:为了研究水力空化与臭氧协同氧化压裂返排液中有机物的机理,搭建了一个水力空化与臭氧协同处理压裂返排液实验台。从理论分析、数值模拟以及实验研究三个方面入手,探索空化强化效应的机理和效果,并以此优化空化器的结构,提高空化效率。对螺旋叶轮空化发生器的内部空化流动进行较为系统的研究,发现螺旋叶轮空化发生器内部在发生回流涡空化时,回流涡空化区不与固体表面直接接触,即回流涡空化的溃灭区域不在固体表面,所以使用该类空化发生器可以避免空化对固体表面造成破坏,该类空化发生器有长时间连续工作的潜力。

1 引言

经过近十年的工业应用,国外运用水力空化氧化法处理污水的技术已相对比较成熟,目前已投入使用的水力空化氧化法一般与其他的一种或几种高级氧化法联合作用,使出水达到可回用的标准。国内在理论研究和试验研究方面的工作较多,但工业化应用较少[1~4]。螺旋叶轮流道较宽,且发生回流涡空化时空化区不直接与固体表面接触,所以使用该类空化发生器时可以避免空化对固体表面造成破坏,该类空化发生器有长时间连续工作的潜力。

本文对螺旋叶轮内的空化流动进行了数值模拟,以期为基于螺旋叶轮的利用回流涡产生空化的空化发生器的研发提供理论依据。

2 数值计算方法

采用 Pro/ENGINEER 软件生成三维计算区域模型,同试验螺旋叶轮空化发生器一样,轮缘与盖板间的间隙为 2.9 mm。采用 ICEMCFD 软件对模型进行网格划分,计算区域均采用六面体结构化网格,并进行网格无关性检查,最终选取的网格计算的轮缘间隙区 $y+$ 平均值为 9,满足计算要求,总网格数为 260 万。

采用商业软件 ANSYS CFX 13.0 模拟螺旋叶轮空化发生器内的空化流动。输送介质为 25 ℃ 的清水,25 ℃ 清水的汽化压力为 3169 Pa。近壁面处选用标准壁面函数,壁面边界条件设为绝热无滑移壁面,壁面粗糙度设为 2.3 μm。进口边界条件设置为总压进口,液相体积分数为 1,气相体积分数为 0,出口边界条件设置为质量流量出口。通过调节进口压力,改变进口的有效汽蚀余量,从而控制螺旋叶轮空化发生器内部空化发生程度。叶轮每转 3°

作为一个时间步长,每个步长的时间为 $0.337\ 5\times10^{-3}$ s。

3 数值模拟结果分析

图 1 所示为汽蚀余量 NPSH 为 3.1 m 时不同流量下螺旋叶轮空化发生器轴面流线,从图中可以看出,随着流量的减小,两个回流涡空化云的体积逐渐减小。

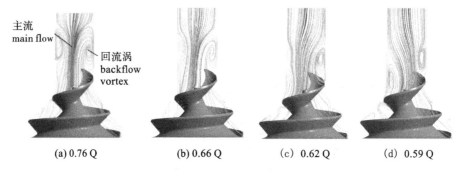

(a) 0.76 Q (b) 0.66 Q (c) 0.62 Q (d) 0.59 Q

图 1 不同流量下螺旋叶轮空化发生器轴面流线

通过数值模拟发现,随着流量的减小,螺旋叶轮空化发生器的叶轮进口段流体的流速增大,叶轮进口段流体的压力减小。图 2 所示为不同流量下叶轮轴面压力云图,从图中可以看出,随着流量的减小,叶片轮缘间隙处叶片背面端的压力逐渐减小。由于叶片轮缘间隙处叶片工作面端的流体发生了空化,故叶片轮缘间隙处叶片工作面端流体的压力近似为液体汽化压力,所以随着流量的减小,叶片进口段轮缘间隙两侧的压差逐渐减小,这导致叶片进口边的螺旋叶轮空化发生器进口外部形成的回流区域随流量的减小而逐渐变小,回流涡内的压力还会由于回流涡环量的减小而增大。

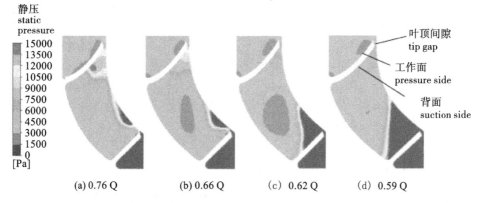

(a) 0.76 Q (b) 0.66 Q (c) 0.62 Q (d) 0.59 Q

图 2 不同流量下叶轮轴面压力云图

综上所述,随着流量的减小,叶片进口段轮缘间隙两侧的压差逐渐减小,叶片进口边的螺旋叶轮空化发生器进口外部形成的回流区域变小,这是导致回流涡空化云体积减小的主要原因。

4 结论

(1)通过对螺旋叶轮空化发生器内部的空化流进行数值模拟,发现当进口汽蚀余量

NPSH 不变时,随着流量的减小,两个回流涡空化云的体积逐渐减小。

(2)通过数值模拟发现,当螺旋叶轮空化发生器进口汽蚀余量 NPSH 不变时,随着流量的减小,叶片进口段轮缘间隙两侧的压差逐渐减小,叶片进口边的螺旋叶轮空化发生器进口外部形成的回流区域变小,导致回流涡空化云体积减小。

参 考 文 献

[1] 中华人民共和国环境保护部.2014 中国环境状况公报[R].2014.

[2] 丁真真.难降解有机物废水的处理方法研究现状[J].甘肃科技,2006,22(2):113-115.

[3] 冀滨弘,章非娟.难降解有机污染物的处理技术[J].重庆环境科学,1998,20(5):36-40.

[4] 周琳琳.利用高级氧化技术降解五氯酚的研究[D].大连:大连理工大学,2007.

典型滨海区输油管线运维环境
初析及泄漏检测处置

喻　鹏[1]　贺　宏[2]　张宇桐[2]　张成龙[2]　张晓斌[3]
魏玉伟[3]　梁金禄[1]　赖家凤[1]　王荣健[1]

（1.北部湾大学石油与化工学院　广西钦州　535000；
2.西南管道有限公司南宁输油气分公司　广西南宁　530000；
3.广西壮族自治区特种设备检验研究院　广西南宁　530000）

摘　要：石油作为一类不可缺少的重要能源，怎样使其输送方式更加安全、高效及环保，是我们一直在探索的问题。典型滨海区的输油管线受环境、地理等因素的影响较大，区域管网的运维管理难度也相对变大。在输油管线的长期运维过程中，自然、人为原因皆可能导致管线泄漏，而石油本身的特性又使泄漏污染辐射面变得更广，故科学分析管线运维环境，对运维过程中的管线泄漏进行检测研究和应急处置显得尤为重要。本文具体分析了典型滨海区输油管线的运维环境，归纳泄漏检测技术，并提出了相应的应急处置措施。

关键词：滨海区　输油管线　运维环境　泄漏检测　应急处置

油气管道作为重要的能源运载体，可能因施工、腐蚀、地灾、不当操作及第三方破坏等因素而遭到破坏[1~3]。输油管线一旦泄漏，泄漏油品会对周围土壤、植被造成污染，若进入地表河流，则会直接污染河流、湖泊水质，而深入地下的污染物可能会随地下水的运移而迅速扩散，破坏水质及生态环境。泄漏油品在地下流体中扩散的时空变化、应急反应时间及措施的有效性都是运维管理工作中面临的巨大挑战[4~7]。北部湾经济区地处我国西南沿海，油品输送环境复杂，加之其重要的战略意义，管线运维责任重大。因此，有必要开展典型滨海区输油管线运维环境分析，研究泄漏检测技术，不断优化应急处置措施，为抢险工作争取时间，对预防和减少泄漏事件的发生起到积极作用。

1　滨海区输油管线运维环境

滨海区管网环境复杂，输油管线科学运维难度大，其运维环境中仍然存在诸多安全隐患，如：①管道的损伤及腐蚀，因北部湾典型滨海区为亚热带季风气候，其特点是夏季高温、潮湿且多雨，土体性质多变，管线长期受腐蚀环境困扰；②由于法律意识淡薄，一些管线点段存在偷油打孔的行为，加之石油资源价格日趋升高，会刺激不法分子的投机行为，偷油行为严重影响了企业的运营，并带来安全隐患，极易酿成重大事故；③少数管道施工过程中，因片面追求利润而造成必要安装投入减少，最终势必为输油管线埋下泄漏隐患；④滨海区的一些案例中，管道材料的失效也是输油管线发生泄漏的主要因素。管线的泄漏检测需要从运维管理的制度入手,将先进严谨、科学智能的管理体系充分运用在泄漏检测及预防之上。

2 管线泄漏检测技术体系

除早期借助气味、声音及观测来辨别确认泄漏位置的方法外,硬件型测漏体系形成的时间也较早,即通过借助不同类型的硬件装置来检测确定泄漏位置,如气体取样检测器、温度检测器、声学检测器、电参数检测器等[8~10]。而管线测漏体系的研究也逐渐形成了基于硬件但以软件为主体的新方法,如:质量平衡测漏体系就是结合质量守恒定律,针对不同点位流体流出、流入质量进行计算检测,输出质量平衡图,以便工程师直观地分析处理相关问题;压力点分析测漏体系则结合动量及能量平衡理论,以压力传感器为压力波的获取介质,通过清绘压力波波形图来拟合标准态数据体,从而达到判定泄漏点位的目的;负压波测漏体系采用传感器进行检测,适应能力强,但在识别缓慢泄漏事故等异常工况方面具有一定的局限性;压力分布图检测体系则通过对整条管线的压力进行收集、清绘,通过压力点位的变化来识别泄漏位置;实时模型测漏体系则是模拟油品真实输送情境,通过对综合数据集的动态追踪分析来识别泄漏点位[11~13]。

当下管线泄漏检测技术集成多领域知识,如传感、通信、信号处理、模式识别及人工智能,能够做到对管线输送流体动态过程中的压力、流量、黏温参数等信息进行全采集和精细处理,检测技术基础标准涵盖了敏感及精确定位、适应及运维等关键词。在敏感及精确定位上,对少量泄漏的敏感察觉是检验一个检测体系的第一步,察觉后第一时间精准定位,为救援提供最充足的缓冲时间,最大限度地降低泄漏损害;而在适应及运维方面,检测体系需具备一定的适应性,以满足不同工况、不同环境的需求。泄漏导致管线综合环境突变,影响检测体系,运维调整操作的便捷性决定了检测体系的高效性。管线泄漏检测技术体系的不断完善,也为滨海区输油管线的运维提供了一定的保障和技术支撑。

3 管线泄漏应急处置

实际矿场发生泄漏时,首先进行科学规范的紧急停输操作,启动应急预案。定位泄漏点位之后,立马进行泄漏现场的安全管控(寻求公安、消防、安监、环保等方面的支援),同时组织相关人员对泄漏点位周边环境进行含油介质的回收,以免造成点位附近地下水、土体等的大面积污染。当遇到一些特殊情况,如输油管线停输,现场抢险时间较长,可能导致凝管事故发生时,可通过加装管线,临时恢复输送生产状态,等泄漏事故处理完成后再进行正常油品的输送。

4 结语

随着科技的进步,更高效的检测技术及管理体系将会产生。在新管投产运输之前进行科学的管内检测,及时发现问题,及时处理问题。投运过程中定期检测,及时发现异常工况点位,同步响应,将被动的管线运维模式转为积极主动的管线运维模式,做到未雨绸缪。

综上所述,因地理环境、输送介质的复杂性,种类各异的泄漏现象可能发生,这对滨海区输油管线的泄漏检测和运维管理提出了更高的要求。当前各种技术的通用性和适用性还有待进一步提高,我们需要结合区域实际情况,进行高素质人员严格规范培训、多技术手段综合选优、高质量管线体制管理等,从而综合防范泄漏。同时,加强输油管材失效机理的研究及新材料的研发,在以往经验技术的基础上架构起更加高效的应急体制,将泄漏事故的损害降到最低,促进安全生产,保卫生态环境。

参 考 文 献

[1] 赵庆磊,沈茂丁,许立风,等.数值模拟在长输油气管道工程环评中的应用[J].油气田环境保护,2015,25(5):65-67.

[2] 张秀芳.我国地下水开发利用现状与可持续发展[J].北京地质,2002,14(3):40-42.

[3] 姚威.穿越河流输油管道泄漏扩散数值模拟[J].当代化工,2013,42(4):516-519.

[4] 王威.浅层地下水中石油类特征污染物迁移转化机理研究[D].长春:吉林大学,2012.

[5] 张永波.水工环研究的现状与趋势[M].北京:地质出版社,2001.

[6] EDDEBBARH A,CARLSON F,HEMKER C J. Groundwater modeling using an integrated large-capacity finite-element model for multiple aquifer groundwater flow[J]. Proceedings of the 1996 Symposium on Subsurface Fluid Flow Modeling,1996:22-23.

[7] HSIEH P A,FRECKLETON J R. Documentation of a computer program to simulate horizontal-flow barriers using the U. S. Geological Survey's modular three-dimensional finite-difference ground-water flow model[R]. U. S. Geological Survey Open-File Report,1993:92-477.

[8] 安杏杏,董宏丽,张勇,等.输油管道泄漏检测技术综述[J].吉林大学学报(信息科学版),2017,35(4):424-429.

[9] 李玉星,刘翠伟.基于声波的输气管道泄漏监测技术研究进展[J].科学通报,2017,62(7):650-658.

[10] 李畅,赵文博,李文斌.输油管道泄漏检测技术及应用[J].中国石油和化工标准与质量,2018,38(17):57-58.

[11] 关博宇.石油管道泄漏检测定位技术的研究与开发[J].自动化与仪器仪表,2017,(S1):26-28.

[12] 佟淑娇,王如君,李应波,等.基于VPL的输油管道实时泄漏检测系统[J].中国安全生产科学技术,2017,13(4):117-122.

[13] 刘仲勤,宋志俊,曹嫚,等.智能球泄漏检测技术在输油管道中的应用[J].石油工业技术监督,2017,33(4):56-58.

缓蚀剂在输气管道中分布及保护距离的数值模拟研究

卓 柯 邱伊婕 张引弟

（长江大学石油工程学院 湖北武汉 430100）

摘 要：缓蚀剂正常加注工艺是一种经济、有效的防腐工艺，其主要作用是对管壁缓蚀剂液膜进行修复、填补，从而实现防腐目的。缓蚀剂在管道中的分布规律对液膜的修复有着重要影响，因此，本文基于流体动力学理论建立水平管道气液两相流模型，采用数值模拟方法分析管径、入口速度、缓蚀剂体积分数、液滴直径、黏度对缓蚀剂分布规律的影响，并推导了缓蚀剂保护距离公式，借助 Fluent 软件对缓蚀剂保护距离公式进行验证对比。结果表明：沿着轴向方向，管道顶部缓蚀剂含率逐渐降低，管道底部缓蚀剂含率逐渐增大，且两者变化率逐渐减小；沿着径向方向，越接近管道中心处缓蚀剂分布越稳定；管径、进口速度越大，缓蚀剂含率变化率越小，有利于缓蚀剂在管道中均匀分布；而缓蚀剂体积分数、液滴直径越小，缓蚀剂含率变化率越小，管道顶部与底部缓蚀剂含率差值越小，有利于缓蚀剂在管道中均匀分布；黏度的增大对缓蚀剂在管道中的分布影响不是很大；通过数值模拟现场数据验证了缓蚀剂保护距离公式的合理性。本文的研究成果对降低缓蚀剂加注成本、提高缓蚀剂加注效率具有重要意义。

关键词：湿天然气 数值模拟 分布 输气管道

1 引言

本文基于 Fluent 软件对影响缓蚀剂在输气管道中分布规律的因素[1~4]进行了探究，并且对缓蚀剂的保护距离进行了推导和数值验证。

2 模型建立

2.1 三维模型及网格划分

使用 ICEMCFD 建立三维水平直管道，几何参数为管道长度 20 m、管道直径 0.66 m，然后进行网格划分。通过验证对比可知，在该工况下非结构网格比结构网格稳定且收敛性较好，因此选择非结构网格进行计算。

2.2 数学模型

本文选用 Mixture 非稳态模型，连续性方程为

$$\frac{\partial}{\partial t}\rho_m + \nabla \cdot (\rho_m v_m) = 0 \tag{1}$$

式中，ρ_m 为混合后的密度（kg/m³），v_m 为混合后的速度（m/s）。

动量方程[5]为

$$\frac{\partial}{\partial t}(\rho_m v_m) + \nabla \cdot (\rho_m v_m v_m) = \nabla \cdot p + \nabla \cdot [\mu_m(\nabla v_m + \nabla v_m T_m)] + \nabla \cdot (\sum_{k=1}^{n} \alpha_k \rho_k v_{dr,k} v_{dr,k})$$

$$(2)$$

式中：μ_m 为混合后的动力黏度（N·S/m²）；$v_{dr,k}$ 为第二相的漂移速度，k 取 1 或 2。

模拟过程中使用 RNG k-ε 模型描述管道内复杂的湍流流动过程[6]，压力-速度耦合选用 SIMPLE 算法。

2.3　边界条件

（1）进口条件：气液两相进口速度均为 2.5 m/s，缓蚀剂体积分数为 0.1％，湍流强度为 2.2％，水力直径为 0.66 m，假设缓蚀剂在进口处呈均匀分布。

（2）出口条件：自由流出，且出口处管道长度处于充分发展端[7]。

（3）壁面条件：采用无滑移壁面边界[7]。

3　网格无关性验证

取管道底部轴向缓蚀剂体积分数进行网格无关性验证，得到不同网格数量下缓蚀剂体积分数分布，取 76 万网格数量进行计算。

4　计算结果分析

4.1　影响缓蚀剂分布因素探究

4.1.1　管径的影响

当进口速度为 0.25 m/s 时，模拟缓蚀剂分别在管径为 0.660 m、0.792 m、0.858 m、0.990 m，长度均为 20 m 的输气管道中的分布规律。取距离管道上顶点 0.1 mm 和距离管道下顶点 0.1 mm 这两处位置，得到轴向缓蚀剂体积分数；取距离管道入口 10 m 处的截面，得到缓蚀剂在该位置径向体积分数。

由模拟结果可以看出，在管径不同的输气管道中，缓蚀剂的分布规律较为明显：管径越大，缓蚀剂在管道底部的含率越小，在管道顶部的含率越大。这是因为在其他条件相同的情况下，由于重力因素，缓蚀剂液滴会在管径较小的管道中沿着垂直方向运动的时间较短，与此同时轴向运动的距离也较短[4,7]。

随着管径的增大，缓蚀剂在径向方向的含率变化率越来越小，且管道顶部与底部的含率之差也越来越小。经计算发现，0.66 m 的管径含率之差几乎是 0.99 m 管径的 1.7 倍。

4.1.2　进口速度的影响

当进口速度分别取 3.5 m/s、4.5 m/s、5.5 m/s、6.5 m/s 时，得到了缓蚀剂在该位置轴向体积分数。取距离管道入口 10 m 处的截面，得到缓蚀剂在该位置径向体积分数。

随着进口速度的增大，缓蚀剂在管道底部的含率减小，而在管道顶部的含率逐渐增大，并且在接近管道末端位置缓蚀剂含率逐渐减小。究其原因是进口速度越大，缓蚀剂液滴运动到管道末端所需的时间越少，因此缓蚀剂液滴在垂直方向的偏移量就越小，此时缓蚀剂液滴大多集中在管道中上部，沉降在管道底部的缓蚀剂液滴变得非常稀少。随着轴向距离的推进,缓蚀剂不断发生沉降[4]。

管道进口速度越大,缓蚀剂在径向方向的含率变化率越小,并且管道顶部与管道底部的含率之差也逐渐减小,在管道中心位置处含率变化率为零的径向距离逐渐增大,此时缓蚀剂在管道中的分布较为稳定且保持均匀。

4.1.3 缓蚀剂体积分数的影响

当进口处缓蚀剂的体积分数分别为 0.1‰、0.5‰、1‰、2‰时,得到缓蚀剂在该位置轴向体积分数。取距离管道入口 10 m 处的截面,得到缓蚀剂在该位置径向体积分数。

随着缓蚀剂体积分数的增大,管道顶部的缓蚀剂含率下降速率加快,而管道底部的缓蚀剂含率上升速率加快,当缓蚀剂体积分数接近 0.1‰时,管道顶部与底部缓蚀剂含率几乎不发生变化,接近理想状态时缓蚀剂在管道中均匀分布。究其原因是进口处缓蚀剂体积分数越大,即单位容积内雾滴数量越多,这使得相邻雾滴在运动过程中更加容易发生碰撞,从而聚集成大液滴,在重力的作用下快速地沉降到管道底部[8,9]。

可以发现,进口处缓蚀剂体积分数为 2‰时,缓蚀剂体积分数差值为 0.011 6,而进口处缓蚀剂体积分数为 0.1‰时,缓蚀剂体积分数差值为 6.82×10^{-4},几乎接近于 0,并且径向方向缓蚀剂含率变化率随着进口处缓蚀剂体积分数的增大而逐渐增大。

4.2 缓蚀剂在输气管道中的保护距离

保护距离是指在给管道预膜时达到规定预膜状态的管道长度。一般认为,管道内壁缓蚀剂液膜厚度达到 0.1 mm 时,管道就已经处于被保护状态[3,10]。

由于缓蚀剂液膜厚度 σ 非常小,远小于管道直径 R,因此假设管道中心到缓蚀剂液膜边界的距离 $r = R$,则保护距离计算公式为

$$x = \frac{(W_j - W_c)t}{2\pi\sigma\rho R} \tag{3}$$

式中,x 为保护距离(m),W_j 为缓蚀剂的进口质量流量(kg/s),W_c 为天然气中缓蚀剂的质量流量(kg/s),t 为预膜时间(s),σ 为缓蚀剂液膜厚度(m),ρ 为缓蚀剂密度(kg/m³),R 为管道直径(m)。

建立直径 0.66 m、长度 30 m 的水平直管道模型,然后进行网格划分,取 $W_j = 0.027\ 08$ kg/s,其他条件保持不变,然后进行非稳态求解。

假设缓蚀剂液膜厚度为 0.1 mm,流动时间为 150 s 时出口截面的质量流量为 6.6×10^{-4} kg/s,经计算得出管道保护距离为 19.6 m。

5 结论

(1)管径、进口速度越大,缓蚀剂含率变化率越小,有利于缓蚀剂在管道中均匀分布;而缓蚀剂体积分数越小,缓蚀剂含率变化率越小,有助于缓蚀剂在管道中均匀分布。其中缓蚀剂体积分数对缓蚀剂分布的影响最为明显。

(2)在加注工艺过程中,由于重力的原因,缓蚀剂会沿着轴向方向在管道底部大量沉积;沿着径向方向,在接近管道中心这一区域缓蚀剂含率变化率为 0,而在接近管道中心以外区域缓蚀剂含率变化率非常大。

参 考 文 献

[1] 裴秀丽,谭慧敏,王建军,等.正常加注工艺中缓蚀剂液滴在湿天然气集输管道内流动分布的数值研

究[J].化学工程与装备,2011,(4):1-8.

[2] 刘永康.输气干线缓蚀剂加注浓度及保护距离研究[D].成都:西南石油大学,2006.

[3] 郑永刚,安贵林,彭荣,等.天然气管道中缓蚀剂浓度和保护距离计算公式及现场检验[J].天然气工业,1999,19(1):89-93.

[4] 杨露.龙岗气田低流速管线流动特征及缓蚀剂分布规律研究[D].成都:西南石油大学,2014.

[5] 沈瞳瞳,敬加强,李蔚鹏,等.基于Fluent的水平管道稠油掺稀均质化流场模拟[J].科学技术与工程,2017,17(27):207-213.

[6] 高雪琦,张笑笑,王建军.缓蚀剂液膜分布规律的数值模拟[J].排灌机械工程学报,2017,35(1):50-55.

[7] 赵珂珂,郝天宇,李传宪.雾化加注天然气减阻剂减阻效果的数值评价[J].油气储运,2015,34(10):1055-1061.

[8] 余鹏,杜永成.水喷雾场瞬态蒸汽浓度分布研究[J].机电工程技术,2013,42(12):66-70.

[9] 郝雅洁,刘嘉宇,袁竹林,等.除雾器内雾滴运动特性与除雾效率[J].化工学报,2014,65(12):4669-4677.

[10] 李悦钦,王金蕊,赵琦璘,等.对某凝析气田集气站缓蚀剂加注工艺的分析及优化[J].化学工程与装备,2014,(5):88-92.

CO_2/O_2 富氧氛围下甲烷燃烧数值模拟

王 珂

（长江大学石油工程学院 湖北武汉 43010）

摘 要： 本文采用数值模拟的方法，对甲烷在 CO_2/O_2 和 N_2/O_2 氛围中的燃烧进行了模拟，发现在 CO_2/O_2 氛围中由于 CO_2 对 CO 与 O_2 反应的抑制作用和 CO_2 的吸热作用，燃烧速率变缓，火焰温度降低；对碳烟生成机理进行了研究，发现碳烟的形成受苯和芘浓度的影响，温度的上升会加速苯和芘的形成，从而使碳烟浓度增大；最后模拟了在 CO_2/O_2 氛围下氧气体积分数分别为 21％、30％、40％和 50％时二维轴对称层流甲烷扩散火焰的形态、温度分布和碳黑体积分数分布，发现了 CO_2/O_2 富氧氛围下燃烧的优越性，并提出了富氧浓度以不超过 30％为宜的结论，为工业应用提供了理论建议。

关键词： 碳烟生成 富氧燃烧 数值模拟 层流扩散火焰

1 引言

随着环境问题的日益严峻，化石燃料的使用产生的污染得到了重视，富氧燃烧技术为污染物的减排提供了有效途径，成为研究热点。本文采用数值模拟方法，研究了甲烷在 CO_2/O_2 和 N_2/O_2 氛围中的燃烧特性，探讨了 CO_2 在二维轴对称层流甲烷扩散火焰中对温度分布和碳烟体积分数分布的影响以及作用机理。

2 数值模拟求解方法

实验燃烧器为伴流燃烧器，燃料从内管中流出，氧化剂从外管与内管之间流出，在大气压力下生成同向轴对称扩散火焰。

3 CO_2 对燃烧特性及碳烟的影响

将 CO_2/O_2 作为助燃气体，结合 CO_2 再循环回收的富氧燃烧技术，可以明显减少温室气体以及 NO_x 的排放[1]。为分析 CO_2 在富氧燃烧条件下的作用机理，采用甲烷燃烧 24 步机理[2]，研究了 O_2 浓度为 21％、30％、40％、50％时，甲烷在 CO_2/O_2 和 N_2/O_2 氛围中的燃烧特性以及碳烟生成情况。

3.1 火焰形状与燃烧温度

不同 O_2 浓度条件下，甲烷在 N_2/O_2 和 CO_2/O_2 氛围中燃烧的温度云图分别如图 1 和图 2 所示，并对各工况条件下的轴线温度分布进行了对比，结果如图 3 所示。由此可以看出：

①随着 O_2 浓度的升高,甲烷在 N_2/O_2 和 CO_2/O_2 氛围中燃烧的温度均升高,峰值提前;②相同 O_2 浓度下,甲烷在 N_2/O_2 氛围下燃烧的温度高于其在 CO_2/O_2 氛围中燃烧的温度,且峰值提前。

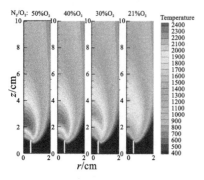

图1　N_2/O_2 氛围中燃烧的温度云图

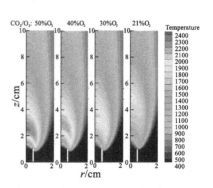

图2　CO_2/O_2 氛围中燃烧的温度云图

3.2　燃烧速率分析

为研究燃烧速率,对不同工况下轴线甲烷浓度变化进行对比,结果如图4所示,由此可以看出:①随着 O_2 浓度的增加,两种氧化剂氛围下甲烷浓度下降速率均加快,说明反应速度加快;②相同 O_2 浓度条件下,甲烷在 N_2/O_2 氛围中的燃烧速率快于 CO_2/O_2 氛围,说明 CO_2 对燃烧反应有抑制作用。

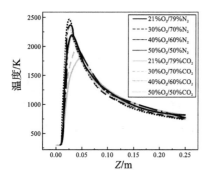

图3　不同工况下的轴线温度分布对比

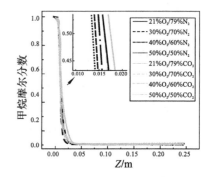

图4　不同工况下轴线甲烷浓度变化

3.3　碳烟分布

甲烷在不同 O_2 浓度与氧化剂氛围下燃烧生成的碳烟浓度云图分别如图5、图6所示,从图中可以看出:①随着 O_2 浓度的增加,两种氧化剂氛围下生成的碳烟浓度均增大,且峰值提前;②相同 O_2 浓度下,CO_2/O_2 氛围中燃烧生成的碳烟浓度高于 N_2/O_2 氛围,且峰值后移。由此说明:①O_2 浓度增加,使燃烧温度上升,促进碳烟颗粒形成,同时加强氧化作用,促进碳烟的分解;②碳烟的形成主要由PAHS(多环芳烃)的浓度来决定[3],温度升高时,碳烟成核速率加快,CO_2 使火焰降温和减缓燃烧反应,对碳烟生成和氧化作用均有抑制作用[4]。对各种工况下轴线碳烟生成浓度进行对比,结果如图7所示,由该图可知,在相同 O_2 浓度下,CO_2/O_2 氛围下碳烟生成速率大大降低,且在 O_2 浓度从21%增加到30%时峰值上升不明显,O_2 浓度超过30%时碳烟生成速率会快速增大。故工业运用中,在保证提高燃烧效率和减少碳烟生成时,CO_2/O_2 氛围中 O_2 浓度以不超过30%的富氧为宜。

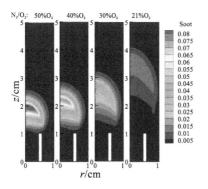 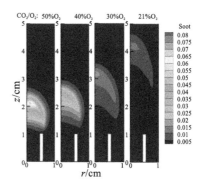

图 5 在 N_2/O_2 氛围下燃烧生成的碳烟浓度云图　　**图 6 在 CO_2/O_2 氛围下燃烧生成的碳烟浓度云图**

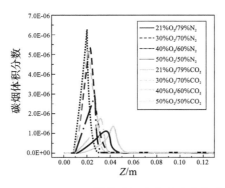

图 7 不同工况下轴线碳烟生成浓度分布图

4 结论

(1)相同 O_2 浓度下,甲烷在 CO_2/O_2 氛围中燃烧的温度较 N_2/O_2 氛围低,生成的碳烟浓度增加。

(2)燃烧速率随 O_2 浓度的增加而加快,相同 O_2 浓度下,CO_2/O_2 氛围下的燃烧速率小于 N_2/O_2 氛围,说明 CO_2 对燃烧反应有抑制作用。

(3)在 O_2 浓度从 21% 增加到 30% 时峰值上升不明显,O_2 浓度超过 30% 时碳烟生成速率会快速增大,故工业运用中,在保证提高燃烧效率和减少碳烟生成时,CO_2/O_2 氛围中 O_2 浓度以不超过 30% 的富氧为宜。

参 考 文 献

[1] 郭喆.富氧乙烯扩散火焰中碳黑生成的模拟研究[D].武汉:华中科技大学,2014.

[2] 张敏.乙烯火焰富氧燃烧特性及温度和碳黑浓度检测[D].武汉:华中科技大学,2012.

[3] 董清丽,蒋勇,邱榕.基于浓度敏感性分析和遗传算法的甲烷燃烧机理简化与优化[J].火灾科学,2014,23(1):41-49.

[4] 刘合.基于敏感性分析和遗传算法的燃烧反应机理简化与优化[D].上海:上海交通大学,2012.

第五章
石油炼制与化工

常渣催化裂化柴油加氢精制
生产低硫车用柴油的试验研究

常政刚[1]　庄艳秋[2]

(1. 中国石油吉林石化公司高碳醇厂　吉林吉林　132022;
2. 中国石油北京销售分公司第一分公司　北京　100195)

摘　要: 吉林石化公司炼油厂常渣催化裂化柴油采用 RN-1 催化剂加氢精制,经过条件优化,在 6.4 MPa 氢分压、1.0 h^{-1} 空速下十六烷值提高了 13 个单位,加氢产品硫含量为 0.005 8%,十六烷值为 49.4,满足车用柴油的质量标准;与其他催化裂化柴油进行加氢精制效果对比,结果表明加氢精制工艺对大庆常渣催化裂化柴油有较好的适用性。

关键词: 加氢精制　催化柴油　适用性

1　引言

对催化柴油的加氢精制工艺进行试验研究,发现吉林石化炼油厂以大庆常渣掺 6% 俄油焦蜡为进料的三套催化裂化柴油在 1.0 h^{-1} 空速下十六烷值提高了 13 个单位,加氢产品硫含量为 0.005 8%,十六烷值为 49.4,满足车用柴油的质量标准,为低硫车用柴油。由于过去柴油质量要求不高,加氢精制的空速为 1.5~2.5 h^{-1},精制工艺可以减轻加氢苛刻度,无论是对焦化柴油、直馏柴油还是催化裂化柴油,都起着重要作用[1]。

2　试验方案

以炼油厂大庆常渣催化裂化柴油为主要进料,用使用过 6 年的旧 RN-1 催化剂在小型加氢装置上开展试验。加氢装置有循环压缩机系统,温度、压力、液位、新氢量、循环氢量均能自控和计量。主要通过降低空速[2],将空速从以前炼油厂加氢精制工艺普遍采用的 1.5 h^{-1} 左右降低到 1.0 h^{-1} 左右,考察产品质量的变化,同时对其他两种催化柴油进行加氢试验。催化柴油 1 为第三套催化裂化柴油,催化柴油 2 为第一套催化裂化柴油,催化柴油 3 为第二套催化裂化柴油,其中第一套催化裂化柴油以俄油蜡油为主要原料,第二套催化裂化柴油加有大庆常渣、俄油焦蜡和俄油直蜡,第三套催化裂化柴油以大庆常渣为主要进料。

3　试验结果

3.1　大庆常渣催化裂化柴油加氢精制

大庆常渣催化裂化柴油加氢精制氢分压为 6.4 MPa,氢油比为 500∶1,温度为 340 ℃。

空速为 1.5 h⁻¹时,产品密度从 0.865 8 g/cm³降低至 0.843 1 g/cm³,十六烷值从 36.4 提高到 43.9,提高了 7.5 个单位,硫含量为 0.032 1%;空速降低到 1.0 h⁻¹,产品密度降低到 0.838 7 g/cm³,十六烷值提高到 49.4,产品硫含量为 0.005 7%。产品满足车用柴油指标,为低硫车用柴油。通过降低空速,可以使大庆常渣催化裂化柴油的十六烷值提高值变化 5.5 个单位,空速为 1.0 h⁻¹的条件下,十六烷值提高 13 个单位,由此说明大庆常渣催化裂化柴油加氢精制效果明显,空速变化对产品质量影响较大。

3.2 大庆常渣催化裂化柴油混合催柴加氢精制

将大庆常渣催化裂化柴油混合催柴进行加氢精制试验,结果发现混合催柴在空速为 0.9 h⁻¹时效果最佳,十六烷值提高 14.8 个单位。该大庆常渣催化裂化柴油混合催柴加氢精制后,在低空速下仍具有很好的加氢效果,空速为 1.65 h⁻¹时,十六烷值可提高 8 个单位。硫含量为 0.15%～0.5%,满足车用柴油硫含量标准要求。在 330～350 ℃时,混合催柴均可达标,在温度为 340 ℃时十六烷值提高最大。温度一定,降低空速,混合催柴的硫、氮含量降低,脱硫率和脱氮率上升,十六烷值增大,密度降低,密度降低幅度为 0.023～0.032 g/cm³。混合催柴加氢降胶质效果明显,胶质含量普遍低于 40 mg/100 mL。空速为 1.65 h⁻¹时,胶质含量为 64.8 mg/100 mL,空速增大,不适宜混合催柴胶质的脱除,混合催柴的储存安定性不好,因此空速不宜超过 1.65 h⁻¹。混合催柴在不同空速下加氢对密度的影响如图 1 所示。

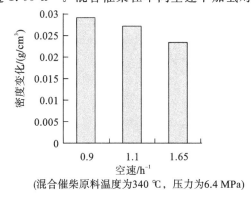

(混合催柴原料温度为340 ℃,压力为6.4 MPa)

图 1   混合催柴在不同空速下加氢对密度的影响

3.3 原料对加氢精制效果的影响

第二套催化裂化柴油加氢精制可使十六烷值提高 7 个单位左右,而对于大庆常渣催化裂化柴油及其混合催柴,加氢精制可使十六烷值提高 13 个单位左右,达到了大幅度提高十六烷值的目的。催化裂化柴油芳烃含量较多,一般为 40%～60%,由于烯烃相对于芳烃更容易加氢,在较苛刻的条件下饱和率比较高,缓和加氢条件对提高产品十六烷值的贡献主要是芳烃的饱和。从大庆常渣催化裂化柴油混合催柴的反应特点来看,混合催柴的温度、空速变化对加氢产品的加氢规律符合芳烃的加氢规律,并非温度最高柴油十六烷值提高的幅度最大。在最佳反应温度、高的空速下,混合催柴中易饱和芳烃没有充分饱和,在降低空速时,芳烃得到充分饱和,达到大幅度提高十六烷值的目的。不同混合催柴因结构不同,在一定加氢精制条件下饱和程度不同,加氢效果也就不同。

4   结语

在 6.4 MPa 压力条件下加氢精制催化裂化柴油,一般可使十六烷值提高 7 个单位左右;

而对于大庆常渣催化裂化柴油,加氢精制可使十六烷值提高13个单位左右。不同的催化裂化柴油,加氢效果差异很大,从目前柴油的生产和质量需求来看,柴油的加氢精制工艺和其他加氢工艺相比,更具灵活性和经济性。催化裂化柴油加氢精制,可直接生产清洁柴油,也可将炼油厂催化裂化柴油加氢精制工艺与优化柴油产品调和技术充分结合起来,根据自己原料特点、柴油质量需求、设备条件、流程特点、石脑油需求,结合长远效益和综合效益,选择合适的加氢精制工艺和其他加氢工艺。催化裂化柴油加氢精制和直馏柴油、焦化柴油加氢精制,都是目前生产清洁柴油的先进技术。将原来的加氢裂化工艺改造成加氢精制工艺,可降低加氢精制处理量,新建的加氢精制装置是加氢精制技术在生产清洁柴油方面的灵活应用。

参 考 文 献

[1] 曾榕辉,尹恩杰.直接生产清洁柴油的加氢技术[J].炼油设计,2001,31(4):17-19.
[2] 王建平,翁惠新.柴油深度加氢脱芳烃反应影响因素的分析[J].炼油技术与工程,2004,34(8):26-29.

油砂沥青改质工艺技术比选研究

徐庆虎　崔德春　纪钦洪　熊　亮　于广欣　刘　强

（中海油研究总院有限责任公司　北京　100016）

摘　要：本文根据典型油砂沥青及其各组分的性质，对比研究了焦化改质工艺路线、溶剂脱沥青-脱沥青油加氢裂化和减压渣油直接加氢裂化等改质工艺技术。研究表明，减压渣油浆态床加氢裂化改质工艺的总液体产品收率最高，投资最大，内部收益率最高，但直接用于油砂沥青减压渣油的浆态床加氢裂化的业绩还有待验证；脱沥青油加氢裂化工艺总液体产品收率可达 94.52v%，技术成熟，如果继续优化投资和固定操作费，提升装置可靠性，将是比较好的油砂沥青改质选择。

关键词：油砂沥青　改质　技术经济性　脱沥青油加氢裂化　减压渣油加氢裂化

油砂沥青属于超重、高黏、高酸、高硫、高金属原油[1]，必须稀释成 WCS 品质或者改质成合成原油，才能满足管输条件（8 ℃，黏度小于 350 cSt，密度小于 0.94 g/mL），从而进入市场[2]。本文依据油砂沥青的性质，结合现有的技术，研究了焦化改质工艺路线、溶剂脱沥青-脱沥青油加氢裂化和减压渣油直接加氢裂化三种改质工艺技术，分析了不同油砂沥青改质工艺技术的特点，并对不同改质工艺技术的经济性进行了初步对比研究。

1　油砂沥青的基本性质

本文采用的油砂沥青的基本性质如表 1 所示。

表 1　油砂沥青的基本性质

项目	°API	相对密度@ 15 ℃/(g/mL)	酸值/ (mg KOH/g)	C_5沥青质质量分数/(%)	微残炭质量分数/(%)	镍(Ni)含量/(μg/g)	钒(V)含量/(μg/g)	总氮含量/(μg/g)	总硫质量分数/(%)
数值	6.2	1.027 4	4.28	16.5	6.9	76.7	275	1580.2	4.79

馏分分布	石脑油 (IBP～190 ℃)	煤油 (190～235 ℃)	柴油 (235～343 ℃)	蜡油 (343～550 ℃)	渣油 (>550 ℃)
质量分数/(%)	0.07	0.13	8.35	28.74	62.71

为方便输送,采用凝析油稀释油砂沥青至°API 为 19,稀释剂经常压蒸馏回收后用于稀释沥青。

本研究假定改质厂的纯油砂沥青加工量为 11 000 桶/天。

2　改质工艺流程

改质工艺流程包括:①焦化改质工艺;②脱沥青油加氢裂化改质工艺;③渣油加氢裂化改质工艺。

3　技术经济性对比

本文假设 WTI 价格为 60 美元/桶,WTI 价格与 WCS 价格之差按 14.15 美元/桶计算,油砂沥青的价格通过稀释沥青与 WTI 价格之差反算得到,柴油价格按 WTI 价格 + 18 美元/桶计算,天然气价格按 2.25 美元/GJ 计算。在加拿大石油焦一般用于露天开采的回填,而硫黄产量巨大,价值忽略不计。其他产品或消耗品的价格均按加拿大当地市场价格计算。

三种改质工艺技术经济性对比如表 2 所示。在总液体产品收率方面,减压渣油浆态床加氢裂化改质工艺高于脱沥青油加氢裂化改质工艺,焦化改质工艺总液体产品收率最低。减压渣油浆态床加氢裂化改质工艺总投资最高,脱沥青油加氢裂化改质工艺总投资次之,两者分别比焦化改质工艺多 2005 百万加元和 1339 百万加元。

表 2　三种改质工艺技术经济性对比

项　　目	焦化改质工艺	脱沥青油加氢裂化改质工艺	减压渣油浆态床加氢裂化改质工艺
总液体产品收率/(v%)	86.95	94.52	102.74
合成原油/t	70.17	75.62	82.19
柴油/t	16.78	18.90	20.55
总投资/百万加元	基准	基准 + 1339	基准 + 2005
内部收益率/(%)	7.9	9.3	10.2

在上述价格体系下,减压渣油浆态床加氢裂化改质工艺内部收益率最好,可达 10.2%。如果降低投资和固定操作费,或增加柴油等高价值产品回收率,脱沥青油加氢裂化改质工艺可以实现内部收益率大于 10%。

此外,脱沥青油加氢裂化的柴油产品还可以进一步提高。在不影响改质油品质的条件下,进一步分离航煤等高价值产品,将其单独销售,也可提高项目的技术经济性。

4　结论

(1)焦化改质工艺路线最简单,技术成熟度最高,但是总液体产品收率最低,而且产生大量的石油焦需要处理;脱沥青油加氢裂化改质工艺相对复杂,各单元技术成熟度较高,总液体产品收率可达 94.52v%;减压渣油浆态床加氢裂化改质工艺最复杂,总液体产品收率可达 102.74v%。

(2)从技术经济性方面看,减压渣油浆态床加氢裂化改质工艺总投资最高,其次是脱沥青油加氢裂化改质工艺,焦化改质工艺最少;从内部收益率方面看,减压渣油浆态床加氢裂化改质工艺高于脱沥青油加氢裂化改质工艺,焦化改质工艺最差。

（3）从技术成熟度和技术经济性方面看,脱沥青油加氢裂化改质工艺最好,但需要进一步优化投资,提高装置负荷率和可靠性,从而提高该工艺的技术经济性。未来随着减压渣油浆态床加氢裂化改质工艺的工业验证,减压渣油浆态床加氢裂化改质工艺将是比较好的油砂沥青改质工艺。

参 考 文 献

［1］ 危拓,孔令健,曹孙辉,等.长湖原油国内首次工业化掺炼试验[J].中外能源,2019,24(1):85-89.

［2］ 孙学文.满足管输要求的加拿大油砂沥青改质新方法[J].炼油技术与工程,2013,43(10):1-4.

浅谈柴油加氢装置高温高压
法兰泄漏的原因及预防措施

刘 江 贺婷婷 张培林

（青海油田格尔木炼油厂 青海格尔木 816099）

摘 要：2016年上半年，80万吨/年加氢裂化装置因为裂化反应器R102出口法兰泄漏，导致装置非计划停工两次，不仅造成了人力和物力的严重浪费，也使我厂生产处于被动状态。本文通过对裂化反应器R102出口法兰泄漏的原因进行分析，同时结合2016年大检修垫片安装的实际情况及装置目前运行情况，提出一些预防高温高压法兰泄漏的措施。

关键词：高温高压 法兰泄漏 预防措施

1 高温高压法兰泄漏情况简介

柴油加氢装置是一个高温高压、有大量氢气参与的危险等级很高的装置[1]。2016年上半年，炼油厂柴油加氢装置裂化反应器R102出口法兰泄漏共计四次，其中两次因紧固无效，装置非计划紧急停工。高温高压法兰一旦发生泄漏，存在处理难度大、后果严重的特性。

2 高温高压法兰泄漏原因的分析

法兰密封是指通过拧紧螺栓来增加法兰和垫片之间的压紧力，使泄漏通道减小，从而达到密封的目的。当介质通过密封口的阻力大于法兰密封口内外的压差时，介质被封住，从而达到了密封的目的[2]。法兰泄漏主要有以下几个方面的原因。

2.1 金属环垫垫片情况

垫片是法兰连接中最重要的密封元件，垫片受挤压后会发生变形，包括弹性变形和塑性变形。弹性变形具有回弹能力，回弹能力大的垫片，可以更好地补偿法兰端面的分离，适应操作压力和操作温度的波动，因而密封性能好；塑性变形能较好地填充端面上的微观凹凸不平，从而达到法兰之间的初始密封。

如果垫片的密封面有伤痕或杂物，就会出现密封失效，从而导致法兰泄漏。

2.2 密封面情况

在高温高压环境下，法兰面长期受到冲刷、挤压、腐蚀而导致表面不平整，出现受损，极易造成泄漏；此外，法兰面上黏附的脏东西不清理干净，安装过程中密封面被磕伤或划伤等，也会导致法兰密封面失效，造成泄漏[3]。

2.3 螺栓预紧力不够

螺栓预紧力的大小必须使垫片压紧并实现初始密封,同时还要保证操作条件下的密封性能。因为加大预紧力,一方面使垫片的弹性变形增大,因此垫片有较大的回弹能力,垫片在操作条件下的残留比压也较大;另一方面使垫片的塑性变形也增大,使得垫片更加贴紧法兰密封面。通常,在垫片未被压坏,法兰、螺栓未超负荷的条件下,预紧力越大越好。

2.4 法兰同轴度和平行度出现偏差

由于管线位置不同,管线受热不均匀,加之重力的作用,极易导致法兰同轴度和平行度出现偏差。

2.5 升降温(压)速度过快

法兰密封组合件以及垫片的热膨胀系数不同,瞬间升温过大,垫片会在短时间内被过分压缩,失去部分回弹能力,同时使法兰产生较大变形而降低了密封能力,法兰内也会产生较大的不利于密封的瞬态热应力。另外,瞬间降温幅度过大同样也会使法兰在瞬间发生较大变形,容易造成法兰泄漏。

3 高温高压法兰泄漏的预防措施

影响高温高压法兰泄漏的因素很多,不仅与日常操作密切相关,也与安装过程中每一个小小的细节密不可分。需要注意以下几点:

(1)选用合适的材质、压力等级,满足温度、硬度等要求的垫片。垫片材料的硬度低于法兰材料的硬度,二者间的硬度差越大,就越容易实现密封。当使用金属垫片时,应尽可能选用较软的材料,以金属垫的硬度比法兰的硬度低 30 HBS 以上为宜。

(2)安装前对法兰面进行仔细清理,同时避免对法兰面造成损伤;若有八字盲板,必须对八字盲板的密封面进行仔细清理。对螺栓进行清洗,对螺栓丝扣进行修复,并涂抹二硫化钼,以减小螺栓与螺母之间的摩擦。

(3)安装前调整好两片法兰的同轴度和平行度,确保两片法兰尽可能地在同一水平面,螺栓穿入自如。对角均匀地拧紧螺栓,紧固后用游标卡尺对法兰间距进行测量,确保法兰面平齐,误差控制在 0.1 mm 之内。

(4)垫片加装不偏斜,能被平整地挤压,以保证受压均匀。

(5)在温度不低于 300 ℃ 或介质为易燃易爆有毒的管道和设备的静密封点,螺栓规格不小于 M36 或静密封点直径不小于 400 mm 时,在条件允许的情况下,尽可能地使用四同步或两同步液压扳手、力矩扳手等工具紧固。在加装过程中对法兰面同轴度、法兰间隙进行实时测量,确保法兰面紧固平齐。

(6)日常操作中要细心操作,避免装置发生波动,尽量避免飞温和紧急泄压、紧急停工事故的发生;在开停工过程中,应当按照操作规程操作。

4 结论

柴油加氢装置温度高,压力等级高,氢气、硫化氢、柴油等有毒有害、易燃易爆物质多,高温高压法兰很多,一旦发生泄漏,轻则装置紧急停工,重则酿成伤亡事故,因而必须重视每一个安装细节,实现零泄漏。

参 考 文 献

[1] 韩崇仁.加氢裂化工艺与工程[M].北京:中国石化出版社,2006.

[2] 丁伯民,黄正林.化工设备设计全书 高压容器[M].北京:化学工业出版社,2002.

[3] 郭邦海.管道安装技术实用手册[M].北京:中国建材工业出版社,1999.

RFCC 分馏系统腐蚀与防护

甘小兵　殷发明　陈　勇　刘玉军

（青海油田格尔木炼油厂　青海格尔木　816099）

摘　要： 本文对渣油硫化催化裂化装置分馏系统腐蚀产物和腐蚀机理进行分析和评估，结果表明，HCl-H_2S-H_2O 酸性环境是造成塔顶及顶循环系统腐蚀减薄和频繁泄漏的主要原因，同时结合实际情况，从优化操作和设备材质升级等方面提出了一些切实可行的防护措施。

关键词： 催化裂化　分馏　腐蚀　防护　措施

1　引言

2018 年 7 月停工检修期间发现催化分馏塔的下部和顶部、塔顶九层塔盘腐蚀严重，塔盘由原来的 4 mm 减薄至 1～2 mm。2♯人孔内侧下方腐蚀形成凹槽，深 2～5 mm，塔盘东侧降液板、塔内集油箱、顶循抽出斗腐蚀穿孔，升气孔底、横梁、盖板腐蚀穿孔，7♯人孔油浆进料口堆积催化剂而结焦，东侧降液板下沿磨蚀缺失，分配槽、底部进料人字挡板堆满催化剂，塔底部事故返塔线接管焊缝处腐蚀穿孔，塔底西侧最底层人字挡板断裂、脱落，底部封头催化剂堆积严重。

2016 年大检修后，顶循环回流返塔管线水平直管出现三次焊缝热影响区腐蚀减薄泄漏。2018 年大检修期间，对 P204A/B 泵进、出口管线测厚普查，发现弯头、三通等多处变径处存在腐蚀减薄现象，局部减薄至 2 mm，超出预期减薄速度。2018 年大检修后，顶循环换热器连续出现两次管束泄漏、堵管。

针对分馏系统腐蚀情况，从原料性质、腐蚀产物和腐蚀机理等方面入手，对催化分馏系统的腐蚀原因进行分析，分析结果和基于原料性质推测的结果一致，即催化分馏塔中下部的腐蚀主要是高温硫化物腐蚀，塔顶及顶循环系统的腐蚀主要是低温 H_2S-HCl-H_2O 腐蚀，并提出了防腐措施。

2　高温硫腐蚀防护措施

对于高温硫腐蚀，防止这类腐蚀主要从材料上解决[1,2]。

（1）塔内部内衬：0Cr13 或 304L。

（2）塔内件：

塔盘、支撑梁、集液箱、其他构件：0Cr13 或 304。

填料：304L 或 316L。

（3）抽出管线：

温度大于或等于 240 ℃的抽出管线：1Cr5Mo。

温度小于 240 ℃的抽出管线：碳钢。

3　顶部腐蚀防护措施

中段回流油分析结果表明，原料油中含有一定量的 Cl^-，催化分馏塔顶部塔壁材质升级为碳钢＋0Cr13 或碳钢＋0Cr13Al，塔内件使用 0Cr13 或 0Cr13Al。

（1）改善工艺操作条件：根据原料的性质和操作的实际情况，降低蒸汽在顶循中的分压，减少蒸汽冷凝量，从而减少 H_2S-HCl-H_2O 腐蚀。

（2）监测排除水的 pH 值：通过添加中和剂、缓蚀剂控制 pH 值大于 6；如果 pH 值较高，不使用中和剂，直接添加缓蚀剂。

（3）控制顶循回流温度高于露点，避免在分馏塔顶部形成液相水的腐蚀环境[3]。

（4）对顶循环系统采用新型高效的在线脱盐除盐防腐技术，取得了明显的效果。

4　结论

（1）中段回流油与腐蚀产物分析结果表明，催化分馏塔主要是高温硫化物腐蚀。

（2）原料油中含有一定量的 Cl^-，催化分馏塔顶部在材料升级的同时，还应注意操作，避免在分馏塔顶部形成液相水的腐蚀环境。

（3）应根据相关规定，升级催化分馏塔中下部材质。

（4）催化分馏塔抽出管线：温度大于或等于 240 ℃的抽出管线，应升级为 1Cr5Mo 材质。

（5）催化原料使用减压渣油，结焦倾向性很大，建议增加过滤措施或其他方法，去除焦炭颗粒，保证生产安全稳定。

参 考 文 献

[1]　葛晓军,严建骏,周磊,等.硫化亚铁自燃机理及事故预防[J].化工安全与环境,2001,(16):2-7.

[2]　杨胜利.炼油厂设备的腐蚀与防护[J].石化技术,2005,(7):64,75.

[3]　[美]M.G.方坦纳,N.D.格林.腐蚀工程[M].2 版.北京:化学工业出版社,1982.

影响催化裂化装置长周期运行因素探析

姜明中

（青海油田格尔木炼油厂 青海格尔木 816099）

摘 要：炼油装置中的催化裂化装置运行问题最多，严重制约了装置的长周期运行。如何解决催化裂化装置运行过程中的各种问题，进一步延长装置的运行周期，不断提高长周期运行水平，对石化企业降低成本、挖潜增效、取得更好的经济效益有着非常重要的作用。通过对催化裂化装置长周期运行情况的了解，结合我厂催化裂化装置的部分工艺计算和实际生产中所遇到的一些问题，分析影响装置长周期运行的因素。为了保证催化裂化装置长周期运行，针对问题采取合理必要的技术保障措施，避免影响装置运行的因素出现，提高装置的运行效率，延长装置的使用寿命，提高炼油催化裂化工艺的生产效率。

关键词：催化裂化 长周期 工艺计算

炼油装置中的催化裂化装置运行问题最多，严重制约了装置的长周期运行。通过分析我厂反应系统结焦（其中包括提升管结焦、沉降器结焦、油浆系统结焦）、催化剂跑损、再生器衬里脱落的原因，结合部分工艺核算，从工艺操作、设备维护、班组管理三个方面保障装置长周期运行，避免影响装置运行的因素出现，提高装置的运行效率，延长装置的使用寿命，提高炼油催化裂化工艺的生产效率。

1 影响催化裂化装置长周期运行因素分析

1.1 反应系统结焦

反应系统结焦主要体现在一些设备上，如提升管、沉降器，严重影响着装置的平稳长期运行。造成原料油性质差的主要原因除掺炼渣油外，还有一部分原因是油浆的回炼。通过分析油浆组分发现，油浆中残炭值高，其中重组分（沥青质、芳烃、胶质）的总含量比重大，由此可知回炼的油浆并没有完全反应，其中大部分油浆没有反应，仅有小部分油浆发生了裂化反应，还有一部分油浆发生缩合反应，产物为多环芳烃，这种非目的产物聚合形成焦炭，另一部分油浆则直接高度缩合为待生剂中的焦炭[1]。因此，原料油的性质是影响反应系统结焦的首要因素。原料中的重金属 Ni、V、Na 以及碱性氮，对催化剂污染严重，容易造成催化剂中毒，使平衡剂的活性下降，选择性变差，干气和焦炭产率上升。

1.2 催化剂跑损

造成催化剂跑损的因素主要有以下几种。

(1)催化剂性质影响。催化剂的颗粒尺寸和性质（如几何形状和颗粒密度）是影响旋分效率的主要因素,当催化剂的细粉越多时,分离效率就越低。

(2)设备机械原因。设备机械方面造成催化剂跑损主要发生在旋风分离系统,比如阀板掉落而窜气、旋分或料腿穿孔、内集气室穿孔、料腿堵塞或料腿料面过高以及其他设计不合理等情况均会造成催化剂跑损。

(3)局部线速高,造成催化剂破碎。局部线速高的部位主要集中在主风分布板、原料油喷嘴、旋分等。

1.3　再生器衬里脱落

再生器衬里脱落的原因主要有:

①检修期间再生器衬里施工质量较差;

②开工过程中未按照升温曲线图升温,沉降器和再生器升温过快,导致衬里龟裂。

2　优化措施

2.1　防止反应系统结焦措施

(1)防止提升管结焦措施。

①提升管出口温度直接影响到进料喷嘴上部的剂油混合温度,提高该区域的温度,有利于原料油汽化,减少液相油量,从而减少液相油滴挂壁结焦。在装置开工或事故状态恢复进料时,要缓慢和对称地打开喷嘴,切忌进料速度太快,再生滑阀开度跟不上,使进料喷嘴区域的温度太低,液相油滴喷向器壁而快速结焦,并且在进料时将提升管反应器出口温度较正常值提高 5～10 ℃,以减少结焦。[2]

②合理控制反应时间。提升管催化裂化的停留时间一般为 2～4 s。

(2)防止沉降器结焦措施。

①增加沉降器顶的防焦蒸气量,在沉降器顶形成气垫是预防沉降器顶结焦的最有效措施。

②采用新型快分分离装置,减少油气在沉降器内的停留时间。

③采用提升管反应终止剂技术,避免因过裂化生成二烯烃。

④平稳操作,避免沉降器温度、压力的大幅度波动[3]。

(3)防止油浆系统结焦措施。

①控制工艺操作条件,主要是控制三个工艺参数:油浆循环量、分馏塔底温度和分馏塔底液位。

②保证油浆外甩量,同时不做大幅度调节[4]。

2.2　催化剂跑损解决方法

(1)严格控制再生器稀相温度,保证三旋入口温度不超过 710 ℃,防止因三旋超温而引起设备内部发生开裂及变形,影响三旋分离效率。

(2)尽量减少进入再生器的蒸气量,以减少催化剂的热崩。

(3)加强对再生剂筛分、三旋粉尘筛分及烟机入口粉尘颗粒浓度的监控。

(4)控制局部线速:按照旋分通常推荐的线速,一级入口线速为 18～22 m/s,二级入口线速为 22～25 m/s。

2.3　再生器衬里脱落解决办法

(1)开工期间严格按照升温曲线升温,尽量将双滑等点升至正常温度。

（2）日常生产中应尽量减少温度的波动,对于沉降器和再生器出现的热点问题,给予高度重视,及时发现,及时整改,针对出现的热点及时进行补强[5]。

（3）检修期间严把检修的每一道关口。

参 考 文 献

[1] 白博进,王彩琴.影响催化裂化新装置长周期运行因素[J].化工管理,2015,(14):108.

[2] 马伯文.催化裂化装置技术问答[M].2版.北京:中国石化出版社,2005.

[3] 鹿纪广,王宝军,刘锦程,等.催化裂化沉降器结焦原因分析及改进措施[J].化工管理,2017,(25):168-170.

[4] 杨恩宁,金光旭,高岩.催化裂化分馏塔结焦原因及预防措施[J].中国石油和化工标准与质量,2017,37(22):119,121.

[5] 罗刚.催化裂化装置长周期运行的研究[D].大庆:东北石油大学,2016.

S Zorb 装置吸附剂失活的原因及对策

余修江

（中国石油化工股份有限公司九江分公司　江西九江　332004）

摘　要:S Zorb 吸附脱硫是催化汽油脱硫技术,主要采用流化床反应器,通过吸附原料中的硫组分,从而达到脱硫的目的。本文探讨了吸附剂失活的原因,对整个生产过程中吸附剂的保护、延长吸附剂的使用寿命、降低剂耗、避免因吸附剂活性下降而导致产品不合格具有重要意义。

关键词:吸附脱硫　吸附剂　硅酸锌　氯中毒

1　吸附剂的介绍

S Zorb 装置工作原理是吸附剂把汽油中的硫原子吸附出来,然后通过再生反应与氧气燃烧生产二氧化硫,从而将硫带出,其反应机理是在一定条件下,氧化镍被还原成单质镍,镍单质与汽油中的硫原子反应生产硫化镍,硫化镍被氢气还原成镍单质和硫化氢,最后氧化锌与硫化氢反应生成硫化锌和水[1]。

吸附剂根据成分的不同可以分为新鲜剂、待生剂和再生剂。表 1 所示为典型的 S Zorb 吸附脱硫新鲜剂、待生剂和再生剂的物象定量结果,载体 1 是指 SiO_2,载体 2 是指 Al_2O_3[2]。

表 1　典型的 S Zorb 吸附脱硫新鲜剂、待生剂和再生剂的物象定量结果　　　单位:%

成　　分	新　鲜　剂	待　生　剂	再　生　剂
ZnO	47.6	3.8	17.7
载体 1	15.6	10.4	8.7
NiO	21.4	0	17.1
载体 2	15.4	8.9	8.5
$ZnNi_3C$	0	4.2	0
ZnS	0	16.1	6.4
Ni	0	13.6	0
$ZnAl_2O_4$	0	19.4	17.7
Zn_2SiO_4	0	23.6	24.0
R 因子	6.6	3.2	2.8

2 吸附剂失活原因分析

2.1 硅酸锌失活

通过查阅资料得知,水蒸气会促进氧化锌与二氧化硅反应生成硅酸锌,该反应不可逆,即

$$2ZnO + SiO_2 + H_2O \xrightarrow{\text{加热}} Zn_2SiO_4$$

当硅酸锌含量不断增加,活性组分氧化锌含量不断减少,最终影响脱硫效果,且水分压上升,生成硅酸锌的起始温度下降,反应速度加快。硅酸锌无水老化实验结果和 525 ℃温度下不同水分压下老化实验结果如图 1 所示。

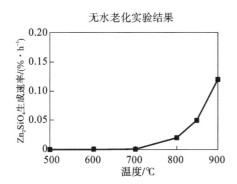
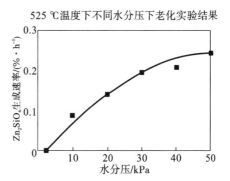

图 1 硅酸锌无水老化实验结果和 525 ℃温度下不同水分压下老化实验结果

700 ℃以下无水时氧化锌和二氧化硅不会生成硅酸锌,700 ℃以上随着温度的升高,硅酸锌生成量不断增加。525 ℃有水时,氧化锌和二氧化硅可以生产硅酸锌,且随着水分压的升高,硅酸锌的生成量不断增加[3]。通过分析总结,发现吸附剂一旦生成硅酸锌,就会极大地促进硅酸锌的生成,加快吸附剂的失活。

2.2 氯中毒失活

氯进入反应系统与氢气反应生成氯化氢,氯化氢会破坏吸附剂骨架结构,吸附剂易碎成细粉,并促进硅酸锌的生成。吸附脱硫反应系统发生脱氮反应生成氨气,氨气与氯化氢反应生成铵盐,在低温部分生盐析出。

3 失活应对措施

3.1 硅酸锌失活采取的措施

更换失活的吸附剂,同时结合硅酸锌的生成机理,降低系统内的水分压,从而降低硅酸锌的生成速率。

3.2 氯中毒失活采取的措施

氯中毒失活采取的措施主要是控制氯进入反应系统,更换已中毒的吸附剂。

4 结论

S Zorb 吸附脱硫吸附剂失活的原因主要有两点:①吸附剂中的二氧化硅、氧化锌和水反

应生成硅酸锌,导致活性组分氧化锌减少;应对措施是通过加强原料罐脱水,定期检修维护取热盘管,让还原反应在反应器中进行,控制闭锁料斗温度,减少 8.0 步循环氢冲压发生还原反应,从而降低系统水分压;②原料中氯含量超标,反应生成氯化氢,破坏吸附剂骨架结构,促进硅酸锌生成,增加细粉的产生,应对措施是加强原料中氯的监控,氯含量要小于1 mg/kg。

参 考 文 献

[1] 徐广通,刁玉霞,邹亢,等.S Zorb 装置汽油脱硫过程中吸附剂失活原因分析[J].石油炼制与化工,2011,42(12):1-6.

[2] 侯晓明,庄剑.S Zorb 催化汽油吸附脱硫装置技术手册[M].北京:中国石化出版社,2013.

[3] 王亚敏,杨海鹰.气相色谱仪多通道并行快速分析炼厂气方法的研究[J].分析仪器,2003,(4):41-46.

炼厂单系列渣油加氢催化剂
更换期间的生产优化

王　伟

（中国石油化工股份有限公司九江分公司　江西九江　332004）

摘　要：目前渣油加氢催化剂的使用寿命通常与全厂检修周期不同步，仅有一套渣油加氢装置的炼厂，在渣油加氢装置停工换剂时，致使全厂的汽柴油生产和渣油平衡变得相当困难。某炼厂为完成渣加停工换剂工作，在停工换剂前，对全厂的加工变化进行预测，通过采购低硫原油和低硫蜡油做好物料配置，保证全厂加工流程在渣加停工期间的处理量，降低了渣加停工对经济效益的影响。

关键词：渣油加氢　硫平衡　加工流程

1　概况

某炼厂仅有一套渣油加氢装置。该炼厂原油中渣油收率平均值为28％，正常工况下渣油的加工途径为45％渣油进行加氢。在渣油换剂停工时，不能通过简单地增大焦化装置负荷来实现渣油平衡。根据以往经验，需要陪停部分装置，压减整体加工量，实现加工流程的物料平衡。渣油加氢装置换剂期间，脱硫加氢能力减弱，流程上加工原料适应性变差，因此确保下游产品质量是难点之一[1]。

2　原料性质

2.1　原油性质

经过测算策划，渣油加氢装置停工前开始采购低硫南巴原油，同时采购一部分低硫蜡油，同时收储加氢重油。在渣油加氢装置停工期间，南巴原油与原有原油进行混炼，以降低原油硫含量；低硫蜡油和加氢重油进行催化原料混炼，以降低催化装置原料硫含量。

2.2　催化原料

正常工况下，加工流程上两套催化装置原料为加裂尾油、直馏蜡油和加氢重油。从渣油加氢停工后原料性质来看，1♯催化因加工焦化蜡油和常压渣油，芳烃、金属含量上升，残炭、胶质、沥青质含量下降；2♯催化因掺炼溶脱蜡油，芳烃含量上升，饱和烃、胶质、沥青质、残炭、金属含量下降。

2.3　焦化原料

渣油加氢停工后，根据重油平衡情况，焦化装置渣油掺炼量增加，原料中硫含量基本不变,金属镍、铁、钠含量下降,四组分中饱和烃含量上升,胶质含量下降,残炭和芳烃含量基本维持不变。

3 硫分布

3.1 常减压硫含量

渣油加氢停工后,常减压采取掺炼低硫原料的方式,1♯常原料硫含量由1.015%下降至0.899%,2♯常原料硫含量由1.041%下降至0.855%。

3.2 二次加工装置硫含量

1♯催化原料硫含量由0.533%提高至0.894%;2♯催化原料硫含量由0.449%提高至0.798%;加裂装置原料硫含量由0.914%下降至0.809%;轻油加工装置中,柴油加氢装置原料性质的变化较小。

4 生产组织

4.1 汽油生产

渣油加氢停工期间,相关汽油产品的性质,与正常加工流程相比,表现为催化汽油硫含量上升。优化调整措施为:一是优化两套催化原料的组成,掺炼低硫的加裂尾油和外购蜡油,从源头上控制汽油硫含量,换剂期间两套催化汽油硫含量分别为550 mg/kg、530 mg/kg;二是结合两套催化汽油产量,使加氢精制重汽油进行吸附脱硫,保证油中硫的脱除率;三是适当降低重整装置负荷;四是加氢裂化轻石脑油调和汽油,辅以外购MTBE和工业异辛烷,确保汽油辛烷值与烯烃含量合格。

4.2 柴油生产

催化柴油是催化裂化的重要副产物,富含芳烃,尤其是多环芳烃。压减催化柴油是炼厂主要的优化方向。在正常进行渣油加氢时,同时掺炼催化柴油,以提高汽油转化率和催化柴油品质[2]。

为了平衡柴油加工流程变化,两套常减压常三线、减一线改进蜡油。柴油加氢装置在渣油加氢装置停工换剂期间均以二次加工柴油为主,催化柴油掺炼比由10%增大至30%,直馏柴油由40%降至20%,增大催化柴油处理量。一是通过降低两套催化柴油干点,以减少苯并噻吩复杂组分的硫含量,干点较渣油加氢停工前降低15~20 ℃;二是根据加氢料平衡情况,控制柴油加氢装置负荷为105~110 t/h,使柴油加氢料加工能够平衡。

4.3 重油平衡

渣油加氢停工换剂期间,溶脱、焦化维持装置最大负荷,溶脱处理量平均值控制在最大负荷,焦化实行"21小时"生焦。渣油库存日平均上涨840 t。为稳定渣油库存,以燃料油出厂部分渣油。蜡油库存日平均下降1180 t。渣油加氢停工期间重油库存变化情况如图1所示。

5 结论

某炼厂在提前做好优化测算的基础上,在渣油加氢装置停工换剂期间,一是优化全厂生

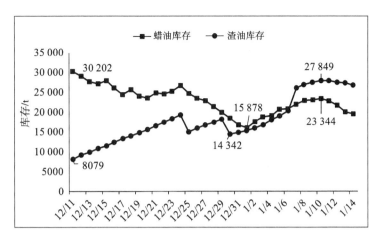

图1 渣油加氢停工期间重油库存变化情况

产流程,陪停装置少,除渣油加氢装置停工外,其他装置都可正常运转;二是提前计划协调原料,通过采购低硫原油和低硫蜡油,保障各装置加工物料硫分布正常,其中蜡油加工路线与测算结果相比,硫含量偏低,可采购部分低硫蜡油,继续增大装置加工量;三是实现全厂物料平衡稳定,从重油平衡上看,渣油库存会持续上涨,可适当出厂,缓解库存压力。

参 考 文 献

[1] 邵志才,戴立顺,杨清河,等.沿江炼油厂渣油加氢装置长周期运行及优化对策[J].石油炼制与化工,2017,48(8):1-5.

[2] 周立进,秦煜栋.渣油加氢与催化裂化组合优化提高炼油总体效益[J].能源化工,2017,38(3):26-29.

改造 MTBE 装置制 C8 高辛烷值
汽油调和组分调研

张晓琳　程光剑　冷　冰　刘志川　李　学　庄志勇

（中国石油辽阳石化分公司　辽宁辽阳　111003）

摘　要:甲基叔丁基醚(MTBE)是一种高辛烷值汽油添加剂和抗爆剂,但由于国家政策的限制,未来 MTBE 产品将不能作为乙醇汽油调和组分使用,MTBE 装置将面临停产或转产,如何解决这一问题是目前科研人员的一项重点工作。本文重点对 MTBE 装置改造用来生产 C8 高辛烷值汽油调和组分这一方向进行介绍,阐述了 C4 叠合制 C8 反应催化剂种类、叠合反应原理、叠合工艺技术等,综合分析 MTBE 装置改造用来生产 C8 高辛烷值汽油调和组分的可行性。

关键词:MTBE　C4 叠合　汽油调和组分　装置改造

1　概述

甲基叔丁基醚(MTBE)作为一种高辛烷值汽油添加剂和抗爆剂,常用于无铅汽油和低铅油的调和。然而,国家发展改革委、国家能源局等十五部门联合印发了《关于扩大生物燃料乙醇生产和推广使用车用乙醇汽油的实施方案》(以下简称《方案》),到 2020 年,全国将推广使用车用乙醇汽油,明确规定乙醇汽油调和组分中严禁人为加入任何含氧化合物,MTBE产品将不能作为乙醇汽油调和组分使用,MTBE 装置将面临停产或转产[1]。

2　MTBE 装置转产

MTBE 装置改造,主要有以下几种方案:
(1)异丁烯与乙醇生产 ETBE[2]。
(2)异丁烯水合生产叔丁醇[3,4]。
(3)异丁烯选择二聚生产异辛烷。

针对目前 MTBE 装置已经建成并投产的情况,在此基础上改造生产其他产品是比较经济的方案。但前文提到的《方案》中指出,乙醇汽油调和组分中严禁人为加入任何含氧化合物,因此上述改造方案中的前两种方案基本不可行,所以异丁烯选择二聚生产异辛烷用于汽油调和组分,将是一条切实可行的路线。

3　C4 叠合制异丁烯反应催化剂

两个或两个以上的烯烃分子在一定的温度和压力下结合成较大的烯烃分子,这一过程叫作叠合过程。在正丁烯、异丁烯及其与其他轻烯烃的叠合过程中,不仅各类烯烃本身发生叠合反应,而且各类烯烃之间还能相互叠合生成二聚物、三聚物等。叠合产物的辛烷值较高,MON 为 80～85,而且具有很好的调和性能。叠合反应采用的催化剂主要有四类,分别是均相反应的齐格勒-纳塔型络合催化剂、非均相反应的强酸性离子交换树脂催化剂、固体磷酸催化剂、分子筛催化剂[5]。

4 工艺技术

4.1 叠合工艺

整体来看,间接烷基化工艺过程包括叠合和加氢两个部分,C4 原料和循环的催化剂调节剂进入叠合反应器进行叠合反应,叠合产物进入分离塔进行分离,塔顶为未反应 C4,催化剂调节剂以侧线方式采出并循环回叠合反应器入口,塔底物进入加氢反应器进行加氢,得到以异辛烷为主的间接烷基化产物。

CDIsoether[SM] 技术将现有的 MTBE 装置改造成异辛烯/辛烷组分(Iso-Octene/Iso-Octane)生产装置是最灵活和成本效益最高的方法。该技术能够进一步降低炼油厂及石化和化工装置的投资成本,提高装置异丁烯转化率和高辛烷值汽油调和组分的选择性。所以,将现有的 MTBE 装置改建为 CDIsoether[SM] 装置,是生产优质 C8 调和料最经济的途径。

目前国内外广泛应用的 C4 生产高辛烷值汽油调和组分的叠合技术有 UOP 公司的 InAlk 工艺,其叠合催化剂可选择低温用的树脂催化剂和高温用的固体磷酸催化剂;意大利 Snamprogetti 公司与美国 CDTECH 公司合作推出的 CDIsoether 工艺,其催化剂为耐高温树脂催化剂;芬兰 Fortum 公司与美国 KBR 公司合作推出的 Nexoctane 工艺,其催化剂为树脂催化剂;法国 IFP 公司的 Seletopol 工艺,其催化剂为以硅铝小球为载体的酸性催化剂。这四种工艺流程大致相同,但设备和反应条件等略有差别[6]。除此之外,中国石化石油化工科学研究院经过多年的潜心研究,成功开发了异丁烯选择性叠合-加氢技术和丁烯非选择性叠合-加氢技术,可针对不同情况,为炼油厂 MTBE 装置改造和 C4 资源的有效利用提供全面的技术方案,同时为增加汽油辛烷值提供有力的补充。采用选择性叠合技术,中国石化石油化工科学研究院将石家庄炼化公司的 MTBE 装置进行了改造,设备利旧率为 80% 以上。该装置已运行多年,运行平稳[7],具体改造简易流程如图 1 所示。

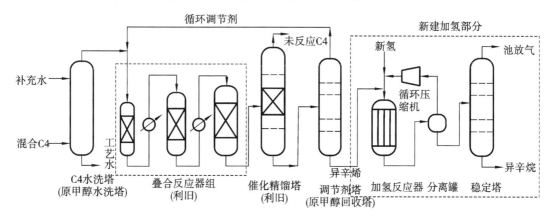

图 1 MTBE 装置改造简易流程

4.2　加氢工艺

C4 烯烃叠合所得到的异辛烯产物本身就是高辛烷值的汽油组分,但目前的国家标准对汽油中烯烃含量有严格要求,故需要进一步进行加氢。

烯烃的加氢反应为强放热反应,设计加氢反应器时要考虑的关键问题是如何控制反应温度并有效利用反应热量,避免深度的加氢裂解反应。循环固定床、滴流床、浆态床等传统的加氢反应器均可用于叠合产物的加氢。

5　总结

通过调研分析认为,MTBE 装置改造方案可以重点考虑异丁烯选择二聚生产异辛烷。二聚工艺可用于任何现有的 MTBE 装置,任何来源的 C4 都可用作该工艺的原料,C8 产品也是提高汽油辛烷值的优质调和组分。装置改造变动不大,从上述介绍以及装置改造流程简图来看,MTBE 装置改造的工程量在可以接受的范围内;另外,国内外有成型技术可以借鉴,一些装置采用这些成型技术改造比较成功,而且改造后副反应基本不改变 C4 原料中的非异丁烯组分含量,所以不会对烷基化装置产生影响。

参 考 文 献

[1] 王萍.禁用 MTBE 后的应对措施分析[J].化工中间体,2005,(2):16-18,28.

[2] 刘洪洋.生物 ETBE 的应用前景[J].当代化工,2008,37(4):344-346.

[3] 陈伯伦.MTBE 装置改产叔丁醇[J].炼油设计,1991,(5):23-25.

[4] 李吉春,林泰明,叶明汤,等.抽余 C4 烃中异丁烯催化逆流水合制叔丁醇[J].石油化工,2007,36(8): 825-828.

[5] 李丹阳,刘姝,王晓宁,等.C4 烯烃叠合反应及催化剂研究现状[J].辽宁石油化工大学学报,2016,36 (5):1-5.

[6] 张祥剑,王伟,郝兴仁,等.混合碳四烯烃叠合利用工艺技术研究[J].齐鲁石油化工,2004,32(4): 255-258.

[7] 温朗友,吴巍,刘晓欣.间接烷基化技术进展[J].当代石油石化,2004,12(4):36-40.

利用温和炭化法制备的 $C\text{-}SiO_2\text{-}TiO_2$ 复合物合成多级孔道钛硅分子筛

裴欣雅[1]　刘晓雪[2]　刘小雨[1]　单金灵[1]　郑延成[1]　颜学敏[1]　李　颢[1]

（1.长江大学化学与环境工程学院　湖北荆州　434023；
2.长江大学农学院　湖北荆州　434000）

摘　要：通过对 $C\text{-}SiO_2\text{-}TiO_2$（CST）复合物的水热晶化，成功地制备出多级孔道钛硅分子筛（HTS-1）。与直接炭化法相比，采用稀硫酸预处理 $SiO_2\text{-}TiO_2/T\text{-}40$ 干凝胶的温和炭化法，可以有效改善炭材料的含量和介孔结构，使炭材料在结晶过程中更好地发挥介孔模板的作用。HTS-1 沸石与 TS-1 晶体中的炭模板骨架相似，具有有序的微孔结构以及相互连接的介孔结构和大孔结构。此外，HTS-1 沸石在大分子硫化物的氧化脱硫中表现出优异的催化活性和稳定性。

关键词：多级孔道　TS-1　T-40　硫酸预处理　$C\text{-}SiO_2\text{-}TiO_2$复合物　氧化脱硫

1　引言

近年来，吐温表面活性剂被广泛应用于介孔 SiO_2 和 ZrO_2 的合成，并用于调整介孔-大孔 SiO_2 的形貌和孔道结构[1~4]。由吐温表面活性剂聚合形成的特殊胶束，可大大增加其亲水壳层和无机硅、钛物种之间的相互作用[1,2,5]。此外，以 H_2SO_4 作为炭化的催化剂，通过温和的炭化工艺，可以很容易地制备出炭或 $C\text{-}SiO_2$ 材料[6,7]。催化剂 H_2SO_4 可以通过脱水和磺化反应，促进芳香结构的形成，加速芳香环的交联[7]。本文以四丙基氢氧化铵（TPAOH）为微孔模板剂，通过对 $C\text{-}SiO_2\text{-}TiO_2$（CST）复合物的水热晶化，制备出 HTS-1 沸石。在吐温-40（T-40）存在的条件下，采用两步溶胶-凝胶法制备了均匀的 $SiO_2\text{-}TiO_2/T\text{-}40$ 干凝胶（ST/T-40），考察了干凝胶的直接炭化和温和炭化对 HTS-1 沸石的孔道结构的影响，并研究了 HTS-1 沸石在大分子硫化物的氧化脱硫反应中的催化活性和稳定性。

2　实验

2.1　合成

2.1.1　杂化 $SiO_2\text{-}TiO_2/T\text{-}40$ 干凝胶的合成

在 T-40 存在的条件下，采用两步溶胶-凝胶法制备 $SiO_2\text{-}TiO_2/T\text{-}40$ 杂化干凝胶（ST/T-40）。凝胶的摩尔组成为 $SiO_2 = 1$，$TiO_2 = 0.033$，T-40 = 0.13，$H_2O = 25$，TPAOH = 0.014。最后，凝胶在 353 K 下彻底干燥，研磨成细粉。作为对比，用类似的方法制备不

含 T-40 的干凝胶 SiO$_2$-TiO$_2$(ST)。

2.1.2 C-SiO$_2$-TiO$_2$(CST)复合物的制备

采用两种炭化方法制备 CST 复合物:①直接高温炭化;②温和炭化(先用硫酸预处理,然后再高温炭化)。温和炭化得到的 CST 复合物记为 CSTs,其中 s 表示 H$_2$SO$_4$ 预处理。若采用直接高温炭化法,将干凝胶在 773 K 下炭化 12 h(1 K/min),即得 CST 复合物(CSTd)。

2.1.3 HTS-1 沸石的合成

HTS-1 沸石典型的合成步骤如下:首先,将 CST 复合物在 TPAOH 水溶液中浸渍 4 h,其中凝胶的摩尔组成为 SiO$_2$ = 1,TiO$_2$ = 0.033,TPAOH = 0.45,H$_2$O = 16.6;然后将凝胶转移到聚四氟内衬的高压釜中,443 K 下晶化 24 h;最后,将得到的固体洗涤、干燥,823 K 下煅烧 5 h,即得 HTS-1 沸石。将采用 CSTs 和 CSTd 复合物制备的 HTS-1 沸石,分别标记为 HTS-1s 和 HTS-1d。此外,采用类似的方法将 ST 干凝胶进行水热晶化,制备得到 TS-1。

2.2 表征

采用 XRD(Cu-Kα 辐射)、UV-Vis(PerkinElmer Lambda 650S)、SEM(Tescan MIRA3) 和 N$_2$ 吸附脱附等温线(Micromeritics ASAP 2020HD88)的方法,对样品进行系统的表征。

2.3 催化性能

二苯并噻吩(DBT)和 4,6-二甲基二苯并噻吩(4,6-DMDBT)选择氧化的反应称为探针反应,利用该反应评价催化剂的催化性能。通过 GC 126N 分析油相(FPD 检测器、HP-5 毛细管柱),采用峰面积归一化法对残余 DBT 和 4,6-DMDBT 进行定量。

3 结果与讨论

3.1 结构表征

图 1 所示为 TS-1、HTS-1d 和 HTS-1s 的 XRD 谱图,所有的样品都显示出 MFI 拓扑结构且不含非晶相。图 2 所示为样品的紫外可见光谱图,所有的样品都在 210 nm 处表现出很强的吸收带,这是由于孤立的 Ti(IV)物种所致;样品在 330 nm 左右吸收较弱,说明存在一些非骨架 TiO$_2$[8,9]。

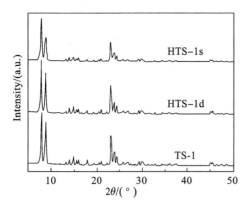

图 1 TS-1、HTS-1d 和 HTS-1s 的 XRD 谱图

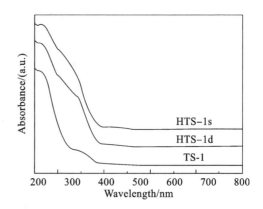

图 2 TS-1、HTS-1d 和 HTS-1s 的 UV-Vis 谱图

图 3 所示为样品的 N$_2$ 吸附-脱附等温线和孔径分布。HTS-1d 呈现出典型的 I 型等温

线,而 HTS-1s 呈现出典型的 Ⅳ 型等温线。HTS-1s 在相对压力 $P/P_0 > 0.7$ 处存在一个大的迟滞回线,表明存在介孔或大孔。与 HTS-1d 分布较广的孔径(3～77 nm)相比,HTS-1s 的孔径集中分布在 13 nm 左右处,并且孔隙体积要大得多。与 TS-1、HTS-1d 相比,通过在合成过程中引入 H_2SO_4 预处理,HTS-1s 的介孔体积、BET 表面积、外表面积均有显著提高。

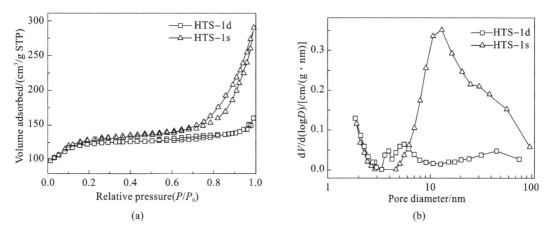

图 3　样品的 N_2 吸附-脱附等温线和孔径分布

图 4 所示为炭材料、HTS-1s 和 HTS-1d 的 SEM 图。来自 CSTs 的炭材料呈现出孔尺寸为 5～80 nm 的三维连通的介孔结构。HTS-1s 是一种由许多纳米颗粒(10～50 nm)组成的聚集体,这些纳米颗粒间的介孔互相连接,且连通到沸石的外表面。HTS-1s 的孔道结构与 CSTs 炭材料骨架的孔道结构一致,都是三维连接的介孔网络。

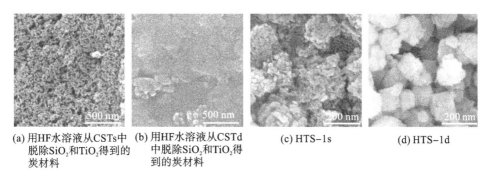

(a) 用HF水溶液从CSTs中脱除SiO_2和TiO_2得到的炭材料　　(b) 用HF水溶液从CSTd中脱除SiO_2和TiO_2得到的炭材料　　(c) HTS-1s　　(d) HTS-1d

图 4　炭材料、HTS-1s 和 HTS-1d 的 SEM 图

3.2　氧化脱硫的催化性能

以叔丁基过氧化氢(TBHP)为氧化剂,采用二苯并噻吩(DBT)和 4,6-二甲基二苯并噻吩(4,6-DMDBT)的氧化反应评价样品的催化性能。氧化产物的 FT-IR 光谱表明,DBT 和 4,6-DMDBT 的氧化产物分别为二苯并噻吩砜和二甲基二苯并噻吩砜[10,11]。

如图 5 所示,HTS-1s 表现出很高的催化活性,其 DBT 和 4,6-DMDBT 的转化率均超过 99.5%。经过 15 次反应后,HTS-1s 仍然保持了较高的 DBT 转化率(99.5%)和 4,6-DMDBT 转化率(99.4%)。通过 XRD 和 SEM 对再生催化剂进行表征,结果表明,HTS-1s 可以经受住 823 K 下的多次煅烧,孔隙结构保持良好[11]。

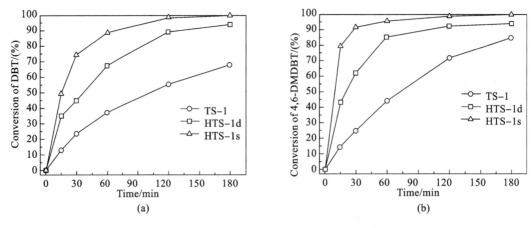

图5　样品催化氧化 DBT 和 4,6-DMDBT 的反应结果

4　结论

本文以 TPAOH 为微孔模板,以温和炭化处理干凝胶得到的炭材料为介孔模板,制备了多级孔道钛硅分子筛。采用 H_2SO_4 对干凝胶进行预处理,可以有效改善 $C-SiO_2-TiO_2$ 复合物中炭材料的含量和介孔结构,分子筛原粉在煅烧后可以形成大量的介孔和大孔。与 TS-1 和 HTS-1d 相比,HTS-1s 对 DBT 和 4,6-DMDBT 的氧化脱硫反应具有良好的催化活性和稳定性。此外,该方法可用于合成一系列具有特殊性能的多级孔道含钛分子筛。

参 考 文 献

[1]　ZHAO D, HUO Q, FENG J, et al. Nonionic triblock and star diblock copolymer and oligomeric surfactant syntheses of highly ordered, hydrothermally stable, mesoporous silica structures[J]. Journal of the American Chemical Society, 1998, 120: 6024-6036.

[2]　PROUZET E, COT F, NABIAS G, et al. Assembly of mesoporous silica molecular sieves based on nonionic ethoxylated sorbitan esters as structure directors[J]. Chemistry of Materials, 1999, 11(6): 1498-1503.

[3]　SUH Y W, RHEE H K. Synthesis of stable mesostructured zirconia: Tween surfactant and controlled template removal[J]. Korean Journal of Chemical Engineering, 2003, 20(1): 65-70.

[4]　RAVETTI-DURAN R, BLIN J L, STEBE M J, et al. Tuning the morphology and the structure of hierarchical meso-macroporous silica by dual templating with micelles and solid lipid nanoparticles (SLN)[J]. Journal of Materials Chemistry, 2012, 22(40): 21540-21548.

[5]　KHOMANE R B, KULKARNI B D, PARASKAR A, et al. Synthesis, characterization and catalytic performance of titanium silicalite -1 prepared in micellar media[J]. Materials Chemistry and Physics, 2002, 76(1): 99-103.

[6]　JUN S, JOO S H, RYOO R, et al. Synthesis of new, nanoporous carbon with hexagonally ordered mesostructure[J]. Journal of the American Chemical Society, 2000, 122(43): 10712-10713.

[7]　VALLE-VIGON P, SEVILLA M, FUERTES A B. Mesostructured silica-carbon composites synthesized by employing surfactants as carbon source[J]. Microporous and Mesoporous Materials, 2010, 134(1-3): 165-174.

[8]　DU S, LI F, SUN Q, et al. A green surfactant-assisted synthesis of hierarchical TS -1 zeolites with

excellent catalytic properties for oxidative desulfurization[J]. Chemical Communications,2016,52(16):3368-3371.

[9] DU Q,GUO Y,WU P,et al. Facile synthesis of hierarchical TS-1 zeolite without using mesopore templates and its application in deep oxidative desulfurization[J]. Microporous and Mesoporous Materials,2019,275:61-68.

[10] OTSUKI S,NONAKA T,TAKASHIMA N,et al. Oxidative desulfurization of light gas oil and vacuum gas oil by oxidation and solvent extraction[J]. Energy & Fuels,2000,14(6):1232-1239.

[11] PEI X,LIU X,LIU X,et al. Synthesis of hierarchical titanium silicalite-1 using a carbon-silica-titania composite from xerogel mild carbonization[J]. Catalysts,2019,9(8):672.

甲醇选择性制对二甲苯 Zn-Mg-P/AT-ZSM-5 分子筛催化剂研究

张娇玉[1]　李春义[2]

（1.长江大学化学与环境工程学院　湖北荆州　434023；

2.中国石油大学(华东)重质油国家重点实验室　山东青岛　266580）

摘　要: 对二甲苯是基本的有机化工原料,在日常生活中具有极其广泛的应用。目前,国内对二甲苯市场供不应求的趋势日益严重,因此,寻求对二甲苯的增产方法是非常有必要的。以甲醇为原料制对二甲苯是非常具有发展前景的技术路线,可以缓解对二甲苯对石油资源的依赖性。所采用的分子筛催化剂具有较高的反应活性,然而往往会发生一些副反应,导致对位选择性较低,使得甲醇制对二甲苯反应整体活性并不理想。如何对分子筛性质进行调变,以兼顾反应活性和对位选择性,达到最佳对二甲苯选择性是最为核心的问题。

关键词: 甲醇　对二甲苯　Zn-Mg-P/ZSM-5　多级孔结构

1　引言

对二甲苯是一种重要的芳烃类化工原料[1],广泛用于化工、医药、农药、燃料以及溶剂等领域。如果能直接利用煤基甲醇转化反应制备对二甲苯,对于减少对二甲苯对石油资源的过度依赖具有重要意义。

以 ZSM-5 分子筛为基质,通过金属元素(Zn 和 Mg)和非金属元素(P)等的改性,可以得到较高对位选择性,但对二甲苯产物的选择性有待进一步提高。本文以购于南开大学催化剂厂的 ZSM-5 分子筛($SiO_2/Al_2O_3=38$)为基质,首先对其进行脱硅处理,优化反应物分子在孔道内的扩散性质,随后再进行复合改性,以达到最大限度地提高对二甲苯选择性的目的。

2　实验部分

首先采用一定浓度的氢氧化钠溶液对基质分子筛样品进行脱硅处理,所得产物记为 AT-ZSM-5;随后再以 ZSM-5 分子筛(或者 AT-ZSM-5)作为本体分子筛,采用超声浸渍的方法制备改性分子筛,得到 Zn 或者 Zn-Mg-P 复合改性分子筛,记为 Zn/ZSM-5(Zn/AT-ZSM-5)或 Zn-Mg-P/ZSM-5(Zn-Mg-P/AT-ZSM-5)。

采用固定床微型反应器装置评价催化剂的甲醇转化反应性能,液相产物和气相产物分别由 Agilent 4890D 气相色谱仪和 Bruker 450 GC 气相色谱仪进行分析。

3 结果与讨论

对不同 ZSM-5 分子筛催化剂样品上甲醇转化反应制对二甲苯的反应性能进行评价,结果如表 1 所示,从表中可以看出,甲醇在后处理前后得到的 ZSM-5 分子筛上几乎完全转化,转化率接近 100%。复合改性得到的 Zn-Mg-P/ZSM-5 分子筛和 Zn-Mg-P/AT-ZSM-5 分子筛样品上甲醇转化率略有降低,分别为 99.90% 和 99.95%,这可能是由于 Mg 和 P 共改性后分子筛上部分酸性位被覆盖导致反应活性位减少所致。

表 1 不同 ZSM-5 分子筛催化剂样品上甲醇转化反应制对二甲苯的反应性能

样品	ZSM-5	Zn/ZSM-5	Zn-Mg-P/ZSM-5	AT-ZSM-5	Zn/AT-ZSM-5	Zn-Mg-P/AT-ZSM-5
$C_{methanol}$ /(wt%)	100.00	100.00	99.90	100.00	100.00	99.95
产品组成/(wt%)						
苯	3.45	2.99	0.58	3.15	3.63	0.68
甲苯	15.52	19.51	7.80	15.59	21.46	8.81
乙苯	0.60	0.67	1.32	0.57	0.65	1.37
对二甲苯	3.12	5.28	17.77	3.36	5.34	22.81
间二甲苯	7.11	12.69	1.79	7.72	12.69	3.06
邻二甲苯	3.01	5.09	0.53	3.27	5.37	1.03
C_9+	3.08	5.38	4.90	6.67	8.76	5.85
轻烯烃	4.41	5.00	42.30	3.62	3.96	41.81
总收率	35.89	51.61	34.69	40.33	57.9	43.61
对位选择性	23.56	22.90	88.45	23.41	22.82	84.80

相比于 ZSM-5 和 AT-ZSM-5,引入 Zn 元素得到的分子筛催化剂(Zn/ZSM-5 和 Zn/AT-ZSM-5)反应得到的芳烃选择性大大增加,均超过 50%,这可能是因为引入的 Zn 物种([ZnOH]+ 和 [ZnOZn]2+)促进了脱氢环化反应,进而有利于芳烃产物的生成[2]。

随后进一步引入 Mg 和 P,分子筛样品(Zn-Mg-P/ZSM-5 和 Zn-Mg-P/AT-ZSM-5)的择形性显著提高,得到的对位选择性增加至约 86%,对二甲苯的选择性也从未经 Mg 和 P 共改性分子筛的 5% 左右增至 17% 以上,这可能是因为引入 Mg 和 P 导致分子筛微孔孔道部分堵塞,限制了较大分子尺寸的间二甲苯和邻二甲苯产物在孔道内的扩散,促进了对二甲苯产物的生成;另一方面,Mg 和 P 形成的物种覆盖了表面酸性位,很大程度上避免了孔道内生成的对二甲苯进一步发生异构化反应。

另外,相比于未经脱硅处理的分子筛样品(ZSM-5、Zn/ZSM-5 和 Zn-Mg-P/ZSM-5),相应的多级孔分子筛样品(AT-ZSM-5、Zn/AT-ZSM-5 和 Zn-Mg-P/AT-ZSM-5)反应得到的芳烃选择性都有明显增加,尤其是 Zn-Mg-P/AT-ZSM-5 分子筛比 Zn-Mg-P/ZSM-5 分子筛的芳烃选择性增加了 8.92%[3]。

具有多级孔结构的 Zn-Mg-P/AT-ZSM-5 表现出较为优异的甲醇转化反应制对二甲苯

反应性能,Zn-Mg-P/AT-ZSM-5 分子筛催化剂得到 22.81% 的对二甲苯选择性,明显高于仅经复合改性的 Zn-Mg-P/ZSM-5 分子筛催化剂 17.77% 的对二甲苯选择性,这主要是因为在基本保留复合改性表现出的优异的择形性的前提下,进一步结合脱硅处理,对复合改性过程中造成的芳构化反应活性损失进行弥补,进而得到较大的对二甲苯选择性。所以,制备多级孔结构的 Zn-Mg-P/AT-ZSM-5 分子筛是一种提高甲醇直接制对二甲苯反应性能的有效方法。

4 结论

(1)采用浸渍方法引入 Zn、Mg 和 P 元素,对分子筛的孔道结构性质和酸性质进行调变,得到 Zn-Mg-P/ZSM-5 分子筛,该分子筛表现出优异的甲醇直接制对二甲苯反应性能,择形性较佳,接近 90%。

(2)对复合改性分子筛进行脱硅处理得到的 Zn-Mg-P/AT-ZSM-5 分子筛,一方面表现出较优异的择形性,另一方面强化了目的产物对二甲苯在分子筛中的扩散路径,此时得到的最高对二甲苯选择性为 22.81%。

参 考 文 献

[1] TARDITI A M,IRUSTA S,LOMBARDO E A. Xylene isomerization in a membrane reactor:Part I:the synthesis of MFI membranes for the *p*-xylene separation[J]. Chemical Engineering Journal,2006,122 (3):167-174.

[2] LI J,TONG K,XI Z,et al. Highly-efficient conversion of methanol to *p*-xylene over shape-selective Mg-Zn-Si-HZSM-5 catalyst with fine modification of pore-opening and acidic properties[J]. Catalysis Science & Technology,2016,6(13):4802-4813.

[3] WANG F,XIAO W,GAO L,et al. The growth mode of ZnO on HZSM-5 substrates by atomic layer deposition and its catalytic property in the synthesis of aromatics from methanol[J]. Catalysis Science & Technology,2016,6(9):3074-3086.

先进聚烯烃树脂制备技术研究进展

秦亚伟　董金勇

（中国科学院化学研究所工程塑料实验室　北京　100190）

聚烯烃材料具有综合性能优异和价格低廉的特点，产量大，品种多，应用领域广，一直以来都是石油化工中的重要产品。2018 年，我国聚烯烃产能和消耗量均超过 5000 万吨/年，超过全球消耗量（1.8 亿吨）的 1/4。随着我国经济的稳健增长，以及物流、共享经济等新兴行业的快速发展，性能可调控性强以及环保可回收等特点使聚烯烃材料的应用领域不断拓展，消耗增长率保持在高位值，高性能或高端应用型的聚烯烃产品需求量增长尤为显著。因此，我国聚烯烃行业亟须改变"中低端产品为主、高端产品依赖进口"的现状，开发高性能聚烯烃树脂的制备技术。

近年来，我们课题组发展了一系列高性能聚烯烃树脂的制备技术，以聚合的方式实现了聚烯烃树脂的高性能化或功能化。

（1）聚烯烃纳米复合材料的原位聚合制备技术。发展了烯烃聚合催化剂的纳米粒子负载新方法，通过选取不同维度和功能的纳米粒子，赋予聚烯烃树脂更加优异的力学性能或功能，提出了适用于工业化的纳米复合聚烯烃树脂制备新方法。例如，采用该方法将石墨烯与聚烯烃复合，可赋予聚烯烃导电性能；将碳纳米管与聚烯烃复合，可大幅度提升聚烯烃的力学性能。

（2）长链支化聚烯烃树脂制备新技术。在烯烃聚合过程中引入功能烯烃单体，在配位聚合过程中完成聚丙烯或聚乙烯由线型大分子链结构向长链支化结构的转变，首次通过聚合的方式实现了长链支化聚烯烃树脂的制备，解决了线型结构的聚烯烃树脂在熔融加工过程中易熔垂、加工成型窗口温度窄等问题。该技术能够促进聚烯烃树脂在发泡、热成型、吹膜等领域的拓展应用，尤其是聚烯烃发泡产业的技术升级。

（3）新型多相共聚聚丙烯制备技术。通过引入新型反应型烯烃单体，反应器内实现分子链结构由线型向支化或交联的转变，以此获得分子链结构可控、聚集态结构稳定的聚丙烯多相共聚物，从而全面提升聚合物性能。目前，部分技术已实现工业化。

新结构和新性能的催化剂、新的树脂制备技术、新的助剂技术以及聚合工艺的革新，仍将不断推动聚烯烃树脂向高端化、高性能化和功能性方向发展，未来具有更优异的力学性能以及功能性的高端聚烯烃树脂必将为人们带来更高品质的生活。

第六章
石油经济与管理

胜利油田青年人才职业发展
与培养开发探索实践

任 超 宗 帅 刘其鑫

（胜利油田经济开发研究院 山东东营 257000）

摘 要：本文梳理总结了胜利油田青年人才职业发展与培养开发的经验做法，采取问卷调查和座谈形式，到胜利油田勘探开发、石油工程、辅助生产、科研板块等有代表性的各二级单位进行了深入调研，共发放、回收问卷 5000 份，以实证和理论相结合的方式对青年人才职业生涯规划与培养进行了研究，分析了目前青年人才职业发展与培养开发工作中存在的问题，指出了进一步加强青年人才职业发展与培养开发工作的思路措施，为其他企业提供参考借鉴。

关键词：青年人才 职业发展 培养开发

1 引言

胜利油田是我国重要的石油工业基地，主要从事石油天然气勘探开发、石油工程技术服务、地面工程建设、油气深加工、矿区管理与服务等业务。胜利油田牢固树立"人才是第一资源""胜利成就人才，人才发展胜利"等理念，紧紧围绕"五大战略""三大目标"，大力实施人才强企工程，突出高端引领，加强整体开发，坚持以用为本，强化多维激励，优化成才环境，人才工作不断取得新成效，为油田全面可持续发展提供坚实的人才保障。

2 主要经验做法

青年人才是企业发展的未来和希望，是人才工作的重要组成部分。青年职业发展对于明确其生涯目标、路径、措施，提升培养质量，加快青年人才成长，推进企业科学持续和谐发展具有深远的意义。胜利油田历来高度重视青年人才培养工作，针对青年人才特点，以加强人才职业发展规划管理为主线，以搭建职业发展阶梯、加强职业发展引导、提升职业发展能力、建立职业发展晋升平台、优化职业发展环境为重点[1,2]，实施系统培养开发，一大批优秀的青年人才脱颖而出，青年人才培养工作取得了显著成效。

（1）建立职业发展阶梯。构建三支队伍岗位序列，拓展青年人才成长空间；完善职业发展梯次网络，拓宽青年人才发展路径；加强职业规划设计，为青年人才成长科学定位。

（2）提升青年人才的综合素质。加强实践锻炼，促进青年人才综合素质的提升；加强系统培训，促进青年人才知识技能的升级；开展导师带徒和团队培养，带动青年人才能力素质的提升。

(3)搭建职业发展晋升平台[3]。完善竞聘机制,在竞争竞聘中选才;丰富选才载体,在竞赛评比中选才;开辟绿色通道,加大青年人才选拔使用力度。

(4)优化职业发展环境。坚持导向引领,凝聚青年人才;实施政策倾斜,激励青年人才;工作生活关怀,稳定青年人才。

3 职业发展规划存在的问题

为准确把握胜利油田青年人才职业发展现状和诉求,找出目前存在的不足和问题,通过问卷调查和座谈的方式,深入分析和梳理。

(1)对青年人才职业发展工作的重要性认识不够。

(2)青年人才职业发展指导方式需进一步改进。

(3)青年人才普遍缺乏职业发展规划理论知识。

(4)青年人才自身因素对职业发展带来的影响。

4 完善青年人才职业发展管理,创新青年人才培养开发举措

加强职业发展规划是实现人才科学开发、有效开发的重要举措,贯穿于人力资源管理的各个环节[4]。要将先进的理念、方法、工具与青年人才培养开发工作相结合,加强工作引导,遵循人才成长规律,完善培养机制,精准把握人才成长方向和薄弱环节,不断提高青年人才培养水平。

(1)加强青年人才职业发展规划引导。强化职业发展方向引导,强化职业培养目标引导,强化成长发展理念引导。

(2)加大青年人才职业发展工作培训宣贯力度。管理者和人力资源部门要加强职业发展管理理论及应用宣贯学习,破除对职业发展规划的片面认识,充分认识职业发展规划与管理的重要性,自觉将先进理论与人力资源管理开发相融合,运用先进的理论指导青年人才培养工作[5]。

(3)科学开展青年人才职业发展规划工作。做好职业发展规划起点评价,做实职业发展规划过程评价,做细职业发展关键节点评估修正。

(4)创新青年人才培养开发举措。结合青年人才职业发展需求,做好规划培训工作,探索建立有利于青年人才成长发展的培养链,完善多部门联合培养青年人才模式。

参 考 文 献

[1] 叶晓倩.职业生涯规划与管理[M].武汉:武汉大学出版社,2018.

[2] 罗伯特·里尔登,珍妮特·伦兹,加里·彼得森,等.职业生涯发展与规划[M].4版.侯志瑾,译.北京:中国人民大学出版社,2016.

[3] 张俊娟,韩伟静.企业培训体系设计全案[M].北京:人民邮电出版社,2011.

[4] 国务院国资委新闻中心,《国资报告》杂志社.国企改革12样本[M].北京:中国经济出版社,2016.

[5] 房伟.卓越员工职业生涯管理[M].北京:北京工业大学出版社,2014.

中国石油企业人力资源数字化管理创新研究

杨燕燕

（长江大学经济与管理学院　湖北荆州　434023）

摘　要： 在大数据时代背景下，传统的人力资源管理已经无法快速、敏捷地适应企业战略发展需求，传统人力资源管理必须顺应时代潮流与时俱进。本文从数字化生存时代出发，研究了现在石油企业人力资源管理数字化转型中存在的难题，着重探讨了人力资源数字化管理的创新举措。未来的石油企业是数字化的石油企业，未来的企业员工应当是具有数字化意识的员工，想要管理好企业，势必得把握时代，建立学习型组织，重建扁平化组织结构，通过赋能，让石油企业人力资源队伍获得不竭动力。

关键词： 石油企业　人力资源数字化管理　赋能　扁平化组织结构

1　中国石油企业人力资源数字化管理背景及意义

随着信息技术与人类生产生活的不断交融，全球数据呈现爆发增长、海量集聚的特点，数字化时代已经悄然来临。截至2018年年底，中国数字经济的规模达31万亿元，占全国GDP的三分之一；至2019年，有26.7%的中国企业已经开始全面数字化转型；根据时代发展及大数据预测，到2022年，中国数字经济规模将占总GDP的65%。中国人民大学劳动力人事学院的"中国企业HR数字化成熟度"调查结果显示，中国有98%的企业已经使用至少一项人力资源数字化技术来提高人力资源管理效率。数字未来已来，探索一种符合时代的数字化人力资源管理模式成为中国石油企业管理的重要任务[1]。

2　数字化与人力资源数字化管理概念

在人力资源数字化管理过程中，将会接触到大数据、数字化管理、人力资源数字化等相关概念。大数据技术是实现人力资源数字化管理的主要工具，掌握大数据技术数字化管理实施的基本前提，其战略意义并非掌握庞大的数据信息集合，而是将海量数据进行专业化处理，使数据智能化、创新化，从而实现数据增值[2]，为企业带来切实效益。

人力资源数字化管理不同于传统的人力资源管理，其核心在于对员工赋权授能，通过自上而下地向员工释放权利，使其对本职工作有较多的自主控制权，从而促进员工自主学习，开发潜能，提升企业整体利益[3]。扁平化组织结构是最适合人力资源数字化管理的企业结构，扁平化组织结构使决策层与执行层之间的沟通层级减少，让员工能够更快速地对企业战略作出反应。

3 中国石油企业人力资源管理数字化转型难题

我国的石油行业在经历了几十年的砥砺前行后,在新时代下已经趋向成熟,在长期的传统发展下,经验主义、守旧思想导致石油企业人力资源管理数字化转型困难重重。守旧的人力资源管理体系是无法适应数字化时代下企业内外部多变复杂的环境的。中国石油企业人力资源管理体系的不足具体体现在以下几个方面。

(1)招聘体系不健全,缺乏数字化人才;

(2)传统培训难以满足企业数字化人才的需求;

(3)绩效考核体系落后于企业数字化管理发展;

(4)落后的薪酬福利制度无法激发数字化时代下员工工作积极性;

(5)数字化时代对人力资源管理人员的要求变高[4]。

4 中国石油企业人力资源数字化管理创新措施

想要实现中国石油企业人力资源数字化管理,可以从以下几个方面着手。

(1)建设企业数字文化,提升数字化管理意识。

企业文化是企业的灵魂,是推动企业发展的不竭动力。只有建立起企业数字文化,才能使企业从根本上推进数字化管理进程。

(2)重构石油企业组织结构,规划人力资源数字化管理长期战略。

由于扁平化组织结构有便捷高效、对内外部环境变化反应迅速、管控力度弹性大等优点,是数字化时代石油企业最理想的组织结构,因此,石油企业应当结合自身实际情况,在把握企业生产经营活动各个环节需求的前提下重构组织结构,削减冗余的中间管理层,尽可能地使企业组织结构扁平化。

(3)推进人力资源管理体系数字化进程。

运用数字化技术,招聘优秀的人才;开展数字化培训工作;完善数字化绩效考核制度。整体而言就是石油企业应当以人本管理的思想为基础,运用数字化管理手段,对人力资源进行信息化、数字化处理,运用大数据分析、先进的人力资源数字化管理技术,打造一个高效便捷、适合时代发展的数字化人力资源管理体系。

(4)推进产学研深度合作,打造数字化专业团队。

石油企业与职业院校、高等院校、科研机构结成人才联盟,这样可以促进数字化人才的可持续流动,为石油企业稳定输入高质量的符合企业需求的数字化专业人才,而且能够为整个石油产业奠定数字化人才基础,为产业链赋能,优化行业内部的人才生态系统,形成产学研良性发展循环。

(5)贯彻"赋能"思想,提高员工的数字化创新能力。

只有让员工愿意主动学习,才能提高员工的创新能力,才能真正增强企业整体核心竞争力。正确的、恰当的"赋能授权"是数字化时代下石油企业人力资源管理必须变革的重要任务,是真正促进石油企业长期良性发展的不竭源泉。

5 结语

人力资源数字化管理的创新,是石油企业数字化建设中的重中之重,也是推进石油产业整体发展的关键,与此同时也要注意数据安全与隐私在人力资源数字化中的重要地位。数据的生成、保存和分析,都是存在极大风险的,这就要求石油企业在数据的保护上加大力度,防范风险。另一方面,尽管现在数字化技术已经日臻成熟,但是在决策过程中也应当注意数据分析是否存在偏差的可能,决策层可以将数据作为决策依据,最重要的仍然是领导者是否有能够看向未来的眼光,石油企业只有创新才能走向未来,只有积极改变才能赢得未来!

参 考 文 献

[1] 王少杰,李静.数字化员工对人力资源变革之影响——基于经济人类学视角的探索[J].湖北民族学院学报(哲学社会科学版),2019,37(4):131-137.

[2] 田圣海.人力资源数字化革命[J].互联网经济,2018,(6):84-89.

[3] 张获羽.Z石油建设公司人力资源管理问题研究[D].大庆:东北石油大学,2018.

[4] 李卫星.数字化油田项目中人力资源的开发与管理研究[D].西安:西安石油大学,2010.

中国石油企业财务管理数字化路径研究

许诗敏　吴云琼

（长江大学经济与管理学院　湖北荆州　434023）

数字时代已经到来,越来越多的大型企业开始加速数字化发展变革,中小企业也开始重视数字化发展[1~3]。在这种大背景下,实施数字化的财务管理对企业来说十分有必要。

1　数字化和数字化财务管理概念

数字化是指把复杂多变的文字信息转变成简单易懂的数据,然后再利用这些数据建立模型并把它们转化成代码,最后把这些代码录入计算机中进行集中整理。数字化财务管理是指在传统的记账模式的基础上建立大数据系统,将财务信息进行统计、整理、提炼,为企业的决策分析提供有用的信息。采用数字化财务管理,一方面可以提高核算和监督的职能,另一方面可以提高财务人员的工作效率[4]。

2　石油企业财务管理数字化现状和存在的问题

2.1　现状

虽然中国大部分石油企业已经实现了以 ERP 系统为基础的财务管理,但仍然存在个别企业还是在用以前传统的财务管理方法,不愿意改变,造成各区域间石油企业数字化财务管理的不趋同性,各石油企业之间数据不能共享,信息分散[5,6]。

2.2　存在的问题

2.2.1　管理层对数字化财务管理理念认识不足

管理层对数字时代的到来不够敏感,思想观念相对落后,不愿意接受数字化给企业带来的巨大挑战与机遇。管理层往往不愿意放弃原有的财务经验,导致整个财务部门对大数据财务管理理念的接受不充分。

2.2.2　实施数字化财务管理的基础成本较高

初期成本包括网络建设成本和财务系统软件开发成本,后期成本包括培训员工使用信息化财务系统费用以及维护财务系统的专业人员的工资薪酬,还有软件维护费用、机器维修费用等。

2.2.3　财务管理人员运用大数据财务系统的能力不足

有很多财务人员的工作态度不够积极,不愿意主动学习新事物,对学习大数据财务管理的效率很低。有很多管理人员不愿意放弃自己多年的传统会计工作经验,所以对新的大数据的软件操作学习缓慢。

2.2.4　数字化财务管理的数据泄露风险较大

大数据环境下石油企业财务信息出现的问题主要有数据失真、信息泄露。财务人员很难保证财务信息的可用性、完整性、保密性。如果企业信息丢失，会使企业无法正常运转。企业财务人员在软件记账的同时没有做好手动备份，若操作失误，很难追究责任。

2.2.5　数字化财务管理与企业销售结合不足

据了解，我国大多数石油销售企业进行油品销售时 CRM 系统运行效果并不太理想，主要原因在于 CRM 系统不能满足企业客户管理需求，企业的各项商业模式之间的黏合度不够。

3　提升石油企业数字化财务管理发展的路径

3.1　管理层要树立正确的数字化财务管理理念

财务管理部门的决策者和管理者在很大程度上影响着财务部门的其他人员。如果管理层能够意识到大数据时代的来临，主动改革创新原有的传统记账模式，将会对企业的其他员工有很好的领导作用。

3.2　企业要建立数字化财务管理平台

大数据财务系统对于石油企业来说势在必行，但是大多数石油企业现有的能力并不足以孕育新型的大数据财务系统。因此，政府应该进行宏观调控，加大对大数据软件的研发投入，集中力量为石油企业提供可行的大数据财务系统平台。

3.3　提升企业财务管理人员的数字化应用能力

第一，从招聘环节开始就要选择高素质人才；第二，企业要加强对财务人员使用大数据软件的培训；第三，企业要建立奖惩制度，有效提高员工的积极性和工作效率。

3.4　加强企业数字化财务管理的安全防范

财务人员用软件记账的同时，要结合手动备份和自动备份，企业应当设置自动备份的时间。企业要加大技术层面的投入，最好能聘请专业的计算机编程团队对企业的财务大数据网络进行定期维护，以防外界不法分子偷取企业的财务信息。

3.5　加强数字化财务管理与生产销售的结合

财务管理人员要从生产环节中确定预算数据，采取流程管理制度，对企业的各项工作进行记录、评估。对于销售来说，一方面可以通过对财务数据的统计，整理大客户的购买习惯，有针对性地进行推销；另一方面可以促进销售款项的收回。

4　总结

随着石油企业的不断发展和进步，数字化财务管理在企业管理中起着不可忽视的作用。对于数字化财务管理中日渐浮现的问题，我们应该及时提出相应的解决措施。我国石油销售企业在数字化财务管理方面还需进一步完善，在数字化进程的道路上任重而道远。

参 考 文 献

[1] 陈新.中国石油集团公司 IT 管理研究[D].北京:北京交通大学,2013.
[2] 张先富.我国石油企业财务管理现状及策略分析[J].企业改革与管理,2016,(12):148.
[3] 杨军泽.大数据背景下石油销售企业财务管理面临的挑战及其变革[J].商业经济,2018,(1):24-25.
[4] 米学博.数字化时代下的财务管理探讨[J].中国乡镇企业会计,2019,(1):240-241.
[5] 王国奎."互联网＋"下石油销售企业财务管理模式的探讨[J].现代经济信息,2019,(3):155-156.
[6] 武海岩.企业财务管理信息化建设探讨[J].纳税,2019,(27).

工程技术服务开展"工厂化"管理模式的探索和实践

迟建功

（大庆钻探工程公司国际事业部　黑龙江大庆　163411）

摘　要：工厂是由大型机器或设备构成的用机械化劳动代替手工劳动的市场作业线，可以使工序与工序之间易于管理，生产原料能更及时地分配。随着石油行业的发展，为了降低成本、提高生产效率，借助工厂模式，在页岩气钻井、压裂施工中开展工厂化管理模式，大幅提升了工作效率，降低了施工成本，使得资源利用率大大提高。

关键词：工厂化　页岩气　钻井　压裂

1　概述

工厂化概念最早起源于美国[1]，将大机器生产的流水作业线方式用以石油开发。现代工厂化是指石油作业采用类似工厂的方式，通过现代化的设备和管理、先进的技术，组织油气钻井、压裂施工。工厂化作业在成本、资源、效率等方面比单独施工有很大优势，随着工艺的成熟，机械化、电动化、自动化的应用越来越广泛，工厂化管理和作业将是未来工程技术服务的必然趋势。

2　工厂化管理模式的特点

2.1　系统性

把分散的个体要素组合成整体要素，经过系统优化加工，表现为系统整体行为要素，按照工厂化施工的一般规律和操作流程，科学地实施工厂化作业。

2.2　集成性

集成运用各种知识、技术、技能、方法和工具，满足或超越对生产作业的要求和期望，开展一系列管理活动。

2.3　标准化

在相对可控的资源配置条件下，利用成套设施或综合技术，使资源共享，借助大型丛式井组开展工厂化作业，实现集约高效和可持续发展的现代化石油施工，以及生产作业批量化、规模化转变。

2.4　自动化

在人工创造的环境下进行全过程连续不间断的作业。通过建立自动化管理平台，借助现代化的设备、先进的技术、现代化的管理,实现自动化作业和生产。

3　工厂化管理模式的探索

页岩气作为非常规能源和新能源,随着美国页岩气开发革命的开展,我国在页岩气开发领域,无论是在技术上还是在能力上,都有了质的飞跃[2]。

工厂化管理在业务管理上突出专业化:一是实施项目制管理,二是推行总监制管控,三是辅助业务专业化。

工厂化管理在生产运行上突出标准化:一是标准化作业流程,二是标准化施工,三是标准化运行。

工厂化管理在作业施工上突出自动化:一是钻机搬迁实现自动化,二是多系统联动控制,三是阵地上连续加药模式。

工厂化管理在流程管控上突出信息化:一是复杂问题远程决策,二是施工过程全程监控,三是关键数据实时传输,四是高压部件全生命周期管理。

4　工厂化管理模式的实践

4.1　玛湖油田钻井工厂化管理

新疆玛湖油田多为平台井组、丛式井组,施工设计及方案均按照工厂化要求制定。通过工厂化施工,在玛湖油田作业的水平井施工创造了多项指标:一是口井工期平均节约 23.5 天,累计节约 2735 万元;二是 MaHW6104 井 61 天完钻,创区域最快纪录[3];三是 MaHW6115 井创造了 1463 m 的最高日进尺纪录;四是 MaHW6014 井以 6008 m 的井深,创北疆最深水平井纪录;五是 MaHW1283 井水平段长 2005 m,爬坡高度为 80 m,创造了爬坡角度最大纪录。

工厂化作业使平均井深为 3500 m 的水平井的平均周期,从 2011 年的 45 天缩短至 32 天。

4.2　苏北油田工厂化压裂管理

2017 年大庆油田井下作业分公司在苏北油田工厂化压裂 10 口井,压裂后初期日产油是对比井的 2.3 倍,在提升生产效率的同时,又获得了良好的经济效益。施工过程中采取了缝网体积压裂模式,通过液态缔合压裂液的施工模式,借助联动罐供液和混砂车配液的方式,专业化井场施工,自动化设备配备,信息化管控,加快了施工速度,缩短了投产周期。

5　工厂化管理模式发展方向

(1)提升专业化服务,由规模增长向品质提升转变。

打造专家型团队,建立专业化模式,突出业务,提升素质,精细管理,实现品质提升。

(2)加强标准化覆盖,由经验执行向标准操作转变。

按照标准化制度要求,进一步固化、优化设备配套模式和操作标准,推进集群式标准操作。

(3)推进自动化升级。

由人工控制向一体化智能转变。加快全流程联动控制的贯穿,建立井场识别及电磁控制等集约系统,实现多区域无人值守和精确控制。

(4)提升信息化水平,由传统模式向数字时代转变。

打造大数据信息平台,建立全井场数据集约系统、设备全生命周期系统,强化流程节点管控,实现信息高效协同、工序全程跟踪。

6 结论

随着钻井、压裂等技术水平和标准的提升,工厂化管理模式将是未来发展的必然趋势。工厂化管理模式不仅是石油、天然气的开采方式,更是一种全新的作业方式。

参 考 文 献

[1] 胡文瑞.工厂化作业引发大变革[J].中国石油石化,2013,(8):28.

[2] 王斐.雷家致密油工厂化钻井作业建议[J].石化技术,2015,22(10):163.

[3] 张伟,屈刚,杨军,等.玛湖油田集中钻井作业模式认识及实践[J].新疆石油科技,2016,26(1):1-4.

吉林油田工程技术服务管理模型的建立与实践

李忠华　马晓明

（吉林油田工程技术服务公司研究所　吉林松原　138000）

摘　要：随着原油价格的持续低迷,工程技术服务减亏、控亏难度增大,吉林油田工程技术服务管理模型建设将有效减少运行成本、简化工作流程、提高施工作业效率,在带压作业、气井作业、大修作业、特种作业及井控检测等多个领域发挥效能。吉林油田工程技术服务的低成本、高效率运行是确保吉林油田稳产、增产的有效手段,为此,以数字化网络信息理念为核心,构建新形势下的数字化工程技术服务模式,并不断地将数字化工程技术服务应用于各个领域,有机地结合网络、手机、电脑、工具库、装备、技术以及施工队伍,提高设备使用效率,降低非必要成本支出,减少采购成本,剥离僵尸业务,充分盘活低效能资产,提升工程技术服务水平和服务效率[1~3]。吉林油田工程技术服务管理模型的建设,在提升了服务水平和效率的同时,创造了可观的经济效益。截至 2018 年年末,对比同期减少废水排放 9200 吨,减少纸张使用 150 000 张,节省成品油 50 000 升,盘活低效能资产 560 万元,减少工具、设备投资 1000 余万元,累计创效 6207 万元,创造了巨大的经济效益、社会效益和环保效益。

关键词：工程技术　数字化　节约成本　服务效率　低效能资产　利用率　节能减排

1　工程技术服务管理模型创建的必要性

(1)国际油气价格持续走低,各采油厂压缩开发成本,主体工作量下行压力大,对完成年度经营指标有较大影响。

(2)多年来历史遗留问题严重,结算价格远低于治理成本,加重了服务单位的负担,造成工作量越大亏损越严重的恶性循环。

(3)吉林油田先天资源品味差,内部市场趋于饱和,亟须寻找市场释放工程技术服务创效能力。

2　构建数字化工程技术服务管理模型,解决管理问题,全面提升工程技术服务水平

(1)合理梳理成本与工作量之间的关系,建立工程技术服务预算管理模型。

①提高工作量,结合吉林油田公司上市板块业务投资、成本总量的变化趋势和未上市业务,持续提高作业效率,获得更高的采收率。

②压缩单井次变动成本,同时考虑自然减员、固定资产折旧及摊销增减变化,按照一定的比例压缩管理性及非生产性支出。

③测算成本,限定硬指标:总体工作量提升20％以上,成本基本维持不变,依据模型计算投资效益比[4,5]。

④比较现行的结算价格与减亏目标值,找出差额值,确定进一步深化改革的方向及政策需求。

(2)测算施工成本,提高结算价格,推进工程技术服务可持续发展,真正实现双赢。

①与上市板块沟通,提高结算价格。

②从多个角度测算投入产出比,为管理调控提供数据支撑。

③工程技术服务板块盈利,上市板块更加注重投资产出比。

(3)着眼未来,建立工程技术服务外闯市场管理模型,坚持走出去和拿回来(走出吉林油田,拿回外部市场利润)理念,在外部市场充分挖掘吉林油田工程服务盈利能力,提升中石油工程服务领域知名度,创造更高的经济效益。

①工程技术服务公司"立足于两种资源、两个市场求发展"的理念,在满足吉林油田工程技术服务需求的基础上,大力实施"走出去"战略。

②管理直达一线,创建外闯市场队伍管理团队,发挥技术优势,展现过硬作风。

③优秀管理树立优质服务品牌,优质服务品牌赢得更广阔的市场。

(4)引入先进的管理理念,建立工程技术服务数字化管理模型,甩掉工程技术服务就是重体力、脏乱差的帽子,凸显吉林油田特有的工程技术服务特色。

①工具管理平台数字化建设,图片、文字、实物为一体,提升使用效率,降低运行能耗。

②建立能够自动生成的电子台账,实时体现工具状态。

③实现无纸化操作,少跑冤枉路,低碳环保服务。

④工具领取方式发生变革。

⑤生产设备运行平台数字化建设,有效减少冤枉路,提高设备能力与待修井匹配度。

(5)建立技术研发、技术推广管理模型,融合自动化理念,形成一支高精尖工程服务队伍。

①合理协调现场与技术研发,提出带压作业自动化理念,成功试制一、二代井口机械手,在中油公司引起极大的反响。

②注重科技人才培养,以技术人才为基础,建立管理团队。

③良好的管理模型推动了整个中油公司的自动化变革。

(6)工程技术服务板块不断瘦身,建立工程技术服务集约化管理模型,剥离僵尸业务,轻装上阵,做强做专工程技术服务。

①剥离低端业务,夯实高端业务,由管理提升质变为工程服务提升。

②通过建立管理模型,打造工程技术服务品牌,确立部分领域国内领先地位,以点带面,整体提升。

3 吉林油田工程技术服务管理模型实施效果

吉林油田工程技术服务管理模型的实施,为吉林油田的稳产、增产做出了突出贡献。

(1)工程技术服务管理水平取得重大突破。

建立六个全新的、高效的管理模型,形成站稳内部市场、拓展外部市场的具有吉林油田特色的工程技术服务管理体系,以模块化管理为手段,以管理团队为核心,改变传统的管理模式,站稳内部市场,在外部市场充分发挥工程技术服务创效潜力,在吉林油田乃至青海油田、长庆油田等多个油田实现精准、高效、高水平的工程技术服务。

（2）管理创新效益显著，工程技术服务公司持续提高盈利能力，彻底摆脱亏损局面。

（3）优秀管理团队、先进管理理念，助力服务好内部市场，站稳外部市场。

（4）管理模型科技化、前沿化，重新树立吉林油田工程技术服务形象，实现五大方面管理模式的巨大变革。

（5）工程技术服务瘦身成功，轻装简行，效益提升。

吉林油田工程技术服务实现了业务重组，砍掉了小修、检泵，折旧折耗比重降至 20％，人工成本比重降至 17％，基本运行费比重降至 15％。人工成本、基本运行费、折旧折耗等基本与吉林油田公司平均值持平，完成了僵尸企业处置工作目标。对比 2017 年，2018 年新增带压作业 101 口，新增大修 154 口，气井新增 13 口，特种作业新增 133 口，制氮注氮 19 口，二氧化碳吞吐 41 口，固井新增 45 口，井控车间检测新增 11 台套，外闯市场新增 16 口，累计新增创效 6207 万元。

4　结论及下步打算

吉林油田工程技术服务将继续坚持运行全新管理模型，以市场需求主导技术走向，以管理开发支撑市场开拓，大力加强人才培养，持续提高核心技术和装备水平，不断坐稳吉林油田内部市场，开辟外部市场新天地。

参 考 文 献

[1]　杨贵兴，王松麒，张艳红，等.带压作业技术研究与应用[J].石油机械，2011,39(z1):59-61.

[2]　廖勇，牟炜.中国石油设备管理信息化建设与应用[J].中国设备工程，2015,(10):52-54.

[3]　王刚.石油装备企业中的库存管理[J].企业技术开发，2011,30(4):91,99.

[4]　罗云，樊运晓，马晓春.风险分析与安全评价[M].北京:化学工业出版社，2004.

[5]　李漾，周昌玉，张伯君.石油化工行业可接受风险水平研究[J].安全与环境学报，2007,7(16):116-119.

海外油气田地面工程 EPC 项目投标报价探讨

韩群群[1,2]   何 沙[1]

(1.西南石油大学   四川成都   610500；
2.中国石油工程建设有限公司西南分公司   四川成都   610041)

摘 要:"一带一路"倡议已提出近7年,得到越来越多国家的认同和响应。"一带一路"的重点内容之一就是基础设施互联互通,"一带一路"沿线分布着许多油气储量十分丰富的油气资源国,这些国家以油气产业为支柱产业,亟须改善油气基础设施,以增加油气生产和出口,这为中国石油工程建设企业带来了机遇,同时也应看到"一带一路"倡议提供的是一个公平开放的平台,在国际油气工程承包市场里,各国工程公司云集于此,执行国际工程惯例,竞争十分激烈。如何快速完成高水平的EPC投标报价,关系着中国石油工程建设企业能否中标,能否在竞争激烈的国际油气工程承包市场里得以生存。本文分析了EPC投标报价费用构成,探讨了EPC投标报价方法,提出了几点注意事项,为海外油气田地面工程EPC项目投标报价实践提供一些参考。

关键词:海外 油气田地面工程 EPC 投标报价

1 引言

"一带一路"沿线分布着众多油气资源国,蕴藏着丰富的油气资源,除中国外,"一带一路"沿线国家油气产量为 24.1×10^8 t 和 1.8×10^{12} m³,分别占世界油气产量的58%和54%,我国从"一带一路"沿线国家进口的油气资源占我国原油和天然气进口份额的66%和86%[1]。"一带一路"沿线许多油气资源国油气产能有待提高,油气基础设施亟待兴建和修复。如何做好投标报价工作,提高项目中标率,值得探讨。

2 EPC 项目投标报价概述

2.1 油气田地面工程

油气田地面工程(oil and gas field surface engineering)是油气田开发过程中相对于勘探、钻井、修井等地下工程而言的,它是油气田开发生产大系统中的一个子系统,主要包括井场、单井管线、集油(气)管线、集油(气)站、原油中心处理站、天然气处理厂、外输管线、增压站、电站、输变电线路、水源井及道路桥梁等。油气田地面建设工程包括油气田地面生产和配套设施的设计、采购、施工和试运行投产,投产成功后交付业主进入油气生产运行阶段。

2.2 投标报价费用构成

海外油气田地面建设工程EPC项目投标报价费用一般包括项目管理费,勘察设计费,采购费,施工费,试运行、开车及培训费,风险及不可预见费,其他费用以及税费等,如表 1 所示。

表 1　海外油气田地面建设工程 EPC 项目投标报价汇总表

序　号	项目描述	总　计	备　注
1	项目管理费(project management)		
2	勘察设计费(survey and engineering)		
3	采购费(procurement)		
4	施工费(construction)		
5	试运行、开车及培训费(commissioning, startup and training)		
6	风险及不可预见费(risk & contingency)		
7	其他费用(miscellaneous)		
8	税费(taxes and duties)		
	总价(total lump sum bid price)		

3　EPC 项目投标报价方法

3.1　粗略匡算投标报价法

以气田为例,许多油气资源国的国家石油公司在完成了规划的开发生产井钻井口就启动地面工程的国际招标,此时业主即国家石油公司仅向国际承包商提供气田开发生产井数量、位置,每口井产量,井口压力,井口气组分等基本参数,就要求承包商据此进行产能建设服务 EPC 合同报价。EPC 总承包商应根据井口压力、井口气组分,确定天然气净化装置的设计工作压力和类型[2,3]。

对于相似的海外气田地面工程项目,可采用生产能力指数法进行投标报价费用的粗略匡算。该方法根据已建类似项目的生产能力和投资额,粗略估算同类但生产能力不同的拟建项目的静态投资额,计算公式为

$$C_2 = C_1 \left(\frac{Q_2}{Q_1}\right)^x \cdot f \tag{1}$$

式中,C_1 为已建成类似项目的静态投资额,C_2 为拟建项目的静态投资额,Q_1 为已建成类似项目的生产能力,Q_2 为拟建项目的生产能力,x 为生产能力指数,f 为考虑时间、地点、单价和其他差异的综合调整系数。

对于可获得较准确的设备购置费的项目,可以采用设备系数法、主体专业系数法和朗格系数法来计算。此类方法的原理均是以各装置单元或专业占工艺设备的比例,乘以工艺设备费,求出各装置单元或专业的费用,进而相加,得出报价费用估算金额。

3.2　定额修正投标报价法

若业主提供初步设计资料或详细设计资料,则该项目 EPC 报价应尽量采用基于定额修正的分项详细估算法。现阶段国外石油企业的施工技术或方法、施工组织与中国石油企业大同小异,机械化程度也基本处于同一水平。对于中国石油企业来说,同样的石油建设工程项目,只是国内外价格存在差异。可以利用国内外人力、材料、机械的价差,对定额价格进行修正,即利用国内最新定额的消耗量指标,配以调整后的定额基价,从而实现国内外价格水

平的归一。分项自下而上进行详细估算,最终汇总,得出投标总报价。

3.3 协同合作投标报价法

若所在国当地有较成熟的施工企业,则可将土建材料采购和土建施工等分包给当地成熟的施工企业,签订战略合作协议,并协同报价。可根据业主招标文件的规定,组成联合体进行投标。若业主不接受联合体投标,则签订协同投标协议。这样不仅可以提高报价水平的合理性,还可以获得较贴近所在国水平的建筑安装施工价格,保证自己的设计利润和设备采购利润,转移建筑安装施工费用风险。此外,还可以通过支付一定费用的方式获得当地成熟施工企业的施工费用报价。

参 考 文 献

[1] "一带一路"油气资源分布明细[N].中国能源报,2015-07-13(004).

[2] 王笑,孙春芬,陈晓平,等.海外油气田地面工程投资估算方法和参数[J].石油规划设计,2017,28(5):40-43,48.

[3] 冯凯梁.石油化工装置投资估算方法应用研究[J].项目管理技术,2013,11(10):108-111.

国内已开发油田效益储采比理论研究及应用

杨 艳

（吉林油田勘探开发研究院 吉林松原 138000）

摘 要：储采比是反映油田储采平衡关系的重要参数，其代表着如果产量继续保持，在该年度水平条件下油田的剩余开发寿命。不同地域油田的储采比存在很大差异：2015年底，亚太地区平均储采比为14.0，非洲地区平均储采比为42.2，中东地区平均储采比为73.1，横向对比性较弱。首次从经济角度出发，结合财务损益计算方法、资产折旧折耗计算方法、储采比定义等，建立了税前利润与储采比之间的理论关系式。由税前利润与储采比关系曲线可以看出：随着储采比的增大，当期利润不断降低，总税前利润先增加再减少，即总税前利润存在一个峰值。当总税前利润大于0时，可计算油田开发有效益时对应的储采比上限；通过对理论关系式关于储采比求导，可得总税前利润取极大值时对应的储采比。在此研究基础上提出了效益储采比的概念：当总税前利润等于0时对应的储采比为效益储采比上限，当总税前利润达到最大值时对应的储采比为效益储采比下限。计算不同油价下效益储采比的界限区间，当实际生产储采比在效益储采比区间内时油田开发有利润，且越接近效益储采比下限，利润越高。当储量确定时，根据效益储采比区间可指导油田在不同条件下进行合理的产量运行计划安排，保证油田开发长远有利。效益储采比受证实已开发储量（PD）、油价、操作成本以及资产的影响，对效益储采比的影响因素进行敏感性分析，可明确不同油田在目前条件下效益增长的潜力点，通过提高开发水平、降低生产运行费用、合理调整储采结构，促进油田未来良性发展。

关键词：效益储采比 资产折旧折耗 财务损益 税前利润 已开发油田

储采比是油田剩余可采储量与当年年产油量之比[1,2]。通过对储采比变化规律的研究，可建立油田合理的储采平衡关系。历年来，许多国内外专家学者致力于合理储采比的研究，但他们都是从储量和产量的合理配比、储采比与开发时间之间的关系、储采比与采出程度之间的关系、储采比与储量替换率之间的关系等油藏工程技术方面进行研究，目前普遍结论是国内油田合理储采比范围为10～15[3~5]。

为了从经济角度进一步研究油田合理储采比范围，本文以税前利润为主要研究对象，从税前利润、资产折旧等相关经济指标和储采比等技术指标之间的关系上开展理论研究。

1 效益储采比公式推导

根据会计法则，税前利润等于销售收入减去营业税金再减去总成本费用，其中总成本费用又包括操作成本、折旧折耗以及期间费用；销售收入等于原油产量乘以油价，营业税金包括城市维护建设费、教育费附加、资源税以及石油特别收益金。操作成本劈分为与产量相关的可变成本以及与产量无关的固定成本,期间费用采用估算值。

根据 2006 年财政部颁布的新油气会计准则,对于油气资产,应采用产量法计提折旧。折旧率等于当期产量除以当期证实已开发储量(PD 储量)和当期产量之和,如果以年为单位,当期证实已开发储量和当期产量之和可近似等于上年末证实已开发储量。

当年年底剩余经济可采储量即 SEC 储量中当年证实已开发储量(PD 储量),在修正为 0 的条件下,当年 PD 储量可近似等于上一年 PD_1 储量减去当年产量,最终可得税前利润和储采比之间的关系式,即

$$R_e = (0.923\,3P - 107.2 - f - C_{ov}) \cdot \frac{PD_1}{\omega + 1} - \frac{A}{\omega + 1} - C_F \tag{1}$$

利用式(1)计算出的税前利润相当于当年的年税前利润,即当期利润。由于储采比表示如果产量继续保持在该年度水平条件下油田的剩余开发寿命,故将当期利润乘以储采比,就可以得到油田剩余生命周期内的总税前利润,即

$$f(\omega) = \left[(0.923\,3P - 107.2 - f - C_{ov}) \cdot \frac{PD_1}{\omega + 1} - \frac{A}{\omega + 1} - C_F\right] \cdot \omega \tag{2}$$

当总税前利润 $f(\omega) \geqslant 0$ 时,可推导出保证油田有利润的效益储采比上限,即

$$\omega \leqslant \frac{(0.923\,3P - 107.2 - f - C_{ov}) \cdot PD_1 - A}{C_F} - 1 \tag{3}$$

随着储采比的增大,当期利润不断降低,但总税前利润先增加再减少,即总税前利润存在一个峰值,对总税前利润 $f(\omega)$ 计算公式关于储采比 ω 求导可得

$$f'(\omega) = -\left[(0.923\,3P - 107.2 - f) \cdot PD_1 - A\right] \cdot \frac{\omega}{(\omega + 1)^2}$$
$$+ \frac{(0.923\,3P - 107.2 - f) \cdot PD_1 - A}{\omega + 1} - T$$

令 $f'(\omega) = 0$,可得到总税前利润取极大值时对应的储采比 ω_{ec} 的计算公式,即

$$\omega_{ec} = \sqrt{\frac{(0.923\,3P - 107.2 - f) \cdot PD_1 - A}{T}} - 1 \tag{4}$$

综合以上分析,可得到油田长期稳定有利润开发生产的效益储采比界限。

在效益储采比界限区间内,油田生产有利润,且当油田实际生产储采比越接近效益储采比下限时,总税前利润越高。

2 油田应用

根据吉林油田 J1 油田资产、PD 储量和操作成本,绘制不同油价时总税前利润随储采比变化的曲线图,如图 1 所示,从图中可以看出,总税前利润随着油价的增加而增大,随着储采比的增加先增大后减小,在某一储采比时总税前利润达到最大值。

效益储采比受 PD 储量、油价、操作成本以及资产的影响。以 J7 油田目前的条件为基准,对其效益储采比的影响因素进行敏感性分析,结果如图 2 所示。效益储采比的影响因素中,油价和 PD 储量与效益储采比成正相关关系,操作成本和资产与效益储采比成负相关关系。并且对于 J7 油田而言,油价对效益储采比的影响程度最大,其次是 PD 储量,然后是操作成本,资产对效益储采比的影响最小。

不同油田的效益储采比影响因素敏感性各不相同,通过对各个油田的效益储采比影响

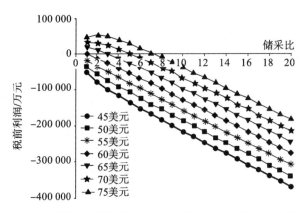

图1　J1油田总税前利润与油价、储采比之间的关系曲线

因素进行敏感性分析,可以针对不同油田提高效益储采比、实现油田经济效益最大化指明进一步工作方向。

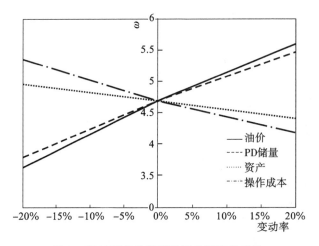

图2　J7油田效益储采比影响因素敏感性

3　结论与认识

(1)首次从经济角度出发,将油田开发中表征储采关系的重要参数储采比与经济指标相结合,从经济和长远发展的角度把握和掌控油田开发合理性。

(2)明确了效益储采比的界限范围:当总税前利润等于0时,对应的储采比为效益储采比上限;当总税前利润达到最大值时,对应的储采比为效益储采比下限。在效益储采比界限区间内,油田生产有效益,且实际生产储采比越接近下限,利润越高。该区间可指导油田在不同条件下进行合理的产量运行计划安排。

(3)效益储采比受PD储量、油价、操作成本以及资产的影响,对不同油田的效益储采比影响因素进行敏感性分析,可明确该油田提升效益、实现良性发展的有效途径。

参 考 文 献

[1]　中国石油勘探开发研究院开发所.SY/T 5367—2010　石油可采储量计算方法[S].北京:石油工业出版社,2010.

［2］ 陈元千,邹存友.产量递减阶段储采比变化规律[J].新疆石油地质,2010,31(1):54-57.

［3］ 陈元千,唐玮.油气田剩余可采储量、剩余可采储采比和剩余可采程度的年度评价方法[J].石油学报,
2016,37(6):796-801.

［4］ 陈元千,赵庆飞.油气田储采比变化关系的研究[J].断块油气田,1999,6(6):23-26,39.

［5］ 陈元千,赵庆飞.预测油气田剩余可采储量、剩余可采程度和剩余储采比的方法和应用[J].断块油气
田,2009,16(4):63-67.

原油产能建设项目投资确定方法研究

张春燕　刘　康　雷　光

（中国石油青海油田分公司勘探开发研究院　甘肃敦煌　736202）

摘　要：油田目前所用的投资确定方法主要是百万吨投资管控方法，该方法不能反映油田真实的投资需求。本文以单井投资作为产能建设投资管控单元，根据油田的实际生产数据确定单井产能-单井极限投资模型、产能-投资回归模型、井深-单井建设投资回归模型，真实地反映油田的井深、产能、投资、效益之间的关系，科学合理地进行单井投资测算，并进行投资科学管控，用单井投资模式下达计划投资，可实现对产能建设的灵活管理。

关键词：百万吨投资测算　单井投资测算　流程图　关系图版

1　研究背景

油田目前所用的投资确定方法主要是百万吨投资管控方法，该方法属于综合管控指标，受油藏认识、工艺技术和现场实施变化等诸多因素的影响，测算与实际完成存在差距，加大了年度投资管控难度。对于新开发的特殊油藏，随着技术的进步和不同开发方式的应用，套用综合百万吨产能不能反映真实的投资需求。

以单井投资作为产能建设投资管控单元，可实现投资精细管理，有效划分投资管控界限，便于前期投资测算及过程监管。目前具有完备的测算标准，能够科学合理地进行单井投资测算；通过持续推进不同井型单井标准化测算，可有效降低地质部署变动对投资的影响。综上所述，用单井投资的模式下达计划投资，可实现对产能建设的灵活管控。

2　单井产能-单井极限投资确定方法

2.1　方法步骤

第一步，作出单井产能和单井极限投资的关系图版，确定不同类型的油藏在不同单井产能情况下所对应的单井极限投资。

第二步，确定油田规划年的产能需求。

第三步，根据油田实际数据，确定不同类型油藏的单井产能。

第四步，根据单井产能和规划年的产能需求，确定不同类型油藏的井数需求。

第五步，根据井数和单井综合投资，确定不同类型油藏的投资。

2.2　单井产能-单井极限投资关系图版确定投资

当内部收益率为8%，操作成本以各区块或油藏类型上年的成本为基准，绘制不同油价下单井极限投资和单井产能之间的关系图版,可从图版中直接读取不同区块或不同类型油藏在不同单井产能下达到行业标准时的极限投资数据。

3 产能-投资回归模型确定投资

按实际建成的产能和实际的投资数据拟合产能-投资关系模型,按回归公式直接计算出不同类型油藏、不同井型在不同产能需求下所对应的投资需求。不同类型油藏回归模型统计表如表1所示。

表1 不同类型油藏回归模型统计表

油 藏 类 型	回 归 模 型	决定系数(R^2)
类型1	$y=4394.8x+2203.2$	0.979 5
类型1(直井)	$y=4424.9x+2440.6$	0.971 3
类型1(水平井)	$y=5121x+859.72$	1.0
类型2	$y=9414.3x+5120.5$	0.928 5
类型2(直井)	$y=8677.9x+2229.5$	0.894 8
类型2(水平井)	$y=15\,209x-9471.2$	0.964 6

由表1可知,各回归模型的决定系数都较大,模型较为可靠。

4 井深-单井建设投资回归模型确定投资

用实际结算的单井建设投资数据(包括钻井投资、投产费用和地面投资)和井深数据建立回归模型。井深和单井建设投资之间有较好的相关性,可直接应用该模型在已知井深的情况下计算单井建设投资。

5 实例

以某年份投资概算为例,该年份油田产能需求为××万吨,按照方法一进行测算,平均单井产能为××吨,需建井689口,需总投资××万元;按产能-投资回归模型(方法二)进行测算,总投资为××万元,平均单井投资××万元;方法三按照产能需求和实际的单井产能数据确定每个油藏(区块)的井数,然后按井深-单井建设投资回归模型测算单井投资,确定每个区块的投资。方法二和方法三确定的投资数相差1.3亿元。

6 方法优缺点对比

对以上三种单井投资确定方法进行对比,其中:单井产能-单井极限投资测算法测算项目内部收益率全部达标,但投资与市场实际存在缺口,无法建成产能需求,但该方法可从微观上控制单井建设投资;而产能-投资回归模型与井深-单井建设投资回归模型可满足产能需求,投资确定方法直观,但在油价较低时部分区块内部收益率达不到行业标准,但该方法可从宏观上进行投资管控。在实际的投资测算中,可综合应用这三种投资测算方法,以达到既合理完成投资测算,又达到投资管控的目的,为油田的投资决策提供可靠的依据。

有无项目对比法在涩北气田改扩建项目技术经济评价中的应用

张春燕 杨乾霞 管奕婷 张东坡

（中国石油青海油田分公司勘探开发研究院 甘肃敦煌 736202）

摘 要：技术改扩建项目经济评价常采用"有无对比法"。该方法在××气田的改扩建项目中得到了充分应用。项目经济评价"现状"和"无项目"数据确定困难，为保证项目的费用与效益口径一致，对改扩建项目的整个过程进行详尽的分析，最终采用"有无项目对比法"进行增量效益的经济评价。评价结果表明，该项目的内部收益率高于行业基准收益率，为××气田整体治水方案的最终决策提供了依据。

关键词：改扩建工程 经济评价 有无项目对比法

1 涩北气田整体治水项目概述

涩北气田背斜构造自 1995 年试采以来，经历了试采评价、规模建产及控水稳气三个阶段，2011 年后，涩北气田已进入气水同产阶段。气田开发实施综合治水，最终达到控制水侵速度、延缓递减、提高采收率的目的。在现有的机组设备的基础上，实施站内集中增压气举，可有效控制气田的出水量，提高采收率。集中增压气举地面配套工程主要由注气站、注气管网以及井口注气系统三个部分组成。气举注气井共 283 口，累计增气 149.18 亿方，提高采收率 6.5%。

2 评价方法的确定

"涩北气田综合治水方案"是气田开发中后期，为了进一步改善气田开发效果而进行的开发调整项目，以增量调动存量，以较少的新增投入取得较大的新增效益，具有典型的改扩建项目特征。改扩建项目经济评价原则上采用"有无对比，增量决策"的方法。"有无对比，增量决策"是计算改扩建项目增量数据的方法，将"有项目"状态下的相关数据与"无项目"状态下的相关数据相减，得到增量数据，这个增量数据序列反映的是项目投资为企业产生的效果，根据增量数据进行有关财务指标的分析和计算，据此作出投资决策[1,2]。

3 数据的确定

3.1 "现状"数据的确定

"现状"数据应反映项目实施起点的效益和费用情况。涩北气田在 2017 年上报并计划实施"涩北气田综合治水方案"和"涩北气田增压集输方案"这两个方案,并且"涩北气田增压集输方案"已批复准备实施,两个方案的实施目的、针对气井类别、工艺流程、增压的压力等级、增压规模都不同,但两个方案在压力、井数、产量、增气量及效益方面存在交集,在编制方案时进行了统筹考虑。"涩北气田综合治水方案"中指出,产气量、增气量如不进行增压集输,即使从地层中采出,也无法通过集输管道外输,最终形成商品量。该方案的效益是考虑了增压集输影响后的结果,所以该项目"现状"数据的选择,如定为建设初期气田实际发生数据,那么对综合治水方案评价就会造成费用偏低,费用与效益不一致,导致评价结果偏大,不能反映项目的真实效益状况。正确的做法是将增压集输方案增量成本与建设初期气田的实际成本数据统筹考虑,将其作为综合治水方案的"现状"数据,也就是假设已实施了增压集输方案,增压集输既成事实,那么"现状"数据就是已进行增压集输但未实施开发综合治水方案的数据,此做法做到了费用与效益的统一,可反映气田综合治水项目的实际效益状况。

3.2 "无项目"数据的确定

"无项目"数据是指不实施该项目时,在"现状"数据的基础上考虑计算期内效益和费用的变化趋势,那么该项目的"无项目"数据就是在假定已实施增压集输但未实施综合治水项目的"现状"数据的基础上考虑评价期内效益和费用的变化趋势,经合理预测后得出的数据序列。

3.3 "有项目"数据的确定

"有项目"数据是指实施该项目后计算期内的总效益和费用数据,在该项目中,"有项目"数据是在考虑了增压集输的"现状"数据的基础上,实施了综合治水项目的总效益和费用数据。"有项目"产气量数据综合考虑了增压集输和综合治水对整个涩北气田产量的影响。"有项目"操作成本发生了较大变化:第一,新增操作成本项;第二,直接人员费、井下作业费、测井试井费、维护修理费、采出水处理费都发生变化。

3.4 增量数据的确定

增量数据是"有项目"效益和费用数据与"无项目"效益和费用数据的差额,即"有无对比"得出的数据,是数值序列。在确定增量数据时,一定要采用"有无对比"得出数据序列,如直接采用增量法计算增量数据,很容易造成费用不完整或者重复计算。

4 评价结论

经计算,方案增量项目运营期内总利润为××万元,净利润为××万元,总投资收益率为44.18%,资本金净利润率为155%,项目增量投资税后财务内部收益率为20.13%,项目增量投资税后财务净现值为××万元,项目增量投资回收期为6.6年。方案净现值大于零,税后财务内部收益率高于行业基准值8%,项目在经济上可行,还可延长气田寿命,具有较好的社会价值和经济价值,以及较强的盈利能力、清偿能力和抗风险能力。

5 启示

(1)改扩建项目注意正确识别与估算"现状""无项目""有项目""新增""增量"等五种状态下的资产、资源、效益与费用。"无项目"与"有项目"的口径与范围应当保持一致,避免费用与效益误算、漏算或重复计算。

(2)"现状"数据的时点应定在建设期初,若预期建设期初的情况与评价时点不同,应对"现状"数据进行合理预测。"无项目"数据要在"现状"数据的基础上考虑计算期内效益和费用的变化趋势,经合理预测后得出数值序列。

(3)增量数据是"有项目"效益和费用数据与"无项目"效益和费用数据的差额,即"有无对比"得出的数据,是数值序列。

参 考 文 献

[1] 徐晓友."有无法"在技术改造项目经济评价中的应用[J].电力建设,2003,24(9):54-55.
[2] 胡钶.有无项目对比法在油田三次采油技术经济评价中的应用[J].资源与产业,2010,12(z1):34-37.

企业级桌面虚拟化规划设计实践

蒋勇铭

（中国石油青海油田井下作业公司　甘肃敦煌　736202）

摘　要：基于 Windows Server 2016 的一站式 VDI（virtual desktop infrastructure）解决方案，通过固化的基础架构，实现简化的解决方案部署，帮助企业客户降低 IT 环境的复杂度，减少 IT 管理员的工作量和降低解决方案整体成本。本文重点从桌面虚拟化的架构拓扑和活动目录的设计，以及服务器和网络的规划方面，提供了规划设计的部署方案和实践经验。

关键词：VDI　企业级规划　IT 设计

1　引言

沟通和协作是企业获得商业成功的关键因素。公司规模越大，办公桌面的物理分布就越广，数量就越多，维护周期就会越长。一旦在用户使用过程中办公桌面出现问题，那么维护起来就会很困难。企业管理维护数据中心的难度都不会比维护办公环境的难度大。通过桌面虚拟化技术，可以构建一个标准化、安全、可扩展的统一办公应用及开发测试平台。

2　VDI 设计目标

一是严格把控办公桌面，二是集中式桌面管理，三是桌面标准化管理，四是桌面备份和灾难恢复，五是随时随地访问办公桌面，六是缩短办公环境的宕机时间。

3　总体架构设计

虚拟桌面的总体架构设计如图 1 所示。

4　活动目录设计

4.1　域架构设计

以井下作业公司为例，设计 AD 域名为 Jx. Local，其 NetBIOS 名称为 Jx，DNS 名称为 Jx. local。该域名具有一个连续的二级 DNS 域名结构，包含了企业名称，容易被用户理解和使用。

根据 AD 设计最佳实践，将具有超过 500 用户、具有可靠网络连接、具备服务器基本要求的机房放置分支机构 DC。每个站点按照每 3000 用户放置 1 台 DC，每个站点至少有 1

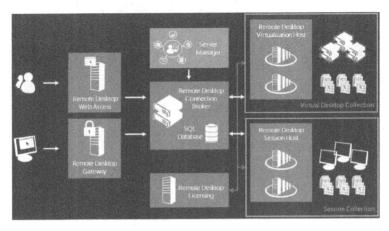

图1 虚拟桌面的总体架构设计

台DC。

分支机构部署只读DC,这样可降低安全风险及网络复制流量。目前AD系统仅用于支撑虚拟桌面VDI平台的验证和使用,部署两台Windows Server 2012域控服务器,具体的软、硬件要求如下。

软件要求:所有的软件必须满足Windows Server 2012的兼容性要求。

硬件要求:如表1所示。

表1 硬件要求

角　　色	磁　　盘	内　　存	CPU	NIC
DC	300 GB×2 RAID1	16 GB	4 Cores	1 Gb/s×2

4.2 AD站点设计

AD站点使用单站点配置。为了保证每台服务器及客户端都能使用其所在站点的服务,要确保每个站点子网包含本站点内的所有网络地址。

4.3 AD设计结论

新建活动目录域名为Jx.local,初期部署两台域控服务器,全部默认AD站点。OU组织架构来自企业组织架构。

4.4 DNS设计

Jx.local域名为企业内部域名,由新建域控的DNS服务器解析。集团内部域名转发至集团DNS服务器进行解析。将全部的DNS解析请求转发至集团站点DNS服务器,再将分支机构的公网解析请求转发至Internet DNS服务器进行域名解析。

4.5 时间同步设计

AD采用了具有层次的时间同步机制,DC和PDC进行时间同步,而加入域的服务器和客户端与DC进行时间同步。

企业AD将具有PDC角色的DC配置通过NTP进行时间同步,使其和外部时间源进行时间同步,其他DC和PDC进行时间同步,加入域的服务器、客户端与本站点的DC进行时间同步。

4.6 网络端口设计

为了保证各应用、客户端与 DC 之间以及各 DC 之间的通信正常,应在防火墙开通客户端至 DC、本站点 DC 之间及本站点 DC 数据访问的网络端口,其中 RPC 默认情况下采用1024～65535 动态端口,这部分端口可进行范围限制,从而缩小开放的端口范围。将端口范围限制在一个较小的范围内,可能会导致端口不足,影响系统的正常运行。

5 VDI 规划设计

桌面虚拟化拓扑架构由表 2 所示的服务器角色构成,VDI 资源池服务器和管理资源池服务器要求放在不同的 Rack 上,以实现服务器之间的高可用性。

表 2 服务器角色及数量

服务器角色	数 量
Remote Desktop Web Access(远程桌面网络访问界面)	2
Remote Desktop Connection Broker(远程桌面连接代理)	2
Remote Desktop License Server(远程桌面授权服务器)	2
Remote Desktop Virtualization Host(虚拟化主机)	32
AD 域控服务器	2
管理资源池	4
SQL 管理资源池	2
GitLab 应用服务器	2
文件服务器	2
MySQL 管理资源池	2
Redis 服务器	2
SQL 用户资源池	3
MySQL 用户资源池	3

6 服务器与网络规划设计

6.1 服务器规划设计

桌面虚拟化服务器共计 66 台,其中物理机 58 台,虚拟机 8 台,如表 3 所示。

表 3 服务器规划设计

服 务 器	数 量	类 型
VDI 资源池 1	16	物理机
VDI 资源池 2	16	物理机
管理资源池	4	物理机
SQL Server 管理资源池	2	物理机

续表

服 务 器	数 量	类 型
VDI RDWeb 服务器	2	物理机
VDI RDCB(RDLS)服务器	2	物理机
GitLab 应用服务器	2	物理机
Redis 服务器	2	物理机
MySQL 管理资源池	2	物理机
文件服务器	2	物理机
AD 域控服务器	2	物理机
SQL 用户资源池	3	物理机
MySQL 用户资源池	3	物理机
合计	58	
System Center	8	虚拟机

6.2 网络规划设计

整个网络区域分为管理网络、业务网络、S2D 网络、心跳网络和外部网络,如表 4 所示。

表 4 网络规划设计

网 络	网 卡	用 途
管理网络	千兆网卡	用于服务器管理
业务网络	万兆网卡	用于业务数据交换
S2D 网络	万兆网卡	用于物理服务器之间数据同步
心跳网络	千兆网卡	用于集群心跳通信
外部网络	千兆网卡	用于从互联网同步数据

7 结语

VDI 设计需要充分考虑网络及软、硬件环境,制订详细的规划方案后再行实施。可以让多个桌面和应用程序在一台服务器上运行,将客户端、服务器以及管理基础架构整合在一起,跨越不同的设备,为用户提供应用程序和数据。规划方案支持锁定任务工作者,满足对安全性和规范性有特殊要求的员工需求,在兼并、重组等场景中,能灵活地对工作站提供支持。使用 VDI 可以为企业有效地防御灾难性故障,提高系统更新速度,并可以为特定的用户或用户组提供个性化桌面,让企业更容易全面提升信息安全管理和治理水平。

多元线性回归模型在英东油田产量预测中的建立与分析

闫 菲

(青海油田采油五厂 甘肃敦煌 736202)

摘 要: 在油田勘探开发过程中,对油田原油产量的准确预测一直是油田生产计划管理的一项重要研究任务。油田开发是一个复杂的多变量非线性动力学系统,为了有效地预测英东油田的动态产量,根据实际工作经验,选择一些与油田产量有关的因素作为自变量,通过对多个自变量的多元线性回归分析,确定影响英东油田产量的重要因素,并建立适合英东油田年产量预测的多元线性回归模型[1,2],最终获得了较为满意的预测结果。

关键词: 多元线性回归 油田产量 预测 模型

1 多元线性回归模型的原理及建立

1.1 多元线性回归原理

在回归分析中,t 检验用于检验回归系数的显著性。本文运用 t 值"后推法",即在回归效果较差的情况下,根据统计值 t 的大小,依次剔除对应的不显著变量,t 值越小,对应的自变量 x 对因变量 y 的影响作用越不显著,此时可考虑将其剔除,然后用保留的自变量再次回归,再次考虑剔除作用不显著的自变量,如此重复,直至所有的自变量都能满足显著水平 $\alpha \geqslant 0.05$ 的要求。

1.2 数学模型的建立

1.2.1 数据标准化

由于每个样品的每个变量的测试值具有不同的数量级和单位,所以在进行多元线性回归分析前,有必要对所要分析的数据进行变换,以消除由于数量级和单位不同引起的不合理现象,故采用极大值正规化标准化法[3]。

1.2.2 多元线性回归模型的建立

多元线性回归是一种数理统计方法,基于回归分析的基本原理,根据反映回归效果的残差平方和(q)、回归平方和(u)、F 值统计量(F)、相关系数(r)、t 值统计量(t_j),筛选出影响产量变化的显著因素[4]。

在数理统计中,多元线性回归模型为

$$y = \beta_0 + \beta_1 x_1 + \beta_2 x_2 + \cdots + \Lambda + \beta_p x_p \tag{1}$$

对于油田产量预测问题,设原油产量为 y,影响原油开采产量的因素为 x_1、x_2、Λ、x_p,p

个自变量因素的 y 的 n 组观测值为 $(x_{1i},x_{2i},\cdots,\Lambda,x_{pi},y_i)(i=1,2,\cdots,\Lambda,\cdots,n)$，其多元线性回归模型表达式[5]为

$$\begin{cases} y_1 = \beta_0 + \beta_1 x_{11} + \beta_2 x_{12} + \cdots + \Lambda + \beta_p x_{1p} \\ y_2 = \beta_0 + \beta_1 x_{21} + \beta_2 x_{22} + \cdots + \Lambda + \beta_p x_{2p} \\ \qquad\vdots \\ y_n = \beta_0 + \beta_1 x_{n1} + \beta_2 x_{n2} + \cdots + \Lambda + \beta_p x_{np} \end{cases} \tag{2}$$

将式(2)写成矩阵形式，即

$$y = x\beta \tag{3}$$

式中，β 是多元线性回归方程的未知参数，即回归系数。最小二乘法使估计值 $\hat{y}$ 与观测值 y 之间的残差在所有样本点上达到最小，即使

$$Q = \sum_{i=1}^n e_i^2 = e'e = (y - x\hat{\beta})'(y - x\hat{\beta}) \tag{4}$$

达到最小，其中，$e_i = y_i - \hat{y}_i$，$e = (e_1, e_2, \cdots, \Lambda, e_n)$。

当 $(x'x)^{-1}$ 存在时，有

$$\hat{\beta} = (x'x)^{-1}x'y \tag{5}$$

这就是 β 的最小二乘估计。基于回归系数得到最小二乘估计，就可以得到反映回归效果的五个参数，其计算公式分别为

$$q = \sum_{i=1}^n (y_i - \hat{y}_i)^2 \tag{6}$$

式中，$\hat{y}_i$ 是第 i 个样本点 $(x_{i1}, x_{i2}, \cdots, \Lambda, x_{ip})$ 上的回归值。

$$u = \sum_{i=1}^n (\hat{y}_i - \overline{y})^2 \tag{7}$$

式中，$\overline{y}$ 是 y 的样本平均值。

$$F = \frac{u/p}{q/(n-p-1)} \tag{8}$$

$$r = \sqrt{u/(u+q)} \tag{9}$$

$$t_j = \frac{\hat{\beta}_j}{\sqrt{c_{jj}[q/(n-p-1)]}} \tag{10}$$

式中

$$C_{ij} = (x'x)^{-1} \tag{11}$$

其中，$i,j = 0,1,2,\cdots,\Lambda,\mu$。

首先，将影响油田产量的各个因素都作为自变量，运用多元线性回归模型进行回归，求取回归系数 β，再根据上述公式求取 q、u、F、r、t_j。其中：r 表示多元线性回归方程对原有数据拟合程度的好坏，越接近 1，说明回归效果越好；F 表示多元线性回归方程的显著性，该值服从 F 分布。

2 多元线性回归模型在英东油田的应用实例

为了预测英东油田今后产量的变化，结合实际生产资料，进行深入分析研究。选取了影

响产量变化的 8 个因素,即总油井数 x_1、油田开井数 x_2、新增油井数 x_3、上年注水量 x_4、上年综合含水率 x_5、上年采油速率 x_6、上年采出程度 x_7、上年原油产量 x_8 作为自变量 $x_i(i=1,2,\cdots,8)$,以本年原油产量作为因变量 y。英东油田 2012—2018 年产油量影响因素基础数据如表 1 所示。

表 1　英东油田 2012—2018 年产油量影响因素基础数据

年份	总油井数/口	油田开井数/口	新增油井数/口	上年注水量/万方	上年综合含水率/(%)	上年采油速率/(%)	上年采出程度/(%)	上年原油产量/万吨	本年原油产量/万吨
2012	26	21	11	0	11.74	0	0	0.231 3	2.570 0
2013	165	105	139	22 647	9.84	0.05	0.04	2.570 0	17.131 9
2014	243	155	78	155 642	9.97	0.44	0.52	17.131 9	30.223 5
2015	281	192	38	453 229	12.1	0.76	1.24	30.223 5	38.129 4
2016	315	268	34	512 202	19.7	0.68	1.61	38.129 4	38.526 4
2017	344	276	29	574 161	22.52	0.68	2.27	38.526 4	38.500 8
2018	394	342	50	642 147	26.16	0.68	2.97	38.500 8	42.128 4

选取 2012—2016 年的数据用于确定模型参数,计算方法是根据一组观察值,采用"最小二乘法"直线拟合进行线性回归分析,在第六轮筛选中,所有 t_j 值都满足显著性水平 $\alpha \geqslant 0.05$ 的要求,至此确定影响英东油田原油产量的重要因素是总油井数、油田开井数、上年注水量。为了验证模型的预测效果,用 2017—2018 年的数据进行检验,结果如表 2 所示。

表 2　2017—2018 年产量预测误差表

年　份	实际产量/万吨	模型预测产量/万吨	误差/(%)
2017	38.500 8	37.597 5	−2.35
2018	40.000 0	41.559 8	3.90

由表 2 可知,利用多元线性回归模型预测 2017—2018 年英东油田原油产量,最大误差为 3.90%,最小误差为 −2.35%,这说明利用"后推法"筛选变量是行之有效的办法,该多元线性回归模型对英东油田原油产量的预测效果良好。

3　结论

本文应用数理统计中的多元线性回归原理筛选影响英东油田原油产量的显著因素并建立模型,实现了英东油田原油产量的动态预测。从预测实例来看,预测结果基本上反映了生产实际数据的变化趋势,预测效果良好,具有一定的实用性和指导意义。由于部分参数缺乏确定性,因此预测时间不能太长,在后期预测时,可以不时地对回归系数进行调整,从而提升预测结果的准确性。

参 考 文 献

[1]　胡高贤,龚福华.多元回归分析在低渗透油藏产能预测中的应用[J].油气田地面工程,2010,29(12);

23-25.

[2] 宛利红,刘波涛,王新海,等.致密油藏多元回归产能预测方法研究与应用[J].油气井测试,2015,24
    (1):17-19,26.

[3] 李栓豹,陈雷.多元线性回归分析在安塞油田产量预测中的应用[J].承德石油高等专科学校学报,
    2004,6(4):27-31,44.

[4] 叶锋.多元线性回归在经济技术产量预测中的应用[J].中外能源,2015,20(2):45-48.

[5] 刘秀婷,杨军,程仲平,等.油田产量预测的新方法及其应用[J].石油勘探与开发,2002,29(4):74-76.